普通高等教育电子信息类规划教材

电子通信综合实训教程

李　进　赵文来　陈秋妹　编著

机械工业出版社

本书分为两篇，共13章。上篇为电子技术基础部分，主要包括用电安全、焊接技术、常用电子元器件、电子测量仪器、印制电路板、模拟电子电路、数字电子系统、通信系统、微波测量等内容。下篇为综合设计部分，主要包括红外线心率计、数字万用表、开关电源、黑白电视机等产品的设计、安装、调试。

本书内容丰富，层次分明，技术性、实用性和可操作性强，注重理论与实践联系，培养学生的工程应用能力。

本书可作为高等院校电子信息、通信工程、电子信息科学与技术及自动化等专业的实训教材，也可作为相关工程技术人员的学习参考用书。

图书在版编目（CIP）数据

电子通信综合实训教程/李进，赵文来，陈秋妹编著 .—北京：机械工业出版社，2012.2（2023.7重印）
普通高等教育电子信息类规划教材
ISBN 978-7-111-37070-3

Ⅰ.①电… Ⅱ.①李…②赵…③陈… Ⅲ.①通信系统-高等学校-教材
Ⅳ.①TN914

中国版本图书馆CIP数据核字（2012）第018057号

机械工业出版社（北京市百万庄大街22号 邮政编码100037）
策划编辑：李馨馨 责任编辑：李馨馨
版式设计：霍永明 责任校对：张 媛
封面设计：鞠 杨 责任印制：邓 博
北京盛通商印快线网络科技有限公司印刷
2023年7月第1版第3次印刷
184mm×260mm · 16.25印张 · 401千字
标准书号：ISBN 978-7-111-37070-3
定价：59.00元

电话服务	网络服务
客服电话：010-88361066	机 工 官 网：www.cmpbook.com
010-88379833	机 工 官 博：weibo.com/cmp1952
010-68326294	金 书 网：www.golden-book.com
封底无防伪标均为盗版	机工教育服务网：www.cmpedu.com

前　言

编写本书的宗旨是使学生全面掌握电子电路设计知识和技能，在科学实验中提高学生的电路设计能力、实践动手能力、分析和解决问题能力，以及独立工作能力。本书由浅入深地介绍了电子电路及典型实验电路设计，每一部分强调实用性和创新性。在章节结构上做到循序渐进，各章节既保证相对的独立性，又保证前后内容的连贯性。读者可通读全书，也可选读部分章节。本书可用于电子信息、通信工程、电子信息科学与技术及自动化等专业的本科生、大专生等学生的实验教学、电子技术课程设计及毕业设计，此书编写的目的是增强学生的实践创新能力，加速培养创新型人才。

本书注重先进性和实用性，同时概念清楚，系统性强，力求保持电子技术部分完整性，有利于不同层次的读者从不同起点逐步理解和掌握电子技术。本书主要分上篇和下篇，上篇主要包括电子技术基础部分，下篇主要包括综合设计部分。

上篇主要内容如下：

（1）安全用电。

（2）焊接技术初步。

（3）常用电子元器件：重点介绍种类、特性及选用规则。

（4）电子测量仪器的基本使用：介绍了电子测量仪器的基本使用，就实验室常用的仪器进行了简单介绍。

（5）印制电路板的设计与制作：包括印制电路板基础、印制电路板设计软件等。

（6）模拟电路设计部分：就常用的基础模拟实验进行了分析、设计与测试。

（7）数字电路系统设计：包括了数字电路系统的组成、数字电路系统的设计步骤、数字电路系统的设计方法、24s 定时器设计、智力竞赛抢答器设计和简易数字频率计内容。

（8）通信系统概述：介绍了通信频率的分配、通信系统的模型、调制解调的提出、无线通信系统等内容，重点介绍了常用高频基础实验的设计与测试。

（9）微波测量：介绍了微波技术的特点及重要性、低频和微波波段的电路实现的区别、微波测量系统的认识与基础连接、微波测量实验室基础连接和微波实验系统及几个常用的微波实验的测量方法。

下篇主要内容如下：

（1）红外线心率计设计：包括 –10V 电源变换电路、血液波动检测电路、放大整形滤波电路、3 位计数器电路、门控电路、译码驱动显示电路组成，内容涉及模拟电路、数字电路等内容。

（2）数字万用表的组装与调试：独立完成一台正式数字万用表的焊接、安装、调试，根据数字万用表的技术指标测试数字万用表的主要参数及波形。

（3）基于 TL494 的开关电源设计：根据相应的技术指标，设计并制作一个基于 TL494 的开关电源，具有连续可调、输出保护功能。

（4）XL-2008黑白电视机的组装与调试：对有条件检测的元器件（电阻、电容、二极管）进行检测，并能正确地分析其作用。准确地进行焊接和整机装配。正确地进行调试，对相关电压、电流进行测量，在每个部分电压、电流正确的基础上接上显像管、扬声器，能够接收到清晰的电视节目。

本书由李进、赵文来、陈秋妹共同编写。由于编者水平有限，书中难免错漏之处，敬请读者指出。

编者

目　　录

下篇 综合部分

上篇 基础部分

第1章 安全用电

随着电能应用的不断拓展，以电能为介质的各种电气设备广泛进入企业、社会和家庭生活中，与此同时，使用电气所带来的不安全事故也不断发生。为了实现电气安全，对电网本身的安全进行保护的同时，更要重视用电的安全问题。因此，学习安全用电基本知识，掌握常规触电防护技术，这是保证用电安全的有效途径。

电气危害有两个方面：一方面是对系统自身的危害，如短路、过电压、绝缘老化等；另一方面是对用电设备、环境和人员的危害，如触电、电气火灾、电压异常升高造成用电设备损坏等，其中尤以触电和电气火灾危害最为严重。触电可直接导致人员伤残、死亡。另外，静电产生的危害也不能忽视，它是电气火灾的原因之一，对电子设备的危害也很大。

1.1 触电及其防护

1.1.1 触电危害

触电是指人体触及带电体后，电流对人体造成的伤害。它有两种类型，即电伤和电击。

1. 电伤

电伤是指电流的热效应、化学效应、机械效应及电流本身作用造成的人体伤害。电伤会在人体皮肤表面留下明显的伤痕，常见的有灼伤、电烙伤和皮肤金属化等现象。

2. 电击

电击是指电流通过人体内部，破坏人体内部组织，影响呼吸系统、心脏及神经系统的正常功能，甚至危及生命。在触电事故中，电击和电伤常会同时发生。

1.1.2 影响触电危险程度的因素

1. 电流的大小

通过人体的电流越大，人体的生理反应就越明显，感应就越强烈，引起心室颤动所需的时间就越短，致命的危害就越大。按照通过人体电流的大小和人体所呈现的不同状态，工频交流电大致分为下列三种：

1）感觉电流：指引起人的感觉的最小电流（1～3mA）。

2）摆脱电流：指人体触电后能自主摆脱电源的最大电流（10mA）。

3）致命电流：指在较短的时间内危及生命的最小电流（30mA）。

2. 电流的类型

工频交流电的危害性大于直流电，因为交流电主要是麻痹、破坏神经系统，往往难以自主摆脱。一般认为40～60Hz的交流电对人最危险。随着频率的增加，危险性将降低。当电源频率大于2000Hz时，所产生的损害明显减小，但高压高频电流对人体仍然是十分危险的。

3. 电流的作用时间

人体触电时，通过电流的时间越长，越易造成心室颤动，生命危险性就越大。据统计，触电1～5min内急救，90%有良好的效果，10min内急救，有60%的救生率，超过15min则希望甚微。

触电保护器的一个主要指标就是额定断开时间与电流乘积不大于30mA·s。实际产品一般额定动作电流为30mA，动作时间为0.1s，其乘积不大于30mA·s，故可有效防止触电事故。

4. 电流路径

电流通过头部可使人昏迷；通过脊髓可能导致瘫痪；通过心脏会造成心跳停止，血液循环中断；通过呼吸系统会造成窒息。因此，从左手到胸部是最危险的电流路径；从手到手、从手到脚也是很危险的电流路径；从脚到脚是危险性较小的电流路径。

5. 人体电阻

人体电阻是不确定的电阻，皮肤干燥时一般为100kΩ左右，而一旦潮湿可降到1kΩ。人体不同，对电流的敏感程度也不一样，一般来说，儿童较成年人敏感，女性较男性敏感。心脏病患者触电后死亡的可能性更大。

1.1.3 触电原因

人体触电主要原因有两种：直接或间接接触带电体以及跨步电压。直接接触又可分为单极接触和双极接触。

1. 单极接触

当人站在地面上或其他接地体上，人体的某一部位触及一相带电体时，电流通过人体流入大地（或中性线），称为单极触电，如图1-1所示。

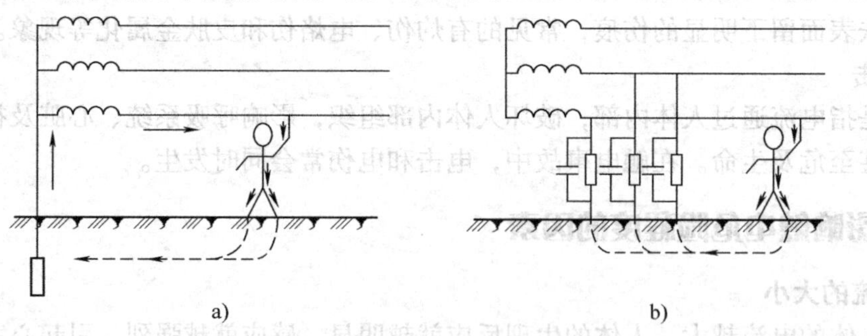

图1-1 单极接触触电示意图
a）中性点直接接地 b）中性点不直接接地

图1-1a为电源中性点接地运行方式时单极触电的电流途径。图1-1b为中性点不接地运行方式时单极触电的电流途径。一般情况下，接地电网里的单极触电比不接地电网里的危险性大。

2. 双极接触

双极触电是指人体两处同时触及同一电源的两相带电体，以及在高压系统中，人体距离高压带电体小于规定的安全距离，造成电弧放电时，电流从一相导体流入另一相导体的触电方式，如图1-2所示。两相触电加在人体上的电压为线电压，因此不论电网的中性点接地与否，其触电的危险性都极大。

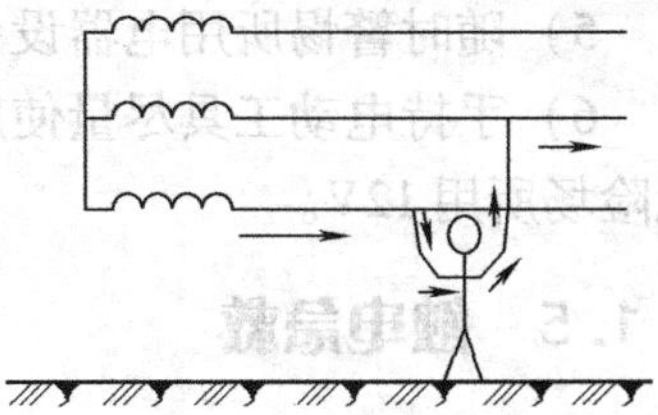

图1-2 双极触电图

3. 跨步电压接触

当带电体接地时有电流向大地流散，在以接地点为圆心，半径20m的圆面积内形成分布电位。人站在接地点周围，两脚之间（以0.8m计算）的电位差称为跨步电压U_k，如图1-3所示，由此引起的触电事故称为跨步电压触电。高压故障接地处，或有大电流流过的接地装置附近都可能出现较高的跨步电压。离接地点越近、两脚距离越大，跨步电压值就越大。一般10m以外就没有危险。

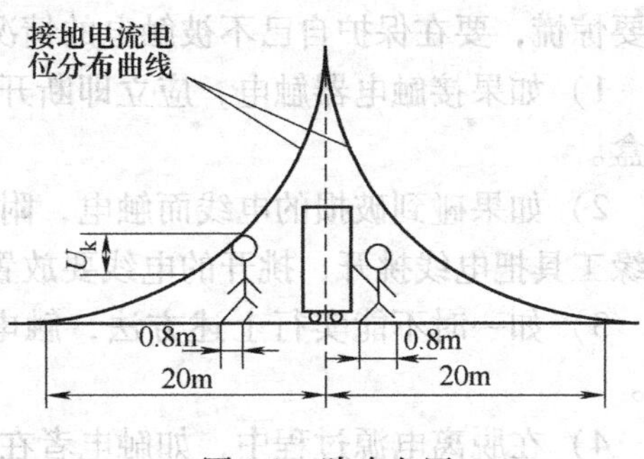

图1-3 跨步电压

4. 剩余电荷接触

剩余电荷触电是指当人触及带有剩余电荷的设备时，带有电荷的设备对人体放电造成的触电事故。设备带有剩余电荷，通常是由于检修人员在检修中用绝缘电阻表测量停电后的并联电容器、电力电缆、电力变压器及大容量电动机等设备时，检修前、后没有对其充分放电造成的。

1.1.4 防止触电

防止触电是安全用电的核心。没有一种措施或保护器是万无一失的。最保险的钥匙掌握在你手中，即安全意识和警惕性。以下几个方面是最基本、最有效的安全防范措施。

1. 安全制度

在工厂企业、科研院所、实验室等用电单位，都会制定有各种各样的安全用电制度。这些制度绝大多数都是在科学分析的基础上制定的，也有很多条文是在实际中总结出的经验，可以说很多制度条文是惨痛的教训换来的。在你走进车间、实验室等一切用电场所时，千万不要忽略安全用电制度，不管这些制度粗看起来如何“不合理”，如何“妨碍”工作。

2. 安全措施

预防触电的措施很多，有关安全技术将在后面作为共同问题进行讨论，这里提出的几条措施都是最基本的安全保障。

1）对正常情况下带电的部分，一定要加绝缘防护，并且置于人不容易碰到的地方。例如输电线、配电盘、电源板等。

2）所有金属外壳的用电器及配电装置都应该装设保护接地或保护接零。对目前大多数工作生活用电系统而言是保护接零。

3）在所有使用市电场所装设漏电保护器。

4）随时检查所用电器插头、电线，发现破损老化及时更换。

5）随时警惕所用电器设备的工作异常情况，发现问题及时处理。

6）手持电动工具尽量使用安全电压工作。我国规定常用安全电压为36V或24V，特别危险场所用12V。

1.1.5 触电急救

1. 脱离电源

人在触电后可能由于失去知觉或超过人的摆脱电流而不能自己脱离电源，此时抢救人员不要惊慌，要在保护自己不被触电的情况下使触电者尽快脱离电源，具体操作如下：

1）如果接触电器触电，应立即断开近处的电源，可就近拔掉插头，断开开关或打开保险盒。

2）如果碰到破损的电线而触电，附近又找不到开关，可用干燥的木棒、竹竿、手杖等绝缘工具把电线挑开，挑开的电线要放置好，不要使人再触到。

3）如一时不能实行上述方法，触电者又趴在电器上，可隔着干燥的衣物将触电者拉开。

4）在脱离电源过程中，如触电者在高处，要防止脱离电源后跌伤而造成二次受伤。

5）在使触电者脱离电源的过程中，抢救者要防止自身或他人触电。

2. 触电的急救处理

当触电者脱离电源后，应立即进行现场紧急救护，同时通知医护人员前来抢救。注意观察触电者的伤势，如果病人呼吸、心跳尚存，应尽快送医院抢救。若心跳停止，应采用人工心脏按压法维持血液循环；若呼吸停止，应立即做口对口的人工呼吸。若触电人伤害得相当严重，心脏和呼吸都已停止，人完全失去知觉，则需同时采用口对口人工呼吸和人工胸外挤压两种方法。如果现场仅有一个人抢救，可交替使用这两种方法，先胸外按压心脏4~6次，然后口对口呼吸2~3次，再按压心脏，反复循环进行操作。人工心脏按压法和人工呼吸的具体操作步骤如下。

（1）人工心脏按压法的具体操作步骤

1）解开触电人的衣裤，清除口腔内异物，使其胸部能自由扩张。

2）使触电人仰卧，姿势与口对口吹气法相同，但背部着地处的地面必须牢固。

3）救护人员位于触电人一边，最好是跨跪在触电人的腰部，将一只手的掌根放在心窝稍高一点的地方（掌根放在胸骨的下三分之一部位），中指指尖对准锁骨间凹陷处边缘，如图1-4a、图1-4b所示，另一只手压在那只手上，呈两手交叠状（对儿童可用一只手）。

4）救护人员找到触电人的正确压点，自上而下，垂直均衡地用力按压，如图1-15c、图1-4d所示，压出心脏里面的血液，注意用力适当。

5）按压后，掌根迅速放松（但手掌不要离开胸部），使触电人胸部自动复原，心脏扩张，血液又回到心脏。

以上可以总结为以下的口诀：

掌根下压不冲击，突然放松手不离；手腕略弯压一寸，一秒一次较适宜。

（2）人工呼吸的具体操作步骤

1）迅速解开触电人的衣服、裤带，松开上身的衣服、护胸罩和围巾等，使其胸部能自由扩张，不妨碍呼吸。

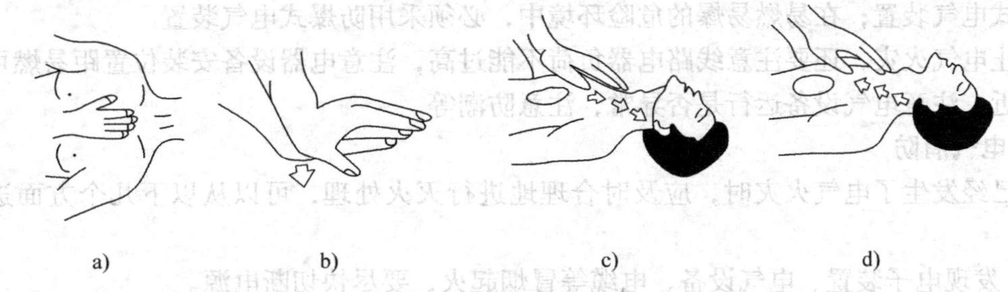

图1-4 人工心脏按压法

2）使触电人仰卧，不垫枕头，头先侧向一边清除其口腔内的血块、义齿及其他异物等。

3）救护人员位于触电人头部的左边或右边，用一只手捏紧其鼻孔，不使漏气，另一只手将其下巴拉向前下方，使其嘴巴张开，嘴上可盖上一层纱布，准备接受吹气。

4）救护人员做深呼吸后，紧贴触电人的嘴巴，向他大口吹气。同时观察触电人胸部隆起的程度，一般应以胸部略有起伏为宜。

5）救护人员吹气至需换气时，应立即离开触电人的嘴巴，并放松触电人的鼻子，让其自由排气。这时应注意观察触电人胸部的复原情况，倾听口鼻处有无呼吸声，从而检查呼吸是否阻塞，如图1-5所示。

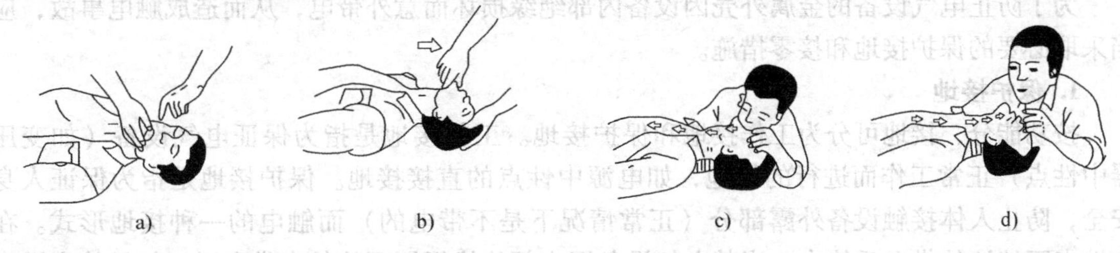

图1-5 口对口人工呼吸法

以上可以总结为如下的口诀：

张口捏鼻手抬颌，深吸缓吹口对紧；张口困难吹鼻孔，5秒一次坚持吹。

1.2 电气火灾与电气消防

火灾是造成人们生命财产损失的重大灾害。随着现代电气化的日益发展，电气火灾在火灾总数中所占比例不断上升，而且随着城市化进程的加快，电气火灾造成的损失越来越严重，研究电气火灾原因及其预防意义重大。

1. 电气火灾

电器、照明设备、手持电动工具以及通常采用单相电源供电的小型电器，有时会引起火灾，其原因通常是电气设备选用不当或由于线路年久失修，绝缘老化造成短路，或由于用电量增加、线路超负荷运行，维修不善导致插头松动，电器积尘、受潮，热源接近电器，电器接近易燃物和通风散热失效等。

要避免上述情况的发生，就要合理选用电气装置。例如，在潮湿和多尘的环境中，应选用封闭式电气装置；在易燃易爆的危险环境中，必须采用防爆式电气装置。

防止电气火灾，还要注意线路电器负荷不能过高，注意电器设备安装位置距易燃可燃物不能太近，注意电气设备运行是否异常，注意防潮等。

2. 电气消防

当已经发生了电气火灾时，应及时合理地进行灭火处理，可以从以下几个方面进行处理。

1）发现电子装置、电气设备、电缆等冒烟起火，要尽快切断电源。

2）使用砂土、二氧化碳或四氯化碳等不导电灭火介质，忌用泡沫和水进行灭火。

3）灭火时不可将身体或灭火工具触及导线和电气设备。

1.3 用电安全技术简介

实践证明，采用用电安全技术可以有效预防电气事故。在目前已有的技术措施不断完善，新的技术不断涌现的情况下，我们需要了解并正确运用这些技术，不断提高安全用电的水平。

1.3.1 接地和接零保护

为了防止电气设备的金属外壳因设备内部绝缘损坏而意外带电，从而造成触电事故，应当采取必要的保护接地和接零措施。

1. 保护接地

按功能分，接地可分为工作接地和保护接地。工作接地是指为保证电气设备（如变压器中性点）正常工作而进行的接地，如电源中性点的直接接地。保护接地是指为保证人身安全，防止人体接触设备外露部分（正常情况下是不带电的）而触电的一种接地形式。在中性点不接地的供电系统中，当某电气设备因内部绝缘损坏而使外壳带电时，如果外壳没有接地，人体触及外壳时，相当于单相触电，此时流过人体的电流大小取决于人体电阻和设备的绝缘电阻，当设备的绝缘损坏或性能下降时，人体就有触电的危险。为了消除这种危险，设备外露部分（金属外壳或金属构架）必须与大地进行可靠电气连接，如图 1-6 所示。此时由于人体的电阻与接地电阻并联，通常情况下，人体电阻比接地电阻大得多，所以通过人体的电流就很小了，不会有危险。

2. 保护接零

保护接零是指将设备需要接地的外露部分与电源中性线直接连接，相当于设备外露部分与大地进行了电气连接。使保护设备能迅速动作断开故障设备，减少了人体触电危险。这种方法适用于电源中性点接地（既有工作接地）的三线四相制供电系统。

保护接零的工作原理：当设备正常工作时，外露部分不带电，人体触及外壳相当于触及零线，无危险。如果绝缘损坏使一相线碰及金属外壳时，则该相与电源中性线形成单相短路，该相熔断器或保护设备动作，从而使外壳不带电，也没有触电危险，如图 1-7 所示。

在采用保护接零的实际供电系统中，除工作接地外，还必须有重复接地，而且应注意的是，这种系统中的保护接零必须接到保护零线上，而不能接到工作零线上。虽然保护零线与工作零线对地的电压都是 0V，但保护零线上是不能接熔断器和开关的，而工作零线上则可根据需要接熔断器及开关。这对有爆炸、火灾危险的工作场所为减轻过负荷的危险来说是必要的。图1-8所示为实际供电系统中用电器外壳采用保护接零的接法。

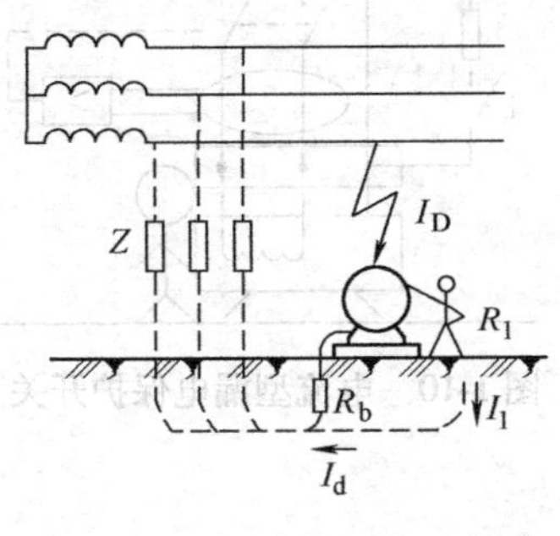

图1-6 保护接地示意图

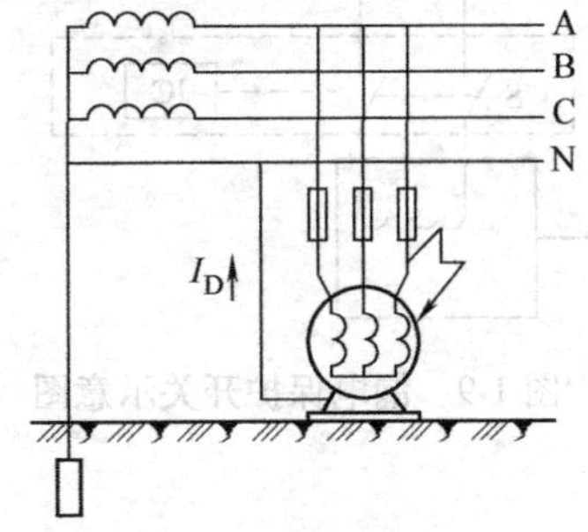

图1-7 保护接零示意图

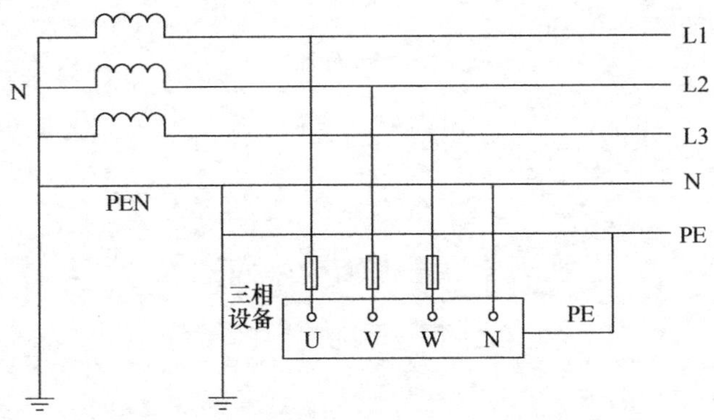

图1-8 重复接地及保护接零示意图

1.3.2 漏电保护器

漏电保护器也叫触电保护开关，是一种保护切断型的安全技术，在电气设备中发生漏电或接地故障而人体尚未触及时，漏电保护装置已切断电源；或者在人体已触及带电体时，漏电保护器能在非常短的时间内切断电源，减轻对人体的危害。它比保护接地或保护接零更灵敏，更有效。据统计，某城市普遍安装漏电保护器后，同一时间内触电伤亡人数减少了2/3，可见技术保护措施的作用不可忽视。

漏电保护开关有电压型和电流型两种，其工作原理有共同性，即都可把它看做是一种灵敏继电器，如图1-9所示，检测器JC控制开关S的通断。对于电压型而言，JC检测用电器对地电压；对于电流型则检测漏电流，若超过安全值则控制S动作切断电源。

由于电压型漏电保护开关安装较复杂，目前发展较快、使用广泛的是电流型保护开关。它不仅能防止人触电，而且能防止漏电造成火灾，既可用于中性点接地系统也可用于中性点不接地系统，既可单独使用也可与保护接地、保护接零共同使用，而且安装方便，值得大力推广。典型的电流型漏电保护开关的工作原理如图1-10所示。当电器正常工作时，流经零序互感器的电流大小相等，方向相反，检测输出为零，开关闭合电路正常工作。当电器发生漏电时，漏电流不通过零线，零序互感器检测到不平衡电流并达到一定数值时，通过放大器输出信号将开关切断。

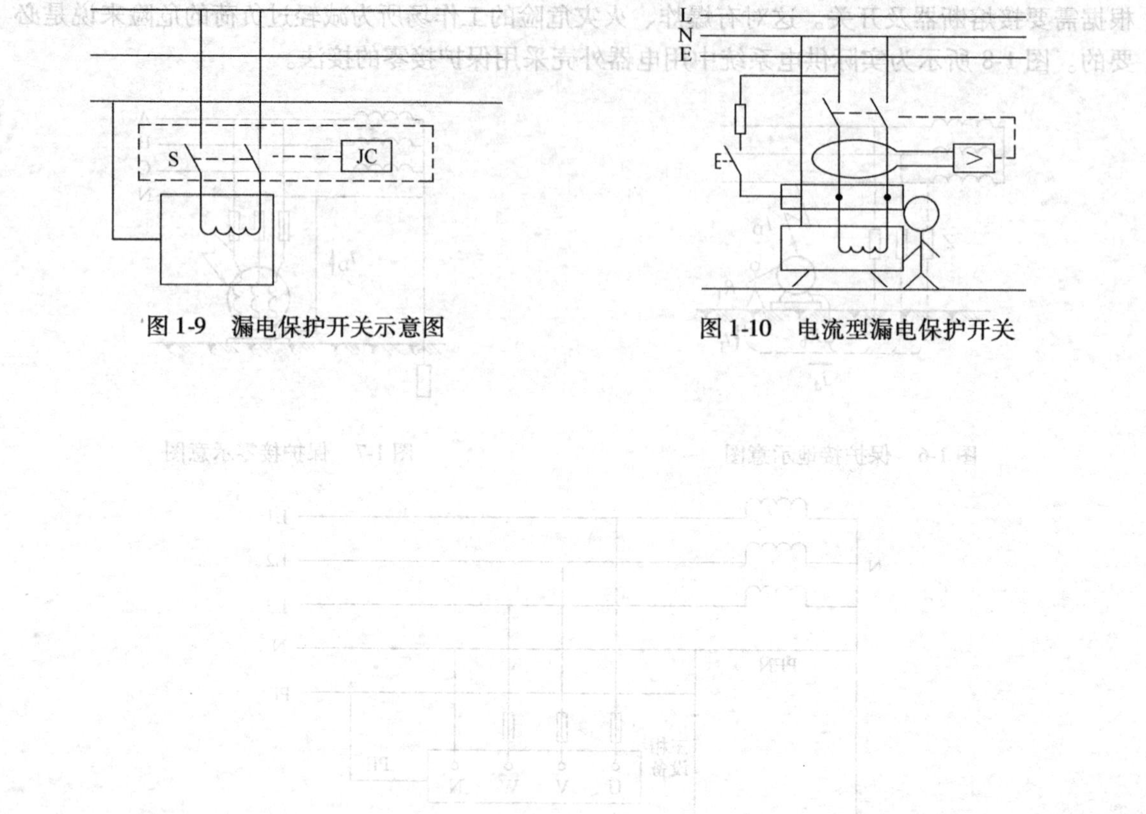

图 1-9　漏电保护开关示意图

图 1-10　电流型漏电保护开关

第 2 章　焊接技术初步

任何一个电子产品都是经过设计→焊接→组装→调试而形成的，其中，焊接是保证电子产品质量和可靠性的最基本环节，电子产品中任何一个焊点出现故障，都可能影响整机的工作。了解焊接的机理，熟悉焊接工具、材料和基本原则，掌握最起码的操作技艺是跨进电子科技大厦的第一步，本章内容将指导你迈出坚实的一步。

2.1　焊接的基础知识

一个完整的电子产品是由基本的电子元器件和功能构件，按电路工作原理，用一定的工艺方法连接而成的。虽然连接方法有多种（例如铆接、绕接、压接、粘接等），但使用最广泛的方法是锡焊。锡焊作为焊接的一种，将焊件和熔点比焊件低的焊料共同加热到锡焊温度，在焊件不熔化的情况下，焊料熔化并浸润焊接面，依靠二者原子的扩散形成焊件的连接。其主要特征有以下三点：

1）焊料熔点低于焊件。

2）焊接时将焊料与焊件共同加热到锡焊温度，焊料熔化而焊件不熔化。

3）焊接的形成依靠熔化状态的焊料浸润焊接面，由毛细作用使焊料进入焊件的间隙，形成一个合金层，从而实现焊件的结合。

2.2　常用焊接工具与材料

焊接工具和材料是实施焊接作业必不可少的条件。合适、高效的工具是焊接质量的保证，合格的材料是焊接的前提，了解这方面的基本知识，对掌握焊接技术来说是必需的。

2.2.1　焊接工具

常用的手工焊接工具是电烙铁，其作用是加热焊料和被焊金属，使熔融的焊料润湿被焊金属表面并生成合金。

1. 电烙铁的分类及结构

常见的电烙铁有直热式、感应式、恒温式，还有吸锡式电烙铁。本章主要介绍直热式电烙铁，其结构示意图如图 2-1 所示。

直热式电烙铁又可以分为内热式和外热式两种，主要由以下几部分组成。

1）发热元件：俗称烙铁芯。它是将镍铬发热电阻丝缠在云母、陶瓷等耐热、绝缘材料上构成的。内热式与外热式电烙铁的主要区别在于外热式发热元件在传热体的外部，而内热式的发热元件在传热体的内部。

2）烙铁头：作为热量存储和传递的烙铁头，一般用纯铜制成。

3）手柄：一般用实木或胶木制成，手柄设计要合理，否则会因温升过高而影响操作。

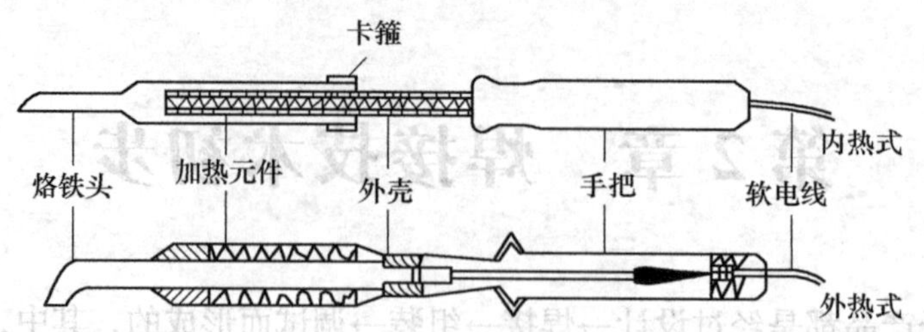

图 2-1　直热式电烙铁结构示意图

4）接线柱：是发热元件同电源线的连接处。必须注意，一般烙铁有三个接线柱，其中一个是接金属外壳的，接线时应用三芯线将外壳接保护零线。

2. 电烙铁的选用

如果有条件，选用恒温烙铁是比较理想的。对一般研制、生产，可根据不同施焊对象选择不同功率的普通烙铁，选择烙铁的功率和类型，一般是根据焊件大小与性质而定，具体可参考表 2-1。

表 2-1　电烙铁选用情况参考

焊件及工作性质	选用烙铁	烙铁头温度（室温 220V 电压）/℃
一般印制电路板，安装导线	20W 内热式，30W 外热式、恒温式、储能式	300 ~ 400
集成电路	20W 内热式、恒温式、储能式	
焊片，电位器，2 ~ 8W 电阻，大电解电容	35 ~ 50W 内热式、恒温式、50 ~ 70W 外热式	350 ~ 450
8W 以上大电阻，$\phi 2$ 以上导线等较大元器件	100W 内热式、150 ~ 200W 外热式	400 ~ 500
汇流排、金属板等	300W 外热式	500 ~ 630
维修，调试一般电子产品	50W 内热式、恒温式、感应式、储能式、两用式	

3. 烙铁头温度的调整与判断

烙铁头的温度可以通过插入烙铁芯的深度来调节，烙铁头插入烙铁芯的深度越深，其温度越高。通常情况下，我们根据助焊剂的发烟状态就可以判断烙铁头的温度：在烙铁头上熔化一点松香芯焊料，根据助焊剂的烟量大小判断其温度是否合适。温度低时，发烟量小，持续时间长；温度高时，烟气量大，消散快；其示意图如图 2-2 所示。在中等发烟状态，约 6 ~ 8s 消散时，温度约为 300℃，这时是焊接的合适温度。

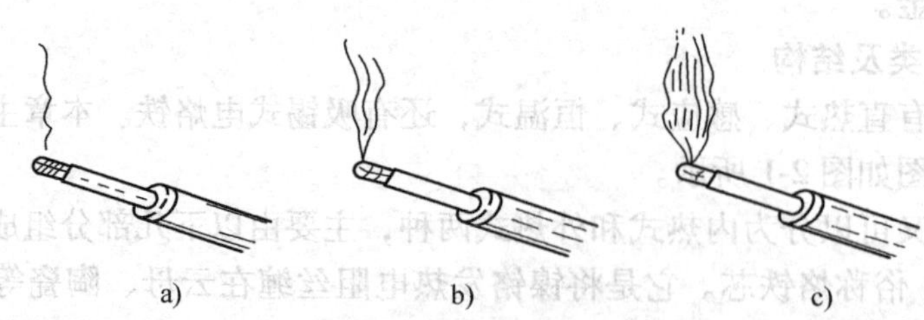

图 2-2　目测判断烙铁头温度示意图

4. 烙铁头的选择与修整

烙铁头是储存热量和传导热量的载体。烙铁的温度与烙铁头的体积、形状、长短等都有一定的关系，烙铁头常见的几种形状如图 2-3 所示。

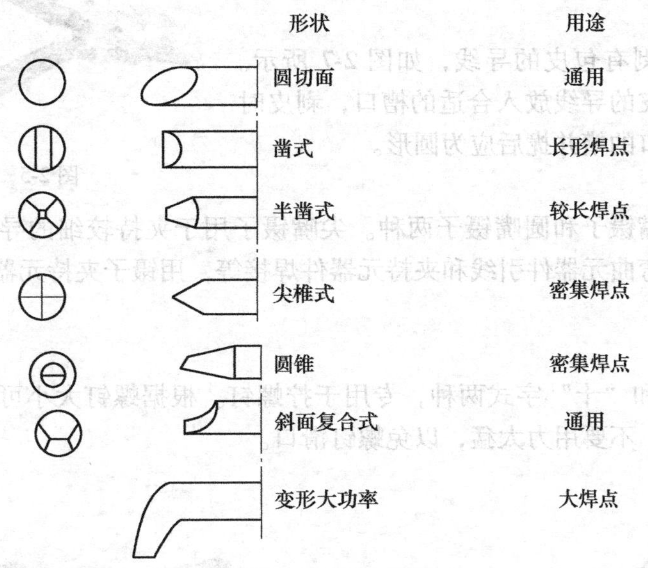

图 2-3 烙铁头形状

可以根据个人习惯及使用体会选用烙铁头，并随焊接对象变化，每把烙铁可配几个头。对焊接件变化很大的工作来说，复合型烙铁头能适应大多数情况。

烙铁头经使用一段时间后，表面会凹凸不平，而且氧化层严重，这种情况下需要修整，一般将烙铁头拿下来，夹到台虎钳上粗锉，修整为自己要求的形状，然后再用细锉修平，最后用细砂纸打磨光。对焊接数字电路、计算机的工作来说，普通烙铁头太粗了，可以将头部用锤子锻打到合适的粗细，再修整。

修整后的烙铁应立即镀锡，方法是将烙铁头装好并通电，在木板上放些松香并放一段焊锡，烙铁沾上锡后在松香中来回摩擦，直到整个烙铁修整面均匀镀上一层锡为止。

应该注意，烙铁通电后一定要立刻蘸上松香，否则表面会生成难镀锡的氧化层。

2.2.2 装接工具

在手工焊接制作电子产品的过程中，除了电烙铁之外，还要用到其他一些装接工具，具体介绍如下。

1. 尖嘴钳

尖嘴钳头部较细，用于夹小型金属零件或弯曲元器件引线，不宜用于敲打物体或夹持螺母，如图 2-4 所示。

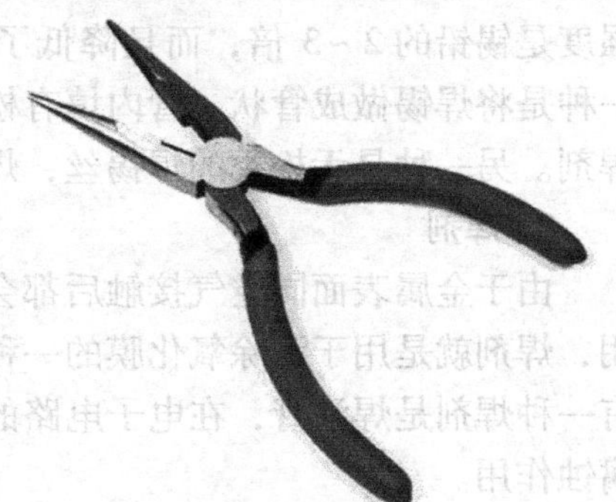

图 2-4 尖嘴钳

2. 偏口钳

偏口钳用于剪切细小的导线及焊后的线头，也可与尖嘴钳合用于剥导线的绝缘皮，如图 2-5 所示。

3. 平口钳

平口钳头部较平宽，适用于重型作业，如螺母、紧固件的装配操作，金属薄板及金属丝的夹持和折断等，如图 2-6 所示。

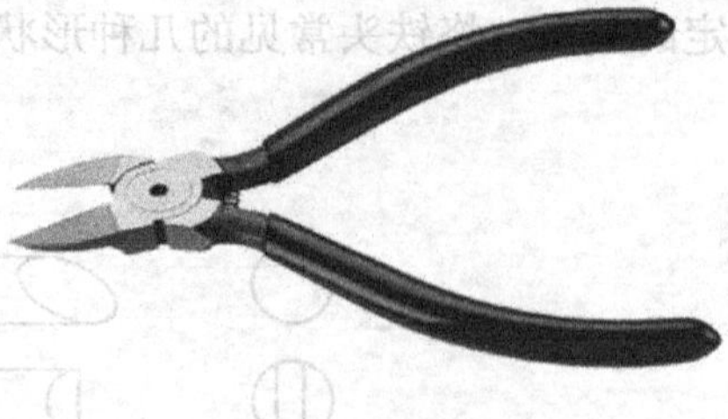

4. 剥线钳

剥线钳专用于剥有包皮的导线，如图 2-7 所示。使用时注意将需剥皮的导线放入合适的槽口，剥皮时不能剪断导线，剪口的槽并拢后应为圆形。

图 2-5 偏口钳

5. 镊子

镊子可分为尖嘴镊子和圆嘴镊子两种。尖嘴镊子用于夹持较细的导线，以便于装配焊接。圆嘴镊子用于弯曲元器件引线和夹持元器件焊接等，用镊子夹持元器件焊接还可起散热作用。

6. 螺钉旋具

有“一”字式和“十”字式两种，专用于拧螺钉。根据螺钉大小可选用不同规格的螺钉旋具。但在拧时，不要用力太猛，以免螺钉滑口。

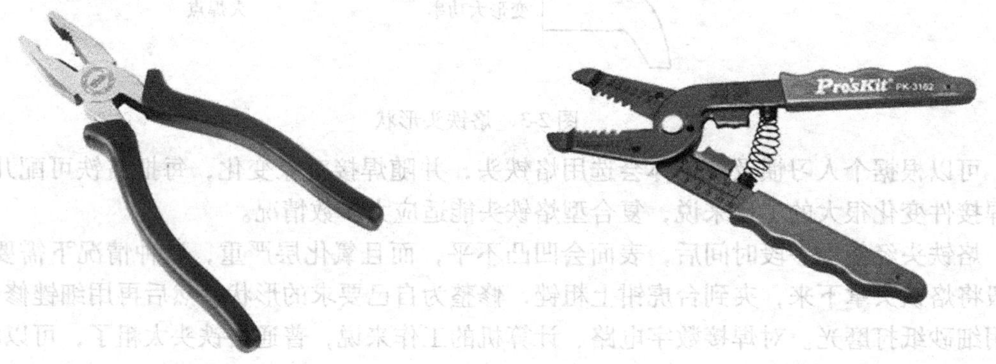

图 2-6 平口钳　　图 2-7 剥线钳

2.2.3 焊接材料

1. 焊锡

常用的焊料是焊锡，焊锡是一种锡铅合金。锡的熔点为 232℃，铅为 327℃，锡铅比例为 60∶40 的焊锡，其熔点只有 190 ℃ 左右，低于被焊金属的熔点，焊接起来很方便。机械强度是锡铅的 2 ~ 3 倍，而且降低了表面张力及粘度，提高了抗氧化能力。焊锡丝有两种，一种是将焊锡做成管状，管内填有松香，称为松香焊锡丝，使用这种焊锡丝焊接时可不加助焊剂。另一种是无松香的焊锡丝，焊接时要加助焊剂。

2. 焊剂

由于金属表面同空气接触后都会生成一层氧化膜，这层氧化膜阻止焊锡对金属的润湿作用，焊剂就是用于清除氧化膜的一种专用材料。我们通常使用的有松香和松香酒精溶液。还有一种焊剂是焊油膏，在电子电路的焊接中，一般不使用它，因为它是酸性焊剂，对金属有腐蚀作用。

2.3 手工焊接技术

2.3.1 电烙铁的握法

为了人体安全，烙铁距离鼻子应保持30cm的距离。电烙铁的握法有三种：反握法、正握法、握笔法，具体如图2-8所示。反握法动作稳定，长时间操作不宜疲劳，适合于大功率烙铁的操作。正握法适合于中等功率烙铁或带弯头电烙铁的操作。一般在工作台上焊印制板等焊件时，多采用握笔法。

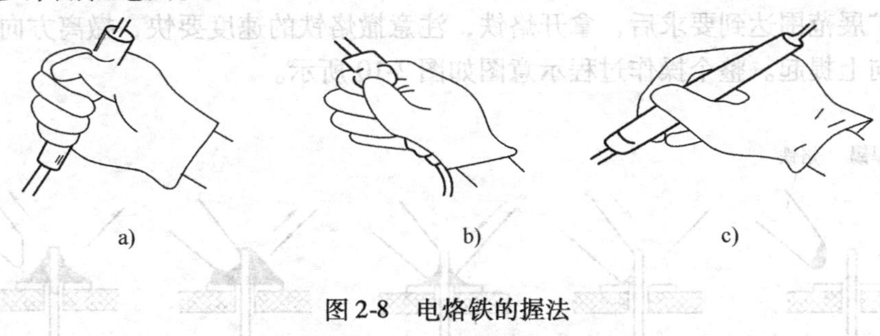

图2-8 电烙铁的握法

a）反握法 b）正握法 c）握笔法

2.3.2 焊锡的基本拿法

焊锡丝一般有两种拿法。焊接时，一般左手拿焊锡，右手拿电烙铁。进行连续焊接时采用图2-9a所示的拿法，这种拿法可以连续向前送焊锡丝。图2-9b所示的拿法在只焊接几个焊点或断续焊接时适用，不适合连续焊接。

图2-9 焊锡的基本拿法

a）连续焊接时 b）只焊几个焊点时

2.3.3 焊接操作步骤

1. 五步操作法

作为一种初学者掌握手工锡焊技术的训练方法，五步法是卓有成效的，其操作步骤如下。

（1）准备施焊

烙铁头和焊锡靠近被焊工件并认准位置，处于随时可以焊接的状态，此时保持烙铁头干净可沾上焊锡。

（2）加热焊件

将烙铁头放在工件上进行加热，烙铁头接触热容量较大的焊件。

（3）熔化焊锡

将焊锡丝放在工件上，熔化适量的焊锡，在送焊锡过程中，可以先将焊锡接触烙铁头，然后移动焊锡至与烙铁头相对的位置，这样做有利于焊锡的熔化和热量的传导。此时注意焊锡一定要润湿被焊工件表面和整个焊盘。

（4）移开焊锡丝

待焊锡充满焊盘后，迅速拿开焊锡丝，待焊锡用量达到要求后，应立即将焊锡丝沿着元件引线的方向向上提起焊锡。

（5）移开烙铁

焊锡的扩展范围达到要求后，拿开烙铁，注意撤烙铁的速度要快，撤离方向要沿着元件引线的方向向上提起。整个操作过程示意图如图 2-10 所示。

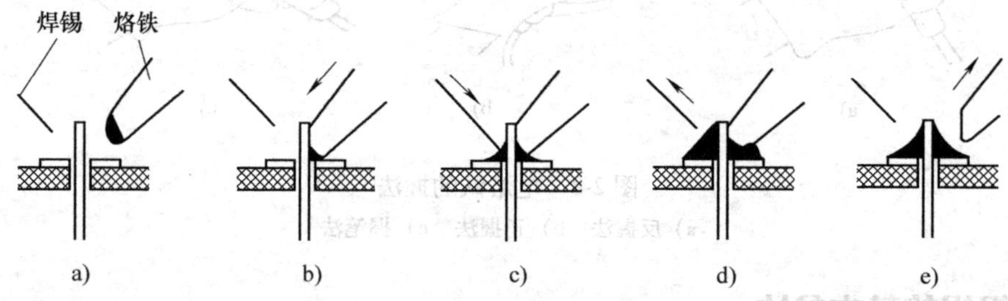

图 2-10 五步操作法

a）准备施焊 b）加热焊件 c）融化焊锡 d）移开焊锡 e）移开烙铁

2. 三步操作法

对于热容量小的焊件，例如印制板上较细导线的连接，可以简化为三步操作。

（1）准备施焊

同以上步骤 1。

（2）加热与送丝

烙铁头放在焊件上后即放入焊丝。

（3）去丝移烙铁

焊锡在焊接面上浸润扩散达到预期范围后，立即拿开焊丝并移开烙铁，并注意移去焊丝的时间不得滞后于移开烙铁的时间。

整个操作过程示意图如图 2-11 所示。

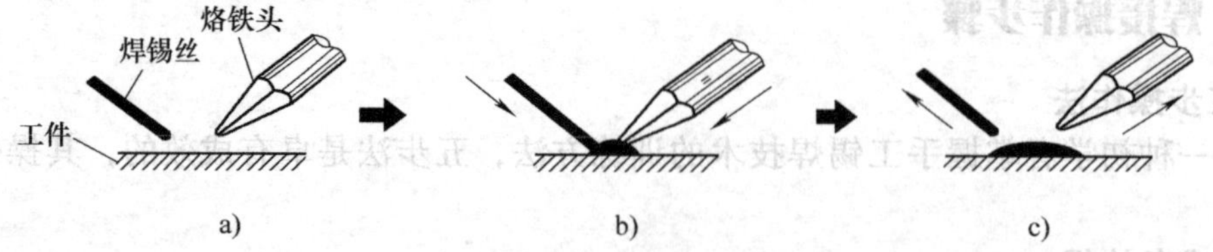

图 2-11 三步操作法

a）准备施焊 b）加热与送丝 c）去丝移烙铁

2.4 手工锡焊技术要点

作为一种操作技术，手工锡焊要通过实际训练才能掌握，但是遵循基本的原则，学习前人积累的经验，运用正确的方法，可以事半功倍地掌握操作技术。以下各点对学习焊接技术是必不可少的。

2.4.1 锡焊基本条件

1. 焊件焊接性

不是所有的材料都可以用锡焊实现连接的，只有一部分金属有较好的焊接性（严格地说应该是可以锡焊的性质），才能用锡焊连接。一般铜及其合金、金、银、锌、镍等具有较好的焊接性，而铝、不锈钢、铸铁等焊接性很差，一般需采用特殊焊剂及方法才能锡焊。

2. 焊料合格

铅锡焊料成分不合规格或杂质超标都会影响锡焊质量，特别是某些杂质含量，例如锌、铝、镉等，即使是0.001%的含量也会明显影响焊料的润湿性和流动性，降低焊接质量。

3. 焊剂合适

焊接不同的材料要选用不同的焊剂，即使是同种材料，当采用的焊接工艺不同时也往往要用不同的焊剂，例如手工烙铁焊接和浸焊，焊后清洗与不清洗就需采用不同的焊剂。对手工锡焊而言，采用松香或活性松香能满足大部分电子产品的装配要求。还要指出的是，焊剂的量必须适中，过多、过少都不利于锡焊。

2.4.2 焊锡操作要领

1. 清洁焊件表面

对被焊工件表面应首先检查其焊接性，若焊接性差，则应先进行清洗处理和搪锡。

2. 清洁烙铁头

因为焊接时烙铁头长期处于高温状态，其表面很容易因氧化而沾上一层黑色杂质形成隔热层，使烙铁头失去加热作用。因此要随时在烙铁架上蹭去杂质。用一块湿布或湿海绵随时擦烙铁头，也是常用的方法。

3. 采用正确的加热方法

要靠增加接触面积加快传热，而不要用烙铁对焊件加力。应该让烙铁头与焊件形成面接触而不是点接触，必要时可保持烙铁头上挂有适量焊锡，使工件受热均匀。

4. 不要用过量的焊剂

适量的焊剂是非常有必要的。过量的松香不仅造成焊后焊点周围脏且不美观，而且当加热时间不足时，又容易夹杂到焊锡中形成“夹渣”缺陷。

5. 焊锡量要合适

过量的焊锡会增加焊接时间，降低工作速度。

6. 保持合适的温度

焊接温度是由烙铁头的温度决定的，焊接时要保持烙铁头在合理的温度范围。一般烙铁头的温度控制在使焊剂熔化较快又不冒烟时的温度，一般在230～350℃之间。

7. 控制好加热时间

焊接的整个过程从加热被焊工件到焊锡熔化并形成焊点，一般在几秒钟之内完成。对印制电路的焊接，时间一般以2~3s为宜。在保证焊料润湿焊件的前提下时间越短越好。

8. 工件的固定

焊点形成并撤离烙铁头以后，焊点凝固过程中不要触动焊点。

9. 使用必要辅助工具

对耐热性差、热容量小的元器件，应使用工具辅助散热。焊接前一定要处理好焊点。还要适当采用辅助散热措施。在焊接过程中可以用镊子、尖嘴钳子等夹住元件的引线，用以减少热量传递到元件，从而避免元件过热失灵。加热时间一定要短。

2.5 焊接质量及缺陷

焊接是电子产品制造中最主要的一个环节，一个虚焊点就能造成整台仪器设备的失灵。要在一台有成千上万个焊点的设备中找出虚焊点来不是容易的事。据统计，现在电子设备仪器故障中近一半是由于焊接不良引起的。

2.5.1 对合格焊点的要求

1. 足够的机械强度

一般可采用把被焊元器件的引线端子打弯后再焊接的方法。

2. 可靠的电连接

这是保证良好导电性能的根本要求。

3. 光洁整齐的外观

焊点的外观应光滑、清洁、均匀、对称、整齐、美观、充满整个焊盘并与焊盘大小比例合适。

满足上述三个条件的焊点，才算是合格的焊点，如图2-12所示即为典型焊点的外观。

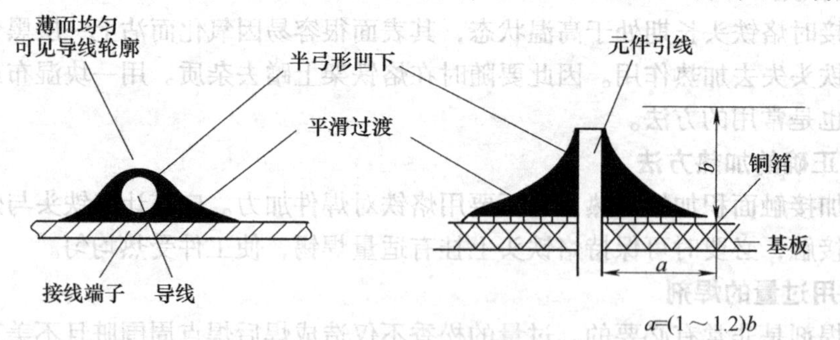

图2-12 典型焊点外观

2.5.2 焊接质量的外观检查

1. 目视检查

目视检查是指从外观上检查焊接质量是否合格，有条件的情况下，建议用3~10倍放大镜进行目检，目视检查的主要内容有：

1）是否有错焊、漏焊、虚焊。

2）有没有连焊，焊点是否有拉尖现象。

3）焊盘有没有脱落，焊点有没有裂纹。

4）焊点外形润湿是不是良好，焊点表面是不是光亮、圆润。

5）焊点周围是否有残留的焊剂。

6）焊接部位有无热损伤和机械损伤现象。

2. 手触检查

在外观检查中发现有可疑现象时，可采用手触检查。主要是用手指触摸元器件有无松动、焊接不牢的现象，用镊子轻轻拨动焊接分部或夹住元器件引线，轻轻拉动观察有无松动现象。

2.5.3 常见焊点缺陷及质量分析

造成焊接缺陷的原因有很多，在材料（焊料与焊剂）与工具（烙铁、夹具）一定的情况下，采用什么方式以及操作者是否有责任心，就是决定性的因素了。图2-13表示导线端子焊接常见缺陷，图2-14给出了常见印制电路板焊点缺陷图示，并对各自的特点及产生原因进行了分析说明。

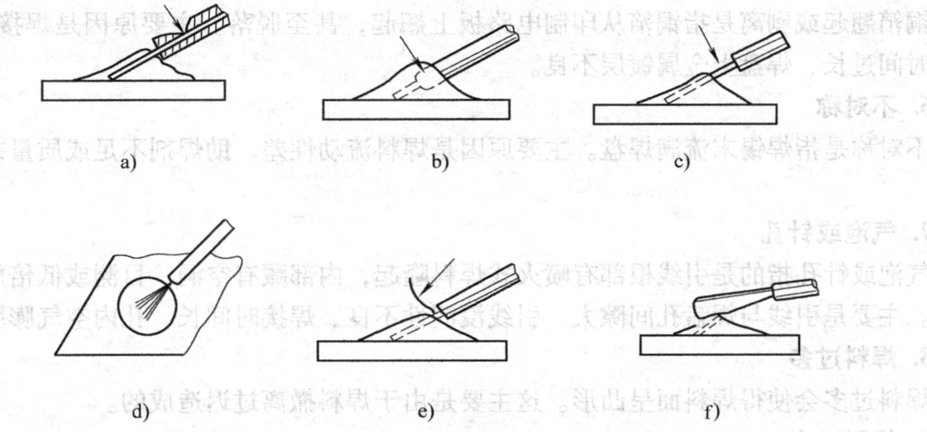

图2-13 常见导线端子焊接缺陷示意图

a）外皮烧焦 b）焊料浸过导线外皮 c）芯线过长 d）芯线散开 e）甩线 f）断线

1. 桥接

桥接是指焊锡将相邻的印制导线连接起来。桥接是由时间过长、焊锡温度过高、烙铁撤离角度不当造成的。

2. 拉尖

拉尖是指焊点出现尖端或毛刺。原因是焊料过多、助焊剂少、加热时间过长、焊接时间过长、烙铁撤离角度不当。

3. 虚焊

虚焊是指焊锡与元器件引线或与铜箔之间有明显黑色界线，焊锡向界线凹陷。原因是印制电路板和元器件引线未清洁好、助焊剂质量差、加热不够充分、焊料中杂质过多。

4. 松香焊

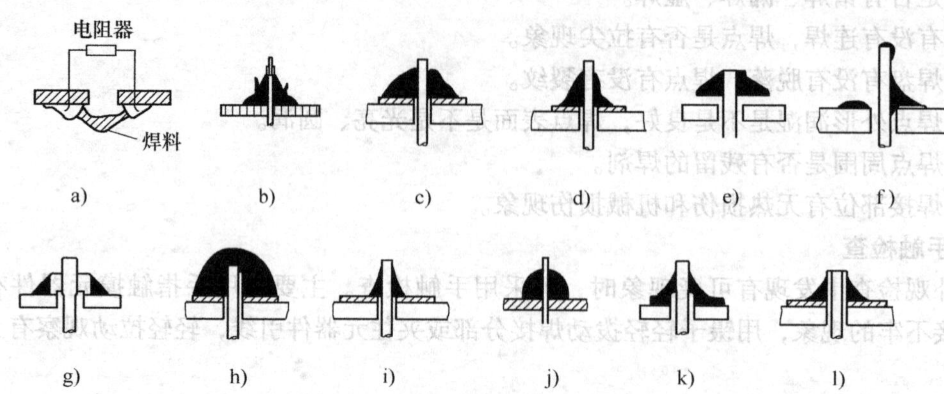

图 2-14　常见焊点缺陷的图片

a）桥接　b）拉尖　c）虚焊　d）松香焊　e）剥离　f）不对称　g）气泡或针孔
h）焊料过多　i）焊料过少　j）过热　k）冷焊　l）松动

松香焊是指焊缝中还夹有松香渣。主要原因是焊剂过多或已失效、焊剂未充分发挥作用、焊接时间不够、加热不足、表面氧化膜未去除。

5. 铜箔翘起或剥离

铜箔翘起或剥离是指铜箔从印制电路板上翘起，甚至脱落。主要原因是焊接温度过高，焊接时间过长、焊盘上金属镀层不良。

6. 不对称

不对称是指焊锡未流满焊盘。主要原因是焊料流动性差、助焊剂不足或质量差、加热不足。

7. 气泡或针孔

气泡或针孔指的是引线根部有喷火式焊料隆起，内部藏有空洞，目测或低倍放大镜可见有孔。主要是引线与焊盘孔间隙大、引线浸润性不良、焊接时间长，孔内空气膨胀。

8. 焊料过多

焊料过多会使得焊料面呈凸形。这主要是由于焊料撤离过迟造成的。

9. 焊料过少

焊料过少是指焊接面积小于焊盘的 80%，焊料未形成平滑的过渡面。主要原因是焊锡流动性差或焊丝撤离过早、助焊剂不足、焊接时间太短。

10. 过热

过热会使得焊点发白，无金属光泽，表面较粗糙。主要原因是烙铁功率过大，加热时间过长、焊接温度过高。

11. 冷焊

冷焊会使得表面呈豆腐渣状颗粒，有时可有裂纹。主要原因是焊料未凝固时焊件抖动。

12. 松动

松动指的是导线或元器件引线可移动。主要原因是焊锡未凝固前引线移动造成空隙或引线未处理好。

2.6 拆焊

对于电阻、电容、晶体管等引脚不多，且每个引线能相对活动的元器件，可用烙铁直接拆焊。将印制板竖起来夹住，一边用烙铁加热待拆元件的焊点，一边用镊子或尖嘴钳夹住元器件引线轻轻拉出，具体示意图如图 2-15 所示。重新焊接时，需先用锥子将焊孔在加热熔化焊锡的情况下扎通。需要指出的是，这种方法不宜在一个焊点上多次使用，因为印制导线和焊盘经反复加热后很容易脱落，从而造成印制电路板损坏。

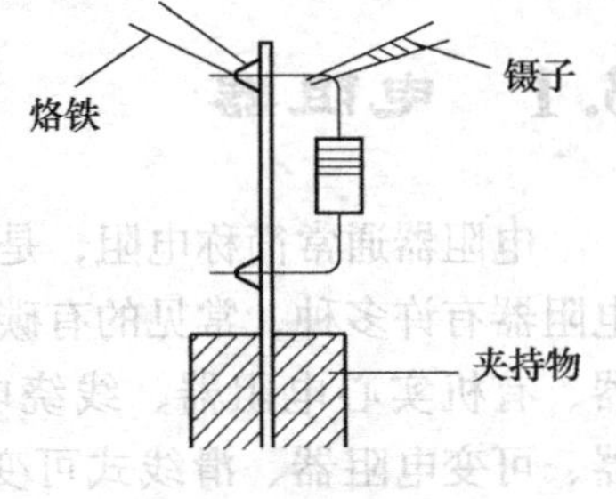

图 2-15 拆焊

2.7 工业中常用的焊接技术

2.7.1 浸焊

浸焊（Dip Soldering）是最早应用在电子产品批量生产中的焊接方法，浸焊设备的焊锡槽如图 2-16 所示。

浸焊设备的工作原理是让插好元器件的印制电路板水平接触熔融的铅锡焊料，使整块电路板上的全部元器件同时完成焊接。

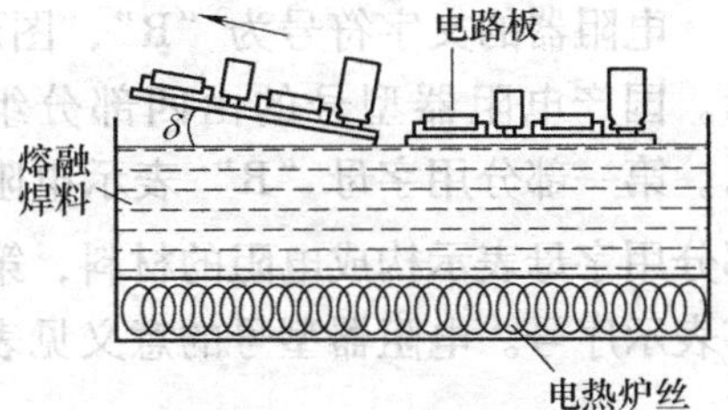

图 2-16 浸焊机工作原理

2.7.2 波峰焊

波峰焊机是在浸焊机的基础上发展起来的自动焊接设备，两者最主要的区别在于设备的焊锡槽。波峰焊（Wave Soldering）是利用焊锡槽内的机械式或电磁式离心泵，将熔融焊料压向喷嘴，形成一股向上平稳喷涌的焊料波峰，并源源不断地从喷嘴中溢出。装有元器件的印制电路板以直线平面运动的方式通过焊料波峰，在焊接面上形成浸润焊点而完成焊接。波峰焊机的焊锡槽示意图如图 2-17 所示。

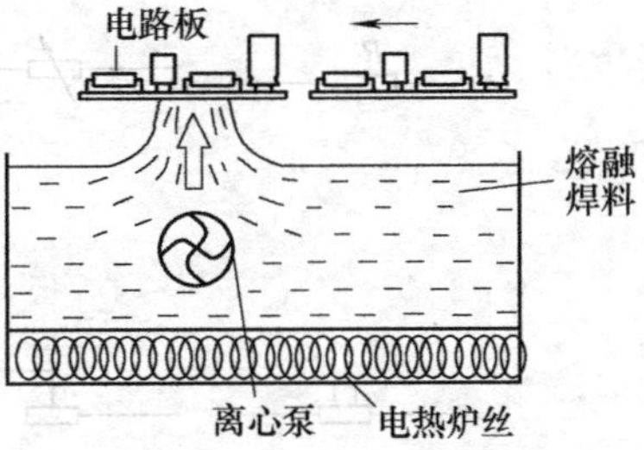

图 2-17 波峰焊机焊锡槽示意图

第3章　常用电子元器件

3.1　电阻器

电阻器通常简称电阻，是一种最基本、最常用的电子元件。由于制造材料和结构不同，电阻器有许多种，常见的有碳膜电阻器、金属膜电阻器、有机实心电阻器、线绕电阻器、固定抽头电阻器、可变电阻器、滑线式可变电阻器和片状电阻器，如图3-1所示。按其阻值是否可调又分为固定电阻器和可变电阻器两种。在电子制作中一般常用碳膜电阻或金属膜电器。

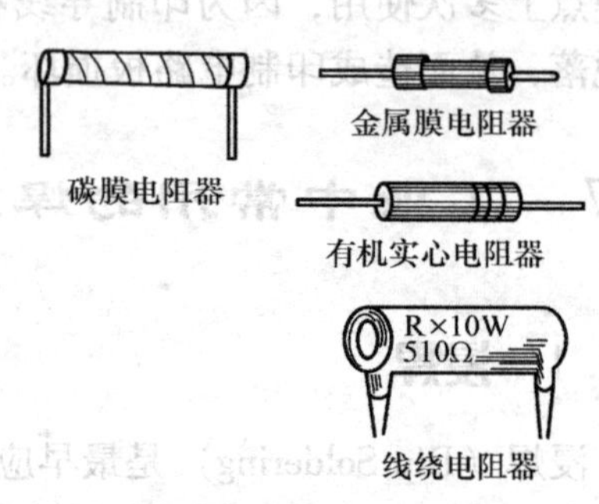

图3-1　常见电阻器

1. 电阻器的命名

电阻器的文字符号为“R”，图形符号如图3-2所示。国产电阻器型号的由四部分组成，如图3-3所示。第一部分用字母“R”表示电阻器的主称，第二部分用字母表示构成电阻的材料，第三部分用数字或字母表示电阻器的分类，第四部分用数字表示序号。电阻器型号的意义见表3-1。

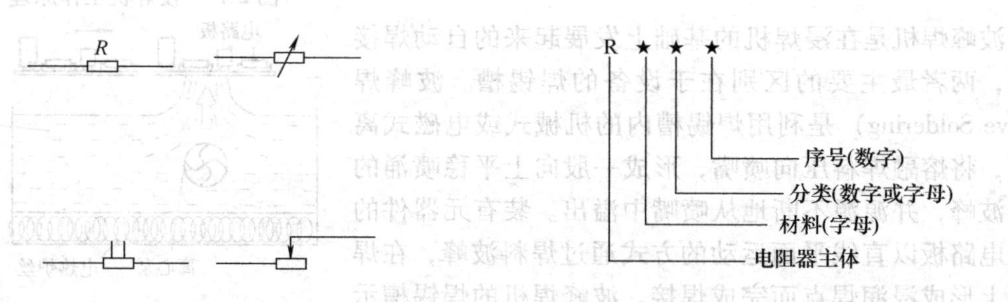

图3-2　电阻器图形符号　　　　图3-3　电阻器型号的命名

2. 电阻器的标称阻值与允许偏差

电阻器上所标示的名义阻值称为标称阻值。电阻器不可能做到要什么阻值就有什么样的阻值，为了达到既满足使用者对规格的各种要求，又便于大量生产，使规格品种简化到最低程度，国家规定只按一系列标准化的阻值生产，这一系列阻值叫做电阻器的标称阻值系列。

电阻器的实际阻值不可能做到与它的标称阻值完全一样，它们之间允许有一定差别，称为允许偏差。

表3-1　电阻器型号的意义

第1部分	第2部分（材料）	第3部分（分类）	第4部分
R	H：合成碳膜	1：普通	序号
	I：玻璃釉膜	2：普通	
	J：金属膜	3：超高频	
	N：无机实心	4：高阻	
	G：沉积膜	5：高温	
	S：有机实心	7：精密	
	T：碳膜	8：高压	
	X：线绕	9：特殊	
	Y：氧化膜	G：高功率	
	F：复合膜	T：可调	

3. 电阻器的参数

电阻器的主要参数有电阻值、额定功率、温度系数、噪声、频率特性等，其中前两项是最基本的。

（1）电阻值

电阻值简称阻值，基本单位是欧姆，简称欧，用符号 Ω 表示。常用的单位还有千欧和兆欧。电阻值的表示方法有两种：直标法和色环法。

直标法是在元件表面直接标出数值与偏差，如图3-4所示。

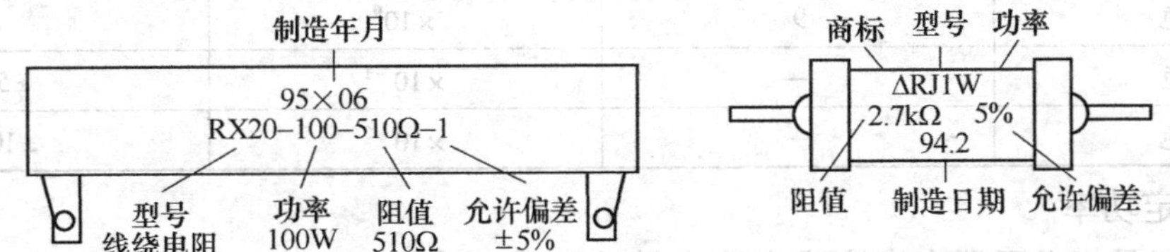

图3-4　直标法

直标法中可以用单位符号代替小数点，例如6.8k可标为6k8。直标法一目了然，但只适用于体积较大的元件。

色环法是用不同颜色代表数字，来表示电阻器的标称值和偏差。通常在电阻器上印有4道或5道色环表示阻值等相关信息，阻值的单位为Ω。对于4道色环电阻器，第1、2道色环表示两位有效数字，第3道色环表示倍乘数，第4道色环表示允许偏差，如图3-5所示。对于5道色环电阻器，第1、2、3道色环表示三位有效数字，第4道色环表示倍乘数，第5道色环表示允许偏差，如图3-5所示。

色环一般采用黑、棕、红、橙、黄、绿、蓝、紫、灰、白、金、银12种颜色，它们的意义如表3-2所示。例如，某电阻器的4道色环依次为黄、紫、橙、银，则其阻值为47kΩ，误差为±10%；某电阻器的5道色环依次为红、黄、黑、橙、金，则其阻值为240kΩ，误差为±5%。

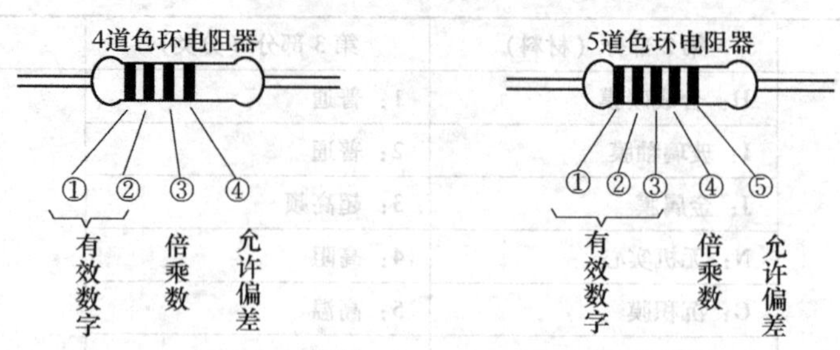

图 3-5　色环法

表 3-2　电阻器上色环颜色的意义

颜色	有效数字	倍乘数	允许偏差
黑色	0	$\times 10^{0}$	
棕色	1	$\times 10^{1}$	±1%
红色	2	$\times 10^{2}$	±2%
橙色	3	$\times 10^{3}$	
黄色	4	$\times 10^{4}$	
绿色	5	$\times 10^{5}$	±0. 5%
蓝色	6	$\times 10^{6}$	±0. 25%
紫色	7	$\times 10^{7}$	±0. 1%
灰色	8	$\times 10^{8}$	
白色	9	$\times 10^{9}$	
金色	—	$\times 10^{-1}$	±5%
银色	—	$\times 10^{-2}$	±10%

（2）额定功率

额定功率是指电阻器在直流或交流电路中，在正常大气压力（86 ~ 106kPa）及额定温度条件下，能长期连续负荷而不损坏或不显著改变其性能所允许消耗的最大功率。常用电阻器的功率有 1/8W、1/4W、1/2W、2W、5W、10W 等，其在电路图中表示的图形符号如图 3-6 所示。

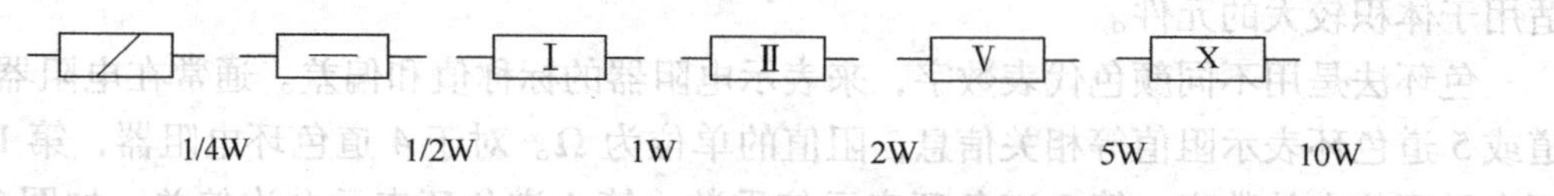

图 3-6　电阻器额定功率的图形符号

（3）电阻器的温度系数

电阻器的电阻值随温度的变化略有改变。温度每变化 1℃ 所引起电阻值的相对变化称为电阻的温度系数。温度系数越小，电阻的稳定性越好。

（4）电阻器的噪声

当电阻器通以直流电流时，电阻器两端的电压往往不是一个恒定不变的电压，而是有着

不规则的电压起伏，类似于在直流电压上叠加了一个交变分量，这个交变分量称为噪声电动势。噪声是电阻器本身的特性，与外加电压没有直接关系。

电阻器的噪声包括热噪声和电流噪声。热噪声是由于电阻器中自由电子的不规则热运动而使电阻器内任意两点间产生的随机电压。电流噪声是当电阻器通过电流时，导电颗粒之间以及非导电颗粒之间不断发生碰撞，使颗粒之间的接触电阻不断变化，因而电阻器两端除直流电压降之外还有一个不规则的交变电压分量。

（5）电阻器的频率特性

任何一种电阻器都不是一个纯电阻元件，电阻器上实际都还存在着分布电感和分布电容。这些分布参数都很小，在直流和低频交流电路中，它们的影响可以忽略不计，可将电阻器看做一个纯电阻元件，但在频率比较高的交流电路中，这些分布参数的影响不能忽视，其交流等效电阻将随频率而变化。

4. 电阻器的作用

电阻器是组成电路的基本元件之一。在电路中，电阻器用来稳定和调节电流、电压，组成分流器和分压器，在电路中起到限流、降电压、去耦、偏置、负载、匹配、取样等作用。还可以用来调节时间常数、抑制寄生振荡等。

3.2 电容器

电容器通常简称电容，是一种最基本、最常用的电子元件，外形如图 3-7 所示。电容器按电容量是否可调分为固定电容器和可变电容器两大类。固定电容器按介质材料不同又有许多种类，其中无极性固定电容器有纸介电容器、涤纶电容器、云母电容器、聚苯乙烯电容器、聚酯电容器、玻璃釉电容器及瓷介电容器等；有极性固定电容器有铝电解电容器、钽电解电容器、铌电解电容器等，如图 3-8 所示。使用有极性电容器时应注意其引线有正、负极之分，在电路中，其正极引线应接在电位高的一端，负极引线应接在电位低的一端。如果极性接反了，会使漏电流增大并易损坏电容器。

1. 电容器的命名方法

电容器的文字符号为“C”，图形符号如图 3-9 所示。国产电容器的型号命名由四部分组成，如图 3-10 所示。第一部分用字母“C”表示电容器的主称，第二部分用字母表示电容器介质材料，第三部分用数字或字母表示电容器的类别，第四部分用数字表示序号。电容器型号中，第二部分介质材料字代号的意义如表 3-3 所示，第三部分类别代号的意义如表 3-4 所示。

2. 电容器的参数

电容器的主要参数有电容量、耐压值、损耗因数等，其中前两项是最基本的。

（1）标称容量

容量是电容器的基本参数，不同类别的电容有不同系列的标称值。常用的标称系列同电阻类似。

（2）额定电压

额定电压是电容器的重要参数，电容器两端加电压后，能保证长期工作而不被击穿的电压称为电容的额定电压。

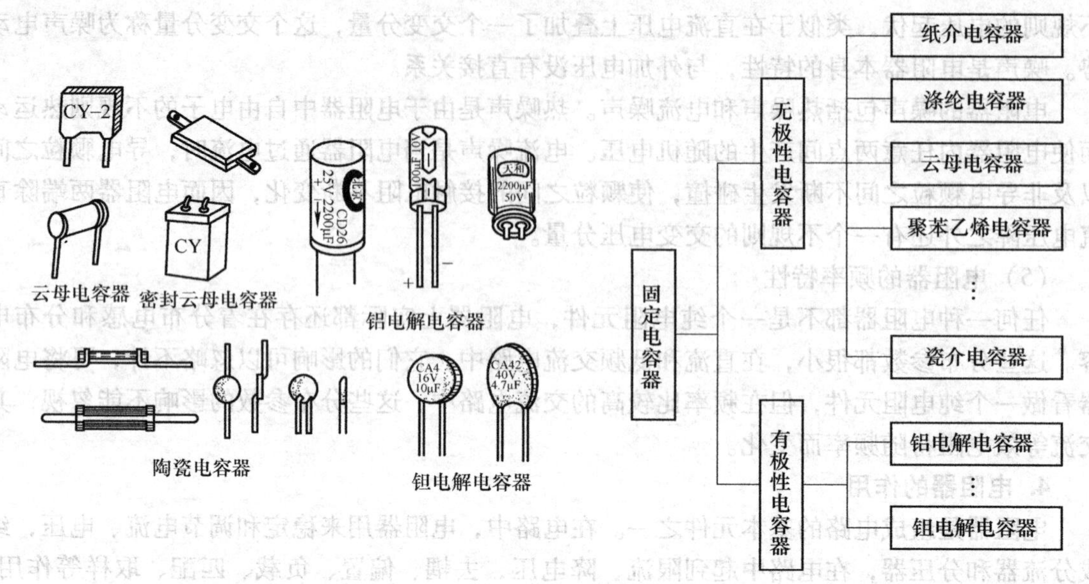

图 3-7 常见电容器

图 3-8 常见电容器的分类

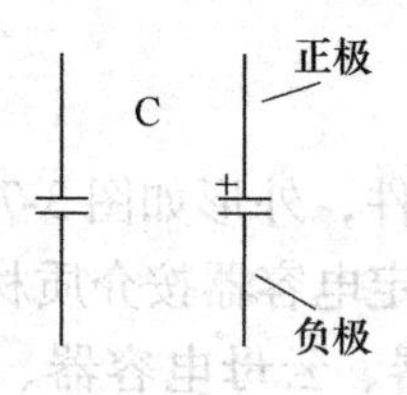

图 3-9 电容器图形符号

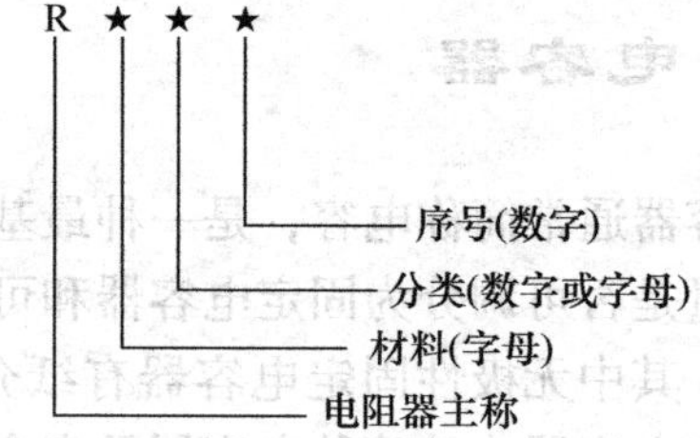

图 3-10 电容器型号的命名

表 3-3 电容器型号中介质材料代号的意义

字母代号	A	B	C	D	E	G	H	I	J	L	N	O	Q	T	V	Y	Z
介质材料	钽电解	聚苯乙烯	高频陶瓷	铝电解	其他材料电解	合金电解	纸膜复合	玻璃釉	金属化纸介	聚酯	铌电解	玻璃膜	漆膜	低频陶瓷	云母纸	云母	纸介

表 3-4 电容器型号中类别代号的意义

代号	瓷片电容	云母电容	有机电容	电解电容
1	圆形	非密封	非密封	箔式
2	管形	非密封	非密封	箔式
3	叠片	密封	密封	非固体
4	独石	密封	密封	固体
5	穿心			
6	支柱等			

（续）

代号	瓷片电容	云母电容	有机电容	电解电容
7				无极性
8	高压	高压	高压	
9			特殊	特殊
G	高功率型			
J	金属化型			
Y	高压型			
W	微调型			

(3) 电容器的损耗角正切

电容器的损耗功率不仅与电容器本身性质有关，而且与加在电容器上的电压及电流的大小和频率有关。因此，如果只看损耗功率的大小，而不考虑其存储无功功率 Q 的能力，就不能正确地评价电容器的质量。看下面的公式：

$$Q = P/\tan\delta$$

式中，δ 是由于电容器损耗而引起的相移，称为电容器的损耗角。这个比值称为电容器的损耗角正切，它真实地表征了电容器的质量优劣。

3. 电容器的作用

电容器在电子线路中起到耦合、旁路、谐振、调谐、微分、积分、储能、滤波、隔直流，以及控制电路中的时间常数等作用。

3.3 电感器

电感器习惯上简称电感，是常用的基本电子元件之一。电感器种类繁多，形状各异，外形如图 3-11 所示，通常可分为固定电感器、可变电感器、微调电感器三大类。按其采用材质不同，电感器还可分为空心电感器、磁心电感器、铁心电感、铜心电感器等。线圈装有磁心或铁心，可以增加电感量，一般磁心用于高频场合，铁心用于低频场合。线圈装有铜心，则可以减小电感量。按用途分类则可分为固定电感器（包括立式、卧式、片状固定电感器等）、阻流圈（包括高频阻流圈、低频流圈、电源滤波器等）、偏转线圈（包括行偏转、场偏转等）、振荡线圈（包括中波、短波、调频本振线圈、行/场振荡线圈等）。

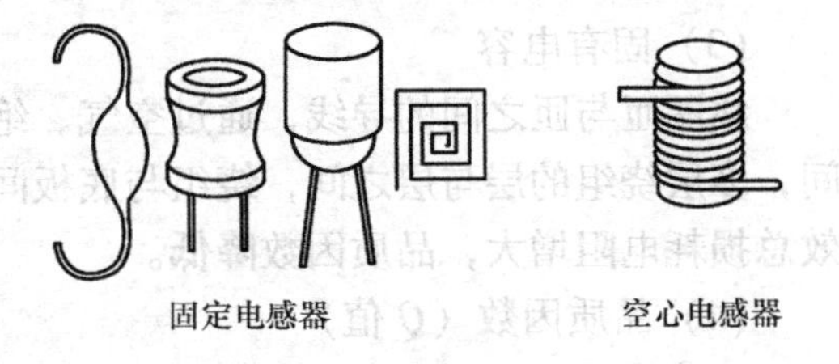

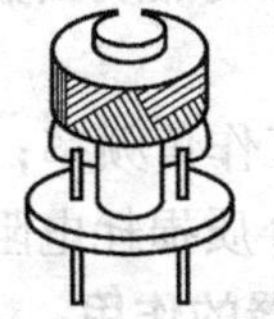

图 3-11 常见电感器

1. 电感器的命名方法

电感器的文字符号为“L”，图形符号如图 3-12 所示。国产电感器的型号命名一般由四部分组成，如图 3-13 所示。第一部分用字母表示电感器的主称，例如，“L”为电感线圈，

"ZL"为阻流圈；第二部分用字母表示电感器的特征，例如"G"为高频；第三部分用字母表示电感器的类型，例如"X"为小型：第四部分用字母表示区别代号。固定电感器是一种通用性强的系列化产品，其结构如图 3-14 所示，线圈（往往含有磁心）被密封在外壳内，具有体积小、重量轻、结构牢固、电感量稳定和使用安装方便的特点。

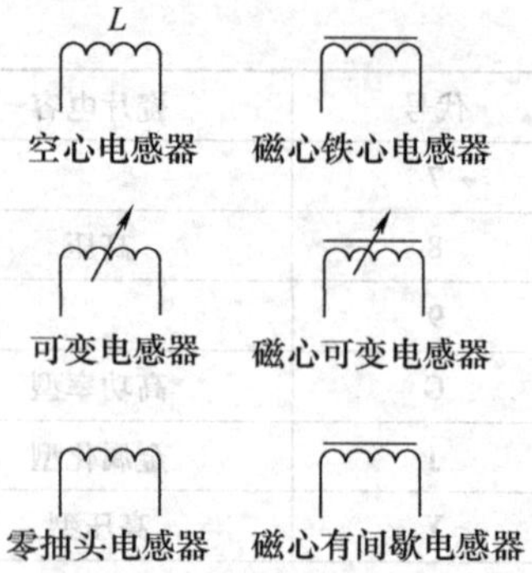

L
空心电感器
磁心铁心电感器
可变电感器
磁心可变电感器
零抽头电感器
磁心有间歇电感器

图 3-12 电感器图形符号

2. 电感器的参数

电感器的主要参数有电感量、额定电流、固有电容、品质因数等，其中前两项是最基本的。

（1）电感量

在没有非线性导磁物质存在的条件下，一个载流线圈的磁通 Ψ 与线圈中的电流 I 成正比。其比例常数称为自感系数，用 L 表示，简称电感，即

$$L = \Psi / I$$

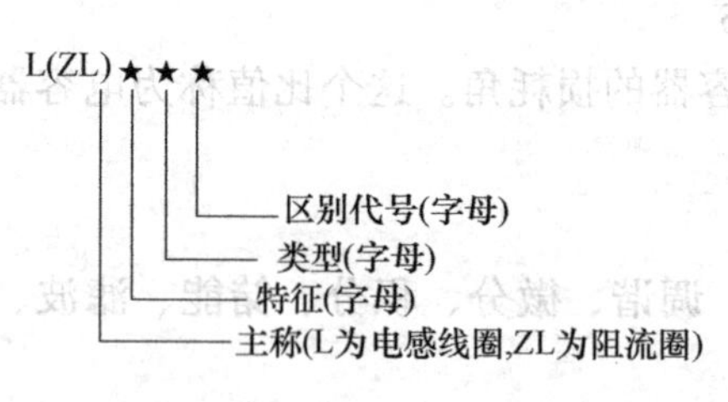

图 3-13 电感器型号的命名

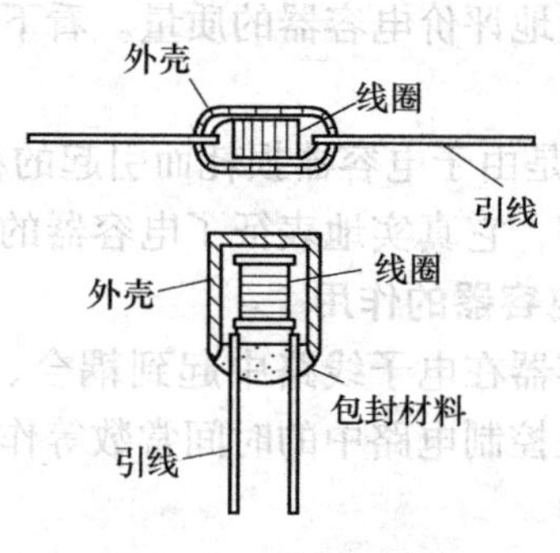

图 3-14 固定电感器

（2）额定电流

额定电流是指线圈中允许通过的最大电流。

（3）固有电容

线圈匝与匝之间的导线，通过空气、绝缘层和骨架而存在着分布电容。此外，屏蔽罩之间，多层绕组的层与层之间，绕组与底板间也都存在着分布电容。电容的存在会使线圈的等效总损耗电阻增大，品质因数降低。

（4）品质因数（Q 值）

电感线圈的品质因数定义为

$$Q = \omega L / R$$

式中，ω 是工作角频率；L 是线圈的电感量；R 是线圈的等效总损耗电阻（包括直流电阻、高频电阻及介质损耗电阻）。

3. 电感器的作用

电感器（也称电感线圈）的应用范围很广泛，它在调谐、振荡、耦合、匹配、滤波、陷波、延迟、补偿及偏转聚焦等电路中都是必不可少的。

3.4　二极管

二极管是一种常用的具有一个PN结的半导体器件。二极管品种很多，大小各异，仅从外观上看，较常见的有玻璃壳二极管、塑封二极管、金属壳二极管、大功率螺栓状金属壳二极管、微型二极管和片状二极管等，如图3-15所示。二极管按其制造材料的不同，可分为锗管和硅管两大类，每一类又分为N型和P型；按其制造工艺不同，可分为点接触型二极管和面接触型二极管；按功能与用途不同，可分为一般二极管和特殊二极管两大类，一般二极管包括检波二极管、整流二极管和开关二极管等，特殊二极管主要有稳压二极管、敏感二极管（磁敏二极管、温度效应二极管、压敏二极管等）、变容二极管、发光二极管、光敏二极管和激光二极管等。没有特别说明时，我们所说的二极管即指一般二极管。

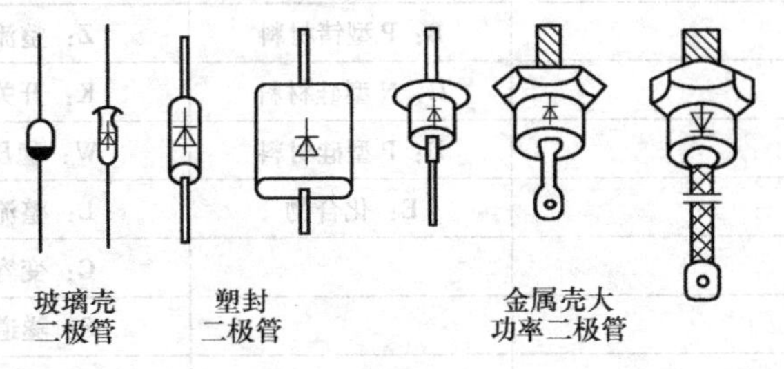

图3-15　常见二极管的外观

1. 二极管的命名方法

二极管的文字符号为“VD”或“V”，图形符号如图3-16所示。国产二极管的型号命名由五部分组成，如图3-17所示。第一部分用数字“2”表示二极管，第二部分用字母表示材料和极性，第三部分用字母表示类型，第四部分用数字表示序号，第五部分用字母表示规格。

二极管型号的意义见表3-5。例如，2AP9为N型锗材料普通检波二极管，2C255A为N型硅材料整流二极管，2CK7IB为N型硅材料开关二极管。

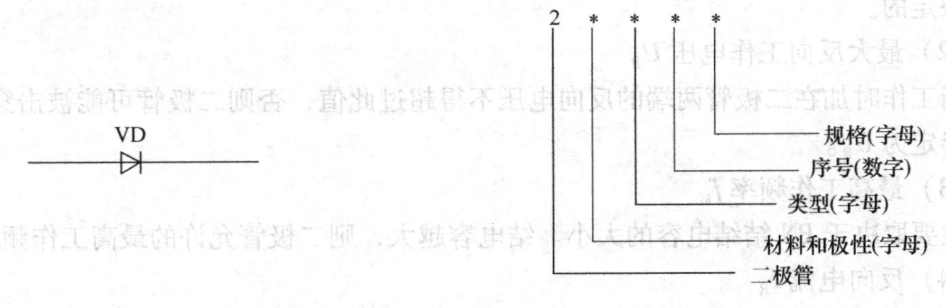

图3-16　二极管图形符号　　图3-17　二极管型号的命名

二极管的两管脚有正、负极之分，如图3-18所示。二极管图形符号中，三角形一端为正极，竖短杠一端为负极。二极管实物中，有的将图形符号印在二极管上标示出极性，有的在二极管负极一端印上一道色环作为负极标记，有的二极管两端形状不同，平头为正极，圆头为负极，使用中应注意识别。

2. 二极管的参数

二极管的主要参数有最大整流电流、最大反向工作电压、最高工作频率、反向电流等，其中前三项是最基本的。

表 3-5　二极管型号的意义

第一部分	第二部分	第三部分	第四部分	第五部分
2	A：N 型锗材料	P：普通管	序号	规格（可缺）
	B：P 型锗材料	Z：整流管		
	C：N 型硅材料	K：开关管		
	D：P 型硅材料	W：稳压管		
	E：化合物	L：整流堆		
		C：变容管		
		S：隧道管		
		V：微波管		
		N：阻尼管		
		U：光敏管		

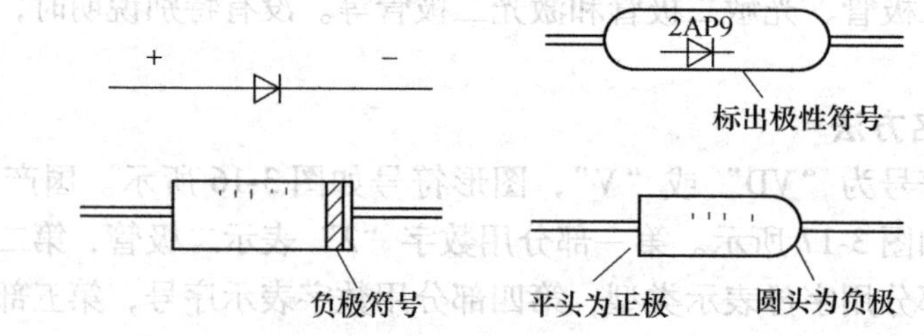

图 3-18　二极管极性的表示方法

（1）最大整流电流 I_F

指二极管长期连续工作时允许通过的最大正向平均电流。I_F 的数值是由二极管允许的温升所限定的。

（2）最大反向工作电压 U_R

指工作时加在二极管两端的反向电压不得超过此值，否则二极管可能被击穿，电压 U_{BR} 的一半定为 U_R。

（3）最高工作频率 f_M

主要取决于 PN 结结电容的大小。结电容越大，则二极管允许的最高工作频率越低。

（4）反向电流 I_R

指在室温条件下，在二极管两端加上规定的反向电压时，流过管子的反向电流。通常希望 I_R 值越小越好。反向电流越小，说明二极管的单向导电性越好。

3. 二极管的工作原理与作用

二极管具有单向导电特性，只允许电流从正极流向负极，而不允许电流从负极流向正极。锗二极管和硅二极管在正向导通时具有不同的正向管电压降，二极管导通情况下，锗二极管的正向管电压降约为 0.3V，硅二极管的正向管电压降约为 0.7V。总之，由于二极管的电压与电流为非线性关系，因此二极管的主要作用是检波和整流。二极管是非线性半导体器件。

3.5 晶体管

晶体管是一种具有两个PN结的半导体器件。晶体管是电子电路中的核心器件之一，在各种电子电路中的应用十分广泛。晶体管的种类繁多，外形如图3-19所示。按所用半导体材料的不同可分为锗管、硅管和化合物管。按导电极性不同可分为NPN型和PNP型两大类。NPN型晶体管工作时，集电极c和基极b接正电压，电流由集电极c和基极b流向发射极e。PNP型管工作时，集电极c和基极b接负电压，电流由发射极e流向集电极c和基极b。使用中应按照电路图的要求选用相同导电极性的管子，否则将无法正常工作。晶体管按截止频率可分为超高频晶体管、高频晶体管（≥3MHz）和低频晶体管（<3MHz）。按耗散功率的不同可分为小功率晶体管（<1W）和大功率晶体管（≥1W）。按用途可分为低频放大晶体管、高频放大晶体管、开关晶体管、低噪声晶体管、高反压晶体管和复合晶体管等。

图3-19　常见晶体管

1. 晶体管的符号和命名方法

晶体管的文字符号为VT，图形符号如图3-20所示。晶体管的型号命名由五部分组成，如图3-21所示。第一部分用数字"3"表示晶体管，第二部分用字母表示材料和极性，第三部分用字母表示类型，第四部分用数字表示序号，第五部分用字母表示规格。

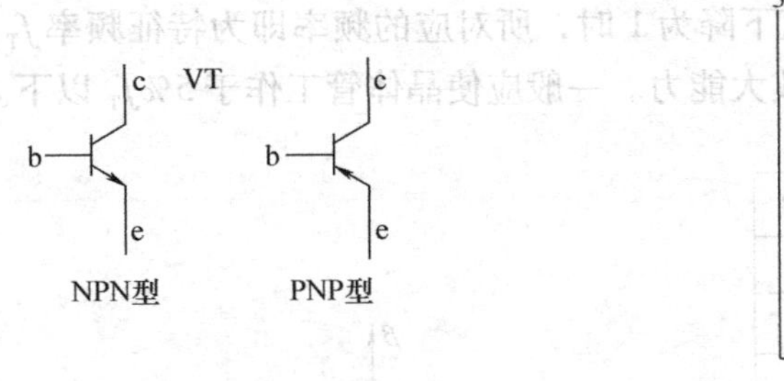

图3-20　晶体管图形符号

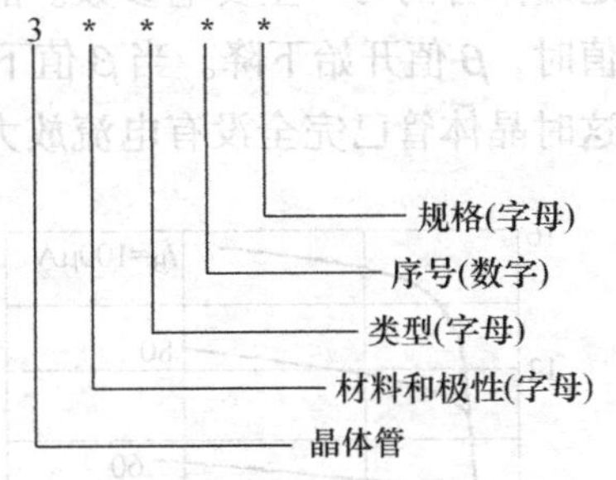

图3-21　晶体管型号的命名

晶体管型号的意义如表3-6所示。例如，3AX31为PNP型锗材料低频小功率晶体管，3DG6B为NPN型硅材料高频小功率晶体管。

2. 晶体管的参数

晶体管的参数很多，包括直流参数、交流参数和极限参数三类，但一般使用时只需关注电流放大系数、特征频率f_T、集电极-发射极击穿电压BU_{CEO}、集电极最大电流I_{CM}，和集电极最大功耗P_{CM}等项即可。

（1）电流放大系数β和h_{FE}

β和h_{FE}是晶体管的主要电参数。β是晶体管的交流电流放大系数，指集电极电流I_c的

变化量与基极电流 I_b 的变化量之比，反映了晶体管对交流信号的放大能力。h_{FE} 是晶体管的直流电流放大系数（也可用 β 表示），指集电极电流 I_c 与基极电流 I_b 的比值，反映了晶体管对直流信号的放大能力。图 3-22 所示为 3DG6 管的输出特性曲线，当 I_b 从 40μA 上升到 60μA 时，相应地，I_c 从 6mA 上升到 9mA，其 β 值计算如下：

$$\beta = \frac{(9-6) \times 10^3}{60-40} = 150$$

表 3-6 晶体管型号的意义

第一部分	第二部分	第三部分	第四部分	第五部分
3	A：PNP 型锗材料	X：低频小功率晶体管	序号	规格（可省略）
	B：NPN 型锗材料	G：高频小功率晶体管		
	C：PNP 型硅材料	D：低频大功率晶体管		
	D：NPN 型硅材料	A：高频大功率晶体管		
	E：化合物材料	K：开关晶体管		
		T：闸流晶体管		
		J：结型场效应晶体管		
		O：MOS 场效应晶体管		
		U：光敏晶体管		

（2）特征频率 f_T

f_T 是晶体管的另一主要电参数。晶体管的电流放大系数 β 与工作频率有关，工作频率超过一定值时，β 值开始下降。当 β 值下降为 1 时，所对应的频率即为特征频率 f_T，如图 3-23 所示，这时晶体管已完全没有电流放大能力。一般应使晶体管工作于 5%f_T 以下。

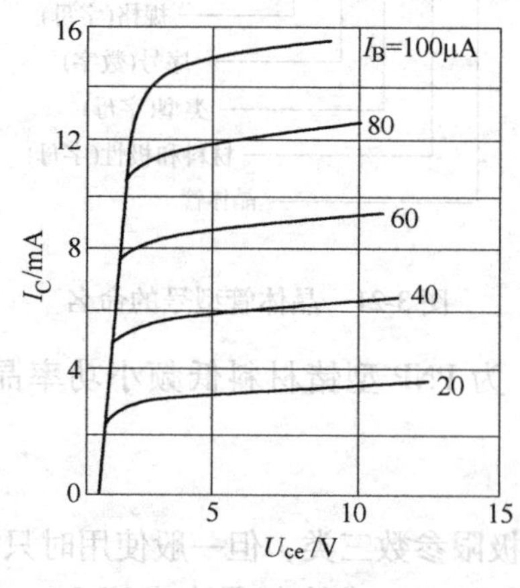

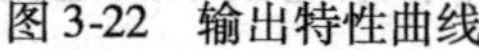
图 3-22 输出特性曲线

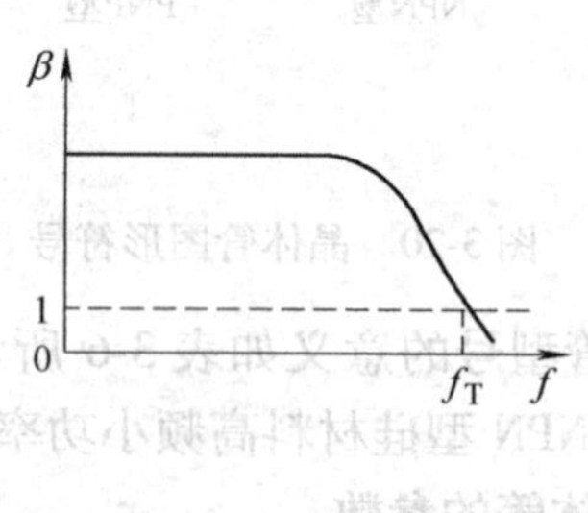

图 3-23 β 值的频率特性

（3）集电极-发射极击穿电压 BU_{CEO}

BU_{CEO} 是晶体管的一项极限参数。BU_{CEO} 是指基极开路时，所允许加在集电极与发射极之间的最大电压。如果工作电压超过 BU_{CEO}，晶体管将可能被击穿。

（4）集电极最大电流 I_{CM}

I_{CM}也是晶体管的一项极限参数。I_{CM}是指晶体管正常工作时，集电极所允许通过的最大电流。晶体管的工作电流不应超过 I_{CM}。

（5）集电极最大功耗 P_{CM}

P_{CM}是晶体管的又一项极限参数。P_{CM}是指晶体管性能不变坏时所允许的最大集电极耗散功率。

使用时晶体管实际功耗应小于 P_{CM}，并留有一定余量，以防烧管。

3. 晶体管的原理与作用

晶体管具有三根管脚，分别是基极 b、发射极 e 和集电极 c，使用时应区分清楚。绝大多数小功率晶体管的管脚均按 e-b-c 的标准顺序排列，并标有标志，如图 3-24 所示。但也有例外，如某些晶体管型号后有后缀“R”，其管脚排列顺序往往是 e-c-b。

晶体管的基本工作原理如图 3-25 所示（以 NPN 型管为例）。当给基极（输入端）输入一个较小的基极电流 I_b 时，其集电极（输出端）将按比例产生一个较大的集电极电流 I_c，这个比例就是晶体管的电流放大系数 β，即 $I_c=\beta I_b$。发射极是公共端，发射极电流为

$$I_e=I_b+I_c=(1+\beta)I_b$$

可见，集电极电流和发射极电流受基极电流的控制，所以晶体管是电流控制型器件。

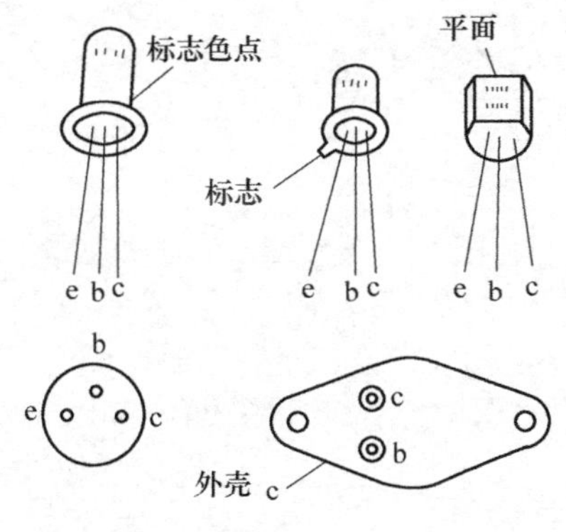

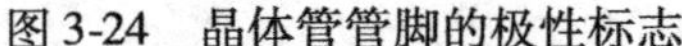

图 3-24 晶体管管脚的极性标志

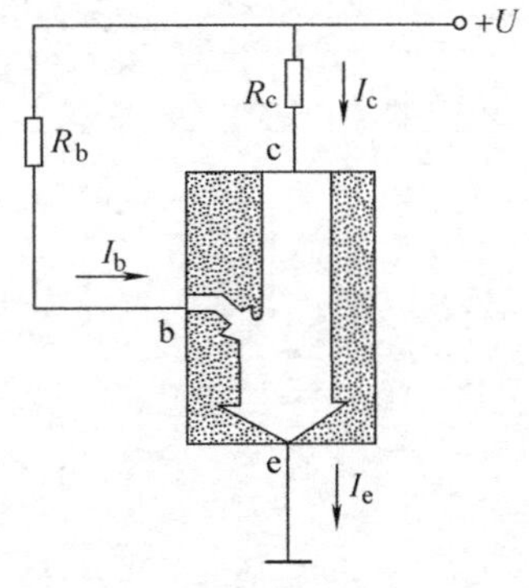

图 3-25 晶体管的基本工作原理

（1）晶体管最基本的作用是放大

图 3-26 所示为晶体管放大电路，输入信号 U_i 经 C_1 加至晶体管的基极，使其集电极电流相应变化，并在集电极负载电阻 R_c 上产生电压降，经 C_2 输出。由于输出电压等于电源电压与 R_c 上电压降的差值，因此输出电压 U_o 与输入电压 U_i 相位相反。R_1、R_2 为晶体管的基极偏置电阻。

（2）晶体管具有开关作用

图 3-27 所示为驱动发光二极管的电子开关电路，开关管 VT 的基极由脉冲信号 CP 控制，当 CP 为高电平“1”时，VT 导通，发光二极管 VD 发光：当 CP 为低电平“0”时，VT 截止，发光二极管 VD 熄灭。R 为限流电阻。

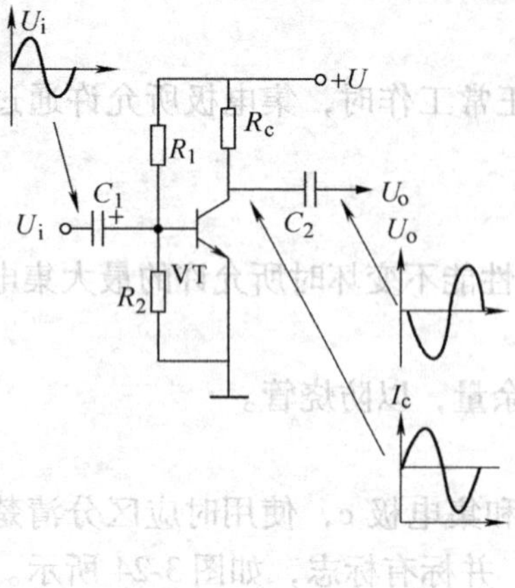

图 3-26 晶体管放大电路

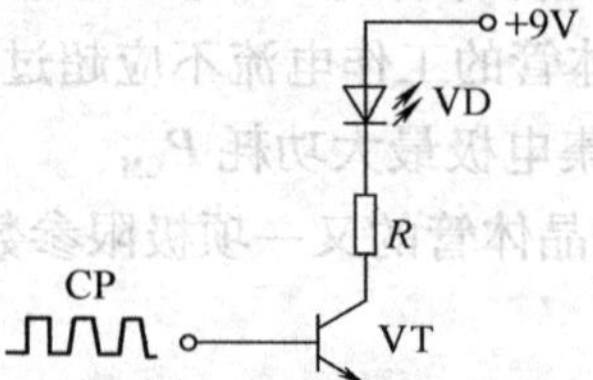

图 3-27 晶体管的开关作用

间的最大电压。如果工作电压超过 BU_{CEO}，晶体管将可能被击穿。

（4）集电极最大电流 I_{CM}

I_{CM}也是晶体管的一项极限参数。I_{CM}是指晶体管正常工作时，集电极所允许通过的最大电流。晶体管的工作电流不应超过 I_{CM}。

（5）集电极最大功耗 P_{CM}

P_{CM}是晶体管的又一项极限参数。P_{CM}是指晶体管性能不变坏时所允许的最大集电极耗散功率。使用时晶体管实际功耗应小于 P_{CM}，并留有一定余量，以防烧管。

3. 晶体管的原理与作用

晶体管具有三个管脚，分别是基极 b、发射极 e 和集电极 c，使用时应区分清楚。绝大多数小功率晶体管的管脚均按 e-b-c 的标准顺序排列，并标有标志，如图 3-24 所示。但也有例外，如某些晶体管型号后有后缀"R"，其管脚排列顺序往往是 e-c-b。

晶体管的基本工作原理如图 3-25 所示（以 NPN 型管为例）。当给基极（输入端）输入一个较小的基极电流 I_b 时，其集电极（输出端）将按比例产生一个较大的集电极电流 I_c，这个比例就是晶体管的电流放大系数 β，即 $I_c=\beta I_b$。发射极是公共端，发射极电流为

$$I_e = I_b + I_c = (1+\beta) I_b$$

可见，集电极电流和发射极电流受基极电流的控制，所以晶体管是电流控制型器件。

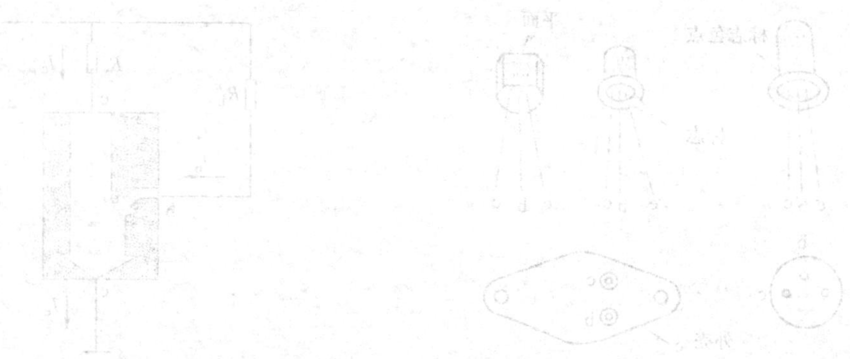

图 3-24 晶体管管脚的极性标志　　图 3-25 晶体管的基本工作原理

（1）晶体管最基本的作用是放大

图 3-26 所示为晶体管放大电路。输入信号 U_i 经 C_1 加至晶体管的基极，使其集电极电流相应变化，并在集电极负载电阻 R_c 上产生电压降，经 C_2 输出。由于输出电压等于电源电压与 R_c 上电压降的差值，因此输出电压 U_o 与输入电压 U_i 相位相反。R_1、R_2 为晶体管的基极偏置电阻。

（2）晶体管具有开关作用

图 3-27 所示为驱动发光二极管的电子开关电路。开关管 VT 的基极由脉冲信号 CP 控制。当 CP 为高电平"1"时，VT 导通，发光二极管 VD 发光；当 CP 为低电平"0"时，VT 截止，发光二极管 VD 熄灭。R 为限流电阻。

第 4 章　电子测量仪器的基本使用

4.1　电子测量的内容

电子测量的技术水平是衡量一个国家科学技术水平的重要标志之一。由于电子技术领域中的新理论、新技术、新器件和新工艺不断涌现，使得电子测量技术得到了迅速发展。

电参数的测量可分为电磁测量与电子测量两类。

电子测量是以电子技术理论为依据，以电子测量仪器和设备为手段，以电量和非电量为测量对象的测量过程，主要包括以下内容：

1）电能量的测量（各种频率和波形的电压、电流及电功率等）。

2）电信号特性的测量（信号波形、频率、噪声及相位等）。

3）电路参数的测量（阻抗、品质因数及电子器件的参数等）。

4）导出量的测量（增益、失真度及调幅度等）。

5）特性曲线的显示（幅频特性、相频特性及器件特性等）。

6）元件参数的测量，如电阻、电感及电容等。

因此电子测量仪器的正确使用与选择是非常重要的，以下就常用仪器设备进行总结和应用。电磁测量的内容可以参考第 9 章内容。

4.2　电子测量仪器的选择

电子测量仪器的选择要求：

1）在选择具体电子测量仪器时，要遵循先功能后量程的原则，所选择仪器的功能必须首先满足待测量的要求，要看待测量的最大值和最小值各为多少，要留有余地。

2）根据待测量的要求正确选择输入端，确定是对称输入（平衡输入）还是非对称输入，输入阻抗是多少，是否在所有量程内部都能得到满足，若输入阻抗不是常数，其值变化是否在允许的范围内。

3）确定待测量值允许的最大误差是多少，仪器的误差及分辨率是否满足要求。

4）待测量的频率范围是多少，在此范围内仪器的频率响应特性是否平坦。

5）仪器在气候、电磁及辐射等条件下是否满足技术指标要求。

6）确定仪器工作的可靠性。

4.3　时域电子测量常用仪器及实际测量应用

本节介绍时域电子测量常用仪器，以及在选用仪器时应遵循的原则和实际测量应用。

4.3.1 信号发生器的种类及使用

1. 低频信号发生器

每一种仪器都有很多厂家生产，因此，产品型号也很多，但从使用角度来看，方法都大同小异，低频信号发生器也不例外。低频信号发生器一般输出频率范围为 1Hz ~ 2MHz，失真度大约为 0.03% ~0.0056%。

低频信号发生器在使用时需注意如下事项：

1）应用时要考虑频率、波形、幅度等参数。

2）如果需要功率输出，要选择功率信号源。

3）如果对输出信号的纯度有要求，即对失真度的要求。

4）信号源所接负载必须和信号源输出阻抗匹配。

5）是否要求带接口的信号源，满足自动测试。

2. 函数信号发生器

函数信号发生器是一种能产生多种特定时间函数波形的仪器。一般情况下可产生正弦波、方波、三角波。有的还有调频、调幅、功率输出等功能，可实现不同相位、不同方向和占空比的脉冲波等。

函数信号发生器在使用时应注意如下事项：

1）仪器的可靠性是选择函数信号发生器的一个重要因素。

2）要求带有接地的电源插座。

3）输出端口避免短路或信号倒灌。

4）函数信号发生器的幅度精度较低，如果有精度要求的测量，应使用满足要求的信号源。

3. YB1602P 函数信号发生器

现在函数信号发生器朝着多用途的方向发展，有些函数信号发生器还具有调制、扫频、频率计数等功能，图 4-1 是 YB1602P 功率函数信号发生器的面板图。

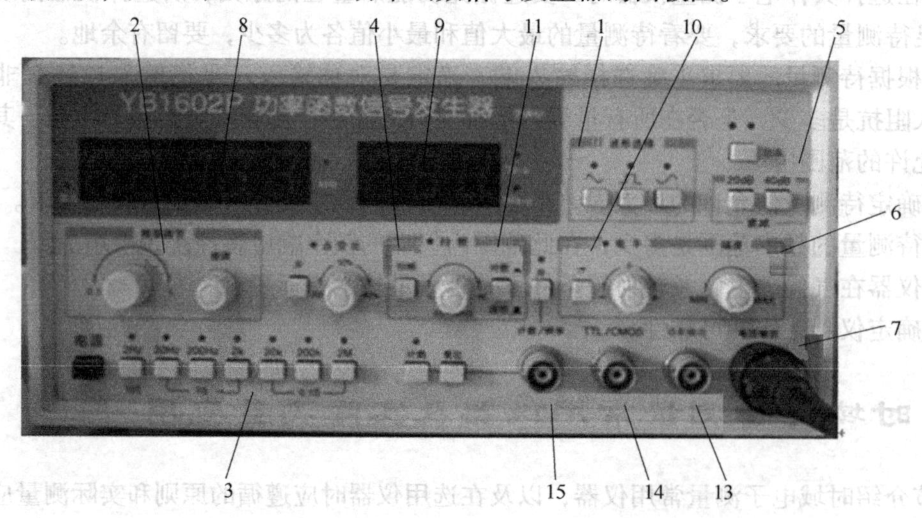

图 4-1 YB1602P 功率函数信号发生器的面板图

图 4-1 所示面板各部分的功能如表 4-1 所示。

表 4-1　函数信号发生器的功能表

序号	名　称	功　能
1	波形选择开关	选择信号发生器的输出波形
2	占空比调节开关和旋钮	开关未按下时占空比为 50%，按下开关后使用调解旋钮调节占空比
3	频率范围选择	选择信号发生器输出信号的频率范围
4	频率调整旋钮	在频率范围选择开关选择的频率的 0.1 ~1 倍范围内调节输出频率
5	输出信号衰减开关	对输出信号进行衰减
6	输出信号幅度调节旋钮	调节输出信号的幅度
7	信号输出端	信号输出插口
8	频率显示	显示当前输出信号的频率
9	幅度显示	显示当前输出信号的幅度
10	偏移电平调节按钮和调节旋钮	开关未按下，输出偏移电平为 0；按下开关，用调节旋钮调节偏移电平
11	扫频调节按钮和调节旋钮	开关未按下，不扫频，输出固定频率；按下开关，使用调节旋钮调节扫频速度
12	50Hz 信号输出	输出 50Hz 信号
13	TTL 信号输出	输出标准 TTL 电平信号
14	压控信号输入端	使用输入电压控制信号发生器的频率时，输入电压接口
15	计数信号输入端	使用本信号发生器测量频率时的信号输入端

（1）函数信号发生器输出波形的设置

使用波形选择开关和占空比开关，设定函数信号发生器的输出波形，具体操作如图 4-2 所示。

占空比是脉冲持续时间与脉冲周期的比值，如图 4-3 所示是占空比为 50% 的方波。

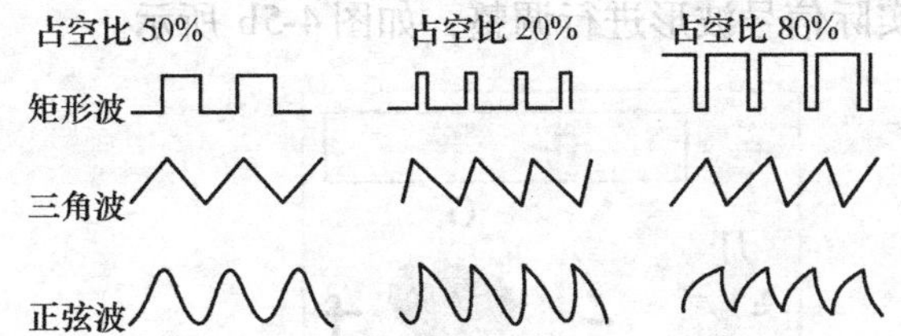

图 4-2　函数信号发生器输出波形的设置

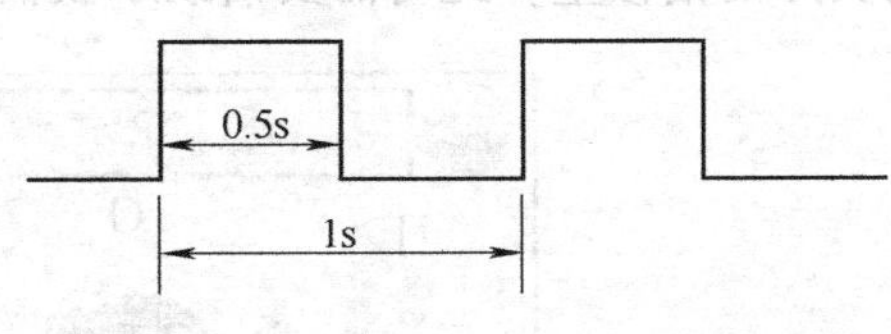

图 4-3　占空比为 50% 的方波

（2）信号频率设置

信号频率设置开关和按钮如图 4-4 所示，根据需要按下频率分挡按钮。频率调整范围为该挡位值的 0. 1 ~1 倍，例如按下 20k 挡位开关后输出频率的调整范围为 2 ~20kHz。

1）调整频率粗调旋钮（频率调节旋钮）使信号频率接近需要的频率。

2）调整频率微调旋钮使信号频率等

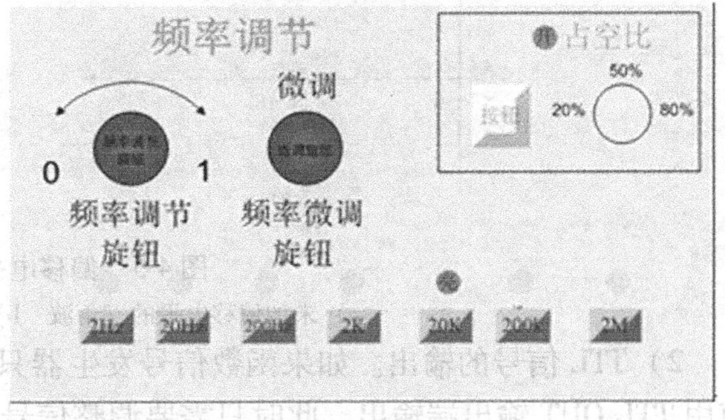

图 4-4　频率调节旋钮

于需要的频率，如果调节不出需要的频率，则需要重新调整频率粗调旋钮。

（3）输出信号幅度设置

幅度调整旋钮和衰减开关设置，设置方法如表 4-2 所示。

表 4-2　输出信号幅度设置表

衰减开关状态	幅度调整旋钮调节范围	电压值
两个开关弹起		0～20V
20dB 开关按下		0～2V
40dB 开关按下		0～200mV
两个开关按下		0～20mV

注意：由于信号输出端具有 50Ω 的内阻，当负载阻抗较低时，输出端的实际信号幅度就会较低。

1）输出信号偏移设置。当电平开关关闭（按钮弹起）时输出信号为 +/- 对称幅度，当波形幅度为 4V（峰-峰值）时，瞬时值为 -2～2V，如图 4-5a 中波形所示。如果要改变波形为 0～4V，则按下电平开关，进行偏移调整。例如，需要一个 0～4V 的三角波时，首先调整输出幅度为 4V，然后按下电平开关，调整电平旋钮。由于信号发生器本身不能直接观察到实际的偏移量，此时需要借助示波器观察实际信号波形进行调整，如图 4-5b 所示。

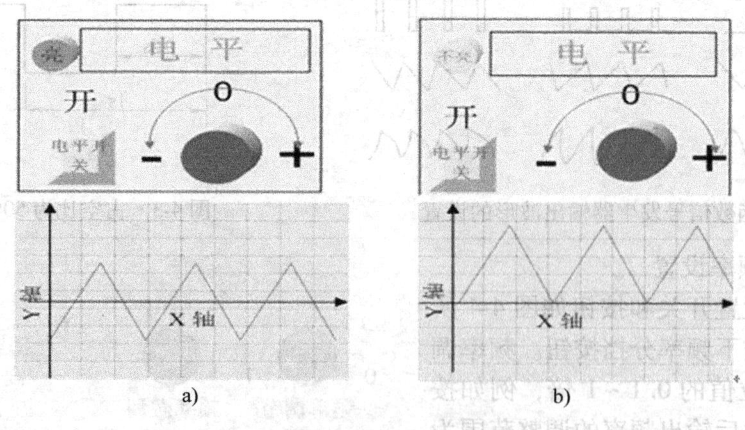

a)　　b)

图 4-5　偏移电平的作用

a）未加偏移电平的三角波　b）加偏移电平的三角波

2）TTL 信号的输出。如果函数信号发生器只用于为 TTL 电路产生时钟脉冲，可以直接使用 TTL OUT 输出端输出，此时只需要调整信号频率，如图 4-6 所示。

3）压控频率。使用外加电压控制信号发生器输出的频率。将输入电压接入 VCF 端，输入电压可以在 0 ~ 5V 调节。如果信号发生器的压控比≥100，即 VCF 端输入电压等于 0V 时输出为使用信号频率设置开关与旋钮设置的频率，当 VCF 端输入电压为 +5V 时，输出信号频率提高 100% 以上。

4）扫频输出。按下扫频按钮后函数信号发生器的输出频率自动在 20Hz ~ 20MHz 范围内扫频输出，扫频调节旋钮可以调整扫频速度，对数/线性按钮用于控制扫频输出频率是按对数规律变化还是按线性规律变化，如图 4-7 所示。

图 4-6　TTL 信号的输出

图 4-7　扫频输出

函数信号发生器的技术指标参数如表 4-3 所示。

表 4-3　技术指标参数

名称	指　　标	说　　明
频率范围	0.2Hz ~ 2MHz	输出信号的频率范围
频率分挡	7 挡	按下不同的开关选择不同的频率范围
频率调节率	0.1 ~ 1	输出频率调节范围：挡位频率 ×0.1 ~ 挡位频率 ×1
输出阻抗	50Ω	信号源内阻
输出信号类型	单频、扫频、调频	单频：固定频率输出 扫频：输出频率自动在 20Hz ~ 20MHz 内反复变化 调频：使用外加电压控制输出信号频率
扫频类型	线性、对数	扫频时频率变化的规律
VCF 电压范围	0 ~ 5V，压控比≥100∶1	使用外加电压控制频率时的控制电压
输出电压幅度	20V（峰-峰值）	输出最大幅度
输出保护	输出端具有输入电压 ±35V（1min）的保护功能	当输出端短路时，可保护仪器
正弦波失真度	≤100kHz　2% >100kHz　-30dB	
频率响应	±0.5dB	
占空比调节	20% ~ 80%	占空比调节范围
直流偏置	±10V（1MΩ）　±5V（50Ω）	

4.3.2 高频信号发生器的使用

1. 高频信号发生器的一般知识

高频信号发生器能产生频率较高的正弦波信号（包括调幅波、调频波），频率范围因型号而异，一般在100kHz～300MHz，常作为高频电路的信号源。下面以YS1054型号为例来介绍高频信号发生器的一般使用知识，如图4-8所示为AS1054型高频信号发生器的面板图。

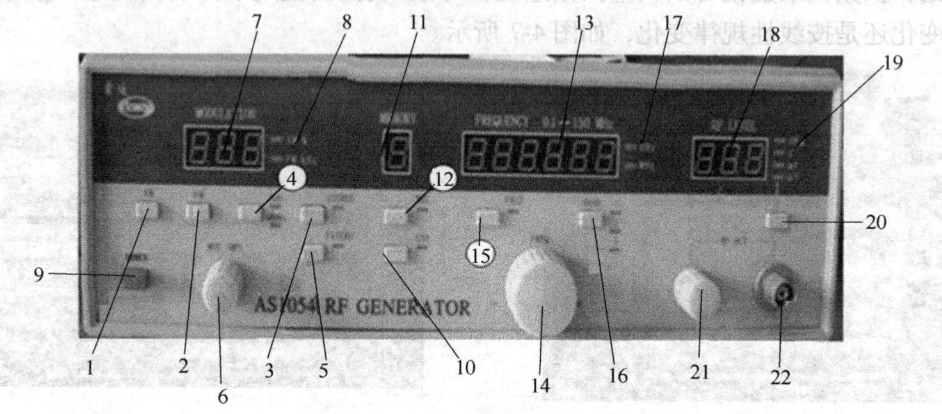

图4-8 AS1054型高频信号发生器的面板图

高频信号发生器的使用功能如表4-4所示。

表4-4 高频信号发生器的使用功能

序号	名 称	功 能
1	调幅AM控制按键	AM%指示灯亮时，表明工作在调幅方式
2	调频FM控制按键	FMkHz指示灯亮时，表明工作在调频方式
3	立体声STEREO控制按键	键的右上角STEREO指示灯亮时，表明工作在立体声方式
4	内调制信号400Hz/1kHz选择键	
5	外伴音调制工作按键	键的右上角EXTERN指示灯亮时，表明工作在伴音调制方式
6	调制度调节旋钮	
7	调幅度/调频频偏指示（3位LED）	
8	AM%（调幅）/FMkHz调频频偏工作指示灯	
9	信号发生器电源开关	
10	射频频率和信号工作方式存储按键	
11	存储或调取单元编号显示数码管：0～9	
12	存储的频率和工作方式调取按键	
13	射频频率数码指示：（6位LED）	
14	频率调谐开关	在按下STORE和RECALL键后兼做存储单元的调节
15	频率快速调谐选择按键	FAST的指示灯亮时，工作在快速调谐方式，这时频率调谐变化加大
16	工作频段选择按键	每按一次，转换一个频段，依次为1－2－3－1

（续）

序号	名　称	功　能
17	频率单位指示灯 kHz 或 MHz	
18	RF 输出幅度显示（3 位 LED）	
19	RF 幅度显示单位 dBμV、V、mV、μV	
20	dBμV、V、mV、μV 选择开关	
21	射频输出幅度调节开关	
22	射频信号输出插座	

高频信号发生器的主要性能指标如表 4-5 所示

表 4-5　高频信号发生器的主要性能指标

信号发生器输出频率	0.1～150MHz 共分三个频段，频段 1：0.1～1MHz；频段 2：1～10MHz；频段 3：10～150MHz
音频内调制信号	调幅内调制 信号频率：400Hz/1000Hz 可选；调制深度：1、2 波段（0～150）%（50Ω 终端负载） 工作频段：1、2、3；调幅指示标准度：±5%（正弦波） 频率内调制 信号频率：400Hz，1000Hz 可选；调频频偏：0～150kHz 可调 工作频段：2、3；频偏指示准确度：±5kHz（正弦波频偏 100kHz 以内）
立体声内调制	信号频率：L 400Hz；R 1000Hz；工作频段：3
立体声调制隔离度	≥30dB
调频信噪比	≥60dB
内音频输出	400kHz（0～1.5rms 可调）失真≤0.1%
外调制输入	幅度：0～5V（峰-峰值）、频率：20Hz～10kHz（AM）、20Hz～100kHz（FM）

2. 高频信号发生器的功能

（1）输出频率范围检查

用两头 Q9 电缆线将射频输出端与频率计数器输入端连接，调频与调幅处于关断状态，调节 RF 衰减开关，使频率计数器正常计数，然后调节 FREQ 数码开关，计数器频率显示应符合本说明书中相的技术指标，频率范围检查连接如图 4-9 所示。

（2）幅频特性测试

用毫伏表输入端加接一只三通接头，一端用两头 Q9 电缆线与 RF 输出端连接，另一端接 50Ω 同轴终端负载，调节 RF 衰减器至输出幅度最大，然后调节 FREQ 数码开关，同时观察毫伏表上的指示量值，应符合说明书中的相应指示，幅频特性测试连接图如图 4-10所示。

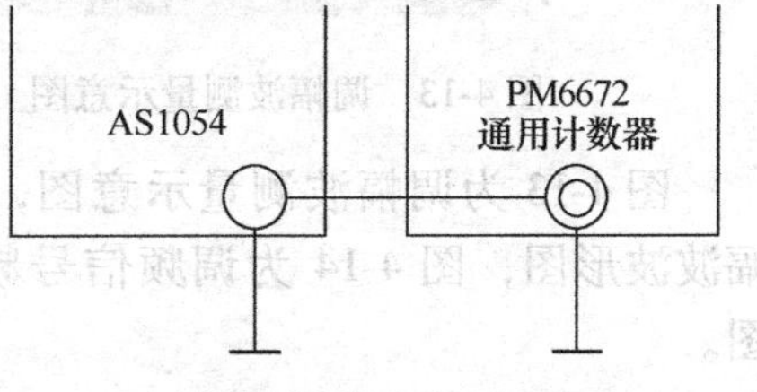

图 4-9　频率范围检查

（3）调幅调制度测量

如图 4-11 所示，在示波器输入端加接一只三通接头，一端用两头 Q9 电缆线与输出端连接，另一端接 50Ω 终端负载，按一下键，使相应指示灯亮，本机工作在调幅状态，调节 FREQ 数码开关，同时观察示波器上的波形，在工作频段内调制深度应符合说明书中的技术要求，计算方法如下：

$$m = \frac{a-b}{a+b} \times 100\% \tag{4-1}$$

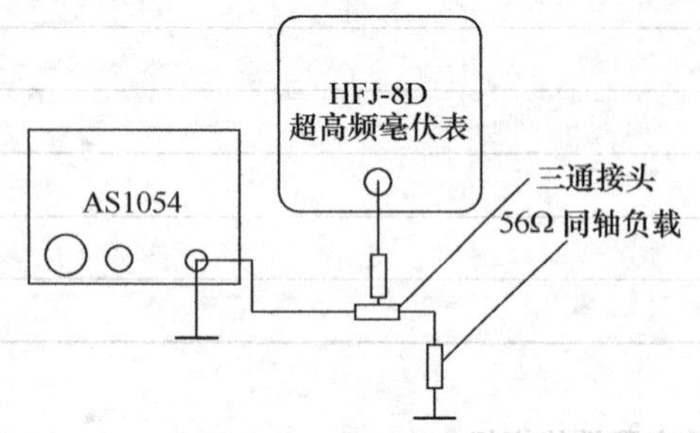

图 4-10　幅频特性测试

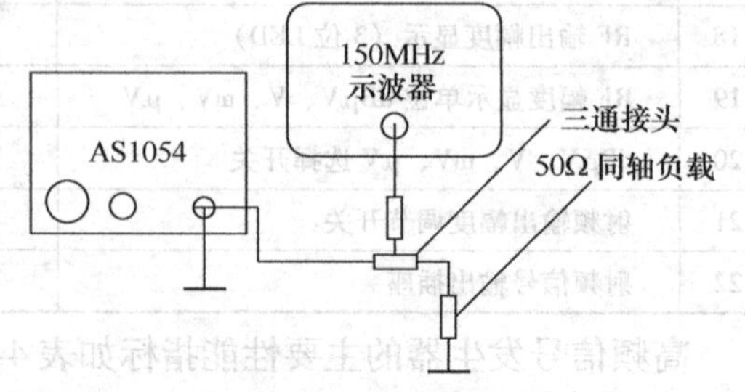

图 4-11　调幅调制度测量连接图

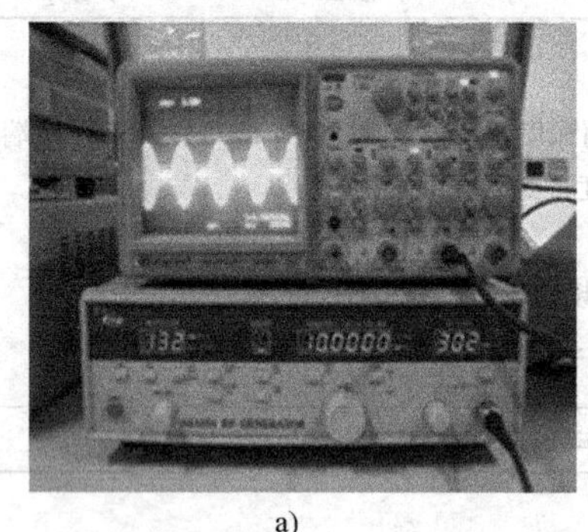

a)

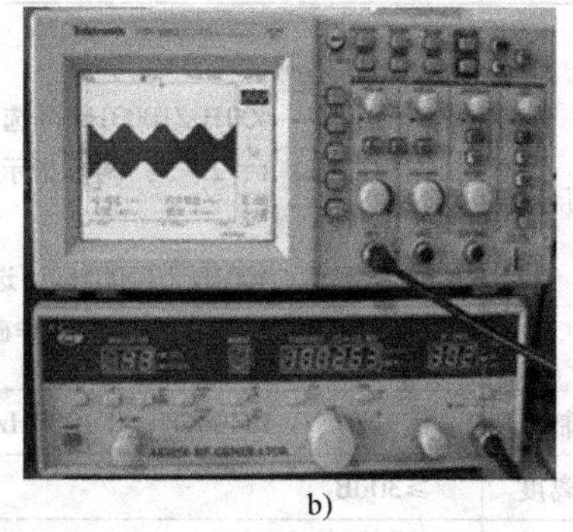

b)

图 4-12　调幅波测量示意图

a）过调制　b）调制系数小于 1

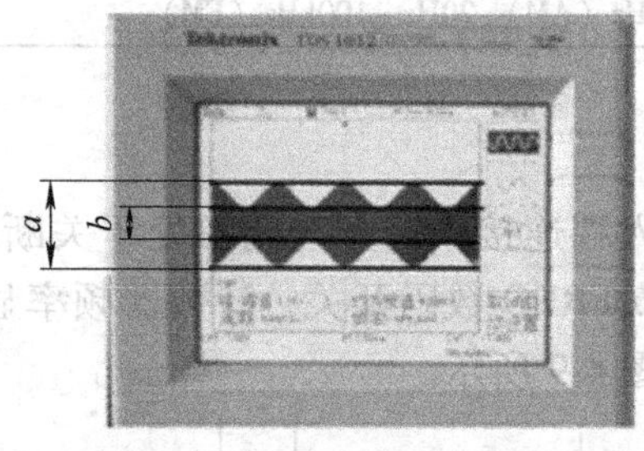

图 4-13　调幅波测量示意图

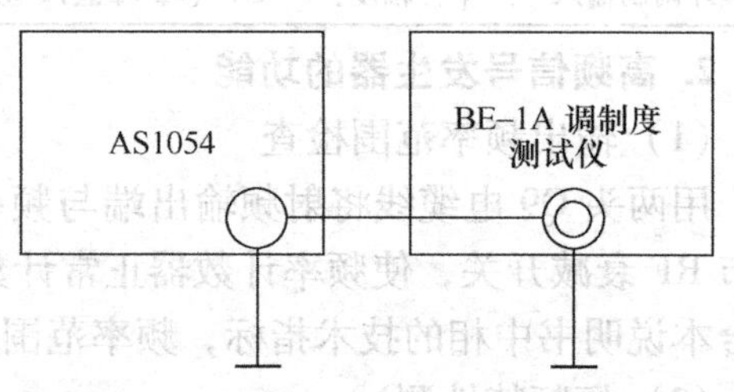

图 4-14　调频信号频偏测量示意图

图 4-13 为调幅波测量示意图，图 4-13 为调幅波波形图，图 4-14 为调频信号频偏测量示意图。

（4）调频信号频偏测量

用两头 Q9 电缆线与输出端连接，接一下 FM 按钮使相应指示灯亮，本机工作在调频状态，当测量第二频段时，测试频率为 6. 5MHz，当测量第三频段时，测试频率为 100MHz，测量结果应符合说明书的要求，图 4-15 为调频波波形图。

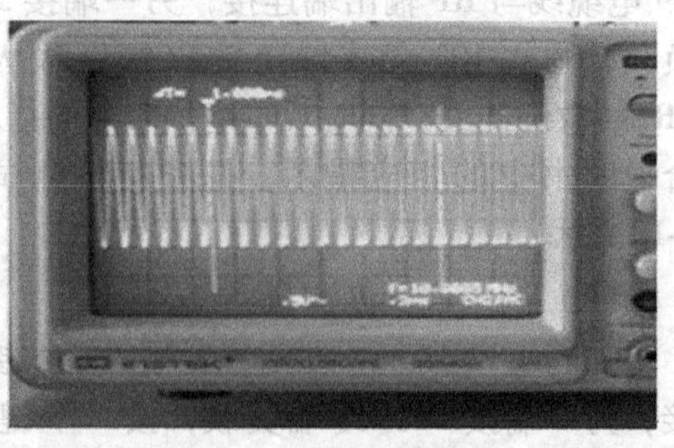

图 4-15　调频波波形图

4.3.3　万用表的使用

1. 万用表的注意事项

万用表目前常用的有指针式（也称模拟式）和数字式两种。使用这两种表时要注意以下几点：

1）指针式万用表可靠耐用，观察动态过程直观，但读数精度和分辨率较低，衡量指针表性能的重要指标是电压表灵敏度（Ω/V）。

2）数字式万用表读数精确直观，输入阻抗高，但有时出现错误不易察觉，且使用维护要求较高。显示位数是衡量数字表性能的重要指标，有三位半、四位半、五位半、六位半等。位数越多，精度和分辨率就越高。

3）指针式万用表和数字式万用表二者配合使用可取长补短，例如调试电源可用数字式万用表测电压，读数精确直观，用指针式万用表测电流，观察动态变化过程。要求精确度高时应采用数字式万用表。

4）在使用指针式万用表之前，应先检查“机械零位”，即在没有被测电量时，万用表指针应指在零电压或零电流的位置上，否则应进行“机械调零”。

5）测量时不可用手去接触表笔的金属部分，一方面保证测量准确，另一方面也保证人身安全。

6）应先选挡再测量。在测量某一电量时，不能在测量时换挡，尤其是在测量高电压或大电流时更应注意。否则，会使万用表毁坏。如需要换挡，应先断开表笔与电路的连接，换挡后再去测量。

7）握笔方法，测量时一般采用单手握笔，特别是测量高电压（例如 AC 220V）时，测量点较远时应用双手握笔。

8）在使用指针式万用表测量电阻时，应把指针式万用表进行调零（黑红表笔短接，调旋钮使指针在电阻零位）。数字式万用表应进行零位检测，在 200Ω 挡时表笔短接，电阻≤1。

9）数字式万用表使用时应正确选择量程及红表笔插孔。对未知量进行测量时，应首先把量程调到最大，然后从大向小调，直到合适为此。若显示“1”，表示过载，应加大量程。改变量程时，表笔应与被测点断开，测量电流时，不要过载。

10）不允许用电阻挡和电流挡测电压。

2. 数字式万用表的使用

数字式万用表的英文缩写为 DMM（Digital Multi-Meter），图 4-16 所示是一种便携式数字万用表。数字式万用表一般由单片 A/D 转换器和外围电路组成。

数字式万用表的显示位数有 $3\frac{1}{2}$、$3\frac{2}{3}$和 $4\frac{1}{2}$等几种，它表示了数字式万用表的最大显示量程和精度，图 4-17 给出了 $3\frac{1}{2}$显示位数的含义。

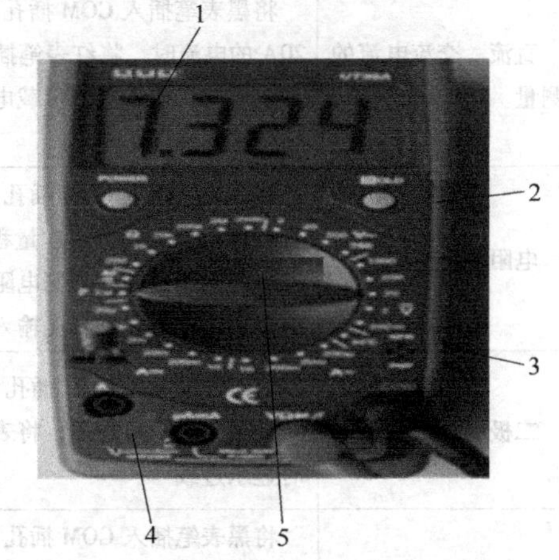

图 4-16　UTS9A 三位半数字式万用表面板图

数字式万用表的分辨率是表示万用表灵敏度的主要参数，它与显示位数密切相关。对电压表而言，分辨率是指电压表能够显示的被测电压的最小变化量，即显示器的末位跳变一个数字所需要的最小输入电压值。可见，在最小量程上，电压表的分辨率最高。分辨率也是指电压表最小量程上的分辨率。例如最小量程为 200mV 的电压表显示为 199.9mV 时，末位变一个字所需要的最小输入电压是 0.1mV，则这台电压表的分辨率为 0.1mV。

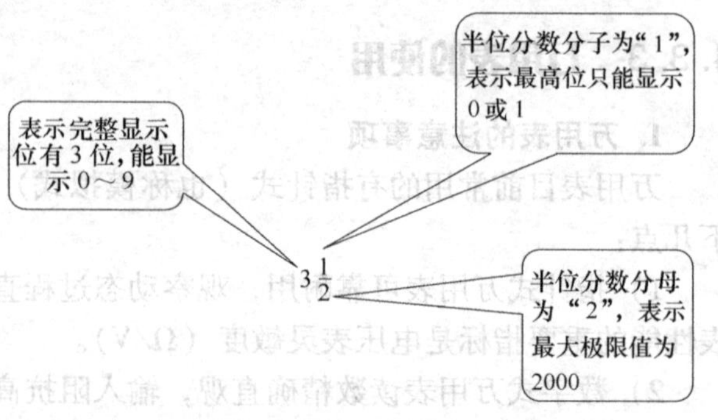

图 4-17　数字式万用表 $3\frac{1}{2}$ 显示位数的含义

数字式万用表按键功能如表 4-6 所示。

表 4-6　数字式万用表的按键功能

标号	功　能
1	液晶显示器
2	电源开关
3	被测晶体管插孔
4	输入插孔
5	挡位/量程选择开关

数字式万用表的操作步骤如表 4-7 ~ 表 4-8 所示。

表 4-7　数字式万用表的操作步骤

测量对象	操作步骤
直流、交流电压的测量	将黑表笔插入 COM 插孔、红表笔插入 V/Ω 插孔，然后将挡位/量程选择开关置于 DCV（直流）或 ACV（交流）挡位，并将测试表笔连接到被测两端，显示器将显示被测电压。在显示直流电压的同时，将显示红表笔端的极性，如果显示器只显示“1”，则表示超过量程，挡位/量程选择开关应置于更高的量程
直流、交流电流的测量	将黑表笔插入 COM 插孔，测量最大值为 2A 的电流时，将红表笔插入 A 孔，测量最大值为 20A 的电流时，将红表笔插入 20A 插孔，然后将挡位/量程选择开关置于 DCA 或 ACA 量程，测试表笔串联接入被测负载电路，显示器即显示被测电流值，在显示直流电流的同时，将显示红表笔端的极性
电阻的测量	将黑表笔插入 COM 插孔，红表笔插入 V/Ω 插孔（注意：红表笔极性为“+”，与指针式万用表相反），然后将挡位/量程选择开关置于 OHM 挡位，两表笔连接到被测电阻上，显示器将显示被测电阻值。如果被测电阻值超过所选择量程的最大值，显示器将显示“1”，此时应选择更高的量程。电阻开路或无输入时，显示器也显示为“1”，应注意区别
二极管测试	将黑表笔插入 COM 插孔，红表笔插入 V/Ω 插孔（红表笔极性为“+”），然后将挡位/量程选择开关置于二极管挡，将表笔连接到被测二极管，显示器将显示正向电压降值，当二极管反向时显示过载
带声响的通断测试	将黑表笔插入 COM 插孔，红表笔插入 V/Ω 插孔，然后将挡位/量程选择开关置于通断测试挡（与二极管测试挡位相同），将测试表笔接到被测电阻，如表笔之间的阻值低于 30Ω，则内置蜂鸣器发声

（续）

测量对象	操作步骤
晶体管放大系数 h_{FE} 测试	将挡位/量程选择开关置于 h_{FE} 挡，然后确定晶体管为 NPN 型或 PNP 型，并将发射极、基极和集电极分别插入相应的插孔，此时显示器将显示出晶体管放大系数 h_{FE} 值（此时测试条件为基极电流为 10μA，集电极与发射极之间电压为 2.8V）

表 4-8　万用表实际测量应用

测量对象	万用表量程示意图	操作方法
直流电压测量		将黑表笔插入 COM 插孔，红表笔插入 V/Ω 插孔。将挡位/量程选择开关置于 DCV 挡位，将测试表笔连接到待测电源或负载上，红表笔所接端的极性将同时显示在显示器上，可读出测量值
交流电压测量		将黑表笔插入 COM 插孔，红表笔插入 V/Ω 插孔。将开关置于 ACV 挡位，将测试表笔连接到被测件上，显示测量值
直流电流测量		将黑表笔插入 COM 插孔，当测量最大值为 20mA 的电流时，红表笔插入 mA 插孔，当测量最大值为 20A 的电流时，红表笔插入 A 插孔。将挡位/量程选择开关置于 DCA 挡位，并将测试表笔串联接到待测量件上，显示电流值和极性
电阻测量		将黑表笔插入 COM 插孔，红表笔插入 V/Ω 插孔（红表笔极性为“+”）将挡位/量程选择开关置于 Ω 挡位，测试表笔测量电阻
电容的测量		连接待测电容之前，注意每次转换量程时复零需要的时间，有漂移存在不会影响测试精度

（续）

测量对象	万用表量程示意图	操作方法
二极管测试及蜂鸣器的使用		将黑表笔插入 COM 插孔，红表笔插入 V/Ω 插孔（红表笔极性为“+”）将挡位/量程选择开关置于二极管挡位，将表笔连接到待测二极管，读数为二极管正向电压降的近似值。将表笔连接到待测线路的两点，如果两点之间的电阻低于 70Ω，则内置蜂鸣器发声

使用数字式万用表测量时有以下注意事项：

1）每次测量时，应确认量程是否正确。

2）测量高压时要注意避免触电。

3）测试棒插孔旁边的正三角形中有符号“！”的，表示输入电压或电流不应超过指示值。

4）数字式万用表的交流电压挡只能直接测量低频正弦波信号。

5）测量电流时应将表笔串联接在被测电路中，测量电压时应将表笔并联接在被测电路中。

6）测量前，功能开关应置于需要的量程上。

4.3.4 数字示波器的使用

1. 数字示波器的注意事项

数字存储示波器是将待测的输入信号进行采样、量化及存储，在存储中取出量化值，并将量化值转换成模拟量显示在屏幕上。示波器是一种观察、测量和记录用的电子测量仪器，它可用于电量和非电量的测量、分析和监视。数字示波器与模拟示波器相比有着不可比拟的优点，在使用数字示波器时应该注意以下几点：

1）根据被测信号的上限频率或上升时间来确定数字示波器的频带宽度。为了减少示波器本身带宽对测量的影响，选择数字示波器的带宽应高于被测信号上限频率的 3 ~5 倍。

2）根据被测信号的重复频率来确定实现带宽的采样方式是实时采样，还是等效采样。如果被测信号是重复信号，则上面确定的带宽可以是实时带宽，也可以是等效带宽。如果被测信号是单次或高速低重复率信号，则应选择实时带宽符合要求的数字存储示波器。

3）根据带宽和采样方式确定最高采样频率。实时数字存储示波器的采样速率应大于其实时带宽上限频率的 2.5 倍。等效时间采样的数字存储示波器采样频率比等效带宽低得多。

4）根据测量准确度确定垂直分辨率，分辨率是测量精确度的上限。为保证一定的测量准确度，选 7 位到 8 位。

5）根据水平分辨率选择存储长度。用做复杂信号测量时，为看清楚细节，要求分辨率很高。例如要监视 100Mbit/s 高速局域网一帧的信息，就需要 2MB 的存储容量。

6）如果数字示波器出现波形混淆或在已经触发的情况下也不稳定的话，这说明显示波形的频率低于实际输入的波形频率。因此，数字示波器采样频率必须不低于被测信号的 2 倍。

7）如果要检测信号中的“毛刺”，需要选择具有峰值检测或包络显示的数字存储示波器。

8）频率越高，所选用的示波器的带宽应越宽。为了使测量精度优于 2%，所选择的示波器的带宽应该是被测信号最高频率分量的 5 倍。

9）如果被测信号是低频信号，周期很低，则应该选用慢扫描的示波器，利用慢扫描示波器的示波管的长余晖特性，能很好地显示信号的慢变化过程。

10）如果要测量微弱信号，幅度为微伏级，应该选择高灵敏度的示波器，这样的示波器具有高同相抑制比、低噪声和低漂移等特点。

11）示波器具有帮助系统，涵盖了示波器的所有功能。可以使用帮助系统显示多种信息。按下 HELP（帮助）前面板按钮时，示波器会显示有关屏幕上最后显示的菜单的信息。查看帮助主题时，多用途旋钮旁边的 LED 灯将表明该旋钮处于活动状态。如果该主题包含多页，可以通过旋转多用途旋钮在该主题的页间移动。

12）多数帮助主题都包含有使用角括号标记的短语，如 <自动设置>。这些短语与其他主题相链接。旋转多用途旋钮将加亮区从一个链接移动到另一个。按下“显示主题”选项按钮，显示与加亮链接相对应的主题。按下“返回”选项按钮，返回上一主题。

图 4-18 为 TDS 型数字示波器面板图，选项按钮也可称为屏幕按钮、侧菜单按钮、bezel 按钮或软键。以下用“→”表示一系列按钮的按击操作，例如，UTILITY（辅助功能）→“选项”→“设日期和时间”表示按下 UTILITY（辅助功能）前面板按钮，再按“选项”按钮，然后再按“设日期和时间”选项按钮，选择所需选项，可能需要多次按下选项按钮。

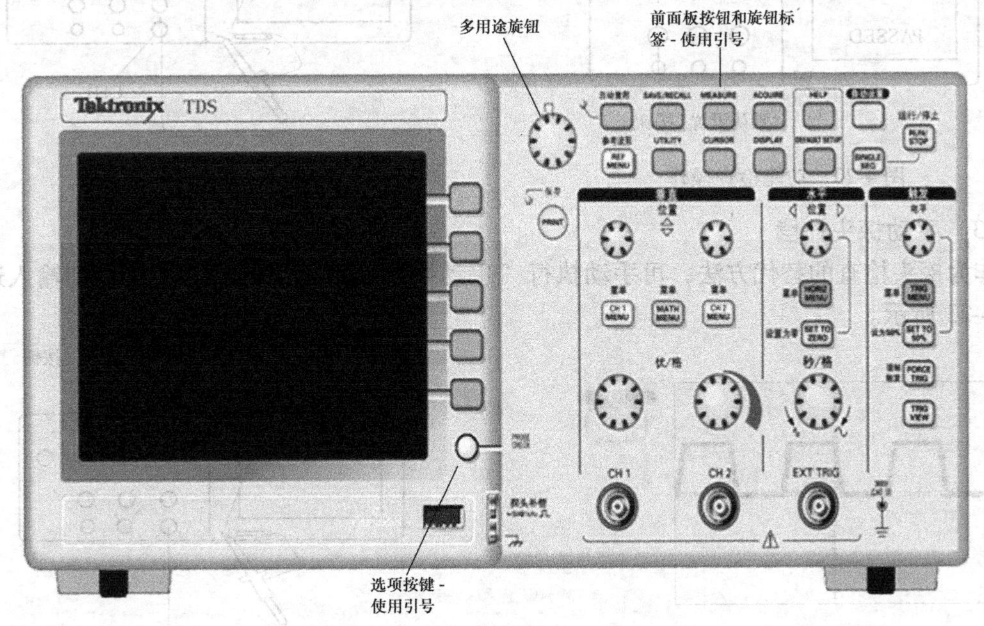

图 4-18 TDS 型数字示波器面板图

（1）连接示波器

按图 4-19 所示连接示波器后，需注意以下几点：

1）打开示波器电源，可以选择一种屏幕显示语言。还可以在任何时候按下 UTILITY（辅助功能）→Language（语言）按钮，选择一种语言。

2）只能使用随示波器提供的电源线。

3）使用安全电缆穿过内置的电缆槽来固定示波器。

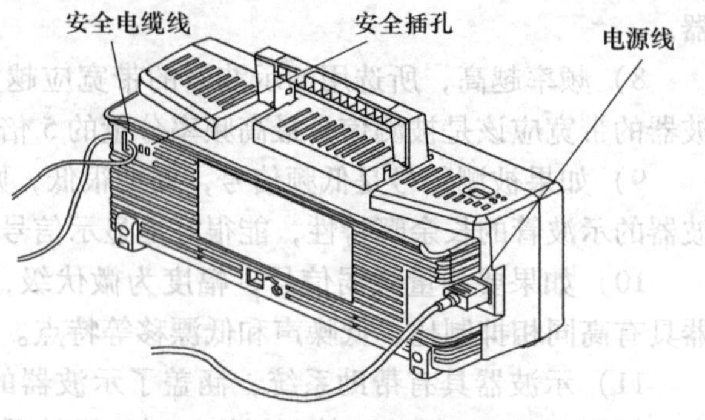

图 4-19 示波器使用安全连接图

（2）功能检查

可执行“功能检查”来验证示波器是否正常工作，具体操作步骤如下。

1）打开示波器电源，如图 4-20 所示。按下 DEFAULT SETUP（默认设置）按钮。探头选项默认的衰减设置，即 10X。

2）在探头上将开关设定到 10X，并将探头连接到示波器的通道 CH1 上。将探头连接器上的插槽对准 CH1 BNC 上的凸键，按下去即可连接，然后向右转动将探头锁定到位，将探头端部和基准连接到探头补偿上。

3）按下“自动设置 AUTOSET”按钮。在数秒钟内，可以看到频率为 1kHz、电压为 5V（峰-峰值）的方波，如图 4-21 和图 4-22 所示。按两次前面板上的 CH1 MENU（CH1 菜单）按钮，删除通道 1，按下 CH 2 MENU（CH 2 菜单）按钮，显示通道 2。

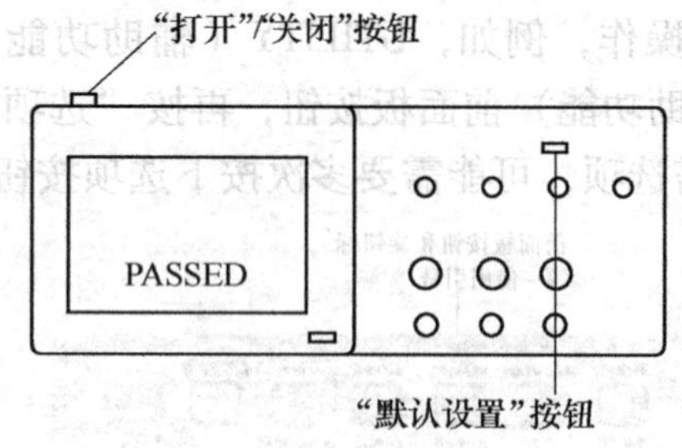

图 4-20 功能检查操作

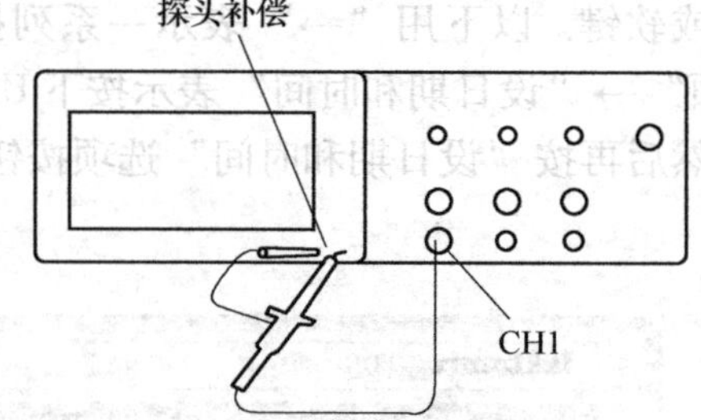

图 4-21 功能检查操作 2

（3）手动探头补偿

作为探头检查的替代方法，可手动执行“手动探头补偿”功能来匹配探头和输入通道，如图 4-23 所示。

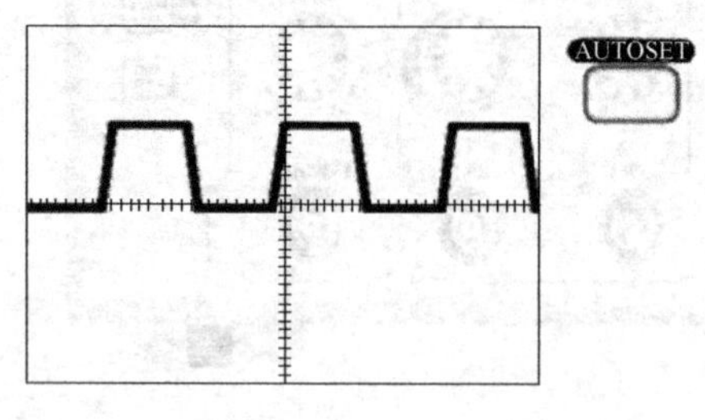

图 4-22 功能检查操作结果图

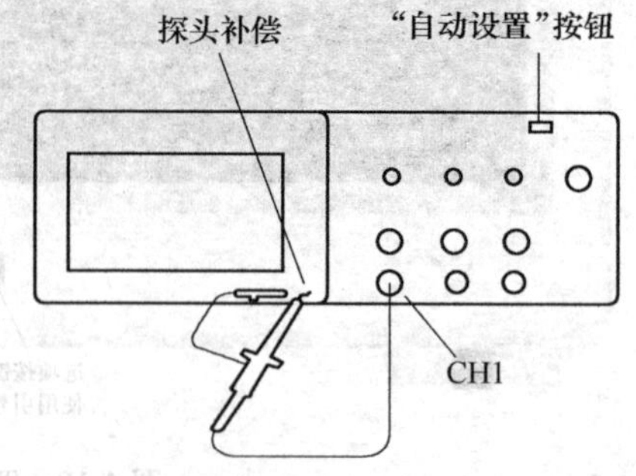

图 4-23 手动探头补偿

1）按下 CH 1 MENU（CH 1 菜单）。

2）按下“探头”→“电压”→“衰减”按钮并选择 10X。探头上将开关设定到 10X 并将探头连接到示波器的通道 1。

3）将探头端部连接到 5V、1kHz 终端，将基准导线连接到探头元件机箱接地终端。显示通道，然后按下“自动设置”按钮。

4）检查所显示波形的形状，如图 4-24 所示。

5）如有必要，请调整探头，如图 4-25 所示。

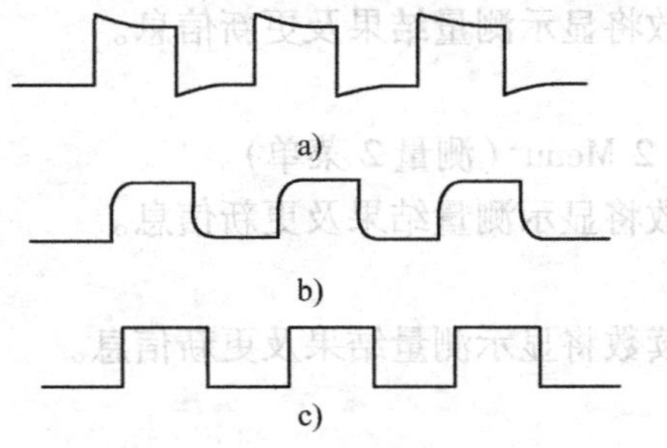

图 4-24　显示波形的形状

a）过补偿　b）补偿不足　c）补偿正确

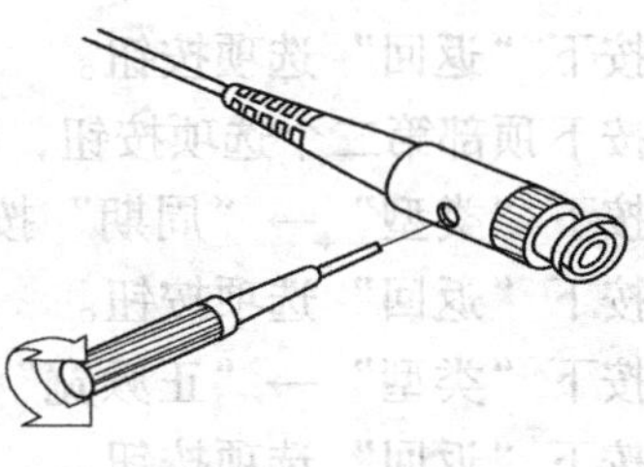

图 4-25　调整探头

（4）设置示波器

操作示波器时，应熟悉经常用到的几种功能，如自动设置、自动量程、保存设置和调出设置等。

1）自动设置。按“自动设置”按钮，自动设置功能都会获得显示稳定的波形。它可以自动调整垂直刻度、水平刻度和触发设置。自动设置也可在刻度区域显示几个自动测量结果，这取决于信号类型。

2）自动量程。“自动量程”是一个连续的功能，可以启用和禁用。此功能可以调节设置值，以便在信号表现出大的改变或在将探头移动到另一点时跟踪信号。

3）保存设置。关闭示波器电源前，如果在最后一次更改后已等待 5s，示波器就会保存当前设置。下次接通电源时，示波器会调出此设置。可以使用 SAVE/RECALL（保存/调出）菜单永久性保存 10 个不同的设置。还可以将设置存储到 USB 闪存驱动器。示波器上可插入 USB 闪存驱动器，用于存储和检索可移动数据。调出设置，示波器可以调出关闭电源前的最后一个设置、保存的任何设置或者默认设置。

（5）测量单个信号

如果想要查看电路中的某个信号（见图 4-26），但又不了解该信号的幅值或频率，希望快速显示该信号，并测量其频率、周期和峰峰值幅度，可按如下步骤进行。

1）按下 CH 1 MENU（CH1 1 菜单）按钮。

2）按下“探头”→“电压”→“衰减”→10X。

3）将探头上的开关设定为 10X。

4）将通道 1 的探头端部与信号连接，将基准导线连接到电路基准点。

5）按下“自动设置”按钮。

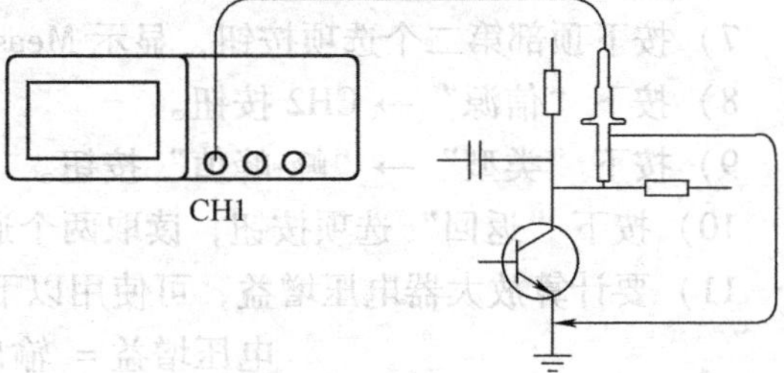

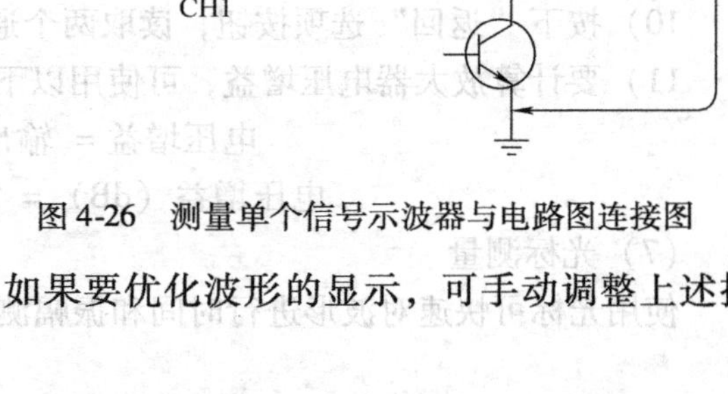

图 4-26　测量单个信号示波器与电路图连接图

示波器自动设置垂直、水平和触发控制。如果要优化波形的显示，可手动调整上述控制。示波器根据检测到的信号类型在显示屏的波形区域中显示相应的自动测量结果。要测量信号的频率、周期、峰峰值幅度、上升时间以及正频宽，可按以下步骤进行操作：

1）按下 MEASURE（测量）按钮查看 Measure（测量）菜单。

2）按下顶部选项按钮，将显示 Measure 1 Menu（测量 1 菜单）。

3）按下“类型”→“频率”按钮，“值”读数将显示测量结果及更新信息。

4）按下“返回”选项按钮。

5）按下顶部第二个选项按钮，将显示 Measure 2 Menu（测量 2 菜单）。

6）按下“类型”→“周期”按钮，“值”读数将显示测量结果及更新信息。

7）按下“返回”选项按钮。

8）按下“类型”→“正频宽”按钮，“值”读数将显示测量结果及更新信息。

9）按下“返回”选项按钮。

（6）测量两个信号

将测试信号连接到放大器输入端，将示波器的两个通道分别与放大器的输入端和输出端相连，如图 4-27 所示。测量两个信号的电平，并使用测量结果计算增益的大小，测量曲线如图 4-28 所示。

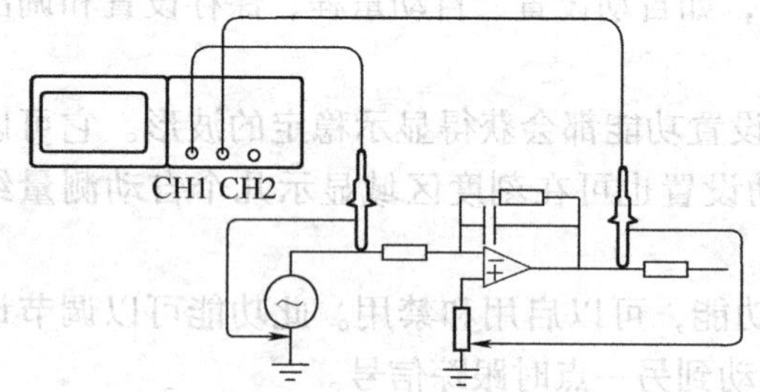

图 4-27 示波器与电路连接图

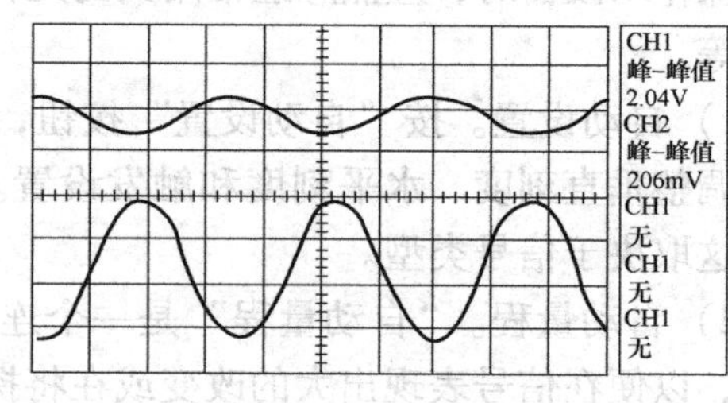

图 4-28 测试曲线图

要显示连接到通道 1 和通道 2 的信号，选择两个通道进行测量，请执行以下步骤：

1）按下“自动设置”按钮。

2）按下 MEASURE（测量）按钮，查看 Measure（测量）菜单。

3）按下顶部选项按钮，显示 Measure 1 Menu（测量 1 菜单）。

4）按下“信源”→CH1 按钮。

5）按下“类型”→“峰-峰值”按钮。

6）按下“返回”选项按钮。

7）按下顶部第二个选项按钮，显示 Measure 2 Menu（测量 2 菜单）。

8）按下“信源”→ CH2 按钮。

9）按下“类型”→“峰-峰值”按钮。

10）按下“返回”选项按钮，读取两个通道的峰-峰值幅度。

11）要计算放大器电压增益，可使用以下公式：

$$电压增益 = 输出幅度/输入幅度$$

$$电压增益（dB） = 20 \times \lg（电压增益）$$

（7）光标测量

使用光标可快速对波形进行时间和振幅测量。要测量某个信号上升沿的振荡频率，可执行以下操作步骤。

1）按下 CURSOR（光标）按钮，查看 Cursor（光标）菜单。

2）按下“类型”→“时间”按钮。

3）按下“信源”→CH1 按钮。

4）按下“光标 1”选项按钮。

5）旋转多用途旋钮，将光标置于振荡的第一个波峰 t_1 上。

6）按下“光标 2”选项按钮。

7）旋转多用途旋钮，将光标 t_2 置于振荡的第二个波峰上。可在 Cursor（光标）菜单中查看时间和频率 Δ（增量）（测量所得的振荡频率）。

8）按下“类型”→“幅度”按钮。

9）按下“光标 1”选项按钮。

10）旋转多用途旋钮，将光标置于振荡的第一个波峰上。

11）按下“光标 2”选项按钮。

12）旋转多用途旋钮，将光标 t_2 置于振荡的最低点上。在 Cursor（光标）菜单中将显示振荡的振幅，如图 4-29 所示。

(8) 测量脉冲宽度

如果要分析某个脉冲波形，并且要知道脉冲的宽度，可执行以下步骤。

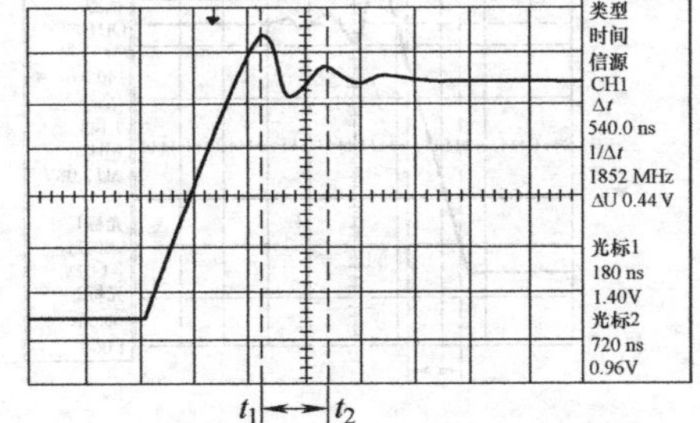

图 4-29　测量曲线图

1）按下 CURSOR（光标）按钮，查看 Cursor（光标）菜单。

2）按下“类型”→“时间”按钮。

3）按下“信源”→CH1 按钮。

4）按下“光标 1”选项按钮。

5）旋转多用途旋钮，将光标置于脉冲的上升沿。

6）按下“光标 2”选项按钮。

7）旋转多用途旋钮，将光标置于脉冲的下降沿。此时可在 Cursor（光标）菜单中看到以下测量结果：光标 1 处对应触发的时间 t_1，光标 2 处对应触发的时间 t_2。表示脉冲宽度测量结果的时间 Δt（增量）$=t_2-t_1$。

(9) 测量上升时间

通常情况下，应测量波形电平的 10% ~90% 之间的上升时间，可执行以下步骤。

1）旋转“秒/格”旋钮以显示波形的上升沿。

2）旋转“伏/格”和“垂直位置”旋钮，将波形振幅大约五等分。

3）按下 CH 1 MENU（CH1 1 菜单）按钮。

4）按下“伏/格”→“细调”按钮。

5）旋转“伏/格”旋钮，将波形振幅精确地五等分。

6）旋转“垂直位置”旋钮使波形居中，将波形基线定位到中心刻度线以下 2.5 等分处。

7）按下 CURSOR（光标）按钮，查看 Cursor（光标）菜单。

8）按下“类型”→“时间”按钮。

9）按下“信源”→CH1 按钮。

10）按下“光标 1”选项按钮。

11）旋转多用途旋钮，将光标置于波形与屏幕中心下方第二条刻度线的相交点处，这是波形电平的 10%。

12）按下“光标 2”选项按钮。

13）旋转多用途旋钮，将光标置于波形与屏幕中心上方第二条刻度线的相交点处，这是波形电平的 90%。Cursor（光标）菜单中的 Δt（增量）读数即为波形的上升时间，如图 4-30 所示。

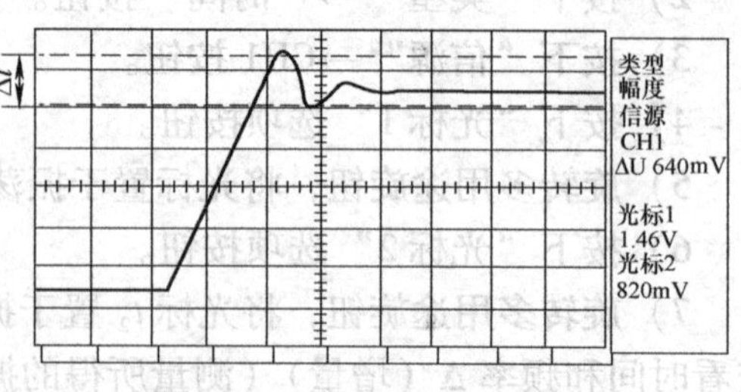

图 4-30　测量曲线图

（10）分析信号的详细信息

当示波器上显示一个噪声信号时，此信号包含了许多无法从显示上观察到的信息，如图 4-31 和图 4-32 所示。

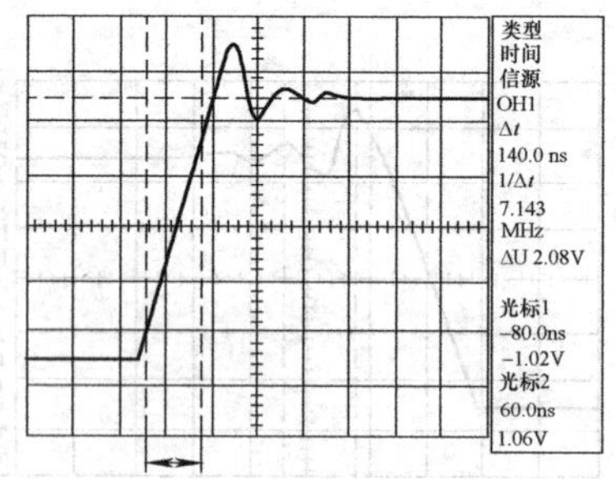

图 4-31　噪声测量曲线图

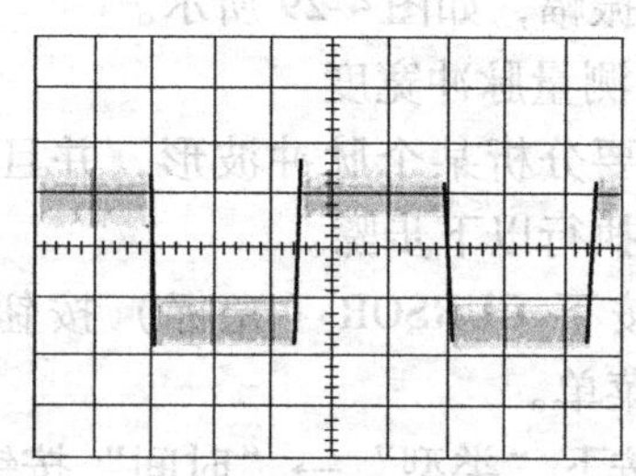

图 4-32　示波器上显示的噪声信号

要分析噪声，执行以下步骤：

1）按下 ACQUIRE（采集）按钮，查看 Acquire（采集）菜单。

2）按下“峰值检测”选项按钮。

3）可按下 DISPLAY（显示）按钮，查看 Display（显示）菜单。“调节对比度”选项按钮，用多用途旋钮调节显示屏，以更清晰地查看噪声。峰值测量侧重于信号中的噪声尖峰和干扰信号，特别是使用较慢的时基设置时。如果要分析信号形状，忽略噪声，如图 4-34 所示，除噪声信号可执行以下步骤：

1）按下 ACQUIRE（采集）按钮以查看 Acquire（采集）菜单。

2）按下“平均值”选项按钮。

3）按下“平均值”选项按钮可查看改变运行平均操作的次数对显示波形的影响。平均操作可降低随机噪声，并且更容易查看信号的详细信息。在图 4-33 中，显示了去除噪声后信号上升边沿和下降边沿上的振荡。

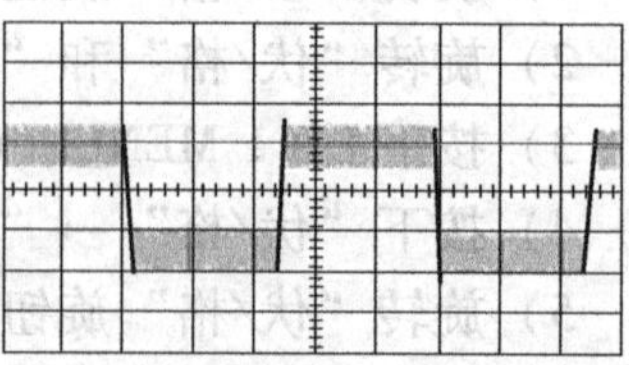

图 4-33　去除噪声后的信号

（11）测量传播延迟

要设置测量传播延迟，可执行以下步骤。

1）按下“自动设置”按钮，触发一个稳定的波形显示。

2）调整水平控制和垂直控制，优化波形显示。

3）按下 CURSOR（光标）按钮，查看 Cursor（光标）菜单。

4）按下“类型”→“时间”按钮。

5）按下“信源”→CH1 按钮。

6）按下“光标 1”选项按钮。

7）旋转多用途旋钮，将光标置于选择信号的有效边沿上。

8）按下“光标 2”选项按钮。

9）旋转多用途旋钮，将第二个光标置于数据输出跃迁上。Cursor（光标）菜单中的 Δ*t* 读数即为波形之间的传播延迟，两个波形具有相同的秒/格设置，读数有效。图 4-34 是测量连接图，图 4-35 是测量延迟曲线图。图 4-36 为根据特定脉冲宽度触发波形。

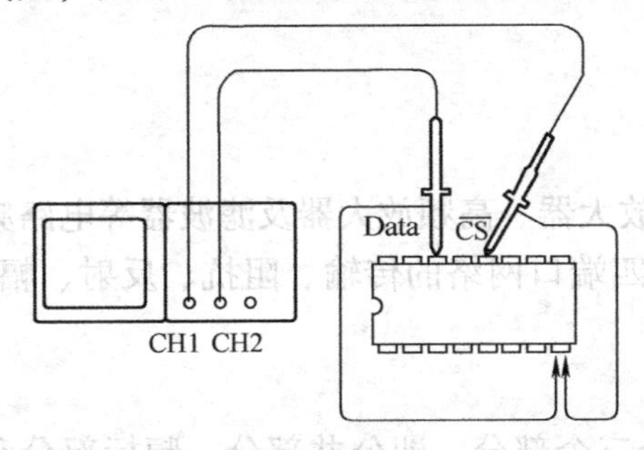

图 4-34　测量连接图

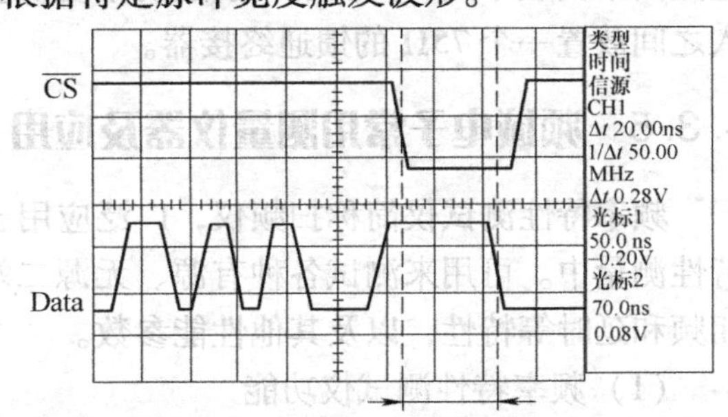

图 4-35　测量延迟曲线图

（12）根据特定脉冲宽度触发

要测试脉冲宽度是否出现异常，可执行以下步骤。

1）按下“自动设置”按钮，触发一个稳定的波形显示。

2）按下“自动设置”菜单中的“单周期”选项按钮，以查看信号的单个周期，并快速进行脉冲宽度测量。

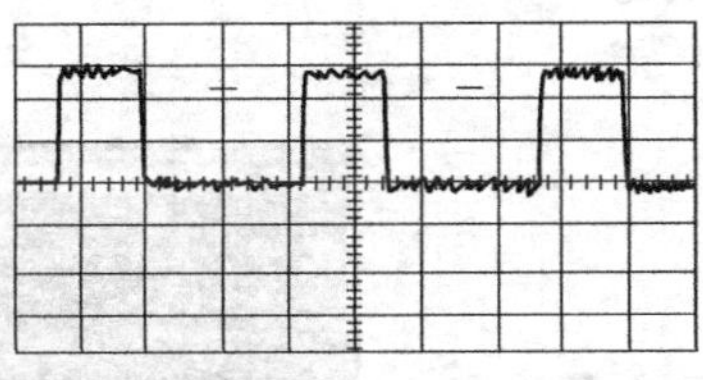
图 4-36　根据特定脉冲宽度触发

3）按下 TRIG MENU（触发菜单）按钮。

4）按下“类型”→“脉冲”按钮。

5）按下“信源”→CH1 按钮。

6）旋转“触发电平”旋钮，将触发电平设置在接近信号底部的地方。

7）按下“当”→=（等于）。

8）旋转多用途旋钮，将脉冲宽度设为在步骤 2）中所测量的脉冲宽度值。

9）按下“更多”→“触发方式”→“正常”按钮。示波器由正常脉冲触发，因而波形显示应当稳定。

10）按下“当”选项按钮，选择≠、< 或 >。如果有任一异常脉冲满足指定的“当”条件，则示波器将触发。

（13）视频信号触发

如果测量视频电路，图 4-37 为连接图，并且需要显示视频输出信号，视频输出为 NTSC 标准信号。使用视频触发可获得稳定的显示波形，如图 4-38 所示。触发频率读数显示示波器可能认为是一个触发器的事件的频率，并可能小于脉冲宽度触发模式下输入信号的频率。

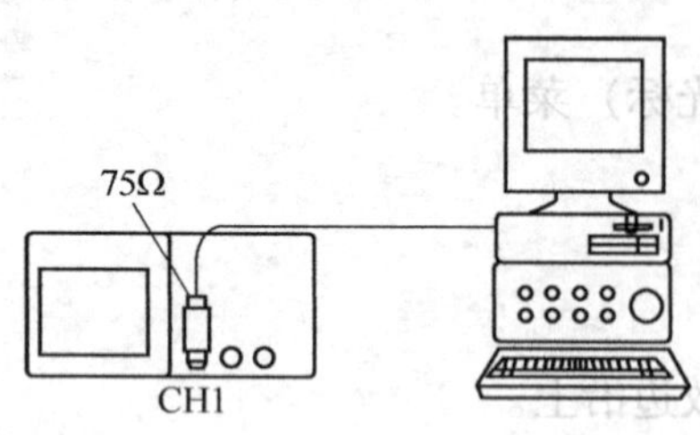

图 4-37 连接图

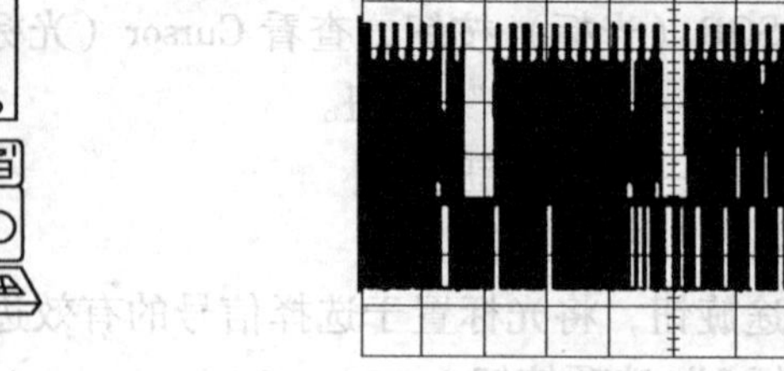

图 4-38 测量波形

多数视频系统使用 75Ω 的电缆线路。示波器输入端不能直接短接到低阻抗电缆上。要避免由于负载不当和因反射而引起的幅度误差，可在信号源 75Ω 同轴电缆与示波器 BNC 输入之间放置一个 75Ω 的馈通终接器。

4.3.5 频域电子常用测量仪器及应用

频率特性测试仪简称扫频仪，广泛应用于中频放大器、高频放大器及滤波器等电路频率特性测量中。可用来测试各种有源、无源二端口或四端口网络的传输、阻抗、反射、幅频、相频和延时等特性，以及其他性能参数。

（1）频率特性测试仪功能

频率特性测试仪面板结构如图 4-39 所示，共分三个部分，即公共部分、频标部分和垂直工作系统。公共部分如表 4-9 所示，频标部分如表 4-10 所示，垂直工作系统部分如表 4-11 所示。

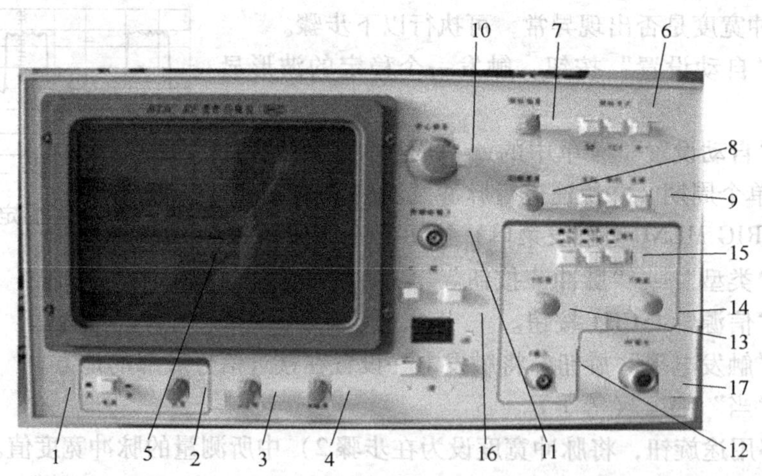

图 4-39 前面板

表 4-9 公共部分

图中标号	图示	性能和作用
1	电源	按下表示通电，再按一次按键抬起，仪器断电
2	亮度	用来调节轨迹的亮度，一般以人眼舒适为宜
3	X 位移	用来调节轨迹在显示屏中的位置，有左移和右移
4	X 幅度	用来调整水平线扫描线的宽度，一般顺时针旋转增加幅度，逆时针旋转减少幅度
5	显示屏	显示被测电路的幅频特性曲线

表 4-10　频标部分

图中标号	图示	性能和作用
6	频标方式	频标方式就像尺子上的大刻度和小刻度的选择一样，需要大的刻度读数时，就选择“50”按键，表示每个频标之间的间隔为 50MHz，要精确读出频率时，可选择 10.1 按键，如果有特别需要，可以选择“外”频标方式
7	频标幅度	用于调整频标幅度，可以顺时针调也可以逆时针调，用来增加幅度和减少幅度
8	扫频宽度	在窄扫时对扫频宽度进行调整，顺时针旋转扫频宽度增大
9		全扫：即全景扫描，屏幕上显示全频段频率特性曲线图 窄扫：用于区域频段扫描，窄扫可以更为精确地观察特性曲线的情况 点频：可在 RF 输出端得到连续的频率信号，此时，该扫描仪可以作为信号源使用 通过改变“中心频率”旋钮，RF 输出端输出的正弦波频率也相应改变
10	中心频率	在“窄扫”的方式下，“中心频率”旋钮可以改变扫频仪信号在屏幕上的显示区域 在“点频”的方式下，该旋钮可以改变 RF（射频信号）的输出频率
11	外频标输入	作为使用外部频率源时为扫频仪频标产生基准源，要求外部信号源输入到该端口的信号幅度不能小于 300mV（峰-峰），阻抗为 75Ω

表 4-11　垂直工作系统部分

图中标号	图示	性能和作用
12	Y 输入	接收检波以后的信号，送入内部电路放大处理后，在屏幕上显示出来
13	Y 位移	调节轨迹在屏幕中的垂直位置
14	Y 增益	用来调节显示屏幕上的图形在垂直方向上的幅度大小，顺时针旋转幅度增加
15	AC/DC	AC/DC：按下为 DC，此时接入信号检波后，水平线基线的垂直位置不变，而被检测的频率特性曲线在水平线或上或下的方向位显示 抬起该键为 AC，当接入被测信号后，特性曲线与水平线在垂直方向上同时拉开
16	×1/×10 +/-	×1/×10：Y 轴衰减倍数。+/-极性：+的时候，特性曲线在水平线上端显示，-的时候，特性曲线在水平线下端显示
17		扫频信号输出衰减开关为扫频仪信号输出强度的调整开关，中间的数码显示器为显示实际输出的衰减量，上面两个键为粗调整，即只改变数码显示器高位（10 位）的数字，数字调整范围是 0～7，下面两个为细调整，它只能改变数码显示器各位的数字，调整范围是 0～9，工作时两位同时显示，即为总的衰减量，单位为 dB。按“+”键衰减量增加年，按“-”键衰减量减少

（2）频率特性测试仪的测量方法

频率特性测试仪的任务就是测量电路的幅频特性，幅频特性就是电路的输出电压的幅度随其频率变化的特性（输入电压为恒定值）。幅频特性的测量方法有点频测量法和扫频测量法。

1）点频测量法。点频测量方法就是通过逐点测量、逐点描述的方法来了解电路幅频特性曲线的方法，测量时保证输入的正弦波信号电压幅度不变，而频率由低到高变化，记录相应频率所对应的电压输出值，逐点描绘幅频特性曲线。这种方法操作繁琐，工作量大。

2）扫频测量方法。扫频测量方法是利用扫频信号发生器自动产生的连续变化的频率信号，经过待检测电路，在被检测电路的输出端拾取信号，然后经过电路处理在屏幕上显示出该被检测电路的输出特性曲线。根据这个原理，设计出测量信号幅度随信号频率变化情况的专用仪器——扫频仪。

（3）频率特性测试仪的工作原理

频率特性测试仪由六大部分组成，扫频信号发生器产生一个频率由低到高不断循环的高频信号，其循环的周期受控于X扫描信号发生器，并与扫频信号做同相变化，所以在扫频信号发生器输出频率范围内，可实现准确、直观和跟踪显示待测设备的幅频特性曲线。频标信号发生器是由两个晶体振荡器、谐波信号产生器、信号放大及带通滤波器组成，主要作用是产生菱形频标信号，并叠加在测量曲线上，进而方便读出特性曲线上任意一点的频率。扫频仪配有3根测试用电缆，一根扫频信号输出电缆，其输出阻抗为75Ω，两根输入电缆，其中一根输入电缆带有检波头，另一根输入电缆则没有，是直通信号传输电缆，有的仪器配备有专用检波器，使用时与直通电缆连接即可，如图4-40所示。

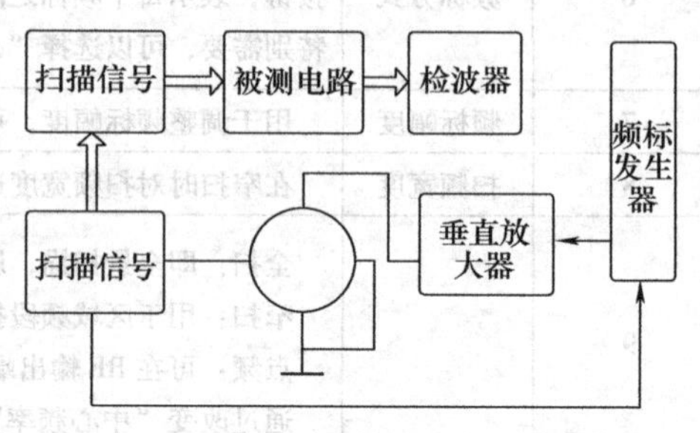

图4-40 扫频仪原理图

（4）频率特性测试仪的使用

BT-3G型扫频仪具有全扫、窄扫、点扫等功能。

频率特性测试仪的主要技术指标如下：

1）扫频范围：1～300MHz。

3）全扫：1～300 MHz 、中心频率150 MHz 。

4）窄扫：最大频偏≥100 MHz 、最小频偏≤1MHz、中心频率1～300MHz连续可调。

点频：1～300MHz连续可调、输出正弦波。

5）输出阻抗：75Ω。

6）扫频输出电压：0.5V×（1±10%）。

7）输出衰减器：0～70dB、1 dB步进。

8）频标：50MHz、10.1MHz和外接共三种。

（5）频率特性测试仪使用方法

使用前的准备如表4-12所示。

表4-12 使用前的准备

图中标号	图示	性能和作用
1	亮度	开机后，调整“亮度”旋钮，使水平轨迹亮度合适
2	Y位移	调整“Y位移”旋钮，使水平线位置合适
3	频标方式选择	选择“频标方式”按键，调试该功能是否正常，这里选按“10.1”键，此时在屏幕上就可以看见等间隔的垂直图标
4	“50”键	按下“频标方式”→“50”按钮，可以看到细小的频标没有了，只能看到10个大频标在屏幕上，大频标之间为50MHz的间隔
5	频标幅度	频标幅度过小或没有显示，可以调整“频标幅度”旋钮，使频标适度显示

（续）

图中标号	图示	性能和作用
6		按下“窄扫”按钮，准备察看在此方式下的频标显示情况
7	中心频率	逆时针旋转“中心频率”旋钮，可以看到有一系列频标依次通过屏幕中心
8	零频标	当逆时针旋转到最左边时，在屏幕中心附近可看到一个大频标，这是零频标

扫频仪的自校准步骤如下：

1）将检波探头推入自校准插座，并将自校准插头接扫描输出，检波探头输出接 Y 输入插座，连接方式如图 4-41 所示。新型扫频仪自校准较为简单，只要把后面板上的开关向左扳动即可，前面板无需要连线。

2）将 +/- 极性开关置于 +，AC/DC 置于 DC，Y 衰减置于 ×1 挡。

3）频标选择置于 50MHz。

4）输出衰减置于 0dB。

5）扫频方式开关置于全扫。

6）接通电源，屏幕上将出现近似矩形的扫描曲线。分别调整亮度、聚焦、水平校准、Y 位移和 Y 增益，使扫描曲线处于最佳状态。将扫频方式开关置于窄扫，其他设置不变，如图 4-43 所示。

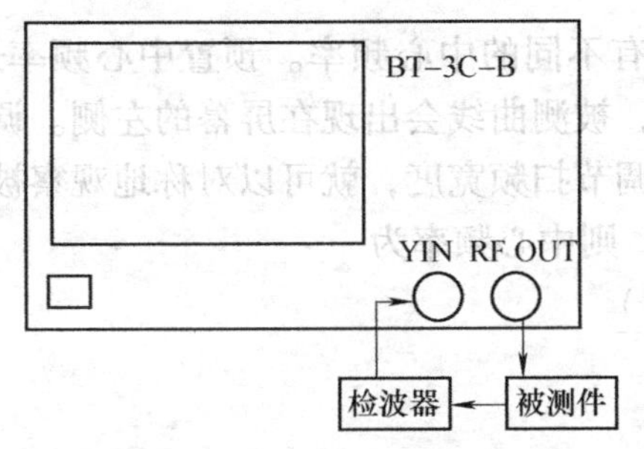

图 4-41　测试连接图

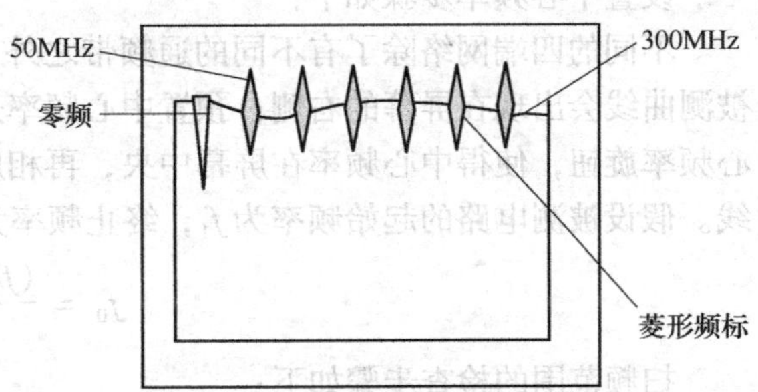

图 4-42　近似矩形的扫描曲线

全扫时的幅频特性曲线（频标为 50MHz）如图 4-43 所示，窄扫时的幅频特性曲线（频标为 50MHz）如图 4-44 所示。

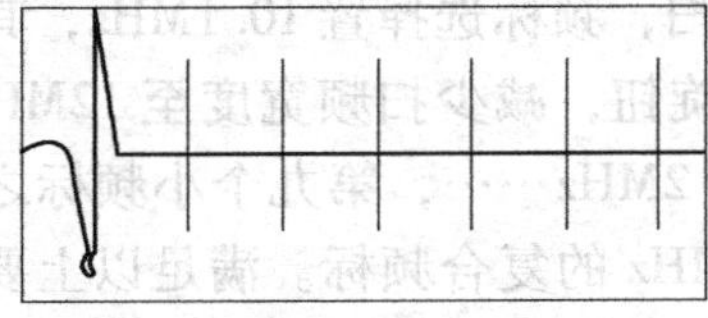

图 4-43　全扫时的幅频特性曲线（频标为 50MHz）

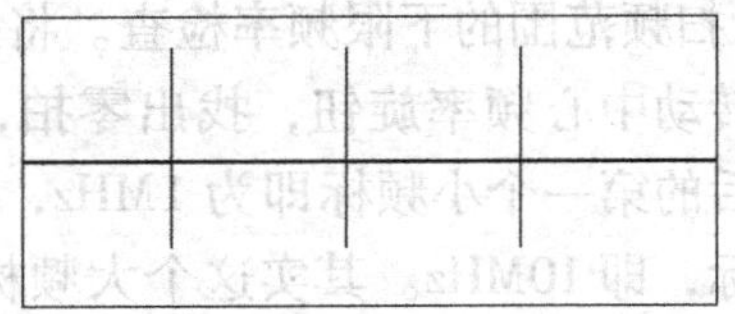

图 4-44　窄扫时的幅频特性曲线（频标为 50MHz）

频标的识别步骤如下：

1）将频标选择置于 10. 1MHz 位置，中心频率转至起始处，此时屏幕中出现不同于菱形频标的特殊标记，称为零拍。

2）顺时针转动中心频率旋钮，会发现零拍及右面的大小频标逐渐左移，其中幅度大的为 10MHz 频标，幅度小的为 1MHz 频标，如图 4-45 所示。

3）将频标选择置于 50MHz 位置，在零拍右侧的第一个频标为 50MHz，第二个频标为 100MHz，第三个频标为 150MHz，以此类推，如图 4-46 所示。

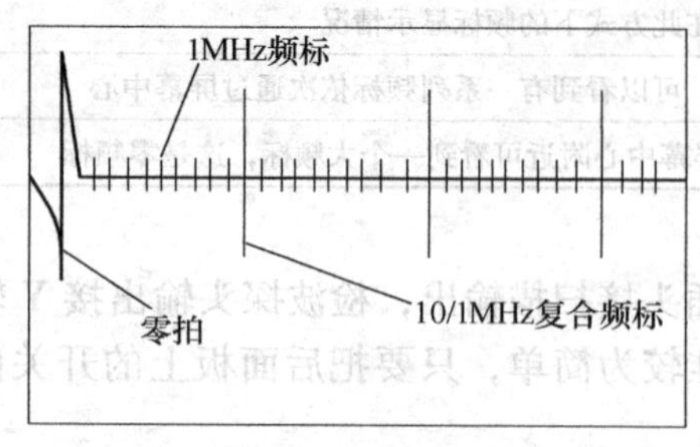

图 4-45　10MHz/1MHz 组合频标标记

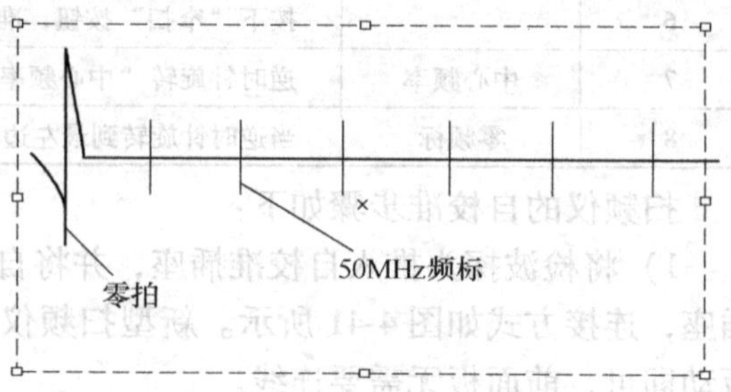

图 4-46　50MHz 频标标记

设置扫频宽度的步骤如下：

不同的四端网络测量目标有自己的同频带，如果预制的扫频宽度太窄，则被测曲线在水平方向会很大；如果预置扫频宽度太大，则被测曲线在水平方向会很小。因此应调节扫频宽度旋钮得到合适的扫频宽度。假设被测电路的起始频率为 f_1，终止频率为 f_2，则通频带为 $\Delta f = f_2 - f_1$。一般情况下，设置的扫频宽度应大于被测电路的通频带。

设置中心频率步骤如下：

不同的四端网络除了有不同的通频带之外，还有不同的中心频率。预置中心频率过高，被测曲线会出现在屏幕的右侧；预置中心频率过低，被测曲线会出现在屏幕的左侧。调节中心频率旋钮，使得中心频率在屏幕中央，再相应地调节扫频宽度，就可以对称地观察被测曲线。假设被测电路的起始频率为 f_1，终止频率为 f_2，则中心频率为

$$f_0 = \frac{(f_2 - f_1)}{2}$$

扫频范围的检查步骤如下：

1）扫频范围的上限频率检查。在确定了频标、中心频率和扫频宽度之后，再来观察图 4-47。图中在零拍之后，共有 5 个大频标，由于频标选择是 50MHz，因此，第一个大频标是 50MHz，第二个大频标是 100MHz，第三个大频标是 150MHz……，第六个大频标是 300MHz，符合扫描上限的频率要求。

2）扫频范围的下限频率检查。将扫频方式置于窄扫，频标选择置 10.1MHz，其他设置不变。转动中心频率旋钮，找出零拍，转动扫频宽度旋钮，减少扫频宽度至 12MHz 左右。零拍之后的第一个小频标即为 1MHz，第二个小频标为 2MHz……，第九个小频标之后是一个大频标，即 10MHz。其实这个大频标是 1MHz 和 10MHz 的复合频标。满足以上要求，则下限频率正确，即扫描范围为 1 ~ 300MHz。

3）扫频输出检查。置扫频方式全扫，输出衰减为 0dB，在扫频输出插座上接特性阻抗为 75Ω 的高频电缆，并接到超高频毫伏表上测量，测量结果为电压有效值，并符合扫频仪输出要求。它是在有专有仪器的情况下进行的扫频输出检查。

还有一种不使用仪器的检查方法：以上设置不变，扫频仪置自校准状态，同时将 Y 输入衰减置 ×10，Y 增益至最大，检查幅频特性曲线是否大于五大格（5div）。若大于五大格为合格，否则为不合格。

第5章　印制电路板的设计与制作

印制电路板（Printed Circuit Board，PCB）是电子工业重要的电子部件之一，几乎所有的电子设备，小到收音机、计算器，大到电子计算机、通信电子设备，只要有电子元器件，为了对其安装和电气互连，都要使用印制电路板。它对电路的电气性能、机械强度和可靠性都起着重要作用，其设计制造质量对电子产品的性能起着决定性的作用。不断发展的PCB技术使电子产品设计、装配走向标准化、规模化、机械化和自动化，使电子产品的体积更小，成本更低，可靠性、稳定性更高，装配、维修更简单。毫不夸张地说，没有印制电路板就没有现代电子信息产业的高速发展。熟悉印制电路板的基本知识，掌握其基本设计方法和制作工艺，了解生产过程，是电子电气工程师的基本要求。

5.1　印制电路板基础

5.1.1　印制电路板的组成

印制电路板主要由绝缘底板（基板）和印制电路（也称导电图形）组成，具有导电线路和绝缘底板的双重作用。

1. 基板

基板（Base Material）是由绝缘隔热、并不易弯曲的材料所制作成的，常用的基板是敷铜箔层压板，又称敷铜板。敷铜板的整个板面上通过热压等工艺贴敷着一层铜箔。

2. 印制电路

敷铜板被加工成印制电路板时，许多覆铜部分被蚀刻处理掉，留下来的那些各种形状的铜膜材料就是印制电路（Printed Circuit），它主要由印制导线和焊盘等组成，如图5-1所示。

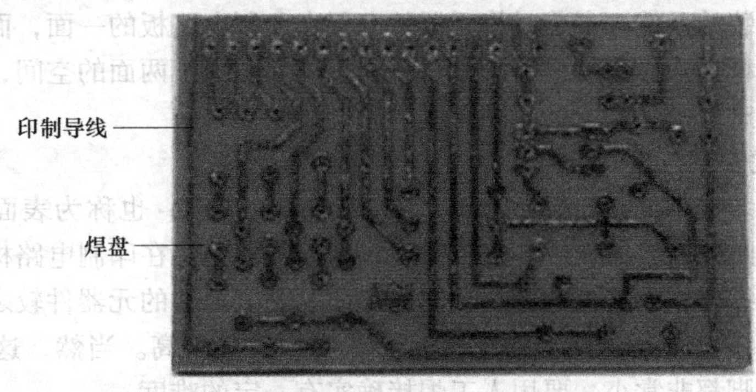

图5-1　印制电路板

其中，印制导线（Conductor）用来形成印制电路的导电通路；焊盘（Pad）用于印制电路板上电子元器件的电气连接、元件固定等；过孔（Via）和引线孔（Component Hole）分别用于不同层面的印制电路之间的连接，以及印制电路板上电子元器件的定位。

5.1.2 印制电路板的种类

印制电路板根据其基板材质强度的不同，分为刚性板、挠性板与刚挠结合板，又根据板面上印制电路的层数分为单面板、双面板与多层板。

1. 单面板（Single-sided）

仅一面上有印制电路的印制板。这是早期电路（THT元件）使用的板子，元器件集中在其中一面——元件面（Component Side），印制电路则集中在另一面——印制面或焊接面（Solder Side）上，两者通过焊盘中的引线孔形成连接。单面板在设计线路上有许多严格的限制，如布线间不能交叉而必须绕独自的路径。

2. 双面板（Double - Sided Board）

两面均有印制电路的印制板。这类印制板，两面导线的电气连接是靠穿透整个印制板并金属化的通孔（Through Via）来实现的。相对来说，双面板的可利用面积比单面板大了一倍，并且有效地解决了单面板布线间不能交叉的问题。

3. 多层板（Multi-Layer Board）

由多于两层的印制电路与绝缘材料交替黏结在一起，且层间导电图形互连的印制电路板。例如，用一块双面作内层、两块单面作外层，每层板间放进一层绝缘层后黏牢（压合），便有了四层的多层印制板。板子的层数就代表了有几层独立的布线层，通常层数都是偶数，并且包含最外侧的两层。比如大部分计算机的主机板都是4~8层的结构。目前，技术上已经可以做到近100层的印制电路板。在多层板中，各面导线的电气连接采用埋孔（Buried Via）和盲孔（Blind Via）技术来解决。

5.1.3 印制电路板的安装技术

印制电路板的安装技术可以说是现代发展最快的制造技术，目前常见的主要有传统的通孔插入式和代表着当今安装技术主流的表面黏贴式。

1. 通孔插入式安装技术

通孔插入式安装技术（Through Hole Technology，THT）也称为通孔安装技术，适用于长引脚的插入式封装的元件。安装时将元器件安置在印制电路板的一面，而将元器件的引脚焊在另一面上。这种方式要为每只引脚钻一个洞，其实占掉了两面的空间，并且焊点也比较大。显然这一方式难以满足电子产品高密度、微型化的要求。

2. 表面黏贴式安装技术

表面黏贴式安装技术（Surface Mounted Technology，SMT）也称为表面安装技术，适用于短引脚的表面黏贴式封装的元件。安装时引脚与元器件是焊在印制电路板的同一面。这种方式无疑将大大节省印制电路板的面积，同时表面黏贴式封装的元器件较之插入式封装的元器件体积也要小许多。因此，SMT的组装密度和可靠性都很高。当然，这种安装技术因为焊点和元器件的引脚都非常小，要用人工焊接确实有一定的难度。

5.2 印制电路板的设计与制作步骤

印制电路板的设计是电子产品制作的重要环节，设计是否合理不仅关系到电路在装配、焊接、调试和检修过程中是否方便，以及产品的生产成本的高低，而且直接影响到产品的质量与电气性能，甚至决定了电路功能能否实现。因此，掌握印制电路板的设计方法十分重要。

5.2.1　设计原则

1. 确定方案

设计印制电路板之前，首先应确定所设计产品的结构、电路原理、主要元器件及部件、印制电路板外形、印制电路板对外连接方式等内容。

2. 布局

首先，要考虑印制电路板的尺寸。尺寸过大时，印制线条长，阻抗增加，抗噪声能力下降，成本也增加；尺寸过小，则散热不好，且邻近线条易受干扰。当确定了尺寸后，再对电路的全部元器件进行布局，设计印制电路板不是简单地将元器件之间用印制导线连接起来就行了，而是要根据电路的特点和要求，考虑元器件之间的干扰，高频信号对低频信号的影响，以及热传递等方面的影响。应合理地进行元器件布局，将干扰抑制在最小状态。设计的基本原则如下。

（1）就近原则

当板上对外连接确定后，相关电路部分就应该就近安排，避免绕远，尤其忌讳交叉。

（2）信号流原则

将整个电路按照功能划分成若干个电路单元，按照电信号的流向，逐个依次安排各个功能电路单元在板上的位置，使布局便于信号流通，并使信号流尽可能保持一致的方向，即从上到下或从左到右的方向。与输入、输出端直接相连的元器件应安排在输入、输出接插件或连接件的地方。对称式的电路，如桥式电路、差动放大器等，应注意元件的对称性，尽可能使其分布参数一致。每个单元电路，应以核心元件为中心，围绕它进行布局，尽量减少和缩短各元器件之间的引线和连接。如以晶体管或集成电路等器件作为核心器件时，可根据其各电极的位置布排其他元器件。

（3）优先考虑确定特殊元器件的位置

在着手设计的板面决定整机电路布局时，应该分析电路原理，首先决定特殊元器件的位置，然后再安排其他元器件，尽量避免可能产生干扰的因素。

1）发热量较大的元器件，应加装散热器，尽可能放置在有利于散热的位置以及靠近机壳处。热敏元器件要远离发热元器件。

2）对于重量超过15g的元器件（如大型电解电容），应另加支架或紧固件，不能直接焊在印制电路板上。

3）尽可能缩短高频元器件之间的连线，设法减少它们的分布参数和相互间的电磁干扰。易受干扰的元器件应加屏蔽。

4）同一板上的有铁心的电感线圈，应尽量相互垂直放置，且远离以减少相互间的耦合。

5）某些元器件或导线之间可能有较高的电位差，应加大它们之间的距离，以免放电引起意外短路。高压电路部分的元器件与低压部分的元器件间隔应不少于2mm。

6）高频电路与低频电路不宜靠太近。

7）电感器、变压器等器件放置时要注意其磁场方向，尽量避免磁力线对印制导线的切割。

8）对于做显示用的发光二极管等，因在应用过程中要用来观察，应考虑放于印制电路板的边缘处。

（4）注意操作性能对元器件位置的要求

对于电位器、可调电容、可调电感等可调元器件的布局，应考虑整机的结构要求。若是机内调节，应放在印制电路板上便于调节的位置；若是机外调节，其位置要与调节旋钮在机箱面板上的位置相适应。为了保证调试、维修时的安全，特别要注意对于带高电压的元器件，要尽量布置在操作时人手不易触及的地方。

3. 布线

印制导线是由铜箔组成的，尽管铜是一种导电良好的金属，但毕竟有一定电阻，当一定强度的电流流过时会引起导线温度升高，同时它也有一定的电感和分布电容。在布设印制导线时，应当考虑上述因素。布线的原则如下：

（1）印制导线的宽度根据工作电流的大小选择

导线的最小间距主要由最坏情况下的线间绝缘电子和击穿电压决定，具体可参考表5-1与表5-2。

表5-1 印制导线最大允许工作电流

导线宽度/mm	1	1.5	2	2.5	3	3.5	4
导线截面积/mm^2	0.05	0.075	0.1	0.125	0.15	0.175	0.2
导线电流/A	1	1.5	2	2.5	3	3.5	4

表5-2 印制导线间距最大允许工作电压

导线间距/mm	0.5	1	1.5	2	3
工作电压/V	100	200	300	500	700

（2）避免导线的交叉

在设计印制电路板时，应尽量避免导线的交叉。这一要求对于双面板比较容易实现，单面板相对要困难一些。在设计单面板时，可能遇到导线绕不过去而不得不交叉的情况，这时可以在板的另一面（元件面）用导线跨接交叉点，即“跳线”、“飞线”，当然，这种跨接线应尽量少。使用“飞线”时，两跨接点的距离一般不超过30mm，“飞线”可用1mm的镀铝铜线，要套上塑料管。

（3）印制导线的形状与走向

由于印制电路板上的铜箔黏贴强度有限，浸焊时间较长会使铜箔翘起和脱落，同时考虑到印制导线的间距，因此对印制导线的形状与走向是有一定的要求的。

1）以短为佳，能走捷径就不要绕远。尤其对于高频部分的布线应尽可能短且直，以防自激。

2）除了电源线、地线等特殊导线外，导线要粗细均匀，不要突然由粗变细或由细变粗。

3）走线以平滑自然为佳，避免急拐弯和尖角，拐角不得小于90°，否则会引起印制导线的剥离或翘起，同时尖角对高频和高电压的影响也较大。最佳的拐角形式应是平缓的过渡，即拐角的内角和外角都是圆弧，如图 5-2 所示。

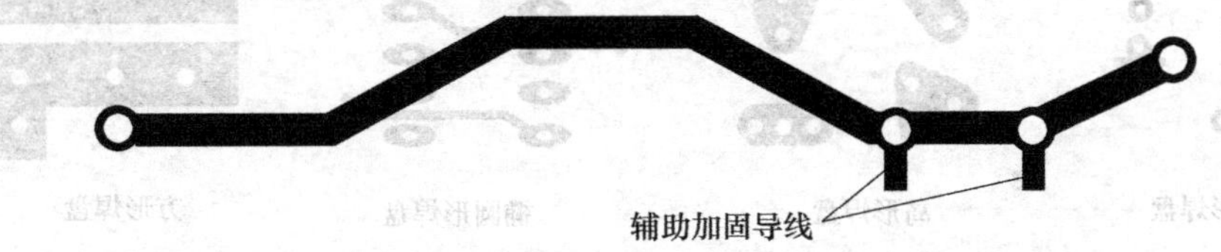

图 5-2　印制导线的拐角、导线与焊盘连接以及辅助加固导线

4）印制导线应避免呈一定角度与焊盘相连，要从焊盘的长边中心处与之相连，并且过渡要圆滑。有时为了增加焊接点（焊盘）的牢固程度，可在单个焊盘或连接较短的两焊盘上加一小条印制导线，即辅助加固导线，也称工艺线，这条线不起导电的作用，如图 5-2 所示。

5）导线通过两焊盘之间而不与它们连通时，应与它们保持最大且相等的间距，如图 5-3 所示。同样，导线之间的距离也应当均匀地相等并保持最大。

6）如果印制导线的宽度超过 5mm，为了避免铜箔因气温变化或焊接时过热而鼓起或脱落，要在线条中间留出圆形或缝状的空白处，这称为镂空处理，如图 5-4 所示。

图 5-3　导线通过焊盘

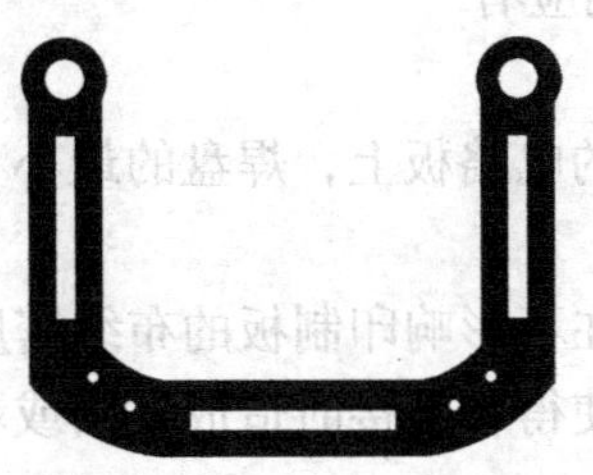

图 5-4　导线中间开槽

7）尽量避免印制导线分支，如图 5-5 所示。

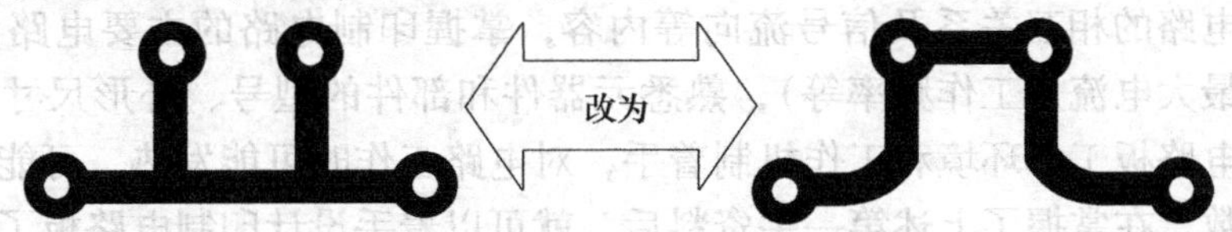

图 5-5　避免印制导线分支

8）在板面允许的条件下，电源线及地线的宽度应尽量宽一些，即使面积紧张一般也不要小于 1mm。特别是地线，即使局部不允许加宽，也应在允许的地方加宽以降低整个地线系统的电阻。

9）布线时应先考虑信号线，后考虑电源线和地线。因为信号线一般比较集中，布置的密度比较高，而电源线和地线要比信号线宽得多，对长度的限制要小得多。

4. 焊盘与孔的设计

焊盘是印制在引线孔周围的铜箔部分，供焊装元器件的引线和跨接导线用。设计元器件的焊盘时，要综合考虑该元器件的形状、大小、布置形式、振动以及受热情况、受力方向等因素。焊盘的形状有很多种，常见的有圆形、岛形、方形以及椭圆形等，如图 5-6 所示。

圆形焊盘的尺寸主要取决于引线孔的直径和焊盘的外径（其他焊盘种类可参考其确定）。

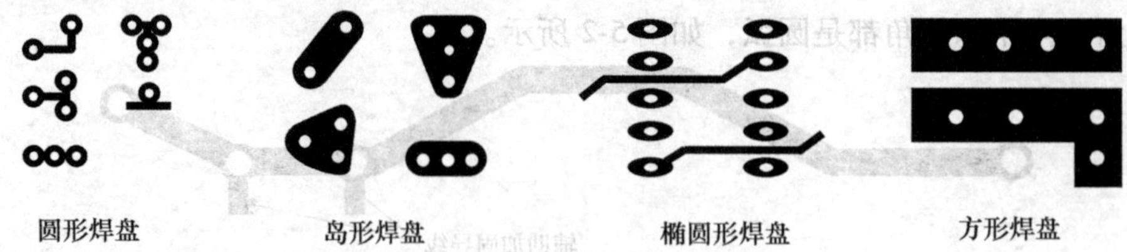

图 5-6 焊盘的几种形状

(1) 引线孔的直径

引线孔钻在焊盘中心，孔径应该比焊接的元器件引线的直径略大一些，这样才能便于插装元器件，但是孔径也不宜过大，否则在焊接时不仅用锡量多，也容易因为元器件的活动而形成虚焊，使焊接的机械强度降低，同时过大的焊点也可能造成焊盘的剥落。

元器件引线孔的直径优先采用 0.5mm、0.8mm、1.0mm 等尺寸。在同一块电路板上，孔径的尺寸规格应尽量统一，要避免异形孔，以便加工。

(2) 焊盘的外径

焊盘的外径一般要比引线孔的直径大 1.3mm 以上，即若焊盘的外径为 D，引线孔的直径为 d，则应有

$$D > (d + 1.3)\text{mm}$$

在高密度的电路板上，焊盘的最小直径可以为

$$D > (d + 1.0)\text{mm}$$

设计时，在不影响印制板的布线密度的情况下，焊盘的外径宜大不宜小，否则会因过小的焊盘外径，使得在焊接时造成沾断或剥落。

5.2.2 印制电路板手工设计步骤

在设计印制电路板之前，首先要对整机电路原理图仔细理解分析，了解电路工作原理和组成、各功能电路的相互关系及信号流向等内容，掌握印制电路的主要电路参数（包括最高工作电压、最大电流及工作频率等），熟悉元器件和部件的型号、外形尺寸、封装及工作参数，从印制电路板工作环境和工作机制着手，对电路工作时可能发热、可能产生干扰等情况做到心中有数。在掌握了上述第一手资料后，就可以着手设计印制电路板了。印制电路板的设计步骤如下。

1. 确定印制电路板的材料及尺寸

根据电路的工作频率、工作环境、成本要求来选用不同基材的印制电路板，使其符合规定电路的电气指标。例如，普通低频电路可用成本较低的酚醛纸层压板，高频电路选用环氧玻璃布层压板即可满足使用需要。

印制电路的形状、尺寸可根据整机外形尺寸及印制电路板的安装位置来确定。通常采用长方形，其长宽比例以 3:2 或 4:3 为最佳（有足够的机械强度，便于加工）。对于较复杂的电路，由于元器件较多，所需板面尺寸过大，可按功能模块划分成几块印制电路单元的组合。

2. 草图设计

所谓草图，是指能够准确反映元器件在印制电路板的位置与连接的设计图，是绘制黑白底图的依据。绘制时，要求参照实际尺寸，按一定比例精确地标明元器件的坐标位置、印制

导线的走向及形状、接地线等。绘制草图是设计印制电路板的关键和主要工作，需要按照前面所讲的设计原则，综合实际情况进行绘制，往往需要多次的调整和修改。对同样的原理图，由于考虑的因素不同，不同的设计人员可能设计出不同的草图。

3. 绘制照相底图

电路排版布局草图完成后，下一步就是根据草图绘制出提供给生产厂家照相使用的黑白底图。底图的设计和绘制质量将直接影响印制电路板的生产质量。优质的底图应既满足电路设计的要求，又兼顾生产厂家加工工艺的可行性。为了保证印制电路板的质量，还应对底图进行检查，不合要求的要重新绘制。

5.2.3 印制电路板计算机辅助设计步骤

随着电子技术的飞速发展，电子系统的功能越来越强大、体积越来越小，由此导致电路图更加复杂，印制电路板的走线也更加精密，以往用手工的方法设计绘制印制电路板已远远不能适应当前电子工业飞速发展的形式。所幸的是现代计算机的发展为电路电源图和印制电路板图的设计提供了强有力的手段，较好地解决了这个问题。目前，常用的电子线路 CAD 软件较多，Protel、PSpice、OrCAD、Auto CAD 等软件都具有印制电路板设计绘制功能，它们各有特色。以下介绍使用工具软件设计 PCB 的基本步骤。

1. 设计准备

将设计好的电路原理图通过图形编辑的方式输入 PCB 设计系统。其间，需要定制绘图参数（原理图纸张尺寸、字形、颜色等）、添加编辑元件库、绘图。

2. 设定参数

设置 PCB 文档的各种参数，包括 PCB 的层数、实际尺寸、过孔样式与元器件类型等，同时还需设置 PCB 图形编辑环境的各项参数。

3. 自动布局和布线

让设计软件根据输入的参数，自动进行元器件的布局和印制导线的布线，产生所需的印制电路图。

4. 人工调整

一般通过软件布局布线后完成的印制图形质量较高，但有时也不一定能完全满足用户的要求，需要进行人工调整，才能达到完美的程度。

5. 保存、输出

将设计绘制完成的印制图以设计文档的形式保存下来，并通过打印机或绘图仪输出。

5.2.4 印制电路板工业生产工艺简介

印制电路板制造工艺技术在不断进步，不同条件、不同规模的制造厂采用的工艺技术不尽相同。但在不同的工艺流程中，下面的基本环节是必需的。

1. 照相制版

用绘制好的底图照相制版，调整相机焦距使版面尺寸达到印制电路板尺寸，版面要求反差大，无砂眼。过程与普通照相大体相同。照相制版干燥后需要修板，对上面的砂眼修补，不要的用小刀刮掉。做双面板的照相制版应保证正反两面照相的焦距一致，以确保两面图形尺寸的吻合。

2. 图形转移

把照相制版上的印制电路转移到覆铜板上称为图形转移，方法有丝网漏印法、光化学法等。

3. 蚀刻

蚀刻俗称“烂板”，是用化学方法或电化学方法去除基材上的无用导电材料，形成印制图形的工艺。常用的蚀刻溶液为三氯化铁（$FeCl_3$），它蚀刻速度快，质量好，熔铜量大，溶液稳定，价格低廉。常用的蚀刻方式有浸入式、泡沫式、泼溅式、喷淋式几种。

4. 孔金属化

孔金属化即对连接两面导电图形的孔进行孔壁镀铜。孔金属化的实现主要经过了“化学沉铜”、“电镀铜加厚”等一系列工艺过程。在表面安装高密度板中这种金属化孔采用沉铜充满整个孔（盲孔）的方法。

5. 金属涂敷

为提高印制电路板的导电性、焊接性、耐磨性和装饰性，延长印制电路板的使用寿命，提高电气连接的可靠性，可在印制电路板的铜箔上涂敷一层金属，其材料有金、银、锡、铅锡合金等。涂敷方法有电镀、化学镀两种。

6. 涂助焊剂和阻焊剂

印制电路板经表面金属涂敷后，根据不同需要，再进行涂助焊剂和阻焊剂处理。

5.3 印制电路板设计软件

5.3.1 Protel 99 SE 简介

Protel 99 SE 是澳大利亚 Protel Technology 公司推出的一个全 32 位的印制电路板设计软件。该软件功能强大，人机界面友好，易学易用，使用该软件的设计者可以容易地设计出电路原理图和画出元件设计电路板图。而且由于其高度的集成性与扩展性，一经推出，立即为广大用户所接受，很快就成为世界 PC 平台上最流行的电子设计自动化软件。

Protel 99 SE 主要由两大部分组成，每一部分各有几个模块，第一部分是电路设计部分，主要有：原理设计系统，包括用于设计原理图的原理图编辑器 Sch 和用于修改和生成原理图元件的元件编辑器，以及各种报表的生成器 Schlib。印制电路板设计系统包括用于设计印制电路板的电路板编辑器 PCB 和用于修改、生成元件封装的元件封装编辑器 PCBLib。第二部分是电路仿真与可编程逻辑器件设计。

5.3.2 Protel 99 SE 电路原理图的绘制

1. 原理图设计流程

原理图的设计流程如图 5-7 所示，下面简要介绍原理图设计过程中的各个步骤。

（1）设计图纸大小

首先要构思好零件图，设计好图纸大小。图纸大小是根据电路图的规模和复杂程度而定的，设置合适的图纸大小是设计好原理图的第一步。

（2）设置 Protel 99 SE/Schematic 设计环境

包括设置格点大小、格点类型、光标类型等，大部分参数也可以使用系统默认值。

(3) 放置元件

用户根据电路图的需要，将零件从零件库里取出放置到图纸上，并对放置零件的序号、零件封装进行定义和设定。

(4) 原理图布线

利用 Protel 99 SE/Schematic 提供的各种工具，将图纸上的元件用具有电气意义的导线、符号连接起来，构成一个完整的原理图。

(5) 报表输出

通过 Protel 99 SE/Schematic 提供的各种报表工具生成各种报表，其中最重要的报表是网络表，通过网络表为后续的电路板设计作准备。

(6) 文件保存及打印输出

最后的步骤是文件保存及打印输出。

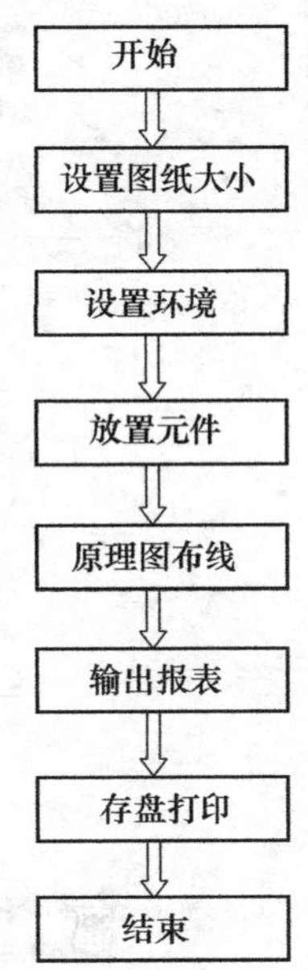

图 5-7　原理图设计流程

2. Protel 99 SE 电路原理图的绘制

(1) 启动 Protel 99 SE

启动后出现的窗口如图 5-8 所示。

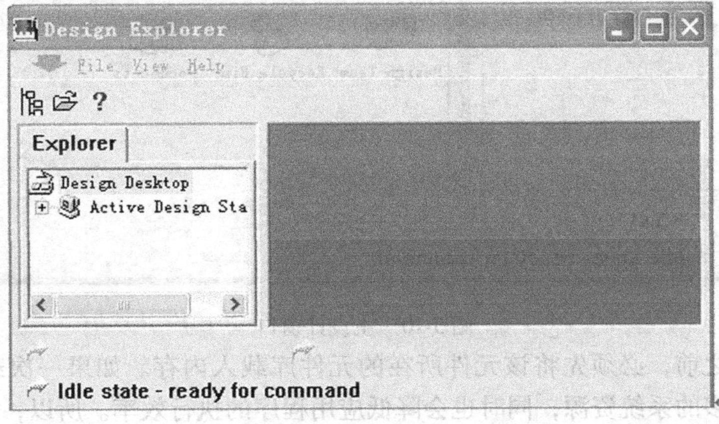

图 5-8　启动后出现的窗口

(2) 新建设计库

执行菜单命令 File→New 来新建一个设计库，出现如图 5-9 所示的对话框。在 Database File Name 处可输入设计库存盘文件名，单击 Browse 按钮可改变存盘目录。

如果想用口令保护设计文件，可单击 Password 选项卡，再选 Yes 并输入口令，单击 OK 按钮后，出现如图 5-10 所示的主设计窗口。

(3) 新建文档

执行菜单命令 File→New，打开 New Document 对话框，如图 5-11 所示，选取 Schematic Document，然后单击 OK 按钮，建立一个新的原理图文档。

(4) 添加元件库

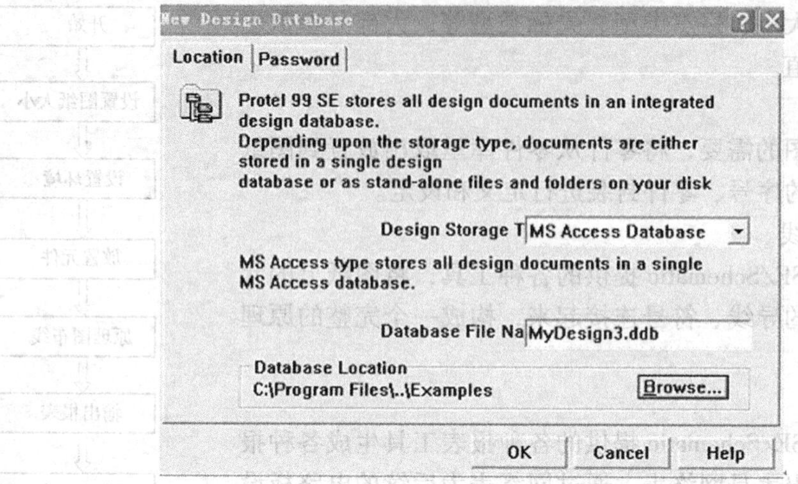

图 5-9 新建设计库对话框

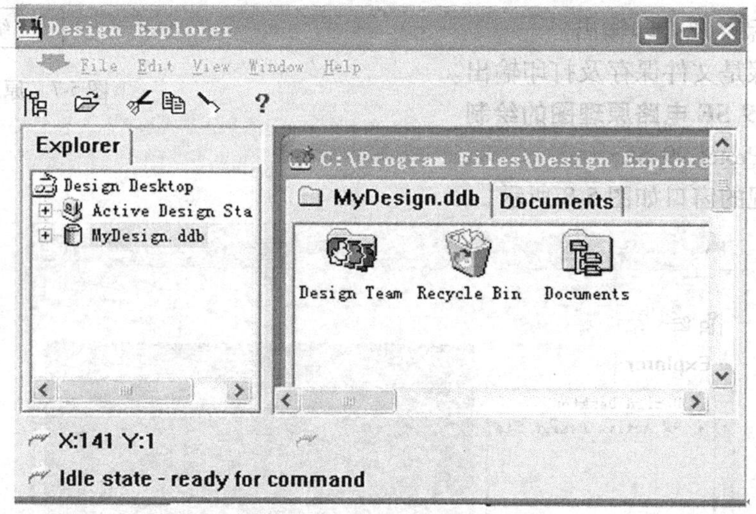

图 5-10 主设计窗口

在放置元件之前，必须先将该元件所在的元件库载入内存。如果一次载入过多的元件库，将会占用较多的系统资源，同时也会降低应用程序的执行效率。所以，通常只载入必要而常用的元件库，其他特殊的元件库在需要时再载入。

添加元件库的步骤如下：

1）双击设计管理器中的 Sheet1. Sch 原理图文档图标，打开原理图编辑器。

2）单击设计管理器中的 Browse Sch 选项卡，然后单击 Add/Remove 按钮，出现如图 5-12 所示的对话框。

3）在 Design Explorer 99 \ Library \ Sch 文件夹下选取元件库文件，然后单击 Add 按钮（或者双击该元件库也可完成添加），此元件库就会出现在 Selected Files 框中，如图 5-12 所示。

4）单击 OK 按钮，完成该元件库的添加。

（5）添加元件

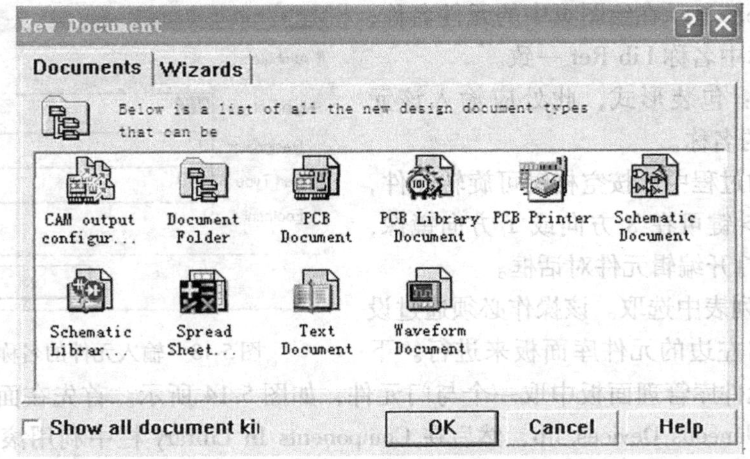

图 5-11　新建文档对话框

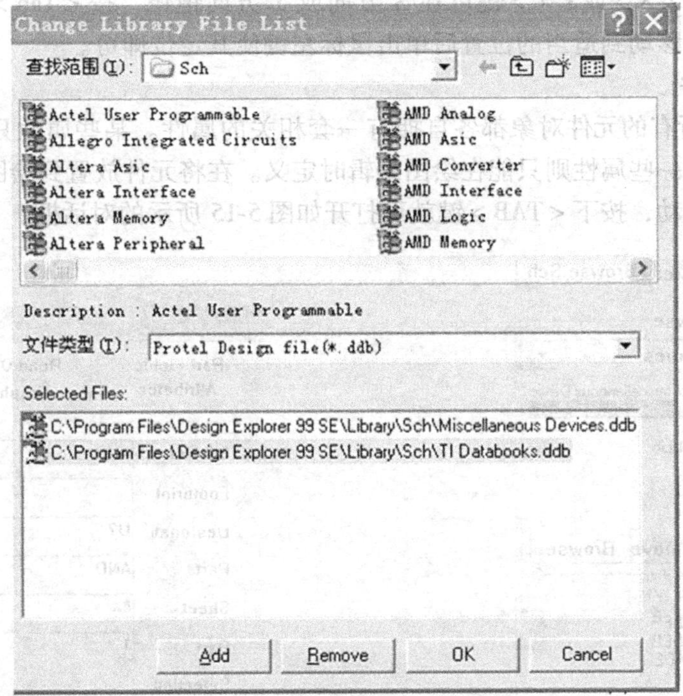

图 5-12　元件库添加/删除对话框

由于电路是由元件（含属性）及元件间的边线组成的，所以现在要将所有可能使用到的元件都放到空白的绘图页上。通常用下面两种方法来选取元件。

1）通过输入元件编号来选取元件。通过菜单命令 Place/Part 或直接单击电路绘制工具栏上的按钮，打开如图 5-13 所示的对话框，然后在该对话框中输入元件的名称及属性，如图 5-13 所示。

Protel 99 SE 的 Place Part 对话框包括以下选项：

- Lib Ref：在元件库中所定义的元件名称，不会显示在绘图页中。
- Designator：流水序号。

● Part Type：显示在绘图页中的元件名称，默认值与元件库中名称 Lib Ref 一致。

● Footprint：包装形式，此处应输入该元件在 PCB 库里的名称。

放置元件的过程中，按空格键可旋转元件，按 <X> 或 <Y> 键可在 X 方向或 Y 方向镜像，按 <Tab> 键可打开编辑元件对话框。

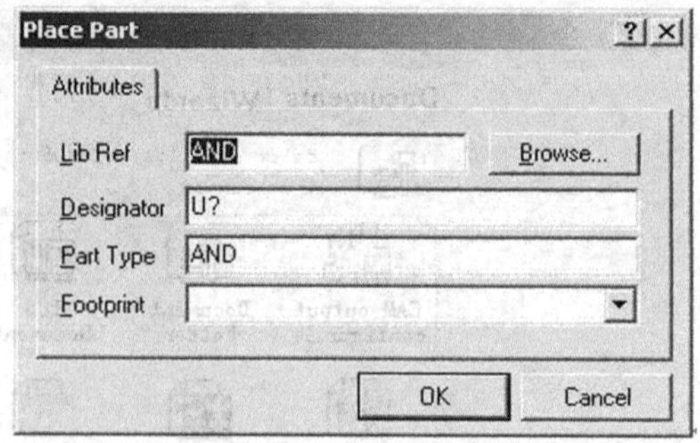

图 5-13　输入元件的名称及属性

2）从元件列表中选取。该操作必须通过设计库管理器窗口左边的元件库面板来进行。下面示范如何从元件库管理面板中取一个与门元件，如图 5-14 所示。首先在面板上的 Library 栏中选取 Miscellaneous Devices. lib，然后在 Components In Library 栏中利用滚动条找到 AND 并选定它。接下来单击 Place 按钮，此时屏幕上会出现一个随鼠标移动的 AND 符号，按空格键可旋转元件，按 <X> 或 <Y> 键可在 X 方向或 Y 方向镜像，按 <Tab> 键可打开编辑元件对话框。将符号移动到适当的位置后单击鼠标左键使其定位即可。

（6）编辑元件

Schematic 中所有的元件对象都各自拥有一套相关的属性。某些属性只能在元件库编辑中进行定义，而另一些属性则只能在绘图编辑时定义。在将元件放置到绘图页之前，此时元件符号可随鼠标移动，按下 <TAB> 键就可打开如图 5-15 所示的对话框。

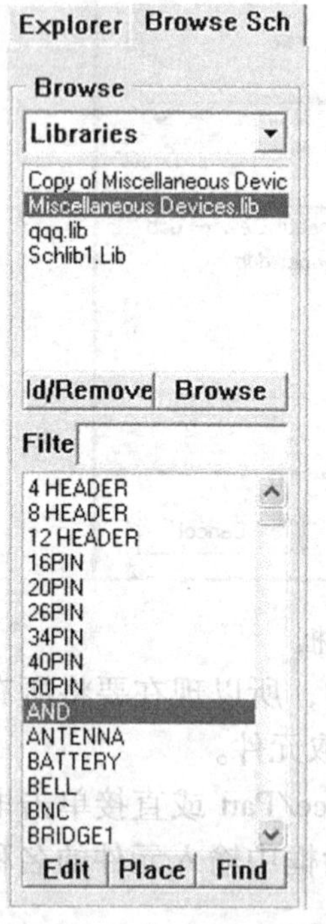

图 5-14　选取元件

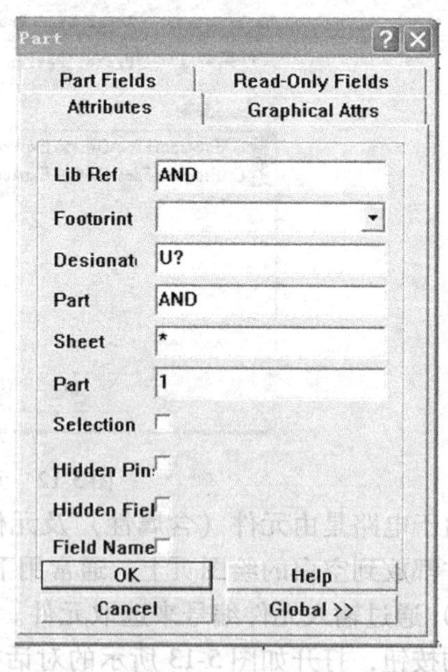

图 5-15　Attributes 选项卡

其中，Attributes 选项卡中的内容最为常用，它包括以下选项：

● Lib Ref：在元件库中定义的元件名称，不会显示在绘图页中。

- Footprint：包装形式，此处应输入该元件在 PCB 库里的名称。
- Designator：流水序号。
- Part Type：显示在绘图页中的元件名称，默认值与元件库中名称 Lib Ref 一致。
- Sheet Path：成为绘图页元件时，定义下层绘图页的路径。
- Part：定义子元件序号，如与门电路的第一个逻辑门为 1，第二个为 2 等。
- Selection：切换选取状态。
- Hidden Pins：是否显示元件的隐藏引脚。
- Hidden Fields：是否显示 Part Fields 1-8、Part Fields 9-16 选项卡中的元件数据栏。
- Field Name：是否显示元件数据栏名称。

改变元件的属性，也可以通过菜单命令 Edit→Change 来实现。该命令可将编辑状态切换到对象属性编辑模式，此时只需将鼠标指针指向该元件，然后双击鼠标左键，就可打开 Part 对话框。在元件的某一属性上双击鼠标左键，则会打开一个针对该属性的对话框。如在显示文字"U?"上双击，将出现对应的 Part Designator 对话框，如图 5-16 所示。

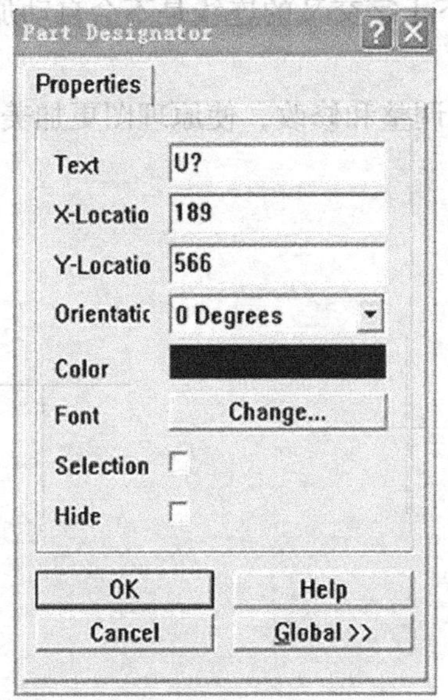

图 5-16　Part Designator 对话框

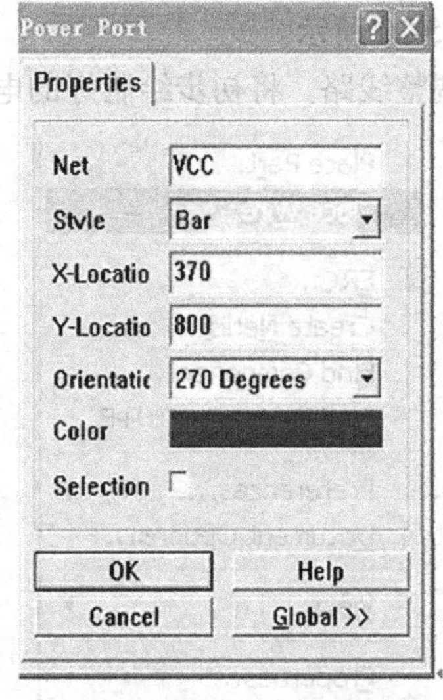

图 5-17　Power Port 对话框

(7) 放置电源与接地元件

VCC 电源元件与 GND 接地元件有别于一般的电气元件。它们必须通过菜单命令 Place→Power Port 或电路图绘制工具栏上的按钮调用，这时编辑窗口中会有一个随鼠标指针移动的电源符号，按 <Tab> 键，即可打开如图 5-17 所示的对话框。

在 Power Port 对话框中可以编辑电源属性，在 Net 栏中修改电源符号的网络名称，在 Style 下拉列表中修改电源类型，在 Orientation 下拉列表中修改电源符号放置的角度。电源与接地符号在 Style 下拉列表中有多种类型可供选择，如图 5-18 所示。

(8) 原理图布线设计

所有元件放置完毕后，就可以进行电路图中各对象间的连线（Wiring）了。连线的主要目的是按照电路设计的要求建立网络的实际连通性。

1）连线。要进行操作，可单击电路绘制工具栏上的≈按钮或执行菜单命令 PlaceWire 将编辑状态切换到连线模式，此时鼠标指针由空心箭头变为大下字。只需将鼠标指针指向欲拉连线的元件端点，单击鼠标左键，就会出现一条随鼠标指针移动的预拉线，当鼠标指针移动到连线的转弯点时，单击鼠标左键就可定位一次转弯。当拖动虚线到元件的引脚上并单击鼠标左键，可在任何时候双击鼠标左键，就会终止该次连线。若想将编辑状态切回到待命模式，可单击鼠标右键或按下<Esc>键。更快捷的连线方法是，在待命模式下单击鼠标右键，出现如图 5-19 所示的快捷菜单，选择 Place Wire 命令就可以进行连线。

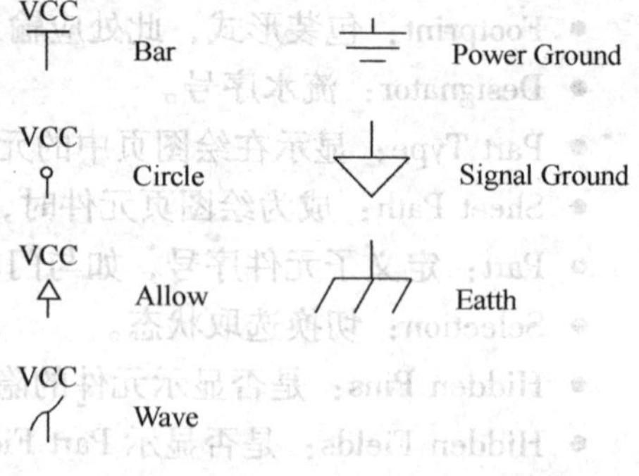

图 5-18 各种电源与接地符号图

2）放置接点。在某些情况下 Schematic 会自动在连线上加上接点（Junction）。但通常有许多接点要我们自己动手才可以加上的。如默认情况下十字交叉的连线是不会自动加上接点的，如图 5-20 所示。

3）调整线路。将初步绘制好的电路图作进一步的调整和修改，使原理图更加美观。

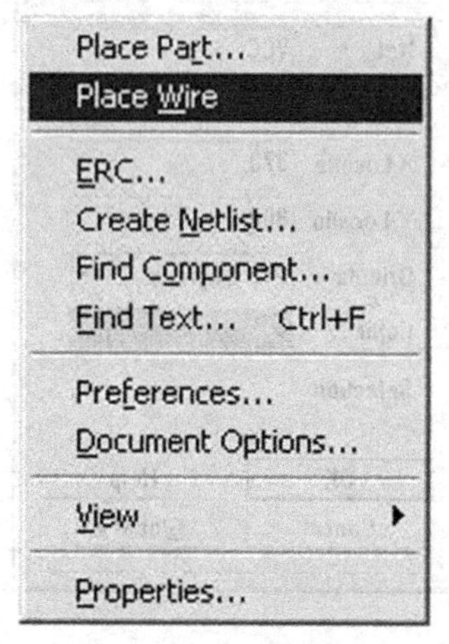

图 5-19 快捷菜单

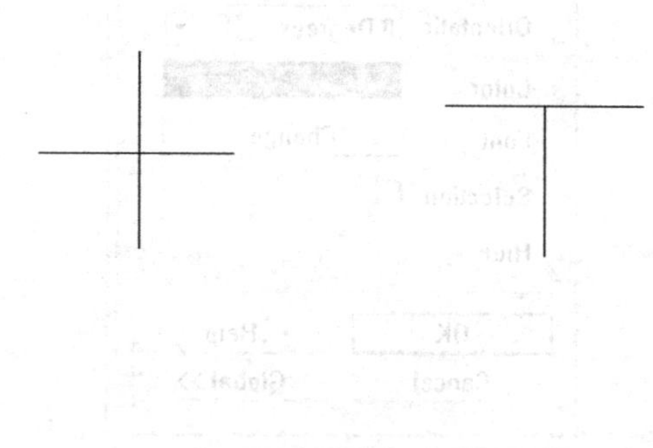
图 5-20 接点类型图

（9）报表输出

通过 Protel 99 SE/Schematic 提供的各种报表工具生成各种报表，其中最重要的报表是网络表，通过网络表为后续的电路板设计作好准备。网络表的生成非常容易，只要在“Desigh”下选取“CreateNetlist”对话框即可。

（10）文件保存及打印输出

电路图绘制完成后要保存起来，以供日后调出修改及使用。当打开一个旧的电路图文件并进行修改后，执行菜单命令 File→Save 可自动按原文件名将其保存，同时覆盖原先的旧文件。在保存文件时如果不希望覆盖原来的文件，可换名保存。具体方法是执行 File→Save As... 菜单命令，打开如图 5-21 所示的 Save As 对话框，在对话框中指定新的存盘文件名就可以了。

在 Save As 对话框中打开 Format 下拉列表框，就可以看到 Schematic 所能够处理的各种文件格式：

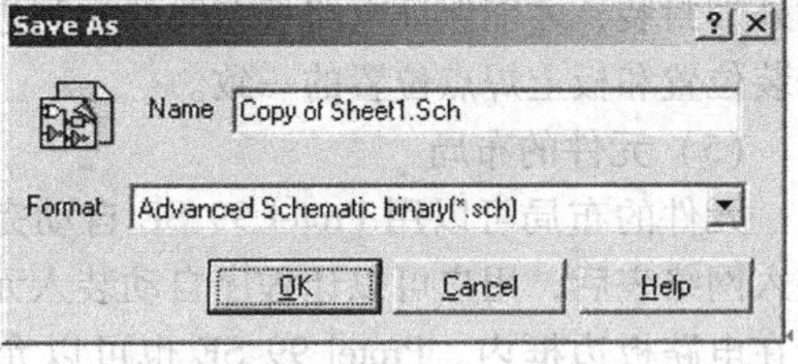

图 5-21　换名存盘对话框

- Advanced Schematic Binary（*. sch）Advanced Schematic：电路绘图页文件，二进制格式。
- Advanced Schematic ASCII（*. asc）Advanced Schematic：电路绘图页文件，文本格式。
- Orcad Schematic（*. sch）SDT4：电路绘图页文件，二进制格式。
- Advanced Schematic template ASCII（*. dot）：电路图模板文件，文本格式。
- Advanced Schematic template binary（*. dot）：电路图模板文件，二进制格式。
- Advanced Schematic binary files（*. prj）：项目中的主绘图页文件。

（11）电气规则检查

电气检查（ERC）是按照一定的电气规则，检查电路图中是否有违反电气规则的错误。ERC 报告以错误（Error）或警告（Warning）来提示。进行电气规则检查时，系统会自动生成检测报告，并在电路图中有错误的位置放上红色的标记。执行菜单命令 Tools→ERC，在 RuleMatrix 中选择要进行电气检查的项目，设置好后，单击“OK”按钮，即可进行电气规则检查，检查结果将显示到界面上，如图 5-22 所示。

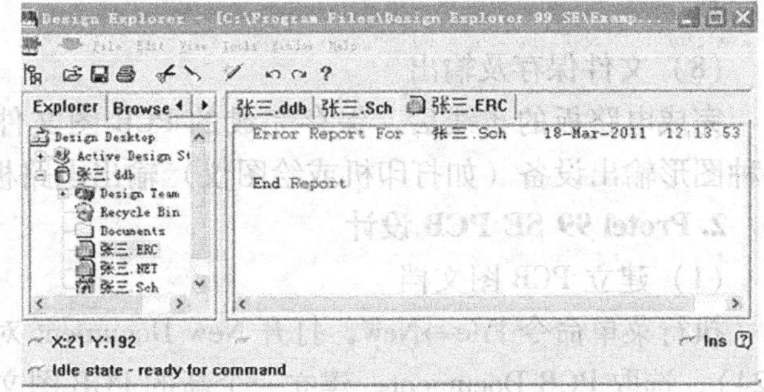

图 5-22　电气规则检查显示界面图

5.3.3　Protel 99 SE PCB 设计

1. PCB 设计流程

印制电路板图（PCB）设计流程如图 5-23 所示，下面简要介绍 PCB 设计流程中的各个步骤。

（1）绘制原理图

主要完成电路原理图（PCB）的绘制，包括生成网络表等。

（2）规划电路板

在设计电路板之前，用户要对电路板有一个初步的规划，如电路板采用的物理尺寸，采用电路板的层数，是单面板还是双面板，各元件采用的封装形式及安装位置等。

（3）设置参数

参数的设置是 PCB 设计的重要步骤，主要是设置元件的参数、板层、布线规则等。

（4）装入网络表及元件

网络表是进行电路板图自动布线的灵魂，也是电路原理图设计系统与印制电路板图设计系统的接口。只有将网络表载入后，才能完成对电路板的自动布线。网络表是由电路原理图执行有关命令后自动生成的。元件的封装就是元件的外形，对于每个装入的元件必须有相应的外形封装，才能保证电路板布线的顺利进行和在生产中元件的安装位置和板上焊点位置的一致。

(5) 元件的布局

元件的布局可以用 Protel 99 SE 自动完成。规划好的电路板装入网络表后，用户可以让程序自动装入元件，并自动将元件布置在电路板边框内。Protel 99 SE 也可以允许用户手动布局。元件布局合理，下一步的布线工作才能进行。

(6) 自动布线

Protel 99 SE 采用无网络、基于形状的对角线自动布线技术，将有关参数设置得当，元件合理布局，自动布线的成功率接近 100%。

(7) 手动调整

自动布线结束后，可能存在一些令人不满意的地方，需要手动调整。

(8) 文件保存及输出

完成电路板的布线后，保存完成的 PCB 图文件，然后利用各种图形输出设备（如打印机或绘图仪）输出电路板的设计图。

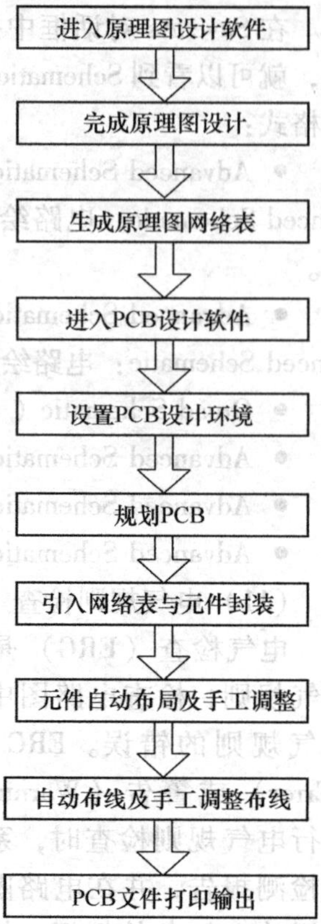

进入原理图设计软件
↓
完成原理图设计
↓
生成原理图网络表
↓
进入PCB设计软件
↓
设置PCB设计环境
↓
规划PCB
↓
引入网络表与元件封装
↓
元件自动布局及手工调整
↓
自动布线及手工调整布线
↓
PCB文件打印输出

图 5-23 PCB 设计流程

2. Protel 99 SE PCB 设计

(1) 建立 PCB 图文档

执行菜单命令 File→New，打开 New Document 对话框（见图 5-24），选取 PCB Document，建立一个新的 PCB 图文档。

(2) 准备原理图和网络表

Advance Schematic 除了可产生原理图之外，还可将原理图转化成各种报表文件。报表相当于电路原理图的档案，它存放了原理图的各种信息，如原理图上各个元件的名称、引脚、各元件引脚之间的连接情况等。报表文件包括网络表、元件列表、层次列表、交叉参考列表、元件引脚列表、网络比较列表和 ERC 列表等。在各种报表中，以网络表（Net List）最为重要。

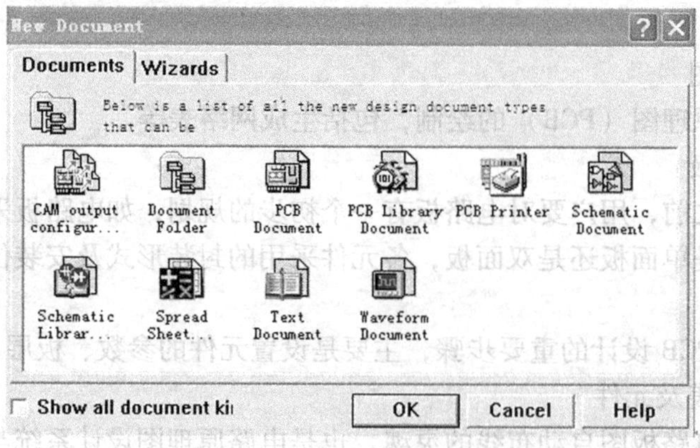

图 5-24 选择新 PCB 图文档

可以通过菜单命令 Desigh→Create Nelist 来产生网络表。执行该命令后将打开 Nelist Creation 对话框，该对话框又包括 Preferences 和 Trace Options 两个选项卡，分别如图 5-25 和图 5-26 所示，进行相应的设置后，单击“OK”按钮，系统将产生一个对应于电路原理图的网络表，如图 5-27 所示。

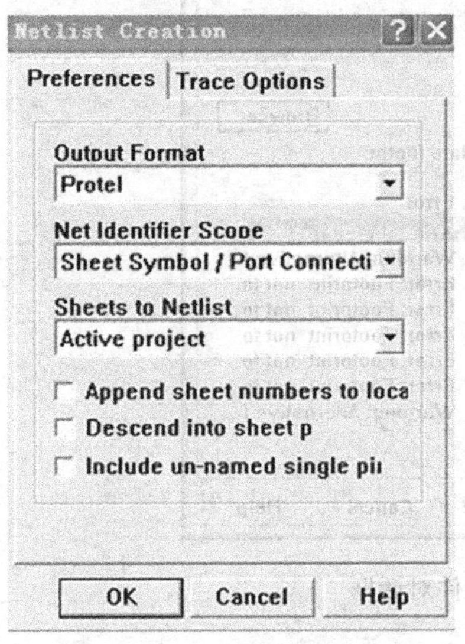

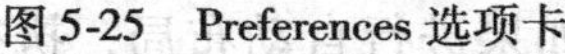

图 5-25　Preferences 选项卡

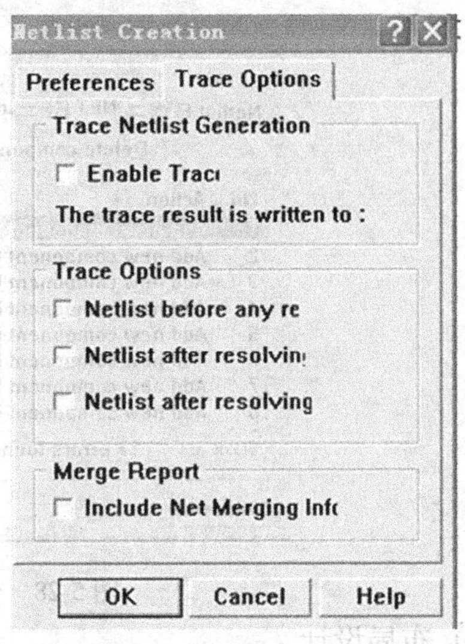

图 5-26　Trace Options 选项卡

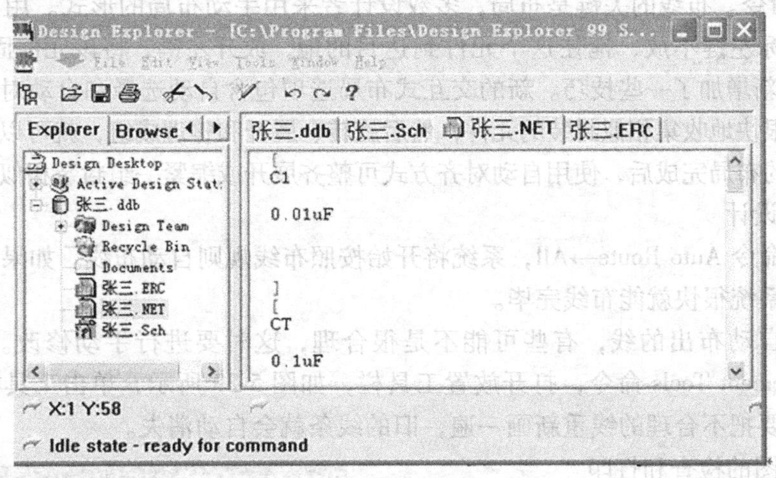

图 5-27　电路图生成的网络表

(3) 装入网络表与元件封装库

根据电路图中元件的种类，将其所在的元件封装库装入。执行菜单命令 Desigh→Add→Remove library，在弹出的“添加、删除元件库”对话框中，找出电路原理图中所有元件所对应的元件封装库。选中这些库，单击 ADD 按钮，即可添加这些元件库。在设计 PCB 时，常用到的元件封装库有 Advpvb、Transistors 等。添加完电路的所有元件封装库后，单击 OK 按钮即完成该项操作。

装入网络表是为了实现用所设计的电路原理图完成 PCB 图的自动设计。执行菜单命令 Desigh→Load Nets，系统就会弹出装入网络表与元件对话框，如图 5-28 所示。

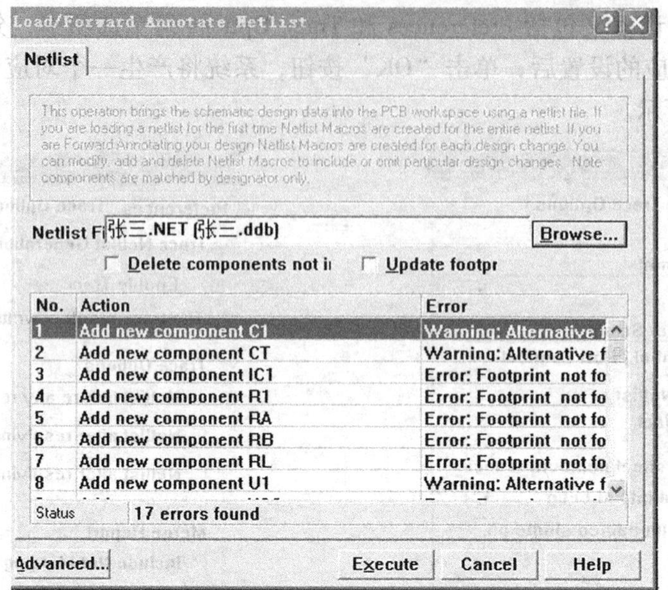

图 5-28 装入网络表与元件对话框

（4）布局设计

Protel 99 SE 可以自动布局，也可以进行手动布局。如果进行自动布局，执行菜单 Tool→Auto Place 命令。布线的关键是布局，多数设计者采用手动布局的形式。用鼠标选中一个元件，按住鼠标左键不放，拖住这个元件到达目的地，放开左键，将该元件固定。Protel 99 SE 在布局方面新增加了一些技巧。新的交互式布局选项包含自动选择和自动对齐。使用自动选择方式可以很快地收集相似封装的元件，然后旋转、展开和整理成组，就可以移动到所需位置上。当简易的布局完成后，使用自动对齐方式可整齐展开或缩紧一组封装相似的元件。

（5）布线设计

执行菜单命令 Auto Route→All，系统将开始按照布线规则自动布线。如果元件的位置排列得很合理，系统很快就能布线完毕。

对于系统自动布出的线，有些可能不是很合理，这时要进行手动修改。执行 View→Toolbars→placement Tools 命令，打开放置工具栏，如图 5-29 所示，单击工具栏中的放置导线图标，只要把不合理的线重新画一遍，旧的线条就会自动消失。

（6）PCB 图的检查和打印

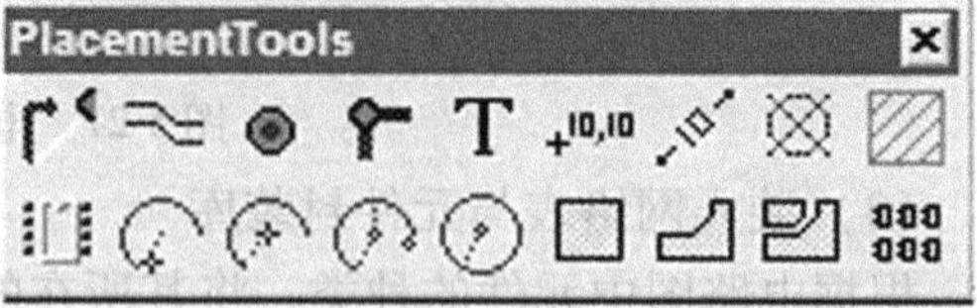

图 5-29 放置工具栏

PCB 图的设计是一项实践性很强的工作，尽管 Protel 99 SE 为用户提供了强大的功能，但还是需要反复操作才能掌握设计技巧，对电路原理图的深刻理解有助于进行 PCB 图的设计。

PCB 图布线完毕后，就可以输出 PCB 图，并将输出结果送往厂家进行制版。设计者为了检验、检查 PCB，往往需要将 PCB 图打印出来。

执行菜单命令 File→SE tup Print，屏幕上会出现关于设置打印的对话框，当打印参数设置完毕后，单击 Print 按钮即可进行打印。

第6章 模拟电子电路设计

6.1 晶体管放大器的设计

6.1.1 晶体管放大器电路

晶体管放大器电路是基本放大电路中比较重要的一类，通常有三种基本接法：共射极放大电路、共集电极放大电路、共基极放大电路，三种电路形式各有特点：共射极放大电路既能放大电流又能放大电压，输入电阻在三种电路中居中，输出电阻较大，频带较窄。共集电极放大电路只能放大电流不能放大电压，是三种接法中输入电阻最大、输出电阻最小的电路，并具有电压跟随的特点。共基极放大电路只能放大电压不能放大电流，输入电阻小，电压放大倍数和输出电阻与共射极放大电路相当，频率特性是三种接法中最好的电路。鉴于以上三种放大电路组态各自的特点，在以信号放大为目的的放大电路中，多采用共射极接法，因为这种组态的放大电路既能放大电压信号又能放大电流信号。

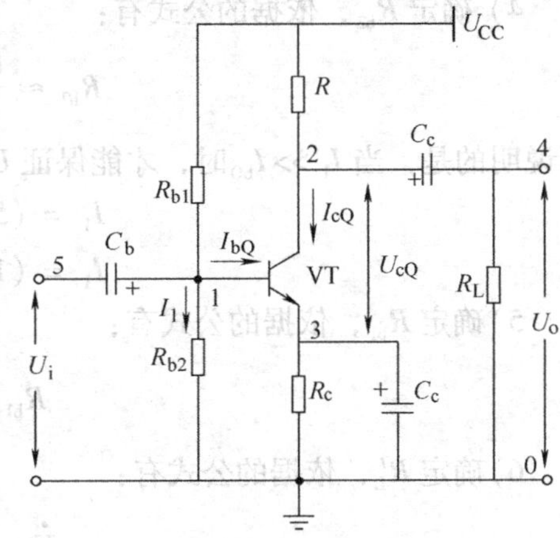

图6-1 阻容耦合共射极放大器

晶体管放大器电路中广泛应用如图6-1所示的电路，该电路称为阻容耦合共射极放大器，它采用分压式电流负反馈偏置电路。放大器的静态工作点Q主要由R_{b1}、R_{b2}、R_c、R_e及电源电压$+U_{CC}$决定。该电路利用电阻R_{b1}、R_{b2}的分压固定基极电位U_{bQ}。如果满足条件$I_1 >> I_{bQ}$，当温度升高时，$I_{cQ}\uparrow \rightarrow U_{eQ}\uparrow \rightarrow U_{be}\downarrow \rightarrow I_{bQ}\downarrow \rightarrow I_{cQ}\downarrow$，结果抑制了$I_{cQ}$的变化，从而获得稳定的静态工作点。本节就以共射极放大电路为例来介绍晶体管放大器电路的设计方法。

6.1.2 晶体管放大器电路的设计步骤

在设计晶体管放大器电路时，设计题目都会给出包括电源电压、输入信号的大小U_i（含信号源内阻）、电路增益A_v、输入电阻R_i、输出电阻R_o、通频带上限截止频率f_H和下限截止频率f_L，以及电路形式等在内的已知条件。

在这种情况下，晶体管放大器电路的设计步骤如下。

1. 确定晶体管型号

在电路形式确定的情况下，要根据电路设计相关指标确定合适的晶体管型号，例如放大器电路的工作频率和电路增益直接影响晶体管型号的选取，通常要求晶体管的β值要明显大于A_v值，晶体管的特征频率f_T要远大于通频带上限截止频率f_H等。

2. 设置静态工作点并计算元器件参数

具体过程如下：

1）确定 I_{cQ}，依据的公式有：

$$r_{be}=r_b+(1+\beta)\frac{26\text{mV}}{I_{eQ}}\approx 300+\beta\frac{26\text{mV}}{I_{cQ}} \tag{6-1}$$

$$I_{cQ}=0.5\sim 2\text{mA} \tag{6-2}$$

2）确定 U_{bQ}（U_{eQ}），依据的公式有：

$$\left.\begin{aligned}U_{bQ}&=(3\sim 5)\text{V}(\text{硅管})\\U_{bQ}&=(1\sim 3)\text{V}(\text{锗管})\end{aligned}\right\} \tag{6-3}$$

$$U_{eQ}=(0.2\sim 0.5)U_{CC} \tag{6-4}$$

3）确定 R_e，依据的公式有：

$$R_e\approx\frac{U_{bQ}-U_{be}}{I_{cQ}}=\frac{U_{eQ}}{I_{cQ}} \tag{6-5}$$

4）确定 R_{b2}，依据的公式有：

$$R_{b2}\approx\frac{U_{bQ}}{I_1}=\frac{U_{bQ}}{(5\sim 10)I_{cQ}}\beta \tag{6-6}$$

要说明的是，当 $I_1 >> I_{bQ}$ 时，才能保证 U_{bQ} 恒定，这是工作点稳定的必要条件，一般取

$$\left.\begin{aligned}I_1&=(5\sim 10)I_{bQ}(\text{硅管})\\I_1&=(10\sim 20)I_{bQ}(\text{锗管})\end{aligned}\right\} \tag{6-7}$$

5）确定 R_{b1}，依据的公式有：

$$R_{b1}\approx\frac{U_{CC}-U_{bQ}}{U_{bQ}}R_{b2} \tag{6-8}$$

6）确定 R'_L，依据的公式有：

$$\dot{A}_V=\frac{\dot{U}_o}{\dot{U}_i}=\frac{-\beta R'_L}{r_{be}}\Rightarrow R'_L=-\frac{A_V r_{be}}{\beta} \tag{6-9}$$

7）确定 R_c，依据的公式有：

$$R'_L R_c\ /\!/\ R_L\Rightarrow R_c=\frac{R_L R'_L}{R_L-R'_L} \tag{6-10}$$

8）确定 C_b、C_c、C_e，依据的公式有：

$$C_b\geqslant(3\sim 10)\frac{1}{2\pi f_L(R_s+r_{be})} \tag{6-11}$$

$$C_c\geqslant(3\sim 10)\frac{1}{2\pi f_L(R_c+R_L)} \tag{6-12}$$

$$C_e\geqslant(1\sim 3)\frac{1}{2\pi f_L\left(R_e\left\|\frac{R_s+r_{be}}{1+\beta}\right.\right)} \tag{6-13}$$

6.1.3 晶体管放大器电路设计举例

已知条件 $U_{CC}=12\text{V}$，$R_L=3\text{k}\Omega$，$U_i=10\text{mV}$，$R_s=600\Omega$。

设计一阻容耦合单级晶体管放大器，性能指标要求 $A_V>40$，$R_i>1\text{k}\Omega$，$R_o<3\text{k}\Omega$，$f_L<$

100Hz，$f_H > 100$kHz。

(1) 确定晶体管型号

因放大器的上限频率要求较高，故选用高频小功率管 3DG100，其特性参数 $I_{CM} = 20$mA，$U_{(BR)CEO} \geqslant 20$V，$f_T \geqslant 150$MHz 。通常要求 β 的值大于 A_V 的值，故选 $\beta = 60$。

(2) 设置静态工作点并计算元器件参数

由于是小信号放大器，故采用公式法设置静态工作点 Q，计算如下：

要求 $R_i(R_i \approx r_{be}) > 1\text{k}\Omega$，根据式(6-1)得

$$I_{cQ} < \frac{26\beta}{1000 - 300}\text{mA} = 2.2\text{mA}$$

取

$$I_{cQ} = 1.5\text{mA}$$

若取 $U_{bQ} = 3$V，由式(6-5)得

$$R_e \approx \frac{U_{bQ} - U_{be}}{I_{cQ}} = 1.53\text{k}\Omega$$

取标称值 1.5kΩ

由式(6-6)得

$$R_{b2} = \frac{U_{bQ}}{(5 \sim 10)I_{cQ}}\beta = 24\text{k}\Omega\text{（这里 } I_{cQ} \text{ 的值取 5mA）}$$

由式(6-8)得

$$R_{b1} \approx \frac{U_{CC} - U_{bQ}}{U_{bQ}}R_{b2} = 72\text{k}\Omega$$

为使静态工作点调整方便，R_{b1} 由 30kΩ 固定电阻与 100kΩ 电位器相串联而成。

$$r_{be} = 300\Omega + \beta\frac{26\text{mV}}{I_{cQ}} = 1.34\text{k}\Omega$$

由式(6-10)得

$$R'_L \approx \frac{A_r r_{be}}{\beta} = 0.89\text{k}\Omega$$

则

$$R_c = \frac{R'_L R_L}{R_L - R'_L} = 1.27\text{k}\Omega$$

综合考虑，取标称值 1.5kΩ。

由于$(R_s + r_{be}) < (R_c + R_L)$，比较式(6-11)与式(6-12)，故由式(6-11)计算 C_b，即

$$C_b \geqslant (3 \sim 10)\frac{1}{2\pi f_L(R_s + r_{be})} = 8.2\mu\text{F}$$

取标称值 10μF

取 $C_c = C_b = 10\mu$F，由式(6-13)得

$$C_e \geqslant (1 \sim 3)\frac{1}{2\pi f_L\left(R_e \,/\!/\, \dfrac{R_s + r_{be}}{1 + \beta}\right)} = 98.5\mu\text{F}$$

取标称值 100μF

(3) 验算测量结果并进行误差分析

如图 6-2 所示的电路，其静态工作点的测量值为：$U_{bQ} = 3.4$V，$U_{eQ} = 2.7$V，$I_{cQ} = 1.8$

mA，$U_{cQ}=9.3\text{V}$。

性能指标的测量值为：$A_V=47$，$R_i=1.1\text{k}\Omega$，$R_o=1.5\text{k}\Omega$，$f_L=100\text{Hz}$，$f_H>999\text{kHz}$。

根据图 6-2 所示的电路参数，进行理论计算为

$$U_{bQ}=\frac{R_{b2}}{R_{b1}+R_{b2}}U_{CC}=3.4\text{V}$$

$$U_{eQ}=U_{bQ}-0.7\text{V}=2.7\text{V}$$

$$I_{cQ}\approx\frac{U_{eQ}}{R_e}=1.8\text{mA}$$

$$R_i\approx r_{be}=300\Omega+\beta\frac{26\text{mV}}{I_{cQ}}\approx1.2\text{k}\Omega$$

$$R_o\approx R_c=1.5\text{k}\Omega$$

$$A_V=-\frac{\beta R_L'}{r_{be}}=-50$$

$$f_L=\frac{10}{2\pi C_b(R_s+r_{be})}=88\text{Hz}$$

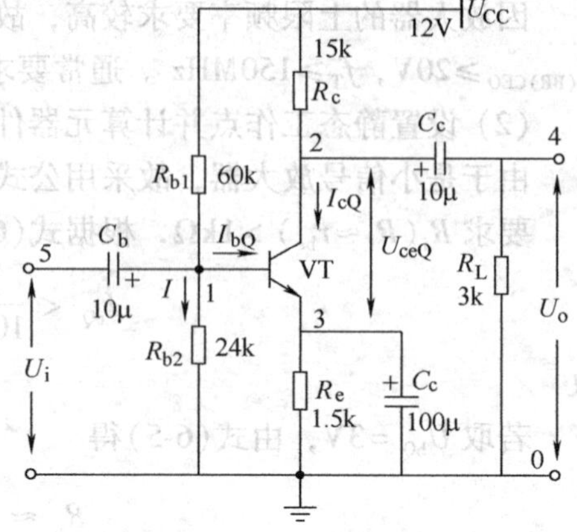

图 6-2　设计举例的实验电路

从而得测量误差（理论值为上述计算值）如下：

$$r_{AV}=\frac{\Delta A_V}{A_V}\times100\%=-6\% \qquad r_{Ri}=\frac{\Delta R_i}{R_i}\times100\%=-8\%$$

$$r_{Ro}=\frac{\Delta R_o}{R_o}\times100\%=0 \qquad r_{fL}=\frac{\Delta f_L}{f_L}\times100\%=14\%$$

产生测量误差的主要原因如下：

- 测量仪器及测量读数误差。
- 元器件本身参数的取值误差。
- 工程近似计算式引入的理论计算误差。

6.1.4　设计任务

已知条件 $U_{CC}=12\text{V}$，$R_L=3\text{k}\Omega$，$U_i=10\text{mV}$，$R_s=60\Omega$。设计一阻容耦合单级晶体管放大器，性能指标要求 $A_v>60$，$R_i>2\text{k}\Omega$，$R_o<1.5\text{k}\Omega$，$f_L<100\text{Hz}$，$f_H>100\text{kHz}$。

6.1.5　电路的安装与性能指标测试

在电路板上焊接制作自己设计的电路，组装时应尽量按照电路的形式与顺序布线。通电前，先用万用表检测连接导线是否接触良好，然后接通预先调整好的直流电源。实验电路经检查无误后可以上电初测，确保电路处于线性放大状态。

1. 测试电路的静态工作点

不加输入信号，将放大器输入端（耦合电容 C_b 左端接地），即 $U_i=0$。用万用表分别测量晶体管的 b、e、c 极对地的电压 U_{bQ}、U_{eQ}、U_{cQ}，并计算 I_{cQ}。

2. 测量电压放大倍数

测量电压放大倍数，实际上是测量放大器的输入电压 $\dot{U}_i$ 与输出电压 $\dot{U}_o$ 的值。在波形不失真的条件下，如果测出 U_i（有效值）或 U_{im}（峰值）与 U_o（有效值）或 U_{om}（峰值），则

$$A_V = \frac{U_o}{U_i} = \frac{U_{om}}{U_{im}} \tag{6-14}$$

3. 测量输入电阻

放大器的输入电阻反映了放大器本身消耗输入信号源功率的大小。若 $R_i >> R_s$（信号源内阻），则从信号源获得最大功率。

用串联电阻法测得放大器的输入电阻 R_i，即在信号源输出与放大器输入端之间串联一个已知电阻 R（一般以选择 R 的值接近 R_i 的值为宜），如图 6-3 所示。在输出波形不失真的情况下，用晶体管毫伏表或示波器分别测量出 U_s 与 U_i 的值，则有

$$R_i = \frac{U_i}{U_s - U_i} R \tag{6-15}$$

式中，U_s 为信号源的输出电压值。

4. 测量输出电阻

放大器输出电阻的大小反映其带负载的能力，R_o 越小，带负载的能力越强。当 $R_o << R_L$ 时，放大器可等效成一个恒压源。

放大器输出电阻的测量方法如图 6-4 所示，电阻 R_L 应与 R_o 接近。在输出波形不失真的情况下，首先测量未接入 R_L 即放大器负载开路时的输出电压 U_o 的值；然后接入 R_L 再测量放大器负载上的电压 U_{oL} 的值，则有

$$R_o = \left(\frac{U_o}{U_{oL}} - 1\right) R_L \tag{6-16}$$

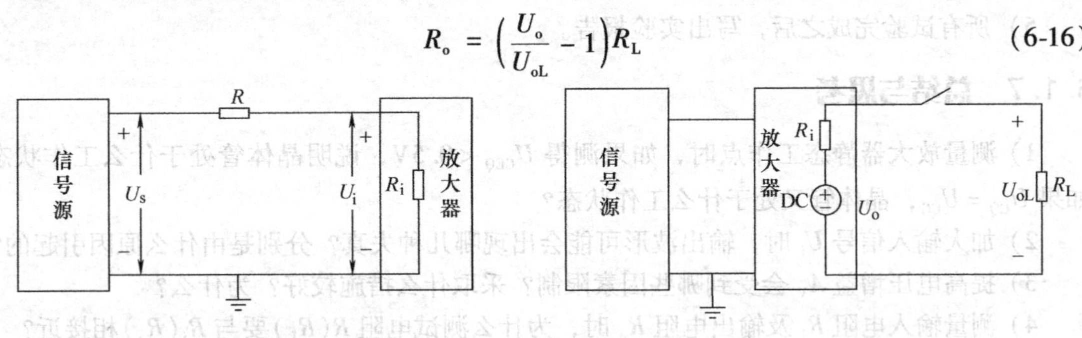

图 6-3　输入电阻的测试电路　　图 6-4　输出电阻测试电路

5. 测量通频带

放大器的幅频特性可通过测量不同频率时的电压放大倍数 A_V 来获得。通常采用"逐点法"测量放大器的幅频特性曲线。测量时，每改变一次信号源的频率（注意维持输入信号 U_s 的幅值不变且输出波形不失真），用晶体管毫伏表或示波器测量一个输出电压值，并计算增益，然后将测试数据 f_i、A_v（$20\lg A_v$）整理成表并标于坐标纸上，再将其连接成曲线，如图 6-5 所示。

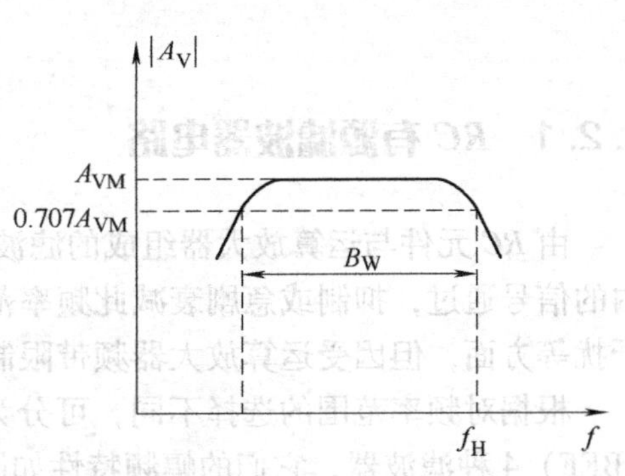

图 6-5　放大器的频率特性

如果只要求测量放大器的通频带 B_W，首先测出放大器中频区（如 $f_o = 1\text{kHz}$）的输出电压 U_o。然后升高频率直到输出电压降到 $0.707U_o$ 为止（维持 U_s 不变），此时所对应的信号源的频率就是上限频率

f_H。同理，维持 U_s 不变降低频率直到输出电压降到 $0.707U_o$ 为止，此时所对应的频率为下限频率 f_L，放大器的通频带 $B_W = f_H - f_L$。

6. 测量结果验算与误差分析

具体步骤如下：

1）静态工作点测量。

2）性能指标测量。

3）电路参数讨论及误差分析。

6.1.6 实验要求

1）认真阅读本章介绍的设计方法与测试技术，写出设计预习报告。

2）根据已知条件及性能指标要求，确定电路（要求分别采用无负反馈与负反馈两种放大器电路）以及器件（晶体管选硅管），设置静态工作点，计算电路元器件参数（以上两步要求在实验前完成）。

3）在实验线路板上安装电路。调整并测量静态工作点，使其满足设计计算值的要求。

4）测试性能指标，调整与修改元器件参数值，使其满足放大器性能指标的要求，将修改后的元器件参数值标在所设计的电路图上（先安装测试无负反馈的放大器，后安装测试带负反馈的放大器）。

5）所有试验完成之后，写出实验报告。

6.1.7 总结与思考

1）测量放大器静态工作点时，如果测得 $U_{CEQ} < 0.5V$，说明晶体管处于什么工作状态？如果 $U_{CQ} = U_{CC}$，晶体管又处于什么工作状态？

2）加大输入信号 U_i 时，输出波形可能会出现哪几种失真？分别是由什么原因引起的？

3）提高电压增益 A_V 会受到哪些因素限制？采取什么措施较好？为什么？

4）测量输入电阻 R_i 及输出电阻 R_o 时，为什么测试电阻 $R(R_L)$ 要与 $R_i(R_o)$ 相接近？

5）调整静态工作点时，R_{b1} 要用一固定电阻与电位器相串联，而不能直接用电位器，为什么？

6.2 *RC* 有源滤波器的设计

6.2.1 *RC* 有源滤波器电路

由 *RC* 元件与运算放大器组成的滤波器称为 *RC* 有源滤波器，其功能是让一定频率范围内的信号通过，抑制或急剧衰减此频率范围以外的信号。可用在信息处理、数据传输、抑制干扰等方面，但因受运算放大器频带限制，这类滤波器主要用于低频范围。

根据对频率范围的选择不同，可分为低通（LPF）、高通（HPF）、带通（BPF）与带阻（BEF）4 种滤波器，它们的幅频特性如图 6-6 所示。一般来说，滤波器的幅频特性越好，其相频特性就越差，反之亦然。滤波器的阶数越高，幅频特性衰减的速率越快，但 *RC* 网络的级数越多，元件参数计算越繁琐，电路调试越困难。任何高阶滤波器均可以用较低的 *RC* 用滤波器级联实现。

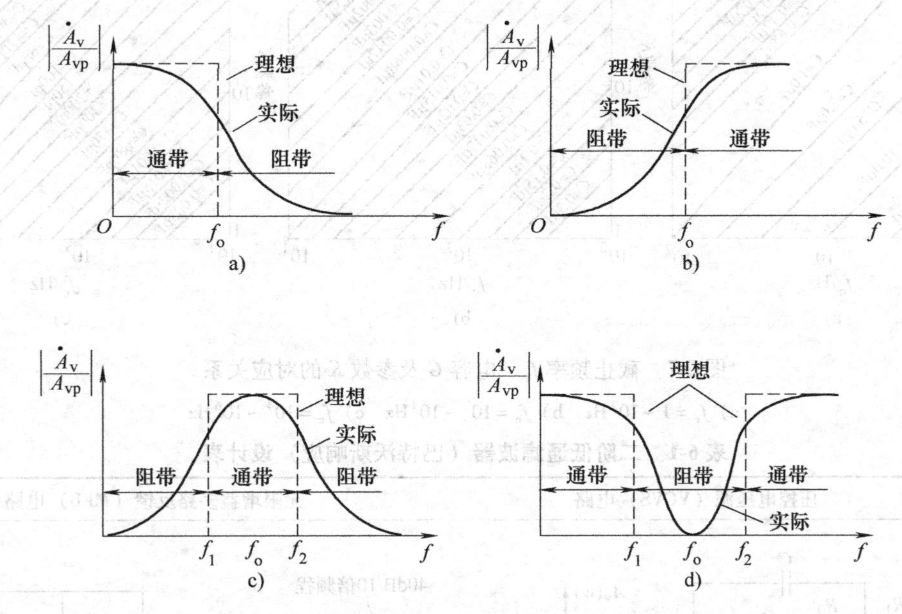

图6-6　4种滤波电路的幅频特性示意图

a）低通　b）高通　c）带通　d）带阻

具有理想幅频特性的滤波器是很难实现的，只能用实际的幅频特性去逼近理想的。常用的逼近方法是巴特沃斯（Butterwoth）最大平坦响应和切比雪夫（Chebysher）等波动响应。在不允许带内有波动时，用巴特沃思响应较好。如果给定带内所允许的纹波差，则用切比雪夫响应较好。本节主要介绍具有巴特沃斯响应的二阶 *RC* 有源滤波器的设计。

6.2.2 *RC* 有源滤波器电路的设计步骤

在设计 *RC* 有源滤波器电路时，设计题目都会给出包括滤波器的性能参数、电路形式等在内的已知条件，例如滤波器的响应特性（巴特沃斯或切比雪夫）、滤波器的电路形式（VCVS 或 MFB）、滤波器的类型（低通、高通、带通、带阻及阶数 n）、滤波器的性能参数 f_c、A_v、Q 或 B_W。

这种情况下的设计步骤通常如下：

1）根据截止频率 f_c，从图6-7中选定一个电容 C 的标称值（单位为 μF），使其满足

$$K=\frac{100}{f_c C} \tag{6-17}$$

注意 K 值不能太大，否则会使电阻的取值较大，从而使引入的误差增加，通常取 $1\leqslant K\leqslant 10$。

2）从设计表（表6-1～表6-4）中查出与 A_v 对应的电容值及 $K=1$ 时的电阻值。再将这些电阻值乘以参数 K，得电阻的设计值。

3）实验调整并修改电容、电阻值，测量滤波器的性能参数，绘制幅频特性曲线。

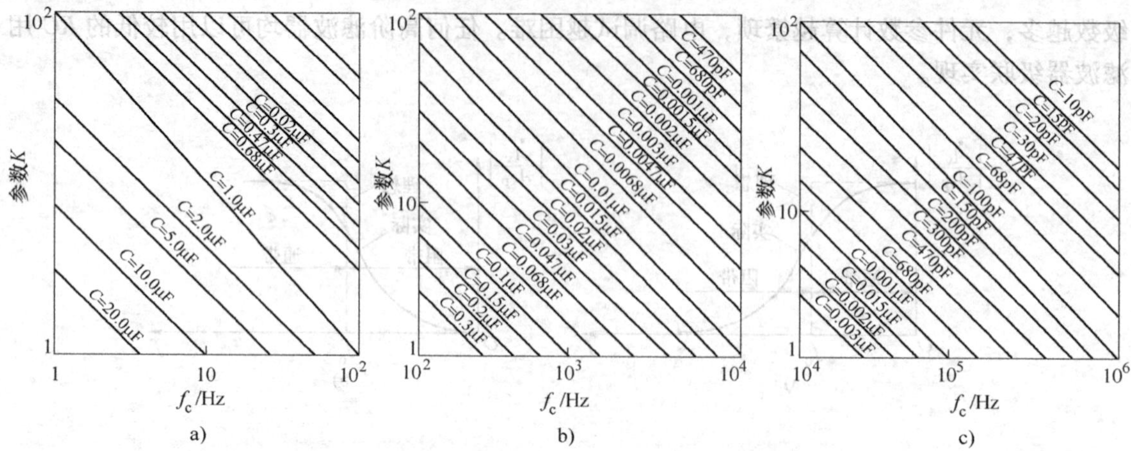

图 6-7 截止频率 f_c、电容 C 及参数 K 的对应关系

a) $f_c=1\sim10^2$ Hz b) $f_c=10^2\sim10^4$ Hz c) $f_c=10^4\sim10^6$ Hz

表 6-1 二阶低通滤波器（巴特沃斯响应）设计表

	压控电压源（VCVS）电路	无限增益多路反馈（MFB）电路
电路形式	R_1, R_2, C, C_1, R_3, R_4, U_i, U_o；$A_v(w)$, A_v, $A_v/\sqrt{2}$, w_c, −40dB/10倍频程	R_1, R_2, R_3, C, C_1, U_i, U_o
性能函数	$\omega_c^2=\dfrac{1}{R_1R_2CC_1}$ $Q=0.707$ $A_v=1+\dfrac{R_4}{R_3}$（$A_v \ll 2$ 时电路稳定）	$\omega_c^2=\dfrac{1}{R_2R_3CC_1}$ $Q=0.707$ $A_v=-\dfrac{R_2}{R_1}$
设计表	见下表（VCVS）	见下表（MFB）
说明	增益容易调整，输入阻抗高，输出阻抗低运放 $R_i>10(R_1+R_2)$ 输入端到地要有一直流通路 在 ω_c 处，运放的开环增益至少应是滤波器增益的 50 倍	有倒相作用，输出阻抗低 运放的 $R_i>10(R_3+R_1 /\!/ R_2)$，输入端到地的直流通路已由 R_1 和 R_3 完成 同相端电阻 R_p，减少失调

VCVS 电路元件值

A_v	1	2	4	6	8	10
R_1	1.442	1.126	0.824	0.617	0.512	0.462
R_2	5.399	2.250	1.537	2.051	2.429	2.742
R_3	开路	6.752	3.148	3.203	3.372	3.560
R_4	0	6.752	9.444	16.012	23.602	32.038
C_1	0.33C	C	2C	2C	2C	2C

电阻为参数 $K=1$ 时的值，单位为 kΩ

MFB 电路元件值

A_v	1	2	6	10
R_1	3.111	2.565	1.697	1.625
R_2	3.111	5.130	10.180	16.252
R_3	4.072	3.292	4.977	4.723
C_1	0.2C	0.15C	0.05C	0.033C

电阻为参数 $K=1$ 时的值，单位为 kΩ

表 6-2 二阶高通滤波器(巴特沃斯响应)设计表

	压控电压源(VCVS)电路	无限增益多路反馈(MFB)电路
电路形式	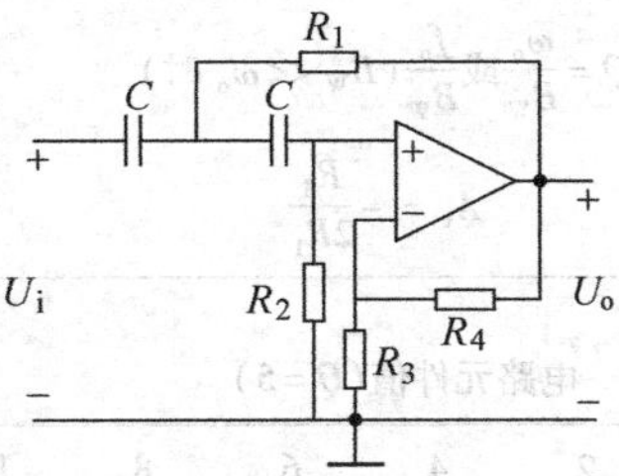	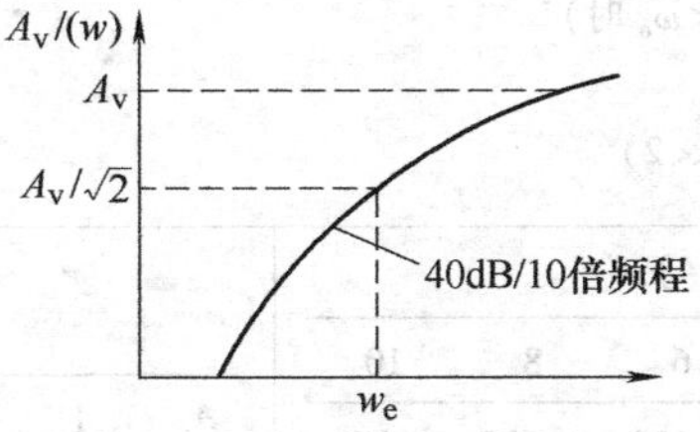
性能函数	$\omega_c^2=\dfrac{1}{R_1R_2C^2}$ $Q=0.707$ $A_v=1+\dfrac{R_4}{R_3}(A_v<<2)$	$\omega_c^2=\dfrac{1}{R_2R_1C^2}$ $Q=0.707$ $A_v=-\dfrac{C}{C_1}$
设计表	电路元件值（见下表）	电路元件值（见下表）
说明	要求 R_i 大于 $10R_2$，R_3、R_4 的选取要考虑对失调的影响，在 ω_c 处，运放的开环增益 A_{vs} 至少是滤波器增益的 50 倍	同相端接等于 R_2 的电阻可减少失调，微调 C 或 C_1 对 A_v 实现调整

压控电压源(VCVS)电路——电路元件值

A_v	1	2	4	6	8	10
R_1	1.125	1.821	2.592	3.141	3.593	3.985
R_2	2.251	1.391	0.997	0.806	0.705	0.636
R_3	开路	2.782	1.303	0.968	0.806	0.706
R_4	0	2.782	3.910	4.838	5.640	6.356

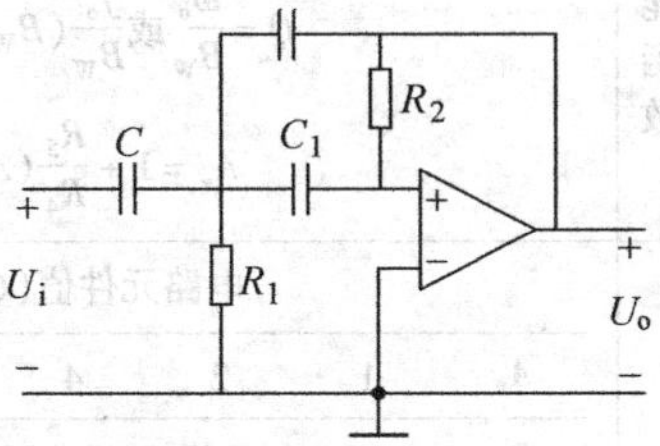

电阻为参数 $K=1$ 时的值，单位为 kΩ

无限增益多路反馈(MFB)电路——电路元件值

A_v	1	2	6	10
R_1	0.750	0.900	1.023	1.072
R_2	3.376	5.627	12.379	23.634
C_1	C	$0.5C$	$0.2C$	$0.1C$

电阻为参数 $K=1$ 时的值，单位为 kΩ

表 6-3 二阶带通滤波器(巴特沃斯响应)设计表

	压控电压源(VCVS)电路	无限增益多路反馈(MFB)电路
电路形式	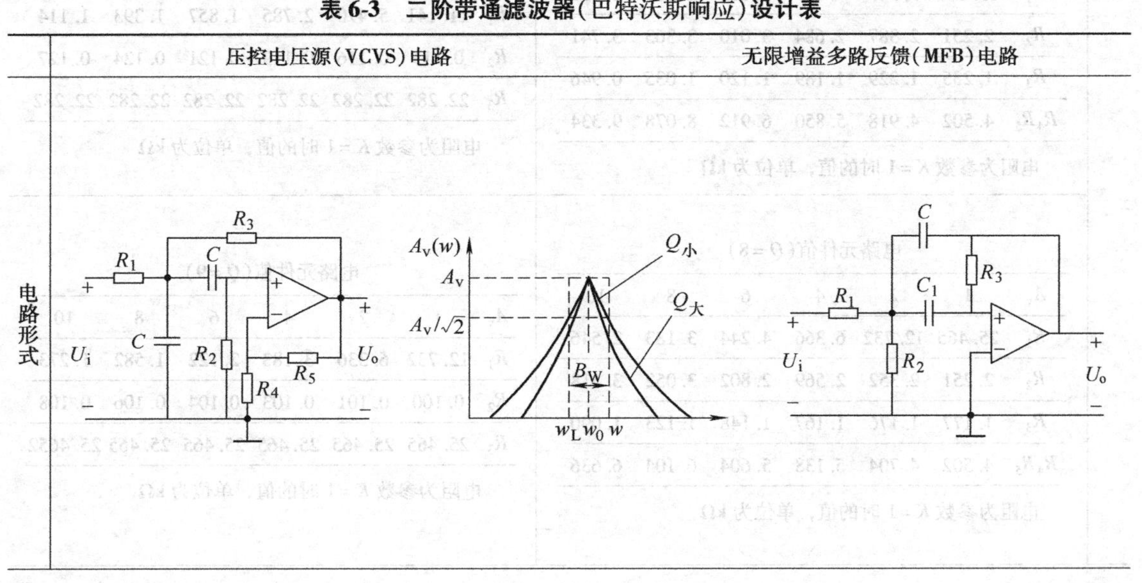	

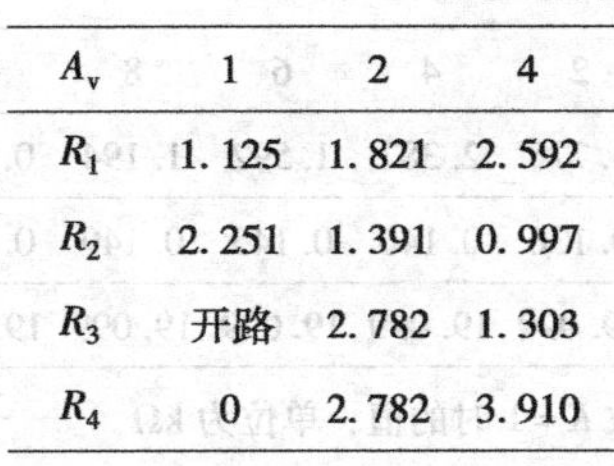

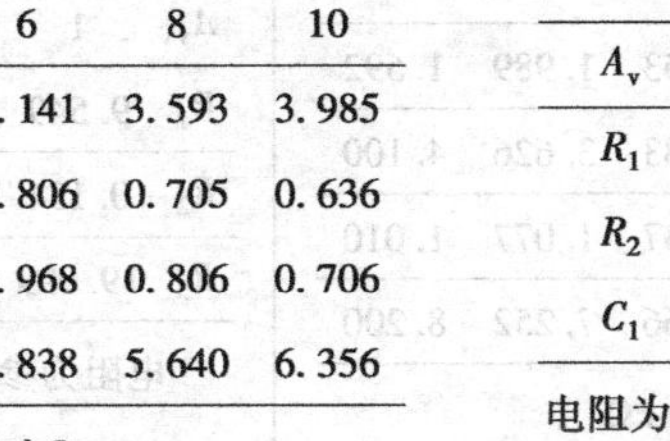

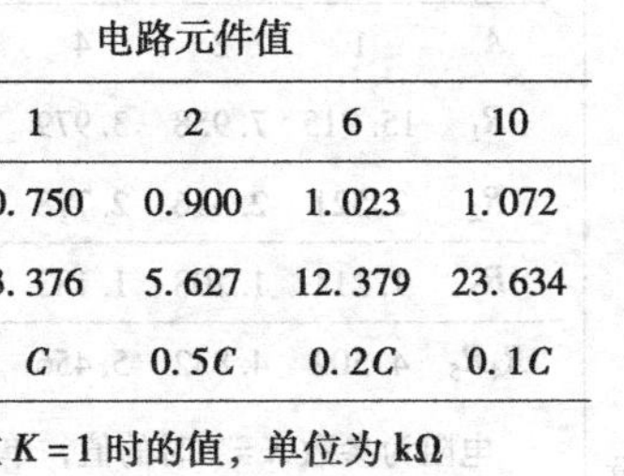

（续）

	压控电压源(VCVS)电路	无限增益多路反馈(MFB)电路
性能函数	$\omega_o^2=\frac{1}{R_2C^2}\left(\frac{1}{R_1}+\frac{1}{R_3}\right)$ $Q=\frac{\omega_o}{B_W}$或$\frac{f_o}{B_W}$($B_W \ll \omega_o$时) $A_v=1+\frac{R_5}{R_4}(A_v \ll 2)$	$\omega_o^2=\frac{R_1+R_2}{R_2R_2R_3C^2}$ $Q=\frac{\omega_o}{B_W}$或$\frac{f_o}{B_W}$($B_W \ll \omega_o$时) $A_v=-\frac{R_3}{2R_1}$

设计表

压控电压源(VCVS)电路：

电路元件值($Q=4$)

A_v	1	2	4	6	8	10
R_1	12.732	6.366	3.183	2.122	1.592	1.273
R_2	2.251	2.459	2.925	3.456	4.039	4.667
R_3	1.235	1.229	1.189	1.120	1.035	0.946
R_4R_5	4.502	4.918	5.850	6.912	8.078	9.334

电阻为参数 $K=1$ 时的值，单位为 kΩ

无限增益多路反馈(MFB)电路：

电路元件值($Q=5$)

A_v	1	2	4	6	8	10
R_1	7.958	3.979	1.898	1.326	0.995	0.796
R_2	0.612	0.166	0.173	0.181	0.189	0.199
R_3	15.915	15.915	15.915	15.915	15.915	15.915

电阻为参数 $K=1$ 时的值，单位为 kΩ

压控电压源(VCVS)电路：

电路元件值($Q=5$)

A_v	1	2	4	6	8	10
R_1	15.915	7.958	3.979	2.653	1.989	1.592
R_2	2.521	2.416	2.778	3.183	3.626	4.100
R_3	1.211	1.208	1.183	1.137	1.077	1.010
R_4R_5	4.502	4.832	5.456	6.366	7.252	8.200

电阻为参数 $K=1$ 时的值，单位为 kΩ

无限增益多路反馈(MFB)电路：

电路元件值($Q=6$)

A_v	1	2	4	6	8	10
R_1	9.549	4.775	2.387	1.592	1.194	0.955
R_2	0.134	0.136	0.140	0.145	0.149	0.154
R_3	19.099	19.099	19.099	19.099	19.099	19.099

电阻为参数 $K=1$ 时的值，单位为 kΩ

压控电压源(VCVS)电路：

电路元件值($Q=6$)

A_v	1	2	4	6	8	10
R_1	19.099	9.549	4.775	3.183	2.387	1.191
R_2	2.251	2.387	2.684	3.010	3.363	3.741
R_3	1.235	1.229	1.189	1.120	1.035	0.946
R_4R_5	4.502	4.918	5.850	6.912	8.078	9.334

电阻为参数 $K=1$ 时的值，单位为 kΩ

无限增益多路反馈(MFB)电路：

电路元件值($Q=7$)

A_v	1	2	4	6	8	10
R_1	11.141	5.470	2.785	1.857	1.393	1.114
R_2	0.115	0.116	0.119	0.121	0.124	0.127
R_3	22.282	22.282	22.282	22.282	22.282	22.282

电阻为参数 $K=1$ 时的值，单位为 kΩ

压控电压源(VCVS)电路：

电路元件值($Q=8$)

A_v	1	2	4	6	8	10
R_1	25.465	12.732	6.366	4.244	3.183	2.546
R_2	2.251	2.352	2.569	2.802	3.052	3.318
R_3	1.177	1.176	1.167	1.148	1.123	1.090
R_4R_5	4.502	4.704	5.138	5.604	6.104	6.636

电阻为参数 $K=1$ 时的值，单位为 kΩ

无限增益多路反馈(MFB)电路：

电路元件值($Q=9$)

A_v	1	2	4	6	8	10
R_1	12.732	6.336	3.183	2.122	1.582	1.273
R_2	0.100	0.101	0.103	0.104	0.106	0.108
R_3	25.465	25.465	25.465	25.465	25.465	25.4652

电阻为参数 $K=1$ 时的值，单位为 kΩ

（续）

	压控电压源（VCVS）电路	无限增益多路反馈（MFB）电路
设计表	电路元件值（$Q=10$）（见下表一） 电阻为参数 $K=1$ 时的值，单位为 kΩ	电路元件值（$Q=11$）（见下表二） 电阻为参数 $K=1$ 时的值，单位为 kΩ
说明	调节 R_4、R_5 可调整增益 A_v，ω_o 不变，带宽 B_W（或 Q）改变	调节 R_i 可调整增益 A_v，但影响 W_o，调节 R_3 将影响 B_W（或 Q）。同相端和地之间接一个等于 R_3 的电阻，使直流失调减到最小

电路元件值（$Q=10$）

A_v	1	2	4	6	8	10
R_1	31.831	15.915	7.958	5.305	3.979	3.183
R_2	2.251	2.332	2.502	2.684	2.876	3.078
R_3	1.167	1.166	1.160	1.148	1.131	1.110
R_4R_5	4.502	4.664	5.004	5.368	5.752	6.156

电路元件值（$Q=11$）

A_v	1	2	4	6	8	10
R_1	15.915	7.958	3.979	2.653	1.989	1.592
R_2	0.080	0.080	0.081	0.082	0.083	0.084
R_3	31.831	31.831	31.831	31.831	31.831	31.831

表6-4 二阶带阻滤波器（巴特沃斯响应）设计表

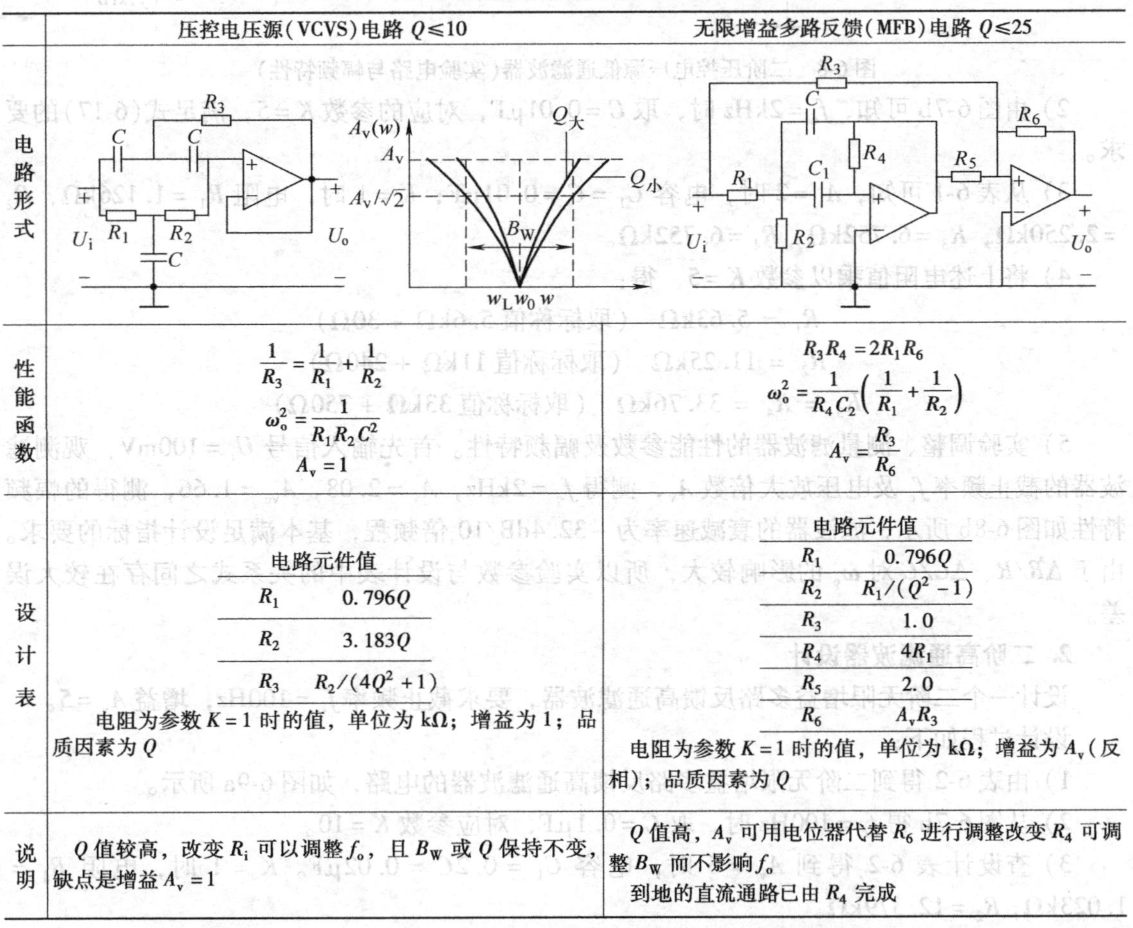

	压控电压源（VCVS）电路 $Q\leqslant10$	无限增益多路反馈（MFB）电路 $Q\leqslant25$
电路形式	（见上图）	（见上图）
性能函数	$\frac{1}{R_3}=\frac{1}{R_1}+\frac{1}{R_2}$ $\omega_o^2=\frac{1}{R_1R_2C^2}$ $A_v=1$	$R_3R_4=2R_1R_6$ $\omega_o^2=\frac{1}{R_4C_2}\left(\frac{1}{R_1}+\frac{1}{R_2}\right)$ $A_v=\frac{R_3}{R_6}$
设计表	电路元件值：R_1 = $0.796Q$；R_2 = $3.183Q$；R_3 = $R_2/(4Q^2+1)$ 电阻为参数 $K=1$ 时的值，单位为 kΩ；增益为1；品质因素为 Q	电路元件值：R_1 = $0.796Q$；R_2 = $R_1/(Q^2-1)$；R_3 = 1.0；R_4 = $4R_1$；R_5 = 2.0；R_6 = A_vR_3 电阻为参数 $K=1$ 时的值，单位为 kΩ；增益为 A_v（反相）；品质因素为 Q
说明	Q 值较高，改变 R_i 可以调整 f_o，且 B_W 或 Q 保持不变，缺点是增益 $A_v=1$	Q 值高，A_v 可用电位器代替 R_6 进行调整改变 R_4 可调整 B_W 而不影响 f_o 到地的直流通路已由 R_4 完成

注：1. 电阻的标称值应尽可能接近设计值，可适当选用几个电阻串、并联。尽可能采用金膜电阻及容差小于10%的电容，影响滤波器性能的主要因素是 $\Delta R/R$、$\Delta C/C$ 及运放的性能。实验前应测量电阻、电容的准确值。

2. 在测试过程中，若某项指标偏差较大，则应根据设计表调整修改相应元器件的值。

3. 滤波器电路形式的选择，可参考设计表中的应用说明。

6.2.3 *RC*有源滤波器电路设计举例

1. 二阶低通滤波器设计

设计一个二阶压控电压源低通滤波器，要求截止频率$f_c=2\text{kHz}$，增益$A_v=2$。

设计过程：由于已知条件满足快速设计的要求，故可按如下步骤设计：

1）由表6-1得到二阶压控电压源低通滤波器的电路，如图6-8所示。

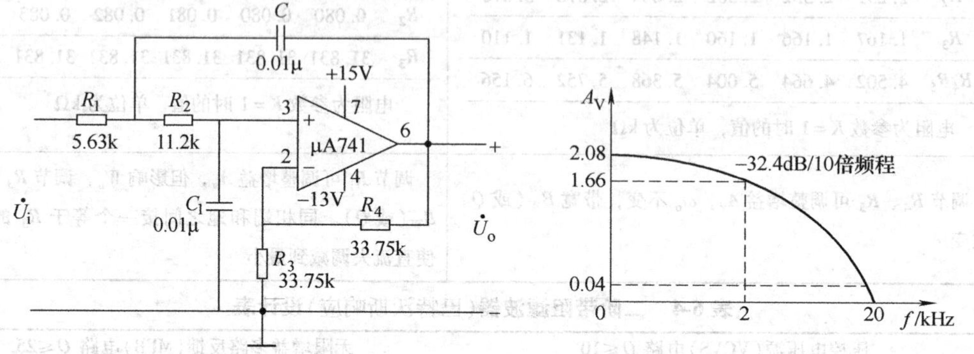

图6-8 二阶压控电压源低通滤波器（实验电路与幅频特性）

2）由图6-7b可知，$f_c=2\text{kHz}$时，取$C=0.01\mu\text{F}$，对应的参数$K=5$，满足式(6-17)的要求。

3）从表6-1可知，$A_v=2$时，电容$C_1=C=0.01\mu\text{F}$；$K=1$时，电阻$R_1=1.126\text{k}\Omega$，$R_2=2.250\text{k}\Omega$，$R_3=6.752\text{k}\Omega$，$R_4=6.752\text{k}\Omega$。

4）将上述电阻值乘以参数$K=5$，得：

$$R_1=5.63\text{k}\Omega\quad(\text{取标称值}5.6\text{k}\Omega+30\Omega)$$

$$R_2=11.25\text{k}\Omega\quad(\text{取标称值}11\text{k}\Omega+240\Omega)$$

$$R_3=R_4=33.76\text{k}\Omega\quad(\text{取标称值}33\text{k}\Omega+750\Omega)$$

5）实验调整、测量滤波器的性能参数及幅频特性。首先输入信号$U_i=100\text{mV}$，观测滤波器的截止频率f_c及电压放大倍数A_v，测得$f_c=2\text{kHz}$，$A_v=2.08$，$A_{vc}=1.66$，测得的幅频特性如图6-8b所示，滤波器的衰减速率为$-32.4\text{dB}/10$倍频程，基本满足设计指标的要求。由于$\Delta R/R$、$\Delta C/C$对ω_c的影响较大，所以实验参数与设计表中的关系式之间存在较大误差。

2. 二阶高通滤波器设计

设计一个二阶无限增益多路反馈高通滤波器，要求截止频率$f_c=100\text{Hz}$，增益$A_v=5$。

设计过程如下：

1）由表6-2得到二阶无限增益多路反馈高通滤波器的电路，如图6-9a所示。

2）从图6-7b得$f_c=100\text{Hz}$时，取$C=0.1\mu\text{F}$，对应参数$K=10$。

3）查设计表6-2得到$A_v=5$时，电容$C_1=0.2C=0.02\mu\text{F}$。$K=1$时，电阻$R_1=1.023\text{k}\Omega$，$R_2=12.379\text{k}\Omega$。

4）将上述电阻值乘以参数$K=10$，得

$$R_1=10.23\text{k}\Omega\quad(\text{取标称值}10\text{k}\Omega+240\Omega)$$

$$R_2=123.79\text{k}\Omega\quad(\text{取标称值}120\text{k}\Omega+3.9\text{k}\Omega)$$

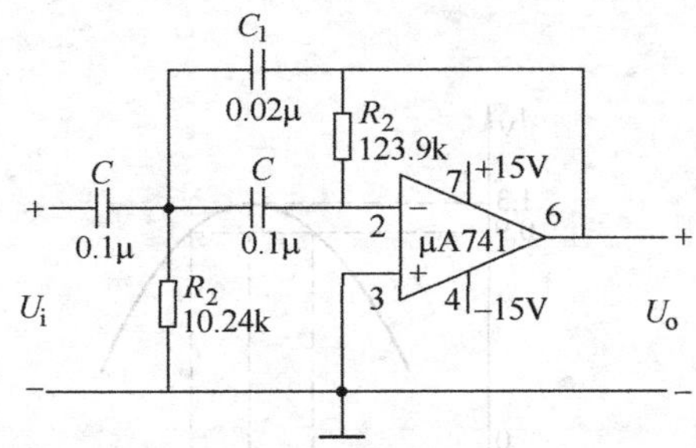

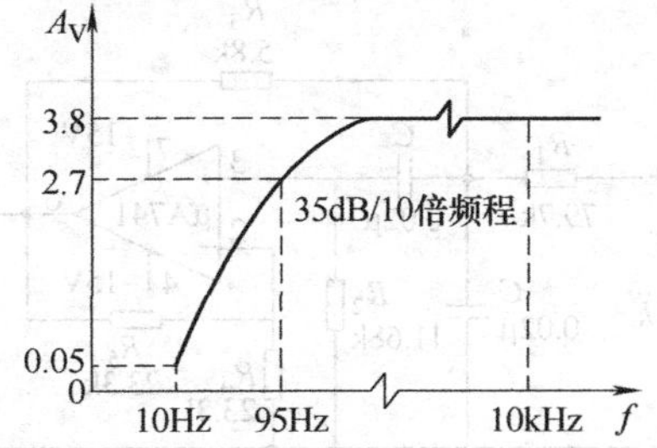

图6-9　二阶无限增益多路反馈高通滤波器（实验电路与幅频特性）

5）实验调整。输入信号 $U_i=100\text{mV}$，测得滤波器的性能参数 $f_c=95\text{Hz}$，$A_v=3.8$，$A_c=2.7$，衰减速率为 −35dB/10 倍频。幅频特性如图 6-9b 所示。

在测高通滤波器幅频特性时，需要注意的是，随着频率的升高，信号发生器的输出幅度可能下降，从而产生滤波器的输入信号 U_i 与输出信号 U_o 同时下降的现象。这时应调整 U_i 使其维持 $U_i=100\text{mV}$ 不变。测高频端电压增益时也可能产生增益下降的现象，这主要是集成运放的高频响应或截止频率受到限制所引起的。

3. 二阶带通滤波器设计

二阶带通滤波器的设计表参见表 6-3。其性能参数有：中心角频率 ω_o 或 f_o，ω_o 对应的增益 A_v；带宽 $B_W=\omega_H-\omega_L$ 或 $B_W=f_H-f_L$，其中 ω_H 为上截止角频率，ω_L 为下截止角频率；品质因数 $Q=\omega_o/B_W$ 或 $Q=f_o/B_W$，Q 值越高，滤波器的选择性越好，衰减速率越高，但 Q 值也不能太高，否则会使电路难以调整，一般取 $Q\leqslant10$ 较好。如果要求带宽的范围很宽，则可采用一级二阶高通滤波器与一级二阶低通滤波器相级联，这时滤波器阻带的衰减速率为 −40dB/10 倍频程，滤波器的带宽由两个滤波器的截止频率所决定。

设计一个二阶压控电压源（VCVS）带通滤波器，要求中心频率 $f_o=1\text{kHz}$，增益 $A_v=2$，品质因数 $Q=10$。

设计步骤如下：

1）由表 6-3 得到二阶压控电压源带通滤波器的电路，如图 6-10a 所示。

2）由图 6-7b 得 $f_o=1\text{kHz}$ 时，$C=0.02\mu\text{F}$，对应参数 $K=5$。

3）查表 6-3，$Q=10$ 时，可知 $A_v=2$、$K=1$ 的情况下电阻值 $R_1=15.91\text{k}\Omega$，$R_2=2.332\text{k}\Omega$，$R_3=1.166\text{k}\Omega$，$R_4=R_5=4.664\text{k}\Omega$。

4）将上述电阻值乘以参数 $K=5$，得 $R_1=79.575\text{k}\Omega$，取标称值 79.7kΩ；$R_3=5.83\text{k}\Omega$，取标称值 5.8kΩ；$R_2=11.66\text{k}\Omega$，取标称值 11.68kΩ；$R_4=R_5=23.33\text{k}\Omega$，取标称 23.3kΩ。

5）实验调整。输入信号 $V_i=100\text{mV}$，测带通滤波器的各项性能参数，测量结果为 $f_o=1\text{kHz}$，$B_W=200\text{Hz}$，$A_v=1.3$，$Q=5$。幅频特性如图 6-10b 所示。该幅频特性的衰减速率由电路的品质因数 Q 决定。还可以进一步修改元器件参数，使性能指标达到设计要求。

4. 二阶带阻滤波（陷波）器设计

二阶带阻滤波器的幅频特性参见表 6-4，被阻止的频率是指以为 ω_o 中心、带宽为 B_W 的所有频率。其性能参数有：中心角频率 ω_o 或 f_o，带宽 $B_W=\omega_H-\omega_L$，其中 ω_H 称为上截止角频率，ω_L 为下截止角频率；品质因数 $Q=\omega_o/B_W$ 或 $Q=f_o/B_W$，Q 值越高，阻带越窄，陷波效果越好。除了被衰减的频率范围，其余都是通带，陷波器的电压增益 A_v 定义为阻带外的增益。

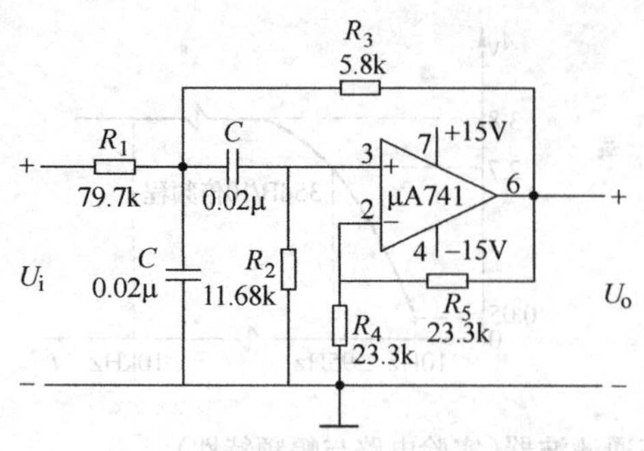

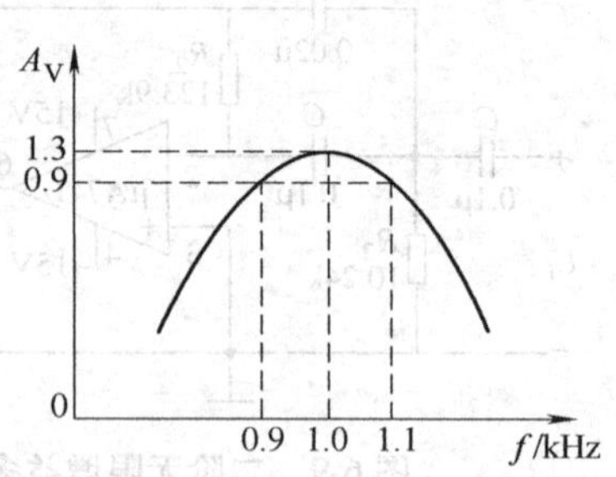

图 6-10　二阶压控电压源带通滤波器(实验电路与幅频特性)

设计一个能抑制 50Hz 工频干扰信号的陷波器，要求品质因数 $Q \geqslant 10$，增益 $A_v > 10$。

设计过程：

1）由表 6-4 得到 $Q \geqslant 10$，$A_v > 1$ 的电路应是无限增益多路反馈二阶带阻滤波（陷波）器，电路如图 6-7a 所示，取 $Q = 10$。

2）由图 6-11a 得，$f = 50\text{Hz}$ 时取 $C = 1\text{pF}$，对应参数 $K = 2$。

3）由表 6-4 可知，$K = 1$ 时，电阻 $R_1 = 0.796$，$Q = 7.96\text{k}\Omega$，$R_2 = R_1/(Q^2 - 1) = 0.08\text{k}\Omega$，$R_3 = 1.0\text{k}\Omega$，$R_4 = 4R_1 = 31.84\text{k}\Omega$，$R_5 = 2.0\text{k}\Omega$。取陷波器的增益 $A_v = 2$，则 $R_6 = 2.0\text{k}\Omega$。

4）将上述电阻值乘以参数 $K = 2$，即得 $R_1 = 15.92\text{k}\Omega$，取标称值 16kΩ；$R_2 = 0.161\text{k}\Omega$，取标称值 160Ω；$R_3 = 2.0\text{k}\Omega$；$R_4 = 63.68\text{k}\Omega$，取标称值 62kΩ + 1.6kΩ；$R_5 = 4.0\text{k}\Omega$；$R_6 = 4.0\text{k}\Omega$；增益 $A_v = -R_6/R_3 = -2$。

5）实验调整修改元件值。设输入信号 $U_i = 20\text{mV}$。测得其性能参数为：$f_o = 50\text{Hz}$，$A_v = 2$，$f_H = 55\text{Hz}$，$f_L = 45\text{Hz}$，则 $B_W = f_H - f_L = 10\text{Hz}$，品质因数 $Q = f_o/B_W = 5$，与设计值 $Q \geqslant 10$ 的要求偏离较大。可以进一步调整元器件参数使其满足设计值要求。调整后的元器件参数、幅频特性如图 6-11b 所示。

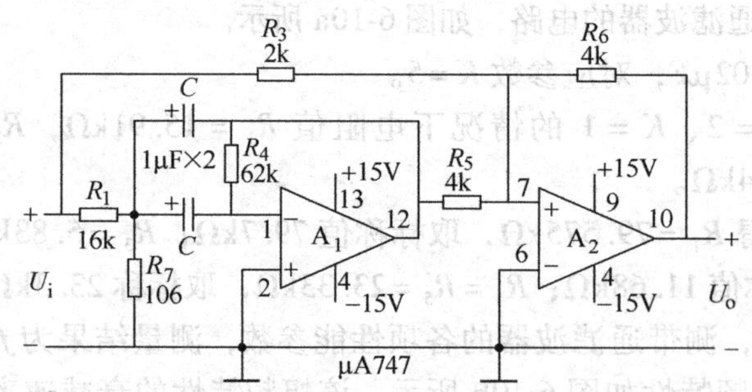

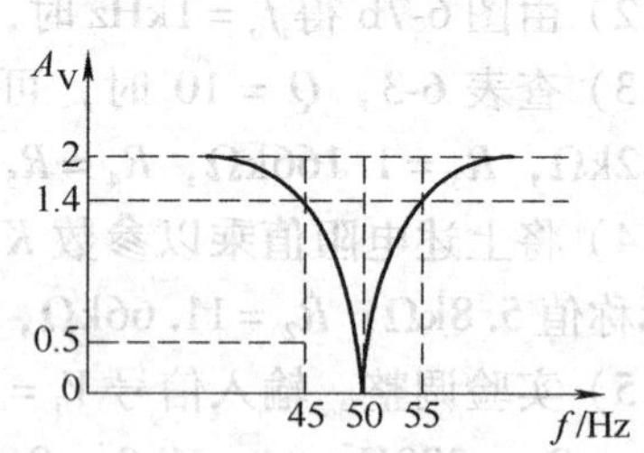

图 6-11　二阶无限增益多路反馈带阻滤波器(实验电路与幅频特性)

6.2.4　设计任务

课题名称：带通滤波器的设计

性能指标要求：截止频率 $f_H = 3000\text{Hz}$，$f_L = 300\text{Hz}$，$A_v = 10$，阻带衰减速率为 −40dB/10 倍频程（提示：一级二阶低通与一级二阶高通级联）。

6.2.5　电路的安装与性能指标测试

1）在电路板上焊接制作自己设计的电路，组装时应尽量按照电路的形式与顺序布线。通电前，先用万用表检测连接导线是否接触良好，然后接通预先调整好的直流工作电源。实验电路经检查无误后可以上电初测，确保电路处于正常工作状态。

2）实测电路的中心频率f_0、上限截止频率f_H、下限截止频率f_L、通带电压增益、阻带衰减速率，并在半对数坐标纸上测绘电路的幅频特性曲线。

6.2.6　实验要求

1）认真阅读本课题介绍的设计方法与测试技术，写出设计预习报告。

2）根据已知条件及性能指标要求，确定电路以及元器件，计算电路元器件参数（以上两步要求在实验前完成）。

3）在实验线路板上安装电路。测试性能指标，调整与修改元器件参数值。使其满足带通滤波器性能指标的要求，将修改后的元器件参数值标在所设计的电路图上。

4）所有实验完成之后，写出实验报告。

6.2.7　总结与思考

1）在低通滤波器的调试过程中，为什么要接调零电位器？用实验说明接入调零电位器后可改善滤波器的哪些性能。

2）本节所介绍的滤波器快速设计方法与常规设计方法（即先设定几个电阻、电容值，再通过解方程求出其他元器件值，然后通过实验调整）相比较，有哪些优越性？

6.3　函数发生器的设计

6.3.1　函数发生器电路

函数发生器能自动产生正弦波、三角波、方波、锯齿波、阶梯波等电压波形。产生正弦波、三角波、方波的方案有多种，如先产生正弦波，再由积分电路将方波变成三角波；也可以先产生三角波-方波，再将三角波变成正弦波或将方波变成正弦波。这里介绍第二种方法，其功能框图如图 6-12 所示。

1. 方波-三角波产生电路

图 6-13 所示电路能自动产生方波-三角波，图中虚线右边是积分器（A_2），虚线左边是同相输入的迟滞电压比较器（A_1），其中 C_1 为加速电容，可加速比较器的翻转。电路的工作原理分析如下。

若 a 点断开，比较器 A_1 的反相端接基准电压，即 $V_- = 0$，同相端接电压 u_{ia}；比较器输出 u_{o1} 的高电平 U_{OH} 接近于正电源电压 $+U_{CC}$，低电平 U_{OL} 接近于负电源电压 $-U_{EE}$（通常 $|+U_{CC}| = |-U_{EE}|$）。根据叠加原理，得到

$$U_+ = \frac{R_2}{R_2 + R_3 + R_{RP1}} U_{o1} + \frac{R_3 + R_{RP1}}{R_2 + R_3 + R_{RP1}} U_{ia}$$

式中，R_{RP1}是电位器的调整值（以下同）。

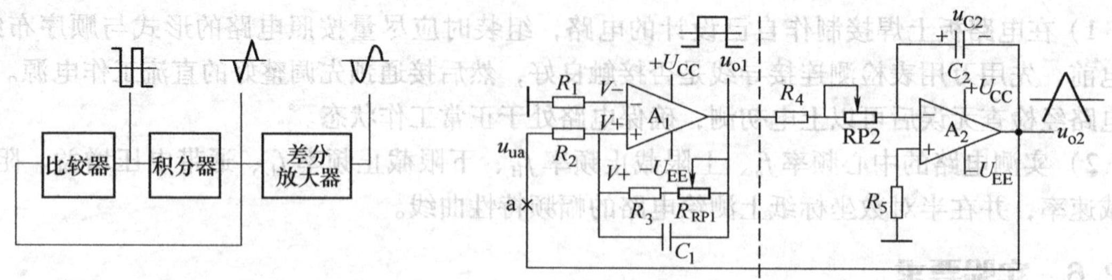

图 6-12　函数发生器功能框图　　　　图 6-13　方波-三角波产生电路

通常将比较器的输出电压 u_{o1} 从一个电平跳到另一个电平时相应输入电压的大小称为门限电压。将比较器翻转时对应的条件 $V_+ = V_- = 0$ 带入下式：

$$U_{ia} = \frac{-R_2}{R_3 + R_{RP1}} U_{o1} \tag{6-18}$$

设 $U_{o1} = U_{OH} = +U_{CC}$，带入式（6-18）得到一个较小值，即比较器翻转的下门限电平为

$$V_{T-} = U_{ia-} = \frac{-R_2}{R_3 + R_{RP1}} U_{OH} = \frac{-R_2}{R_3 + R_{RP1}} U_{CC} \tag{6-19}$$

设 $V_{T-} = U_{OL} = -U_{EE} = -U_{CC}$，带入式（6-18）得到一个较大值，即比较器翻转的上门限电平为

$$V_{T+} = U_{ia+} = \frac{-R_2}{R_3 + R_{RP1}} U_{OL} = \frac{R_2}{R_3 + R_{RP1}} U_{CC} \tag{6-20}$$

比较器的门限宽度为

$$\Delta V_T = V_{T+} - V_{T-} = 2 \times \frac{R_2}{R_3 + R_{RP1}} U_{CC} \tag{6-21}$$

比较器的电压传输特性如图 6-14 所示。

a 点断开后，运放 A_2 与 R_4、RP2、C_2 及 R_5 组成反相积分器，积分器的输入信号为方波 U_{o1}，其输出电压等于电容两端的电压，即

$$u_{o2} = -u_{C2} = -\frac{1}{C_2}\int \frac{u_{o1}}{(R_4 + R_{RP2})}\mathrm{d}t = -\frac{1}{C_2}\int_{t_2}^{t_1} \frac{u_{o1}}{(R_4 + R_{RP2})}\mathrm{d}t - u_{C2}(t_0)$$

$$= -\frac{u_{o1}}{(R_4 + R_{RP2})C_2}(t_1 - t_0) + u_{o2}(t_0) \tag{6-22}$$

式中，u_{C2}是 t_0 时刻电容两端的初始电压值；u_{o2}（t_0）是 t_0 时刻电路的输出电压。

当 $u_{o1} = +U_{CC}$时，有

$$u_{o2} = -\frac{U_{CC}}{(R_4 + R_{RP2})C_2}(t_1 - t_0) + u_{o2}(t_0) \tag{6-23}$$

当 $u_{o1} = -U_{CC}$时，有

$$u_{o2} = -\frac{U_{CC}}{(R_4 + R_{RP2})C_2}(t_1 - t_0) + u_{o2}(t_0) \tag{6-24}$$

可见，当积分器的输入为方波时，输出是一个下降速率与上升速率相等的三角形，其波

形关系如图 6-15 所示。

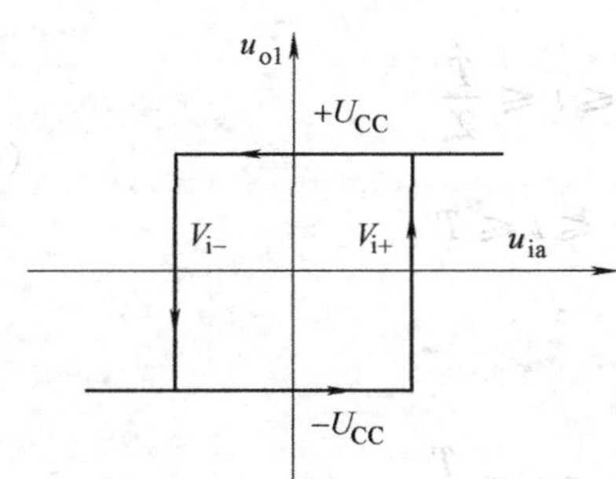

图 6-14　比较器电压传输特性

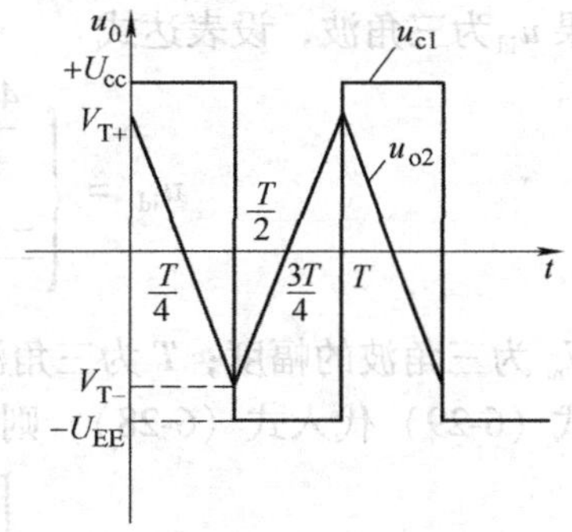

图 6-15　方波-三角波

a 点闭合，即比较器与积分器首尾相连，形成闭环电路，只要积分器的输出电压 u_{o2} 达到比较器的门限电平，使得比较器的输出状态发生改变，该电路就能自动产生方波-三角波。

由图 6-15 所示的波形可知，输出三角形的峰-峰值就是比较器的门限宽度，即

$$U_{o2pp} = \Delta V_T = \frac{2R_2}{R_3 + R_{RP1}} U_{CC} \tag{6-25}$$

积分电路的输出电路 u_{o2} 从上升到 V_{T+} 所需的时间是振荡周期的一半，即 $T/2$ 时间内 u_{o2} 的变化量等于 u_{o2pp}。根据式（6-24）得到电路的振荡周期为

$$T = \frac{4R_2(R_4 + R_{RP2})C_2}{R_3 + R_{RP1}} \tag{6-26}$$

方波-三角波的频率为

$$f = \frac{1}{4(R_4 + R_{RP2})C_2} \frac{R_3 + R_{RP1}}{R_2} \tag{6-27}$$

由式（6-25）及式（6-27）可以得出以下结论：

1）方波的输出幅度约等于电源电压 $+U_{CC}$，三角波的输出幅度与电阻 R_2 与（$R_3 + R_{RP1}$）的比值较大有关，且小于电源电压 $+U_{CC}$。电位器 RP1 可实现三角波幅度微调，但会影响方波-三角波的频率。

2）电位器 RP2 再调整输出信号的频率时，不会影响三角波输出电压的幅度。因此应先调整电位器 RP1，使输出三角波的电压幅度达到所要求的值，然后再调整电位器 RP2，使输出频率满足要求。若要求输出频率范围较宽，可取不同的 C_2 来改变频率的范围，用 RP2 实现频率微调。

2. 三角波-正弦波变换电路

三角波-正弦波的变换虽可以通过分段线性拟合等方法来实现，但这里将介绍一种更简单实用的电路形式来实现，即选用具有严格匹配差分对管的差分放大器作为三角波-正弦波的变换电路。波形变换的原理是：利用差分对管的饱和与截止特性进行变换。分析表明，差分放大器的传输特性曲线 i_{C1}（或 i_{C2}）的表达式为

$$i_{C1} = \alpha i_{E1} = \frac{\alpha I_o}{1 + e^{-u_{id}/V_T}} \tag{6-28}$$

式中，$\alpha = \frac{I_C}{I_E} \approx 1$；$I_o$ 为差分放大器的恒定电流；V_T 为温度的电压当量，当室温为 25℃ 时，

$V_T \approx 26\text{mV}$。

如果 u_{id} 为三角波，设表达式

$$u_{id} = \begin{cases} \dfrac{4V_m}{T}\left(t - \dfrac{T}{4}\right) & 0 \leqslant t \leqslant \dfrac{T}{2} \\ \dfrac{-4V_m}{T}\left(t - \dfrac{3T}{4}\right) & \dfrac{T}{2} \leqslant t \leqslant T \end{cases} \tag{6-29}$$

式中，U_m 为三角波的幅度；T 为三角波周期。

将式（6-29）代入式（6-28），则

$$i_{C1}(t) = \begin{cases} \dfrac{\alpha I_o}{1 + e^{\frac{-4U_m}{V_T T}\left(t - \frac{T}{4}\right)}} & 0 \leqslant t \leqslant \dfrac{T}{2} \\ \dfrac{\alpha I_o}{1 + e^{\frac{4U_m}{V_T T}\left(t - \frac{3T}{4}\right)}} & \dfrac{T}{2} \leqslant t \leqslant T \end{cases} \tag{6-30}$$

用计算机对式（6-30）进行计算，打印输出的 i_{C1}（t）或 i_{C2}（t）曲线近似于正弦波，则差分放大器的输出电压 u_{C1}（t）、u_{C2}（t）也近似于正弦波，波形变换过程如图 6-16 所示。

为使输出波形更近似于正弦波，要求：

① 传输特性曲线尽可能对称，线性区尽可能窄。

② 三角波的幅值 U_m 应接近晶体管的截止电压值。

图 6-17 为三角波-正弦波的变换电路。其中，RP1 用于调节三角波的幅度，RP2 用于调整电路的对称性，并联电阻 R_{E2} 用来减小差分放大器的线性区。C_1、C_2、C_3 为隔直电容，C_4 为滤波电容，以滤除谐波分量，改善输出波形。

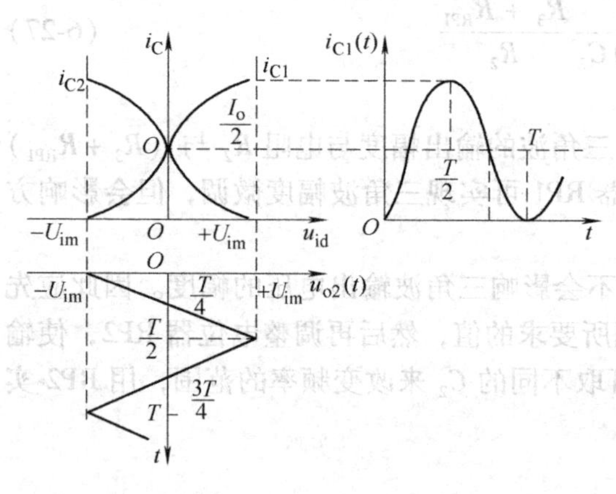

图 6-16 三角波-正弦波变换

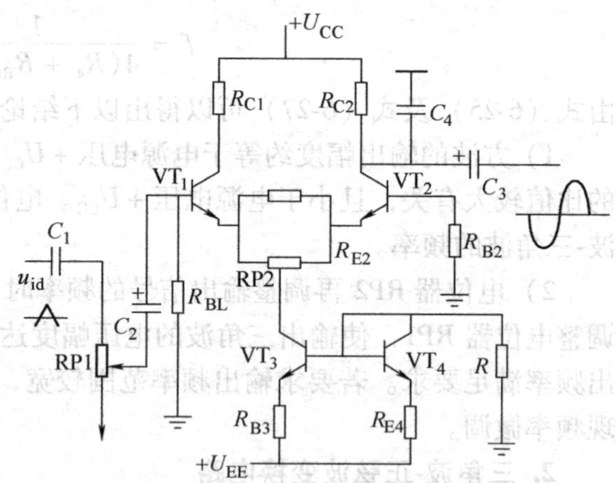

图 6-17 三角波-正弦波变换电路

6.3.2 函数发生器电路的设计过程

在设计函数发生器电路时，设计题目一般都会给出包括输出波形种类、波形幅度、波形频率、波形失真度等在内的性能指标要求。

在这种情况下，函数发生器电路的设计步骤如下：

1）确定电路形式，通常情况下，完全可以运用图 6-13 结合图 6-17 所构成的电路形式来

设计。

2）依据方波幅度要求，确定实现方案中电压比较器的最大输出电压值。

3）依据三角波幅度要求，结合公式 $U_{O2pp}=\Delta V_T=\dfrac{2R_2}{R_3+R_{RP1}}U_{CC}$，确定 R_2、R_3、R_{RP1}之间的约束关系。

4）依据波形频率指标要求，结合公式 $f=\dfrac{1}{4(R_4+R_{RP2})C_2}\dfrac{R_3+R_{RP1}}{R_2}$，确定相关电阻、电容等元件参数之间的约束关系。

5）根据正弦波幅度指标的要求，确定三角波-正弦波变换电路的静态工作电流 I_o。

6.3.3　函数发生器电路设计举例

设计举例：设计一方波-三角波-正弦波函数发生器。性能指标要求如下：

频率范围：1～10Hz，10～100Hz；输出电压：方波 $U_{pp}\leqslant 24V$，三角波 $U_{pp}=8V$，正弦波 $U_{pp}>1V$。

设计过程：

1）确定电路形式及元器件型号。采用如图 6-18 所示电路，其中运算放大器 A_1 与 A_2 用一只双运放 μA747，差分放大器采用本章前面设计完成的晶体管输入—单端输出差分放大器电路。因为方波的幅度接近电源电压，所以取电源电压 $+U_{CC}=12V$，$-U_{EE}=-12V$。

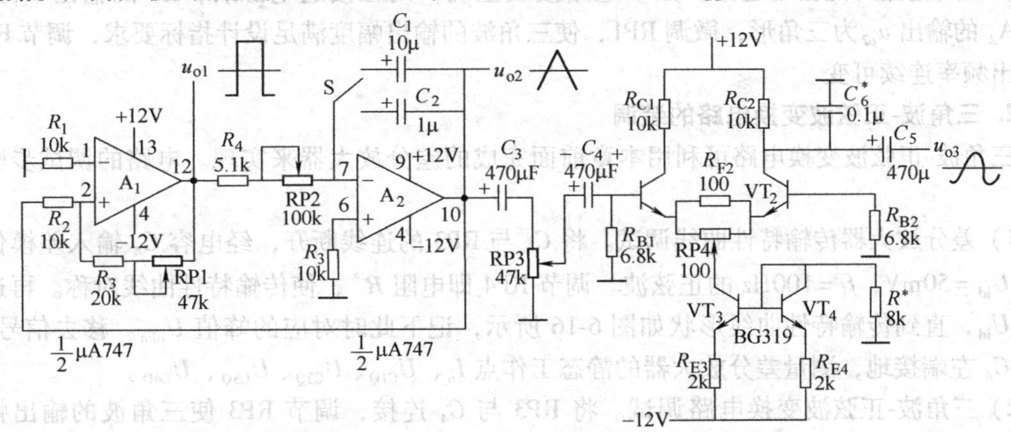

图 6-18　方波-三角波-正弦波函数发生器实验电路

2）计算元件参数。比较器 A_1 与积分器 A_2 的元件参数。计算如下：

由式（6-25）得

$$\frac{2R_2}{R_3+R_{RP1}}=\frac{U_{O2m}}{U_{CC}}=\frac{4}{12}=\frac{1}{3}$$

取 $R_2=10k\Omega$，$R_3=20k\Omega$，$R_{RP1}=47k\Omega$。平衡电阻 $R_1=R_2 /\!/ (R_3+R_{RP1})\approx 10k\Omega$。

由输出频率的表达式（6-27）得

$$R_4+R_{RP2}=\frac{R_3+R_{RP1}}{4R_2C_2f}$$

当 $1Hz\leqslant f\leqslant 10Hz$ 时，取 $C_2=10\mu F$，$R_4=5.1k\Omega$，$R_{RP2}=100k\Omega$。当 $10Hz\leqslant f\leqslant 100Hz$ 时，取 $C_2=1\mu F$ 以实现频率波段的转换，R_4 即 R_{RP2}的取值不变。取平衡电阻 $R_5=10k\Omega$。

三角波-正弦波电路的参数选择原则是：隔直电容 C_3、C_4、C_5 要取得较大，因为输出频率很低，取 $C_3=C_4=C_5=470\mu F$；滤波电容 C_6 的取值视输出的波形而定，若含高次谐波成分较多，则 C_6 一般为几十皮法至 1.0μF。$R_{E2}=100\Omega$ 与 $R_{RP4}=100\Omega$ 相并联，以减小差分放大器的线性区。差分放大器的静态工作点可通过观测传输特性曲线、调整 R_{RP4} 及电阻 R^* 来确定。

6.3.4 设计任务

设计课题：方波-三角波-正弦波函数发生器的设计。

已知条件：双运放 NE5532 1 只（或 μA741 两只）。

性能指标要求：频率范围：1～10Hz，10～100Hz；输出电压：方波 $U_{pp}\leqslant 24V$，三角波 $U_{pp}=6V$，正弦波 $U_{pp}>1V$。

6.3.5 电路的安装与性能指标测试

在装调多级电路时，通常按照单元电路的先后顺序顺利分级装调与级联。图 6-18 所示电路的装调顺序如下。

1. 方波-三角波发生器的装调

由于比较器 A_1 与积分器 A_2 组成正反馈闭环电路，同时输出方波与三角波，故这两个单元电路可以同时安装。需要注意的是，在安装电位表 RP1 与 RP2 之前，要先将其调整到设计值，否则电路可能会不起振。如果电路接线正确，则在接通电源后，A1 的输出 u_{o1} 为方波，A_2 的输出 u_{o2} 为三角形，微调 RP1，使三角波的输出幅度满足设计指标要求，调节 RP2，则输出频率连续可变。

2. 三角波-正弦波变换电路的装调

三角波-正弦波变换电路可利用本章前面完成的差分放大器来实现。电路的调试步骤如下：

1）差分放大器传输特性曲线调试。将 C_4 与 RP3 的连线断开，经电容 C_4 输入差模信号电压 $U_{id}=50mV$，$f_i=100Hz$ 的正弦波。调节 RP4 即电阻 R^*，使传输特性曲线对称。再逐渐增大 U_{id}，直到传输特性曲线形状如图 6-16 所示，记下此时对应的峰值 U_{idm}。移去信号源，再将 C_4 左端接地，测量差分放大器的静态工作点 I_o、U_{C1Q}、U_{C2Q}、U_{C3Q}、U_{C4Q}。

2）三角波-正弦波变换电路调试。将 RP3 与 C_4 连接，调节 RP3 使三角波的输出幅度（经 RP3 后输出）等于 U_{idm} 值，这时 u_{o3} 的波形应接近正弦波，调整 C_6 改善波形。如果 u_{o3} 的波形出现如图 6-19 所示的几种正弦波失真，则应调整和修改电路参数。产生失真的原因及采取的相应处理措施如下：

1）钟形失真，如图 6-19a 所示，这是由参数特性曲线的线性区太宽引起的失真，应减小 R_{E2}。

2）半圆波顶或平顶失真，如图 6-19b 所示，这是由传输特性曲线对称性差引起的失真，工作点 Q 偏上或偏下，应调整电阻 R^*。

3）非线性失真，如图 6-19c 所示，这是由三角波的线性度较差引起的失真，主要受运放性能的影响，可在输出端加滤波网络改善输出波形。

3. 误差分析

误差分析的步骤如下：

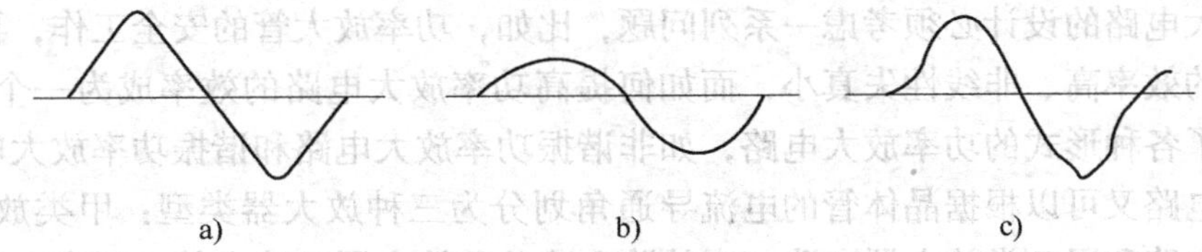

图 6-19 波形失真现象

a）钟形失真 b）半圆波顶或平顶失真 c）非线性失真

1）方波输出电压 $U_{pp} \leqslant 2U_{CC}$，是因为运放输出级由 NPN 型或 PNP 型两种晶体管组成的符合互补对称电路，输出方波时，两管轮流截止和饱和导通，由于导通时输出电阻的影响，使方波输出幅度小于电源电压值。

2）方波的上升时间 t_r，主要受运放转换速率的限制。如果输出频率较高，则可接入加速电容 C_1（C_1 一般为几十皮法），可用示波器（或脉冲示波器）测量 t_r。

6.3.6 实验要求

1）认真阅读本课题介绍的设计方法与测试技术，写出设计预习报告。

2）根据已知条件及性能指标要求，确定电路以及元器件，计算电路元器件参数（以上两步要求在实验前完成）。

3）在实验线路板上安装电路。测试性能指标，调整与修改元器件参数值。使其满足函数发生器性能指标的要求，将修改后的元器件参数值标在所设计的电路图上。

4）测试性能指标，将选取的电容值以及测量数据填入自拟的表格中，并对测量结果进行误差分析。

5）在不同的频率范围，选取一个频率值，画出方波-三角波电压波形，并标出电压幅度和周期。

6）所有实验完成之后，写出实验报告。

6.3.7 总结与思考

1）三角波的输出幅度是否可以超过方波的幅度？如果正负电源电压不等，输出波形如何？请用实验加以证明。

2）如果使方波的幅度减小为低于电源电压的某一固定电压值，则比较器的输出电路应该如何变化？画出设计的电路，并用实验加以证明。

3）如何将方波-三角波发生器电路改变成矩形波-锯齿波发生器？画出设计的电路，并用实验加以证明，绘出波形。

4）用差分放大器实现三角波-正弦波的变换有何优缺点？为什么？

6.4 功率放大器的设计

6.4.1 功率放大器电路

功率放大器电路属于大信号放大电路，它的功能是给负载提供足够大的信号功率。因此，功率放大电路的设计必须考虑一系列问题，比如，功率放大管的安全工作，再如，我们知道放大器的效率高、非线性失真小，而如何提高功率放大电路的效率成为一个突出问题。于是，出现了各种形式的功率放大电路，如非谐振功率放大电路和谐振功率放大电路。非谐振功率放大电路又可以根据晶体管的电流导通角划分为三种放大器类型：甲类放大器电路、乙类放大器电路和甲乙类放大器电路。当然除上述几种放大器电路之外，还有丁类等许多种放大器电路，这些电路比较特殊，不在本节讨论之列。

甲类放大器就是给放大管加入合适的静态偏置电流，用一只晶体管来同时放大信号的正、负半周。为了实现这一目的，甲类放大器功放管的静态工作电流要设计得比较大，其值应介于放大区的中间，以使信号正、负半周有相同的线性范围，这样当信号幅度太大时（超出放大管的线性区域），信号的正半周进入晶体管饱和区而被削顶，信号的负半周进入截止区而被削顶，此时对信号正半周与负半周的削顶量是相同的。甲类放大器的优点是信号非线性失真很小，缺点是放大电路效率很低，一般情况下难以提供大的输出功率。

乙类放大器就是不给晶体管加静态偏置电流，且用两只性能对称的晶体管来分别放大信号的正半周和负半周，再在放大器的负载上将正、负半周信号合成一个完整的周期信号。由于这种放大器没有给功放输出管加入静态电流，它会产生交越失真，这种失真是非线性失真的一种，对声音的音质破坏严重。所以，乙类放大器电路是不能用于音频放大器电路中的。

在乙类放大器的基础上给晶体管加入很小的静态偏置电流，以使输入信号叠加在很小的静态偏置电流上，这样晶体管刚好进入放大区，从而可以避开晶体管的截止区，使输出信号不失真（即克服了交越失真），这样就构成了甲乙类放大器。由于甲乙类放大器给晶体管所加的静态直流偏置电流很小，所以在没有输入信号时放大器对直流电源的消耗比较小（比起甲类放大器要小得多）；同时由于克服了交越失真，所以使输出信号的失真度也大大降低。这样它既具有乙类放大器省电的优点，同时又具有甲类放大器非线性失真小的优点。所以被广泛地应用于音频功率放大器电路中。

总体来讲，这三种功率放大器的差异主要在于偏置情况不同，图 6-20 表示了一个理想传输特性的晶体管工作在不同偏置下的情况。这个理想晶体管不会达到饱和区，而且在放大区的输出相对输入线性很好。$U_{BE(on)}$ 表示晶体管的发射结导通电压。

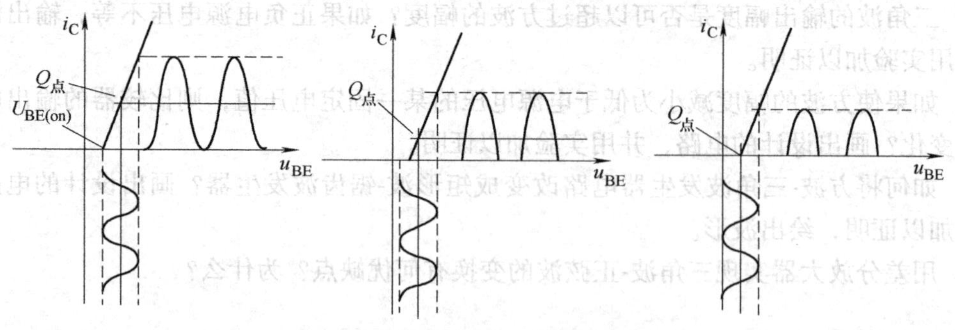

图 6-20　不同类型的功率放大器

甲乙类放大器常见的输出电路结构有无输出变压器（OTL）电路和无输出电容（OCL）电路。本节以 OCL 电路来介绍功率放大器的设计方法。

图 6-21 是一种常见的带集成运放的 OCL 功率放大电路。其中，运放为驱动级，晶体管 $VT_1 \sim VT_4$ 组成复合式晶体管互补对称电路。

1. 电路工作原理

晶体管 VT_1、VT_2 为相同类型的 NPN 型管，所组成的复合管仍为 NPN 型。VT_3、VT_4 为不同类型的晶体管，所组成的复合管的导电极性由第一只管子决定，即为 PNP 型。R_4、R_5、R_6 及二极管 VD_1、VD_2 所组成的支路是两对复合管的基极偏置电路，静态时支路电流 I_D 可由下式计算：

$$I_D = \frac{2U_{CC} - 2U_D}{R_4 + R_5 + R_6}$$

式中，U_D 为二极管的正向电压降。

为减小静态功耗和克服交越失真，静态时 VT_1、VT_3 应工作在微导通状态，即满足以下关系：

$$U_{R5} + U_{D1} + U_{D2} = U_{BE1} + U_{BE3}$$

称此状态为甲乙类状态。二极管 VD_1、VD_2 与晶体管 VT_1、VT_3 应为相同类型的半导体材料，如 VT_5、VT_6 为硅二极管 IN4007，则 VT_1、VT_3 也应为硅晶体管。R_5 用于调整复合管的微导通状态，一般为几十到几百欧姆（也可采用精密可调电位器）。安装电路时 R_5 的取值刚开始应尽可能小，在调整输出级静态工作电流或输出波形的交越失真时再逐渐增大阻值。否则会因 R_5 的阻值较大而使复合管损坏。

R_7、R_8 用于减小复合管的穿透电流，提高电路的稳定性，一般为几十欧姆至几百欧姆。R_9、R_{10}为反馈电阻，可以改善功率放大器的性能，一般为几欧姆。有时 VT_2 或 VT_4 的集电极会连接一个电阻（常称为平衡电阻），使 VT_1、VT_3 的输出对称，一般为几十欧姆至几百欧姆。在实际的功放电路的输出端，也常并联一个 RC 串联支路（常称为消振网络），可改善负载为扬声器时的高频特性。因扬声器呈感性，易引起高频自激，并入此容性网络可使等效负载呈阻性。此外，感性负载易产生瞬时过电压，有可能损坏晶体管 VT_2、VT_4。消振网络中电阻、电容的取值应视扬声器的频率响应而定，以效果最佳为好。一般 R 为几十欧姆，C 为几千皮法至 0.1μF。

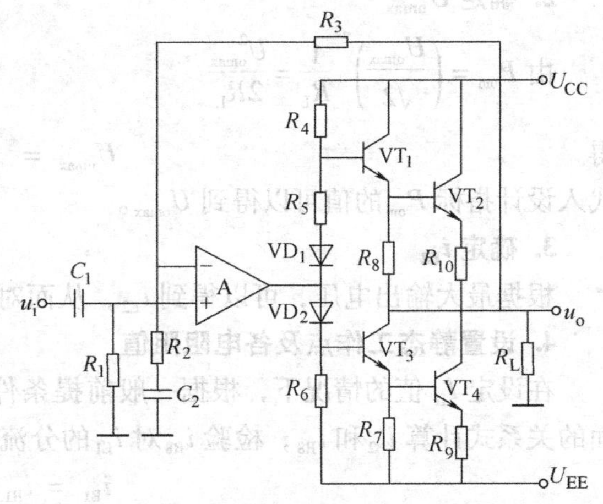

图 6-21 使用集成运放的 OCL 功率放大器

功放在交流信号输入时的工作过程如下：当音频信号 u_i 为正半周时，运放的输出电压上升，结果 VT_3、VT_4 截止，VT_1、VT_2 导通，负载 R_L 中只有正向电流 i_L，且随 u_i 增加而增加。反之，当 u_j 为负半周时，负载 R_L 中只有负向电流 i_L，且随 u_i 的负向增加而增加。只有当 u_i 变化一周时负载 R_L 才可获得一个完整的交流信号。

2. 静态工作点设置

假设电路参数完全对称。静态时功放的输出端 u_o 点对地的电位应为零，即 $u_o = 0$，常称 u_o 点为“交流零点”。电阻 R_1 接地，一方面决定了同相放大器的输入电阻，另一方面保证了静态时同相端电位为零，即 $V_+ = 0$。由于运放的反相端经 R_3 接交流零点，所以 $V_- = 0$。故静态时运放的输出为0。调节 R_3 的阻值可改变功放的负反馈深度。电路的静态工作点主

要由 I_D 决定，I_D 过小会使晶体管 VT_2、VT_4 工作在乙类状态，输出信号会出现交越失真：I_D 过大会增加静态功耗，使功放的效率降低。综合考虑，对于数瓦的功放，一般取 $I_D=1\sim3mA$，以使 VT_2、VT_4 工作在甲乙类状态。

6.4.2 功率放大器电路的设计过程

在设计功率放大器电路时，设计题目都会给出包括电源电压、负载电阻 R_L、最大输出功率 P_{om}、电路增益 A_v、通频带上限截止频率 f_H 和下限截止频率 f_L、电路形式等在内的已知条件。

在这种情况下，功率放大器电路的设计步骤如下。

1. 确定集成运放、偏置二极管和功率管的型号

在电路形式确定的情况下，要根据电路设计相关指标确定合适的集成运放、偏置二极管以及功率管的型号，例如最大输出功率 P_{om} 直接影响功率管型号的选取，通常要求功率管的三个极限参数 U_{CEO}、I_{CM}、P_{CM} 的值要保证功率放大器在输出符合要求的功率的情况下处于安全的工作条件下。偏置二极管型号的选取主要是使其材料尽可能和已经选好的晶体管的材料一致。而集成运放型号的选取则主要是考虑满足前置推动级的需求。

2. 确定 U_{omax}

由 $P_{om}=\left(\dfrac{U_{omax}}{\sqrt{2}}\right)^2\dfrac{1}{R_L}=\dfrac{U_{omax}^2}{2R_L}$

得

$$U_{omax}=\sqrt{2R_LP_{om}}$$

代入设计指标 P_{om} 的值可以得到 U_{omax}。

3. 确定 i_{E2}

根据最大输出电压，可以得到 i_{E2}，从而对功率晶体管的选取进行进一步的验证。

4. 设置静态工作点及各电阻阻值

在设定 I_D 值的情况下，根据一般前提条件 $i_{B1}\ll I_D$，同时合理设定 i_{B1} 的值，再依据下面的关系式计算 i_{B2} 和 i_{R8}，检验 i_{R8} 对 i_{E1} 的分流情况：

$$i_{E1}=i_{B1}(1+\beta)$$

$$i_{B2}=\frac{i_{E2}}{1+\beta}$$

$$i_{R8}=i_{E1}-i_{B2}$$

同样根据一般前提条件 $i_{B1}\ll I_D$，再依据下面的公式可以分别确定电阻 R_5、R_4、R_6 的阻值：

$$U_{CC}-U_{EE}=I_D(R_4+R_5+R_6)+2U_D$$

$$I_DR_5+2U_D\approx3U_{BE}$$

最后，依据公式 $A_{vf}=1+\dfrac{R_3}{R_2}=20$ 及其他的一些考虑，可依次确定 R_2、R_3、R_1、R_9、R_{10}、R_7、R_8 的值。

5. 确定各电容的值

考虑 $C_1\geqslant\dfrac{1}{2\pi f_{L1}R_1}$、$C_2\geqslant\dfrac{1}{2\pi f_{L1}R_2}$，确定电容 C_1、C_2 的值。

6.4.3 功率放大器电路设计举例

设计题目：音频功率放大器的设计。

已知条件：$R_L = 8\Omega$，$U_{CC} = +12V$，$U_{EE} = -12V$。

性能指标要求：$P_{om} \geqslant 2W$，$A_{vf} = 20$，$f_L \leqslant 20Hz$，$f_H \geqslant 20kHz$

设计过程如下：

1. 确定集成运放、二极管和功率管的型号

因为电路方案中集成运放为前级驱动电路，故选通用运放 μA741 即可，而功率管的选择应充分考虑其所承受的最大管压降、集电极最大电流和集电极最大功耗。在本题目中，功放管具体应该满足以下几个条件，并尽可能留有一定的余量：

$$U_{CEO} > 2U_{CC} = 2 \times 12V = 24V$$

$$I_{CM} > \frac{U_{CC}}{R_L} = \frac{12}{8}A = 1.5A$$

$$P_{CM} > \frac{U_{CC}^2}{\pi^2 R_L} = \frac{12^2}{\pi^2 \times 8}W = 1.83W$$

以上的计算是假设为单管输出的情况，对选用的功率管的极限参数要求比较高（可以选择 2SC2073 和 2SA940 相互配合使用），实际电路中经常采用复合管输出的情况，所以对各个功率管的要求明显低一些，例如可以选取 2SC2236 分别和 2N2222、2N2907 构成复合管的方式来输出（选用国产晶体管的配对方案是：3DD01 分别和 3DG100、3CG21 配对）。

由于所选晶体管 2N2222、2N2907 都是用硅型半导体材料制作的，所以对于二极管也应尽量选用同样材料的二极管型号，这里选用 IN4007。

2. 确定 U_{omax}

由
$$P_{om} = \left(\frac{U_{omax}}{\sqrt{2}}\right)^2 \frac{1}{R_L} = \frac{U_{omax}^2}{2R_L}$$

得
$$U_{omax} = \sqrt{2R_L P_{om}}$$

根据题目要求带入数值得 $U_{omax} = \sqrt{2R_L P_{om}} = \sqrt{2 \times 8 \times 2}V \approx 5.7V$（由于这里 P_{omax} 取了题目要求的最小值，所以 U_{omax} 也是一个相应的最小值）。

3. 确定 i_{E2}

输出电压最大时，VT_2 的射极电流约等于负载电流，即 $i_{E2} = i_L = \frac{U_{omax}}{R_L} = \frac{5.7}{8}A = 0.71A$

注意，此处的电流值注意和既定功率管的参数进行一下验证，如果不合适还要调整功率管的选型。

4. 确定静态工作电流 I_D 及各电阻阻值

设 I_D 为 2.5mA，由于一般情况下，$i_{B1} << I_D$，所以这里考虑取 $i_{B1} = 0.008mA$，这样 R_8 上的电流 $i_{R8} = 1.5mA$，从而有

$$i_{E1} = i_{B1}(1+\beta) = 0.008 \times (1+400)mA = 3.2mA$$

考虑到

$$i_{B2} = \frac{i_{E2}}{1+\beta} = \frac{0.71}{400}A = 1.8 \times 10^{-3}A = 1.8mA$$

此时

$$i_{R8}=i_{E1}-i_{B2}=(3.2-1.8)\text{mA}=1.4\text{mA}$$

与 i_{B2} 的值相比，i_{R8} 对 i_{E1} 的分流是合适的。

同样由于 $i_{B1} \ll I_D$，可以认为

$$U_{CC}-U_{EE}=I_D(R_4+R_5+R_6)+2U_D$$

于是

$$R_4+R_5+R_6=\frac{U_{CC}-U_{EE}-2U_D}{I_D}=\frac{12-(-12)-2\times0.7}{2.5}\text{k}\Omega=9\text{k}\Omega$$

注意到

$$I_D R_5+2U_D\approx3U_{BE}$$

因而有

$$R_5=\frac{3U_{BE}-2U_D}{I_D}=\frac{0.7}{2.5}\text{k}\Omega=0.28\text{k}\Omega$$

$$R_4+R_6=(9-0.28)\text{k}\Omega=8.72\text{k}\Omega$$

取 $R_4=R_6=4.5\text{k}\Omega$，并选取 R_5 为可调电阻，调节输出级的静态值，以消除交越失真。

考虑到 $A_{vf}=1+\frac{R_3}{R_2}=20$，这里可以取 $R_2=1\text{k}\Omega$，$R_3=20\text{k}\Omega$。同时考虑静态时同相端与反相端的平衡，取 $R_1=R_3=20\text{k}\Omega$。

而 R_9 和 R_{10} 为输出级提供反馈，其值应远小于 R_L，因此取 $R_9=R_{10}=0.1\Omega$。

针对 R_7 和 R_8 可由下式来计算：

$$R_7=R_8=\frac{U_{BE}+R_{10}i_{E2}}{i_{R8}}=\frac{0.7+0.1\times0.71}{1.5}\text{k}\Omega=0.514\text{k}\Omega$$

此处取 $R_7=R_8=510\Omega$。

5. 确定各电容的值

对于多级滤波电路，我们知道其下限频率为

$$f_L\approx1.1\sqrt{f_{L1}^2+f_{L2}^2}$$

若 $f_{L1}=f_{L2}$，则 $f_L=1.1\times\sqrt{2}f_{L1}$。已知 $f_{L1}=f_{L2}\approx12.9\text{Hz}$，于是

$$C_1\geqslant\frac{1}{2\pi f_{L1}R_1}=\frac{1}{2\times3.14\times12.9\times20\times10^3}\text{F}=0.62\mu\text{F}\qquad(\text{取 }C_1=1\mu\text{F})$$

$$C_2\geqslant\frac{1}{2\pi f_{L1}R_2}=\frac{1}{2\times3.14\times12.9\times1\times10^3}\text{F}=12.4\mu\text{F}\qquad(\text{取 }C_2=20\mu\text{F})$$

6.4.4 设计任务

设计题目：音频功率放大器的设计。

已知条件：$R_L=4\Omega$，$U_{CC}=+5\text{V}$，$U_{EE}=-5\text{V}$。

性能指标要求：$P_{om}\geqslant1\text{W}$，$A_{vf}=20$，$f_L\leqslant20\text{Hz}$，$f_H\geqslant20\text{kHz}$。

6.4.5 电路的安装与性能指标测试

在电路板上焊接制作自己设计的电路，组装时应尽量按照电路的形式与顺序布线。连接

元器件时应特别注意运放、电解电容等有极性元件的极性。通电前，先用万用表检测连接导线是否接触良好，并确保电阻 R_5 为最小阻值。然后接通预先调整好的直流电源。实验电路经检查无误后可以上电初测。

1）测量静态工作点，使输入信号 $U_i=0$，用万用表电压挡测得电阻 R_5 两端的电压 U_{R5}，则 $I_D=\frac{U_{R5}}{R_5}$。

2）参照 6.1 节的性能指标测试方法分别测量 A_{vf}、f_L、f_H 的值。

3）用函数信号发生器给功放电路的输入端提供一频率为 1kHz 的正弦波实验信号，在连续改变输入端信号大小的同时，用示波器观察功放电路输出端的波形变化，当输出波形处于临界失真状态时，记下最大不失真输出电压 U_{omax} 的值，从而 $P_{om}=\frac{U_{omax}^2}{R_L}$。

6.4.6　实验要求

1）认真阅读本节介绍的设计方法与测试技术，写出设计预习报告。

2）根据已知条件及性能指标要求，确定电路以及元器件，计算电路元器件参数（以上两步要求在实验前完成）。

3）在实验线路板上安装电路。测试性能指标，调整与修改元器件参数值，使其满足功率放大器性能指标的要求，将修改后的元器件参数值标在所设计的电路图上。

4）所有实验完成之后，写出实验报告。

6.4.7　总结与思考

1）在安装调试电路时，是否出现过自激振荡现象？是什么自激？如何解决？

2）为了使输出获得较好的动态范围，可以采取的改善措施有哪些？

3）提高功率放大器效率的措施有哪些？

第 7 章　数字电路系统设计

7.1　数字电路系统设计概述

7.1.1　数字电路系统的组成

在电子技术领域里，用来对数字信号进行采集、加工、传送、运送和处理的装置称为数字系统。一个完整的数字系统通常包括输入电路、输出电路、控制电路、时基电路和若干子系统五个部分，如图 7-1 所示。各部分具有相对的独立性，在控制电路的协调和指挥下完成各自的功能，其中控制电路是整个系统的核心。当然，并非每一个数字电路系统都能严格划分成五个组成部分。

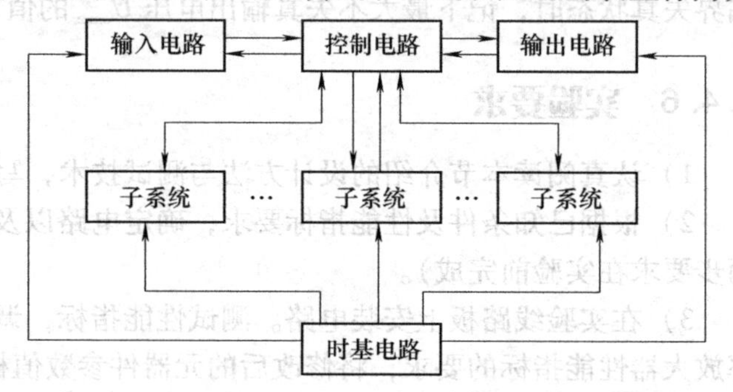

图 7-1　数字电路系统的组成

1. 输入电路

输入电路的任务是将各种外部信号转换成数字电路能够接收和处理的数字信号。外部信号通常可分成模拟量和开关量两大类，例如声、光、电、温度、湿度、压力及位移等物理量属于模拟量，而开关的闭合与打开、管子的导通与截止、继电器的通电与断电等属于开关量。这些信号都必须通过输入电路转换成数字电路能够接收的二进制逻辑电平。

2. 输出电路

输出电路将经过数字电路运算和处理之后的数字信号转换成模拟信号或开关信号去驱动执行机构。当然，在输出电路和执行机构之间常常还需要设置功放电路，以提供负载所要求的电压和电流值。

3. 子系统

子系统是对二进制信号进行算术运算或逻辑运算以及信号传输等功能的电路，每个子系统完成一项相对独立的任务，即某种局部的工作。子系统又称为单元电路。

4. 控制电路

控制电路将外部输入信号以及各子系统送来的信号进行综合、分析、发出控制命令去管理输入、输出电路及各个子系统，使整个系统同步且有条不紊地工作。

5. 时基电路

时基电路(矩形波发生器)产生系统工作的同步时钟信号，使整个系统在时钟信号的作用下一步一步地顺序各个操作。

7.1.2 数字电路系统的设计步骤

由于每个课题的设计任务各不相同，因此设计的数字系统规模有大有小，电路的结构也有繁有简。无论系统规模的大小，其设计步骤是大体一致的。掌握了数字小系统的设计可以为更大规模的系统设计奠定基础。下面就简单介绍数字小系统的设计步骤。

1. 分析设计要求，明确性能指标

具体做设计之前，必须仔细分析课题要求、性能、指标及应用环境等。分清楚要设计的电路属于何种类型，输入信号如何获得，输出执行装置是什么，工作的电压、电流参数是多少，主要性能指标如何等。然后查找相关的各种资料，构思出各种总体方案，绘制结构框图。

2. 确定总体方案

对各种方案进行比较，对电路的先进性、结构的繁简、成本的高低及制作的难易等方面作综合比较，并考虑各种元器件的来源，最后确定一种可行的方案。

3. 单元电路设计、参数计算和器件选择

具体设计时可以模仿成熟的电路进行改进和创新，注意信号之间的关系和限制，对时序电路要特别注意时序关系；要根据电路工作原理和分析方法，进行参数的估计和计算；元器件选择时，其工作电压、频率和功耗等参数应满足电路指标要求，元器件的极限参数必须留有足够的余量。

4. 电路 EDA 仿真

对总体设计方案及硬件单元电路进行模拟分析，以判断电路结构的正确性及性能指标的可实现性。通过这种精确的量化分析，实现系统结构及电路特性模拟及参数优化设计，避免电路设计出现大的差错。

5. 电路原理图的绘制

电路原理图是组装、焊接、调试和检修的依据。

6. 电路板的 PCB 设计

电路原理图绘制完毕后还必须进行电路的 PCB 设计，PCB 设计是在芯片设计的基础上，通过对芯片和其他电路元件之间的连接，把各种元器件组合起来，构成完整的电路系统。

7. 电路的组装和调试

组装和调试是验证电路的重要环节。电路组装包括审图、元器件的预处理、电路板布局和电路焊接；电路调试包括调试准备、静态调试、动态调试、指标测试几个环节。

7.1.3 数字电路系统的设计方法

数字电路系统的设计方法有试凑法和自上而下法。

1. 数字系统设计的试凑法

试凑法的基本思想是把系统的总体方案分成若干个相对独立的功能部件，然后用组合逻辑电路和时序逻辑电路的设计方法分别设计并构成这些功能部件，或者直接选择合适的 SSI、MSI、LSI 器件实现上述功能，最后把这些已经确定的部件按要求拼接起来，以构成完整的数字系统。该方法可利用已有的设计成果，在系统的组装和调试过程中效率较高。

试凑法的具体步骤如下：

① 分析系统的设计要求，确定系统的总体方案。

② 划分逻辑单元，确定初始结构，建立总体逻辑图。

③ 选择功能部件。

④ 将功能部件组成数字系统。

2. 数字系统自上而下的设计方法

自上而下的设计方法适合于规模较大的数字系统。由于系统的输入变量、状态变量和输出变量的数目较多，很难用真值表、卡诺图、状态表和状态转换图等来完整、清晰地描述系统的逻辑功能，需要借助于某些工具对所设计的系统功能进行描述。这种方法的基本思想是：把规模较大的数字系统从逻辑上划分为控制器和受控制器电路两大部分，采用逻辑流程图或 ASM 图或 MDS 图来描述控制器的控制过程，并根据控制器及受控制器电路的逻辑功能，选择适当的 SSI、MSI 功能器件来实现。而控制器或受控制器本身又分别可以看成一个子系统，所以逻辑划分的工作还可以在控制器或受控制器内部多重进行。按照这种设计思想，一个大的数字系统，首先被分割成属于不同层次的许多子系统，再用具体的硬件实现这些系统，最后把它们连接起来，得到所要求的完整数字系统。

自上而下设计方法的具体步骤如下：

1)明确待设计系统的逻辑功能。

2)拟定数字系统的总体方案。

3)逻辑划分。

4)设计受控电路及控制器。

7.2 篮球 24s 定时器设计

随着电子技术的飞速发展，电子技术在社会生活中发挥着越来越重要的作用，特别是在各种竞技运动中，定时器成为检验运动员成绩的重要工具。

篮球是一项大众化的运动，其比赛有很多规则，比如：在一次进攻中，一方队员只有 24s 的进攻时间，超过这个时间则记一次违例。本设计紧密联系生活实际，用简单的数字逻辑电路实现 24s 减数计时器，每隔 1s 计数一次，直到减到零并发生光报警，计数器有置数功能，最初置数为 24，并且有清零功能和暂停功能，使设计电路具有很好的实用价值。

7.2.1 设计任务

(1)24s 计时功能，两位数字显示，计时间隔为 1s。

(2)进行 24s 减计时，每次减计时结束后，发光二极管点亮，显示器显示 00。

(3)设置外部开关，可使计时器直接清零，启动计时、暂停/连续计时。

7.2.2 原理与框图

24s 定时器的原理框图如图 7-2 所示。

24s 定时器主要由秒脉冲发生器、控制电路、计数器、译码显示电路 4 部分组成。计数

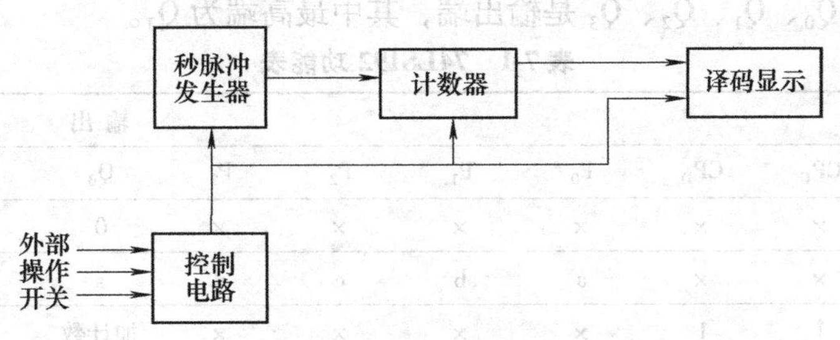

图 7-2 24s 定时器原理框图

器完成24s减计时功能，而控制电路是直接控制计数器的清零、启动计数、暂停/连续计数、译码显示等功能。操作直接清零开关时能够使计数器清零并且使数码显示器显示00；当启动开关闭合时，控制电路应封锁时钟信号CP（脉冲信号），同时计数器完成置数功能，译码显示电路显示24s；当启动开关断开时，计数器开始计数；当暂停/连续开关闭合时，控制电路封锁时钟信号CP，计数器处于封锁状态，计数器停止计数；当暂停/连续断开时，计数器连续累计计数。

7.2.3 单元电路设计

1. 秒脉冲电路

秒脉冲电路是秒定时器的核心部分，它的精度和稳定度决定了秒定时器的质量，通常用晶体振荡器发出的脉冲经过整型、分频获得1Hz的秒脉冲。这里是通过对32768Hz的石英晶体进行15级二分频获得秒脉冲。CD4060最大可实现14级二分频，经过CD4060输出的脉冲再经过双D触发器进行二分频就可以得到1Hz的脉冲信号，电路如图7-3所示。

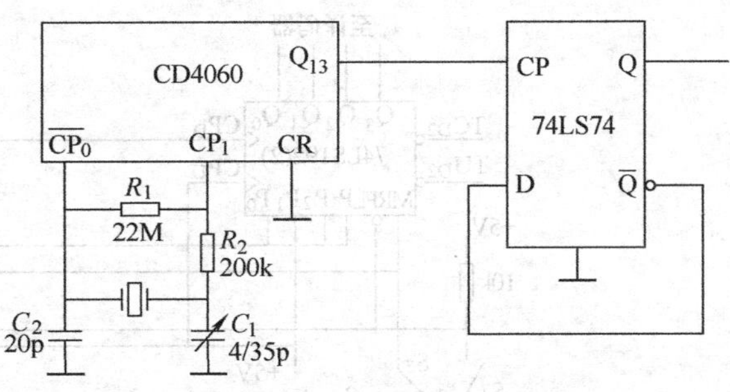

图 7-3 秒脉冲生成电路

其中，CD4060是14级二进制计数器；CP_1 和 $\overline{CP_0}$ 分别为时钟的输入和反时钟输出端；Q_{13} 引脚输出的是14级二分频后的脉冲。输出的脉冲输入到双D触发器74LS74的时钟端，D和 $\overline{Q}$ 引脚连接可实现二分频，Q引脚输出1Hz的脉冲。

2. 减计数电路

计数器选用集成电路74LS192，它是具有异步清零、异步预置功能的双时钟十进制同步加/减计数器。74LS192引脚的排列如图7-4所示，功能如表7-1所示。其中，CP_U 和 CP_D 分别是加计数器、减计数器的时钟脉冲输入端(上升沿触发)；MR是异步清零端，高电平有效；$\overline{PL}$ 是异步并行置数控制端，低电平有效；P_0、P_1、P_2、P_3 是预置数据输入端，其中最高端为 P_3；$\overline{TC_U}$ 为加法计数的进位输出端；TC_D 是减法计

图 7-4 74LS192 引脚图

数的借位输出端；Q_0、Q_1、Q_2、Q_3 是输出端，其中最高端为 Q_3。

表 7-1 74LS192 功能表

输入								输出			
MR	PL	CP_U	CP_D	P_0	P_1	P_2	P_3	Q_0	Q_1	Q_2	Q_3
1	×	×	×	×	×	×	×	0	0	0	0
0	0	×	×	a	b	c	d	a	b	c	d
0	1	↑	1	×	×	×	×	加计数			
0	1	1	↓	×	×	×	×	减计数			

篮球 24s 定时器的减计数电路如图 7-5 所示，当 S_3 接 +5V 时，MR 为高电平，计数器清零；当 S_3 接地、S_1 闭合时，MR 为低电平、$\overline{PL}$为低电平时，$P_0 \sim P_3$ 端输入的数据被置入计数器，$Q_3Q_2Q_1Q_0 = P_3P_2P_1P_0$。当 MR 为低电平、$\overline{PL}$为低电平时，如果 CP_D 为高电平，由 CP_U 端输入计数脉冲，进行加计数；如果 CP_U 为高电平，由 CP_D 端输入计数脉冲，进行减计数；如果 CP_U 和 CP_D 端都为高电平，计数器保持状态不变。用两片 74LS192 实现 24s 定时器的计数，如图 7-4 所示。当 S_3 接地（即 MR = 0），启动开关 S_1 合上时，两片 74LS192 的$\overline{PL} = 0$，计数器置 24s。当 S_1 断开时，$\overline{PL} = 1$，计数器工作，CP_D 端输入秒脉冲，进行减计数。当计数器减计数到 0 时，TC_{D1} 和 TC_{D2} 同时输出低电平 0。

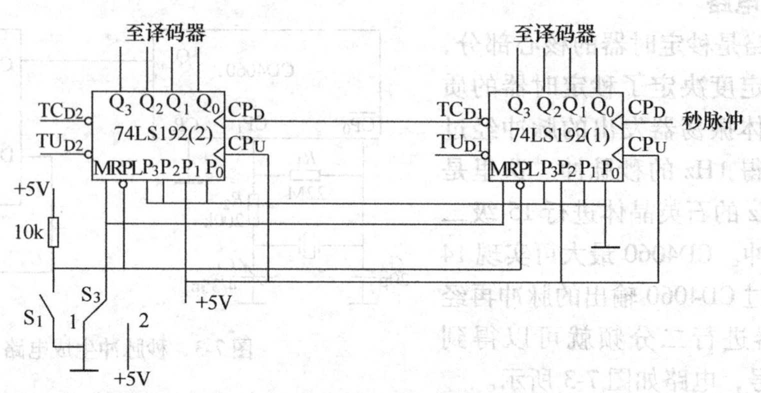

图 7-5 十进制减计数器

3. 译码和数码显示电路

译码器将各级十进制计数器的计数结果进行二—十进制译码，并驱动数码管用十进制符号显示出来，如图 7-6 所示。其中，CD4511 是一个用于驱动共阴极 LED（数码管）显示器的 BCD 码——七段码译码器，具有 BCD 转换、消隐和锁存控制、七段译码及驱动等功能。译码器和显示器之间分别串入 7 个限流电阻（选用集成双列排阻），以防止电流过大而烧坏数码管。CD4511 的引脚如图 7-6 所示，真值表见表 7-2，各引脚功能介绍如下：

1）BI：消隐输入控制端，当 BI = 0 时，不管其他输入端状态如何，七段数码管均处于熄灭（消隐）状态，不显示数字。

2）LT：测试输入端，当 BI = 1，LT = 0 时，译码输出全为 1，不管输入 DCBA 状态如何，七段均发亮，显示“8”。它主要用来检测数码管是否损坏。

3) LE：锁定控制端，当 LE = 0 时，允许译码输出。LE = 1 时译码器是锁定保持状态，译码器输出被保持在 LE = 0 时的数值。

4) D、C、B、A：8421BCD 码输入端。

5) a、b、c、d、e、f、g：译码输出端，输出为高电平 1 有效。

表 7-2　CD4511 的真值表

输入							输出							
LE	BI	LI	D	C	B	A	a	b	c	d	e	f	g	显示
X	X	0	X	X	X	X	1	1	1	1	1	1	1	8
X	0	1	X	X	X	X	0	0	0	0	0	0	0	消隐
0	1	1	0	0	0	0	1	1	1	1	1	1	0	0
0	1	1	0	0	0	1	0	1	1	0	0	0	0	1
0	1	1	0	0	1	0	1	1	0	1	1	0	1	2
0	1	1	0	0	1	1	1	1	1	1	0	0	1	3
0	1	1	0	1	0	0	0	1	1	0	0	1	1	4
0	1	1	0	1	0	1	1	0	1	1	0	1	1	5
0	1	1	0	1	1	0	0	0	1	1	1	1	1	6
0	1	1	0	1	1	1	1	1	1	0	0	0	0	7
0	1	1	1	0	0	0	1	1	1	1	1	1	1	8
0	1	1	1	0	0	1	1	1	1	0	0	1	1	9
0	1	1	1	0	1	0	0	0	0	0	0	0	0	消隐
0	1	1	1	0	1	1	0	0	0	0	0	0	0	消隐
0	1	1	1	1	0	0	0	0	0	0	0	0	0	消隐
0	1	1	1	1	0	1	0	0	0	0	0	0	0	消隐
0	1	1	1	1	1	0	0	0	0	0	0	0	0	消隐
0	1	1	1	1	1	1	0	0	0	0	0	0	0	消隐
1	1	1	X	X	X	X	锁　存							锁存

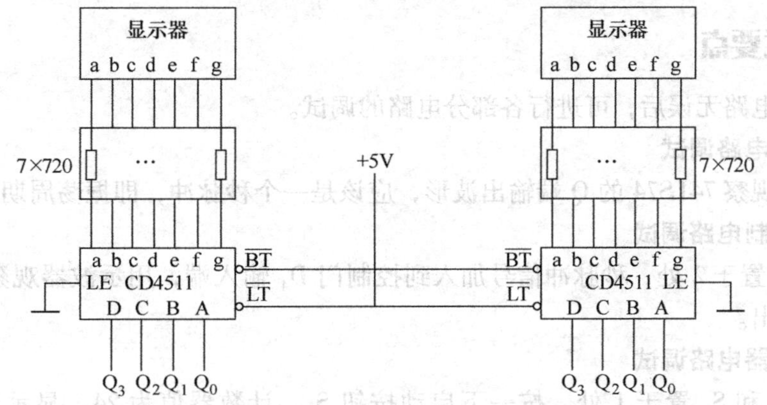

图 7-6　译码和数码显示电路

4. 时序控制电路

时序控制电路如图 7-7 所示，TC_{D1}、TC_{D2}是个位和十位计数器的借位输出端，S_2 是暂停/连续开关。S_2 置于 2 处时，D_3 输出高电平，控制门 D_4 打开，秒脉冲信号可以通过控制门 D_4 使计数器进行减计数；开关 S_2 置于 1 处时，D_3 输出为低电平，D_4 门关闭，秒脉冲信号被封锁，计数器处于锁存状态。计数器进行 24s 倒计时后，十位计数器和个位计数器同时借位，TC_{D1}和 TC_{D2}均为低电平，控制门 D_1 输出低电平，二极管发光，同时 D_5 门关闭，计数器不再进行计数，并显示 00。

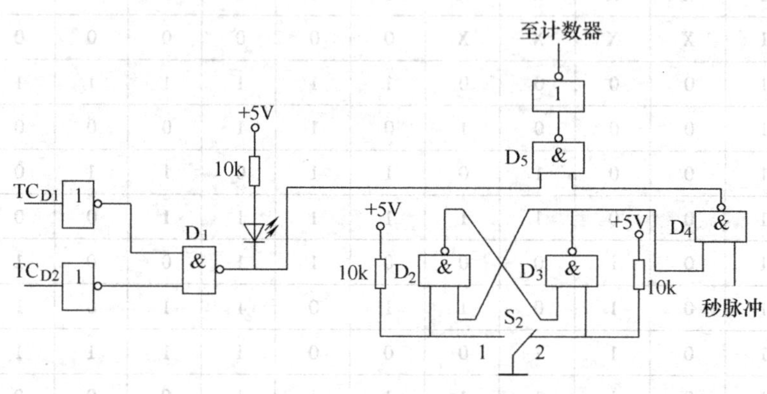

图 7-7　时序控制电路

7.2.4　整机电路

整机电路图如图 7-8 所示。当开关 S_3 置于 2 处时，计数器 74LS192(1)和 74LS192(2)清零；当 S_3 置于 2 处，计数器处于工作状态。当按钮 S_1 接通时，计数器置 24s。这时就将开关 S_2 置于 2 处，D_3 输出高电平，计数器进行减计数。如将 S_2 置于 1 处，D_3 输出低电平，减计数器停止计数，显示的数字不变。如再将 S_2 置于 2 处，则计数器继续进行减计数。当计数器减计数到 00，TC_{D1}和 TC_{D2}同时输出低电平，D_1 输出低电平，发光二极管发光，同时 D_5 被封锁，停止减计数。

7.2.5　调试要点

检查整机电路无误后，可进行各部分电路的调试。

1. 秒脉冲电路调试

用示波器观察 74LS74 的 Q 端输出波形，应该是一个秒脉冲，即振荡周期 $T=1s$。

2. 时序控制电路调试

将开关 S_2 置于 2 处，秒脉冲信号加入到控制门 D_4 输入端，用示波器观察 D_5 输出端是否有秒脉冲输出。

3. 减计数器电路调试

将开关 S_2 和 S_3 置于 1 处，按一下启动按钮 S_1，计数器值为 24，显示器应显示 24s。TC_{D1}和 TC_{D2}端输出高电平，D_1 输出高电平，发光二极管不发光。秒脉冲信号加入到计数器

的 CP_D 端，看计数器能否正确进行减计数。将开关 S_2 置于 2 处，看减计数器是否清零。接通电源 U_{DD}后，使两片 74LS192 置数 24，显示器显示 24，在 CP_D 端输入 1s 的秒脉冲信号，计数器应开始倒计时。

连接好整机电路，进行电路调试，直到定时器能够实现 24s 正计时和倒计时。

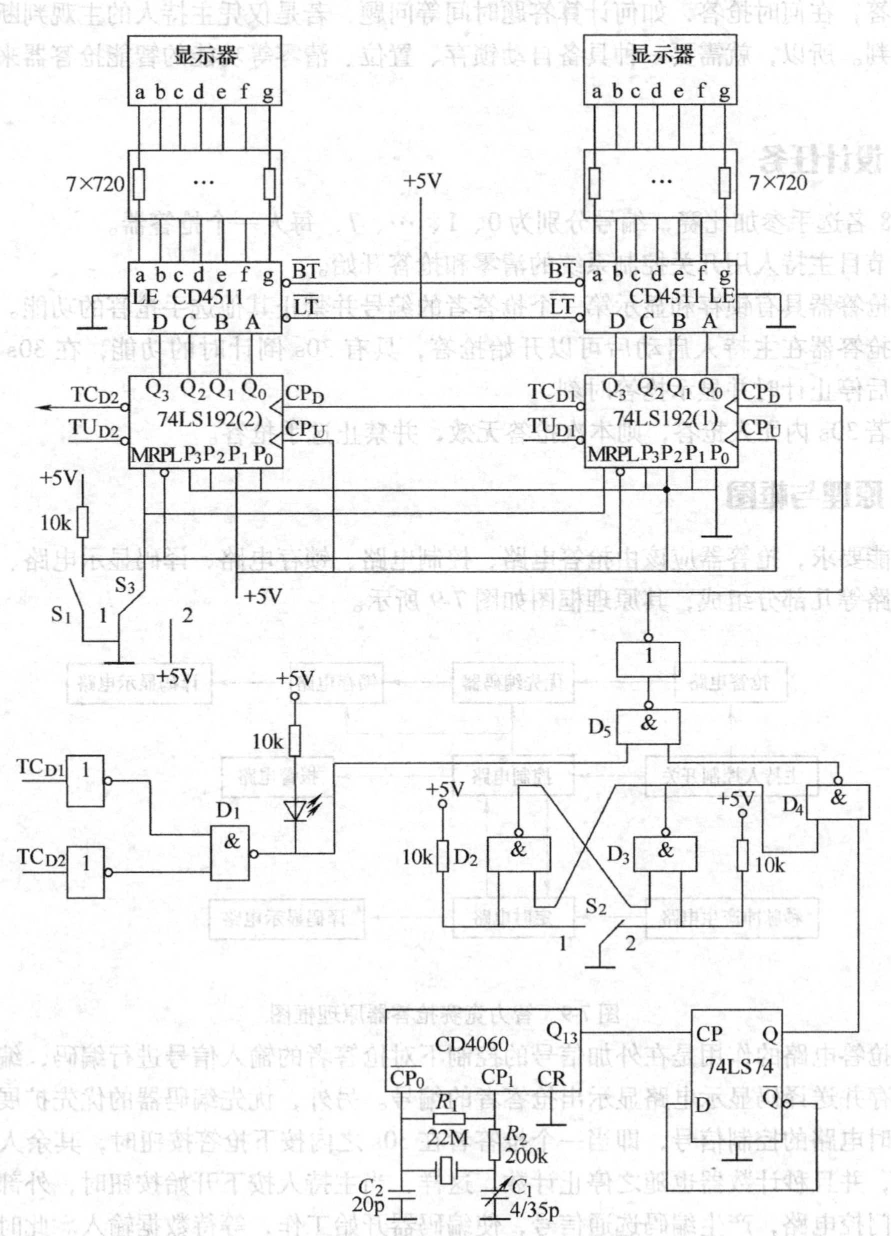

图 7-8　24s 定时器整机逻辑图

7.3 智力竞赛抢答器设计

抢答是智力竞赛中常见的一种答题方式。抢答能引起参赛者和观众的极大兴趣，并且能在极短的时间内，使人们迅速增加一些科学知识和生活常识。但是，在这类比赛中，对于谁先谁后抢答，在何时抢答，如何计算答题时间等问题，若是仅凭主持人的主观判断，就很容易出现误判。所以，就需要一种具备自动锁存、置位、清零等功能的智能抢答器来解决这些问题。

7.3.1 设计任务

(1) 8 名选手参加比赛，编号分别为 0、1、…、7，每人一个抢答器。

(2) 节目主持人用开关控制系统的清零和抢答开始。

(3) 抢答器具有锁存和显示第一个抢答者的编号并禁止其他选手抢答的功能。

(4) 抢答器在主持人启动后可以开始抢答，具有 30s 倒计时的功能，在 30s 内抢答有效，抢答后停止计时并显示抢答时刻。

(5) 若 30s 内无人抢答，则本次抢答无效，并禁止选手抢答。

7.3.2 原理与框图

按功能要求，抢答器应该由抢答电路、控制电路、锁存电路、译码显示电路、定时电路和报警电路等几部分组成，其原理框图如图 7-9 所示。

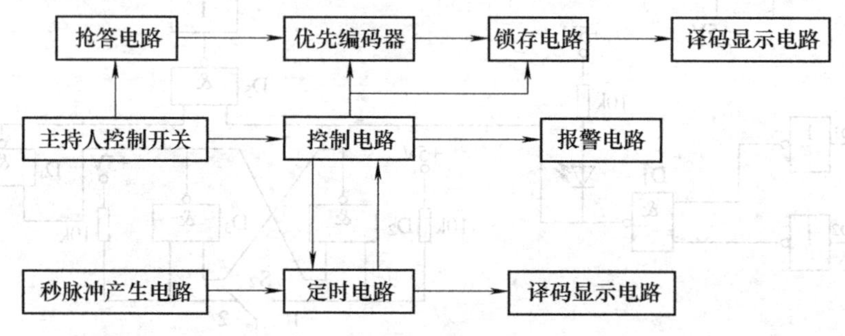

图 7-9 智力竞赛抢答器原理框图

其中抢答电路的作用是在外加信号的控制下对抢答者的输入信号进行编码，编码后经锁存电路锁存并送译码显示电路显示出抢答者的编号。另外，优先编码器的优先扩展输出端还可作为定时电路的控制信号，即当一个抢答者在 30s 之内按下抢答按钮时，其余人的抢答输入将无效，并且秒计数器也随之停止计数。这样，当主持人按下开始按钮时，外部清除起始信号进入门控电路，产生编码选通信号，使编码器开始工作，等待数据输入。此时一旦抢答者按下按钮，则产生的低电平信号立即被优先编码器编码，经过锁存电路锁存并通过显示译码器到 LED 显示器上显示相应数字，同时发出光报警。与此同时，将编码器的优先扩展输出端引回门控电路，使门控电路的输出反相，优先编码电路被禁止工作，直到主持人再次按下开始按钮才进入下一次抢答。

7.3.3　单元电路设计

1. 抢答电路

抢答电路的主要作用是分辨出抢答者按钮按下的先后次序，锁存并显示抢答者的号码，同时能使后抢答者的按钮无效，电路如图 7-10 所示。它主要由以下几部分组成：

1）由与非门组成的基本 RS 触发器。

2）8 线-3 线优先编码器 74LS148。

3）$\overline{R}$-$\overline{S}$ 锁存器 74LS279。

4）4 线-7 段显示译码器 CD4511 和共阴极 LED 显示器。

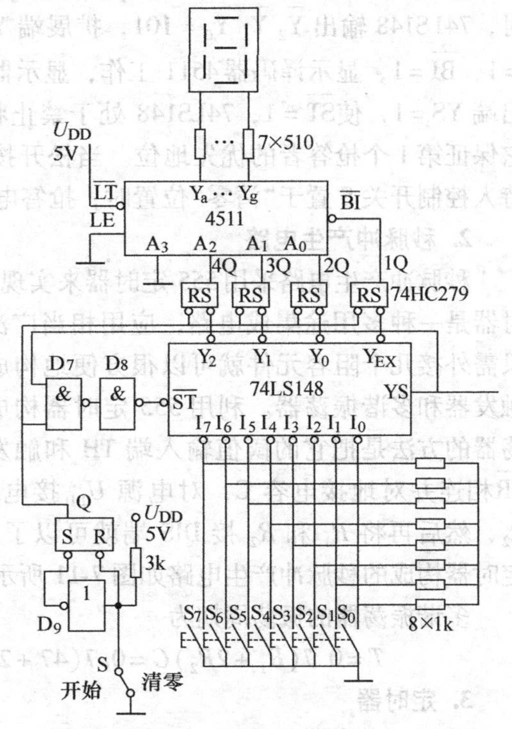

图 7-10　抢答电路

CD4511 的介绍见 7.2.3 节，下面简单介绍一下 74LS148 。74LS148 为 8 线-3 线 8 优先编码器，引脚图如图 7-10 所示，真值表见表 7-3，功能介绍如下：

$I_0 \sim I_7$：输入信号。

Y_2、Y_1、Y_0：三位二进制编码输出信号。

$\overline{ST}$：使能输入端，低电平有效，即当 IE = 0 时，允许编码信号输入。

Y_S：使能输出端，低电平有效，即当 OE = 0 时，允许编码结果输出。

Y_{EX}：为优先编码输出端。

表 7-3　74LS148 真值表

输　入									输　出				
EI	I_0	I_1	I_2	I_3	I_4	I_5	I_6	I_7	A_2	A_1	A_0	GS	EO
1	x	x	x	x	x	x	x	x	1	1	1	1	1
0	1	1	1	1	1	1	1	1	1	1	1	1	0
0	x	x	x	x	x	x	x	0	0	0	0	0	1
0	x	x	x	x	x	x	0	1	0	0	1	1	0
0	x	x	x	x	x	0	1	1	0	1	0	1	0
0	x	x	x	x	0	1	1	1	0	1	1	1	0
0	x	x	x	0	1	1	1	1	1	0	0	1	0
0	x	x	0	1	1	1	1	1	1	0	1	1	0
0	x	0	1	1	1	1	1	1	1	1	0	1	0
0	0	1	1	1	1	1	1	1	1	1	1	1	0

抢答电路的工作原理如下：当主持人将控制开关 S 置于"清零"位置时，RS 触发器的 $\overline{S}=1$，$\overline{R}=0$，为 0 状态，输出 Q = 0；锁存器 74LS279 的 4 个触发器的 $\overline{R}(4\overline{R} \sim 1\overline{R})$ 均为低电平，输出 4Q ~ 1Q 全部为低电平，显示译码器 4511 的 $\overline{BI}$ 为 0，输出 $Y_a \sim Y_g$ 均为低电平，显示器灭灯，不显示数字。由于 Q = 0，D_7 输出高电平 1，D_8 输出 0，$\overline{ST}=0$。优先编码器

74LS148 处于工作状态，选通端输出 $Y_S=0$，此时锁存电路不工作。

当主持人将控制开关 S 置于“开始”位置时，触发器的 $\overline{R}=1$，$\overline{S}=0$，为 1 状态，Q=1，这时 $Y_S=0$，使 $\overline{ST}=0$，优先编码器 74LS148 和锁存器 74LS279 处于工作状态。当按下 S_2 时，74LS148 输出 $\overline{Y}_2\ \overline{Y}_1\ \overline{Y}_0=101$，扩展端 $Y_{EX}=0$，74LS279 输出状态为 4Q3Q2Q = 010，1Q = 1，$\overline{BI}=1$，显示译码器 4511 工作，显示器显示抢答者的编号 2。由于这时 74LS148 选通输出端 YS = 1，使 $\overline{ST}=1$，74LS148 处于禁止状态，封锁了其他抢答者按钮送出的抢答信号。它保证第 1 个抢答者的优先地位。当松开按钮 S_2 时，74LS148 的禁止状态不会改变。当主持人控制开关 S 置于“清零”位置时，抢答电路复位，为下一轮抢答做准备。

2. 秒脉冲产生电路

秒脉冲产生电路采用 555 定时器来实现。555 定时器是一种多用途集成电路，应用相当广泛，通常只需外接几个阻容元件就可以很方便地构成施密特触发器和多谐振荡器。利用 555 定时器构成多谐振荡器的方法是把它的阈值输入端 TH 和触发输入端 $\overline{TR}$ 相连并对地接电容 C，对电源 U_{DD} 接电阻 R_1 和 R_2，然后再将 R_1 和 R_2 接 DIS 端就可以了。由 555 定时器构成的秒脉冲产生电路如图 7-11 所示。

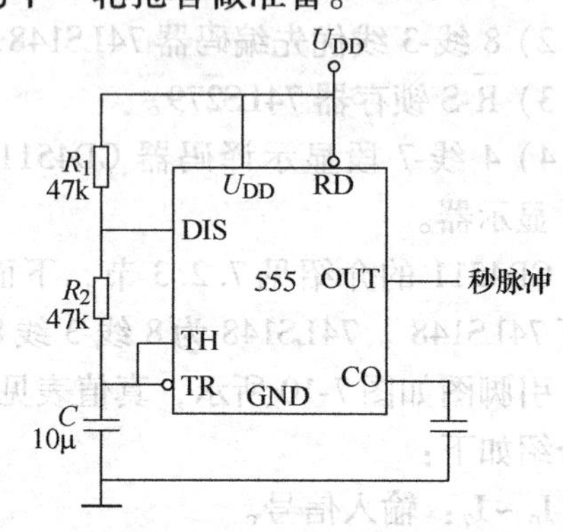

图 7-11　秒脉冲产生电路

多谐振荡器的振荡周期为

$$T=0.7(R_1+2R_2)C=0.7(47+2\times 47)\times 103\times 10\times 10^{-6}\,\text{s}=987\,\text{ms}\approx 1\,\text{s}$$

3. 定时器

定时器的功能是完成30s倒计时并显示第一个抢答者按下按钮的时刻，计数器由两片74LS192级联构成，计数器的输出送译码显示电路，具体连接电路如图7-12所示。由图可

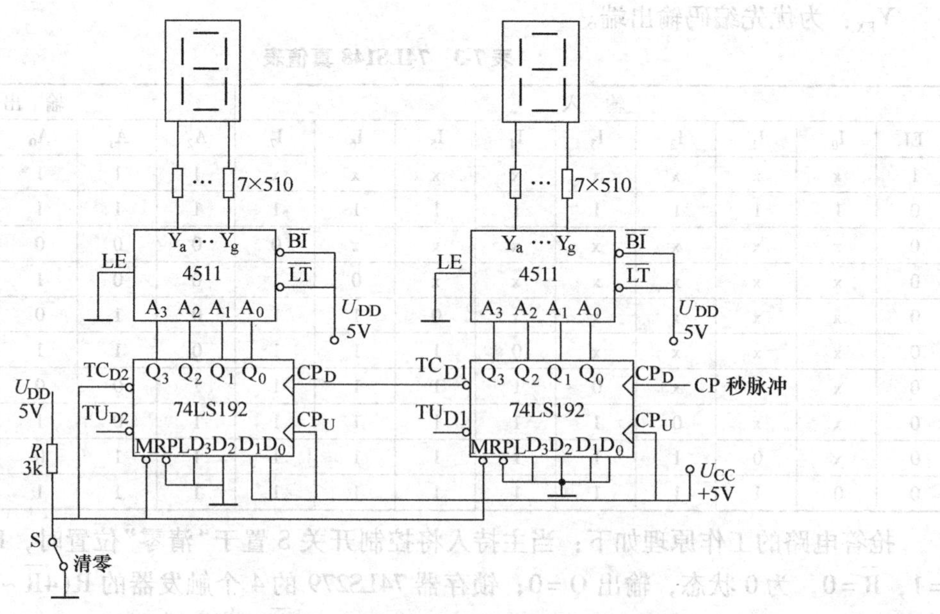

图 7-12　定时器电路

知，个位计数器 $D_3D_2D_1D_0=0000$，十位计数器 $D_3D_2D_1D_0=0011$，减计数脉冲 CP 由个位的 CP_D 端输入，个位计数器的借位输出端 TC_{D1} 和十位计数器的 CP_D 端相连，两片 74LS192 的 MR 端相连并通过主持人控制开关接 +5V 电源，两片 74LS192 的 PL 端均接地，构成 30 进制的减法计数器。当主持人控制的开关 S 置于“清零”处时，计数器置 30s。当 S 置于“开始”处时，则可进行抢答。

4. 报警电路

报警电路示意图如图 7-13 所示，如果在 30s 倒计时期间无人抢答，则当计数器计到 00 时，两片 74LS192 的 TC_{D1} 和 TC_{D2} 同时输出低电平 0，D_3 输出低电平，发光二极管 VD_1 发光。当主持人将开关 S 置于“开始”处，S_0 ~ S_7 中任一个按钮按下时，Y_S 输出高电平 1，D_{10} 输出低电平，发光二极管 VD_2 发光，表示有人进行抢答。

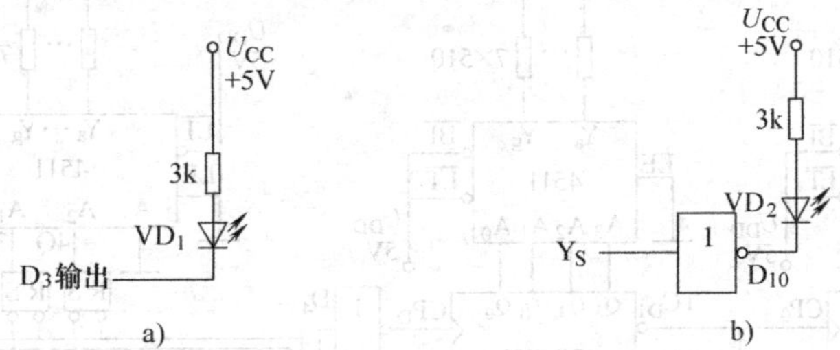

图 7-13　报警电路图
a）倒计时报警　b）抢答报警

7.3.4　整机电路

将上述几部分按信号逻辑关系连接起来即构成整机电路，具体电路图如图 7-14 所示。图中，与非门 D_1 ~ D_{10} 的作用是保证信号之间的相互关系能满足电路的逻辑要求。抢答器的工作情况如下：

当主持人将开关 S 置于“清零”处时，计数器置 30，显示器显示 30s。如将 S 置于“开始”处，计数器进行倒计时，TC_{D1} 和 TC_{D2} 中至少有一个输出高电平，D_3 输出高电平，发光二极管 VD_1 不发光，而这时 $Y_S=0$，D_8 输入端为高电平，$\overline{ST}=0$，优先编码器处于工作状态。当 S_0 ~ S_7 中任一个按钮按下时，Y_S 由低电平 0 变为高电平 1，D_{10} 输出低电平，发光二极管 VD_2 发光，这时倒计时停止，并显示抢答者的编号。

如在 30s 倒计时期间无人抢答时，则当计数器计到 00 时，TC_{D1} 和 TC_{D2} 同时输出低电平 0，D_3 输出低电平，发光二极管 V_1 发光。

7.3.5　调试要点

检查整机电路无误后，可进行各部分电路的调试。

1. 秒脉冲电路调试

接通电源 V_{DD} 后用示波器观察 OUT 端输出波形，其振荡周期 $T\approx1s$。

2. 抢答电路调试

接通电源 U_{DD} 并将开关 S 置于“清零”位置，触发器处于 0 状态，Q 为低电平，$\overline{ST}$ 为低电平，这时 $\overline{Y}_2$ ~ $\overline{Y}_0$ 和 Y_{EX} 都为高电平，4Q ~ 1Q 端均为低电平，LED 数码显示器灭灯（不显示任何数字）。当按抢答按钮 S_2 时，$\overline{Y}_2 \sim \overline{Y}_0 = 101$，4Q3Q2Q = 010，LED 数码显示器显示 2，说明电路工作基本正常。

3. 定时器调试

接通电源 U_{DD}后，使两片 74LS192 置数 30，显示器显示 30，在 CP_D 端输入 1s 的秒脉冲信号，计数器应开始倒计时。

将上述各部分电路连接成整机电路再进行整机调试。

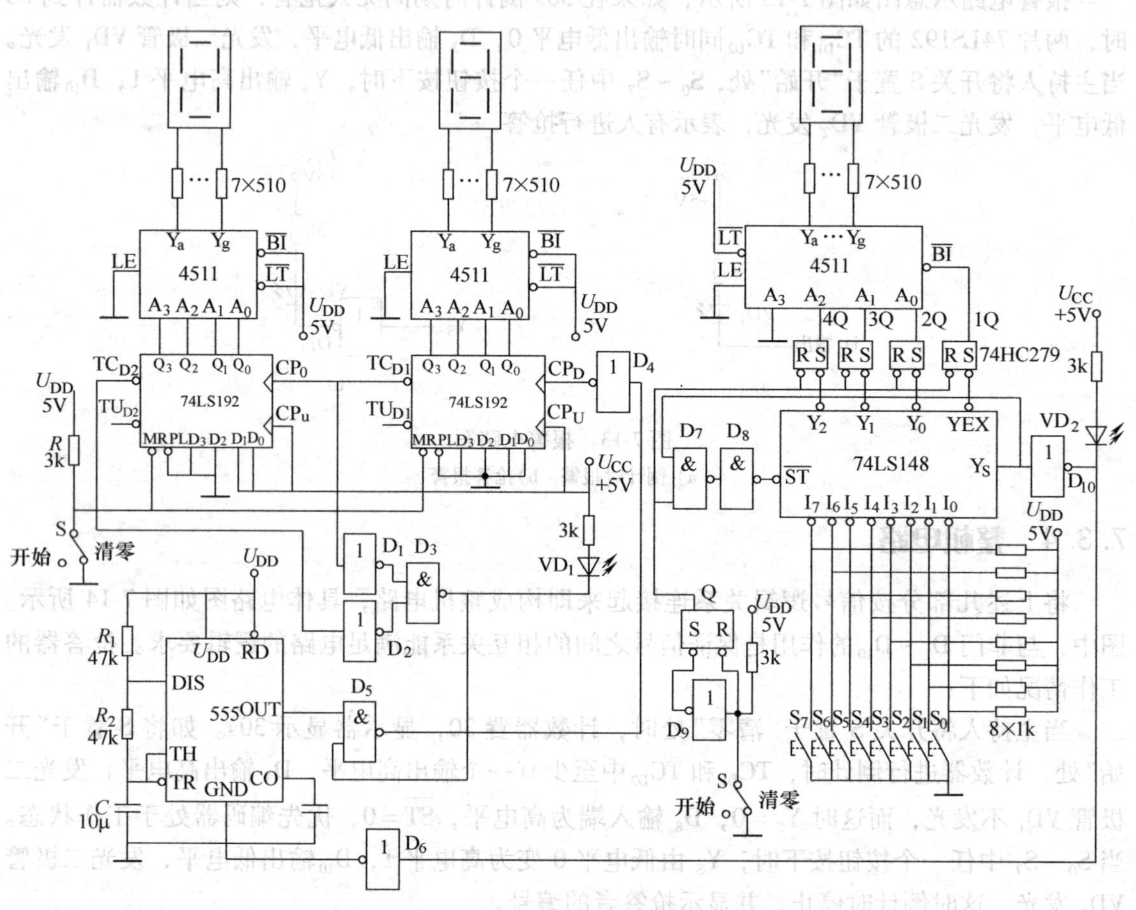

图 7-14　智力竞赛抢答器整机逻辑图

7.4　简易数字频率计

在电子技术中，频率是最基本的参数之一，并且与许多电参量的测量方案、测量结果都有十分密切的关系，因此频率的测量就显得更为重要，频率计应运而生。在数字电路中，数字频率计属于时序电路，是一种用十进制数字显示被测信号频率的数字测量仪器，其基本功能是测量正弦信号、方波信号、尖脉冲信号以及其他各种单位时间内变化的物理量，用途十分广泛。

7.4.1　设计任务

1) 4 位数字显示，测量频率范围为 1Hz ~ 10kHz。

2) 可进行累加计数。

3) 可测量正弦信号和脉冲信号。

4) 测量灵敏度为 1V。

5) 手动清零、手动测量。

6) 测量误差为 ±1 个数字。

7.4.2　原理与框图

1. 测频原理

频率计又称为频率计数器，是一种专门对被测信号频率进行测量的电子测量仪器。其最基本的工作原理为：当被测信号在特定时间段 T 内的周期个数为 N 时，则被测信号的频率 $f = N/T$。如特定时间段 T 为 1s 时，被测信号在 1s 内的周期个数就是该信号的频率。数字频率计的原理图如图 7-15 所示。

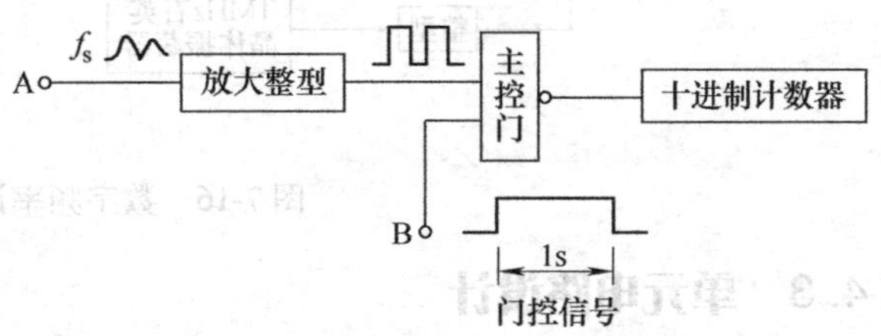

图 7-15　数字频率计的原理图

设 f_s 为待测频率，从 A 端输入，经放大整型电路变成方波，加到与非门的一个输入端上。该与非门起主控门作用。与非门的第二个输入端加门控信号。门控信号为低电平时，主控门关闭，无信号进入计数器。门控信号为高电平时，主控门开启，放大整型后的脉冲进入计数器计数。门控信号经 1s 后再次为低电平，主控门开启刚好为 1s。1s 内，f_s 个脉冲进入了计数器，计数器即显示出频率值 f_s(Hz)。

从测频原理可以得出以下两点：

1) 门控信号的准确与否直接关系到频率测量的精确度。如果开门时间(1s)有 10^{-6}s 的误差，即开门时间少或多了 10^{-6}s，测得频率也将带有 10^{-6}的误差。

2) 如果主控门时间延长到 10s，则计数器中计得的脉冲数多了 10 倍。直读频率时应将小数点左移一位，末位便能分辨出 0.1Hz，提高了频率计测频的分辨度和精度；反之，将主控门时间缩短至 0.1s 或 0.01s 时，相应地降低了测频的分辨度和精度。实际测量时，可根据精度要求，灵活地选择主控门时间。主控门时间改变时，计数器读数的小数点自动移位，使读得的频率值正确无误。

2. 组成框图

频率测量是通过在单位时间内对被测信号进行计数来实现的。数字频率计组成框图如图 7-16 所示。频率计主要由秒脉冲电路、放大整型电路、门控电路、主控门、计数与显示电路组成，其中秒脉冲电路包括石英晶体振荡器、整型电路、时基分频电路，产生标准的时基信号。放大整型电路由放大电路与整型电路组成，整型电路一般采用施密特触发器，将不同波形的输入信号整型成方波。门控电路是一个双稳态电路，称为门控双稳。它受时基信号触发，输出主控门的控制信号，以控制主控门的开闭。主控门由两输入端的与非门组成，在门控电路的控制下，允许或禁止整型后的信号进入十进制计数器。计数及显示电路由多位十进制计数器、锁存器、译码器及相配合的数码管构成。

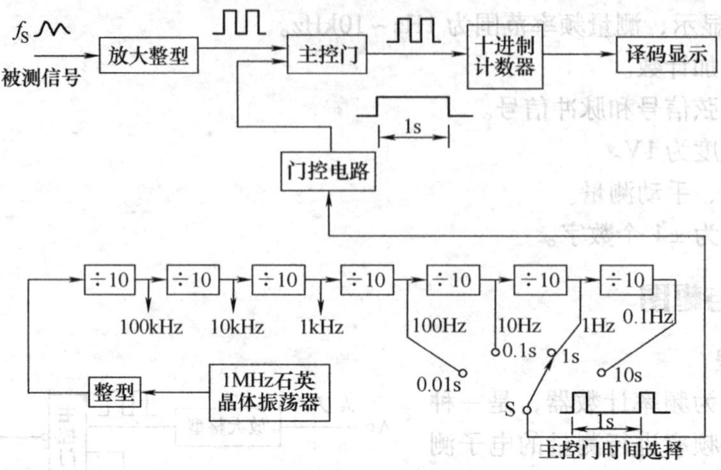

图 7-16 数字频率计组成框图

7.4.3 单元电路设计

1. 秒脉冲电路

秒脉冲电路包括石英晶体振荡器、整型电路、时基分频电路。石英晶体振荡器的作用是产生稳定度和准确度很高的振荡信号，作为内部的频率基准或时间基准(简称时基)，以保证主控门控制信号的准确性。标准的时基信号可由对 1MHz 的石英晶体振荡器进行分频获得，如图 7-17 所示。D_1 为非门 4069，用于产生振荡，D_2 为施密特触发器 40106，用于对信号进行整型，将石英晶振输出的正弦信号整型成方波，以适合分频电路的要求。

时基分频电路常用多级十进制计数器构成十分频链。将石英晶振信号频率逐渐降低(每级除以 10)，以获得与石英晶振的频率准确度相同而频率不同的多个时基信号，供选择主控门时间之用。1MHz 石英晶体振荡器可通过三片 4518 进行 6 级十分频，得到 1 Hz 的时基信号。如图 7-16 所示，最后一位 4518 的 Q_4 端输出的是 1Hz 的标准脉冲。

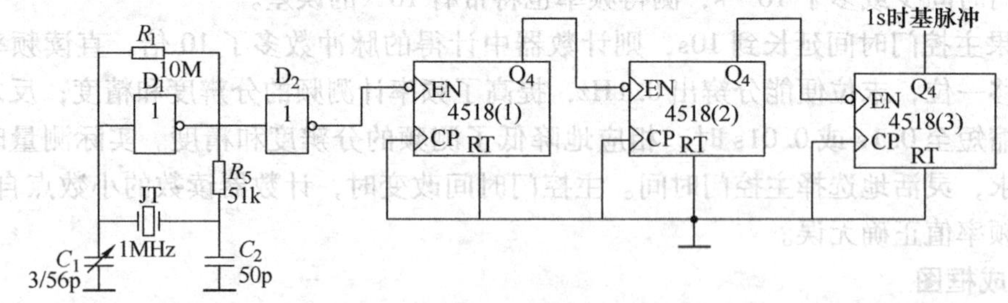

图 7-17 秒脉冲电路

4518 是一个双 BCD 同步加计数器，由两个相同的同步四级计数器组成，引脚图如图 7-18 所示。4518 的控制功能如下：CD4518 有两个时钟输入端 CLOCK(CP)和 ENABLE(EN)。若用时钟上升沿触发，信号由 CP 输入，此时 EN 端为高电平 1；若用时钟下降沿触发，信号由 EN 输入，此时 CP 端为低电平 0，同时复位端 RESET(RT)也保持低电平 0。只有满足了这些条件时，电路才会处于计数状态，否则将无法工作。

将数片4518串行级联时，尽管每片4518属并行计数，但就整体而言已变成串行计数了。需要指出，4518未设置进位端，但可利用Q_4做输出端。有人误将第一级的Q_4端接到第二级的CP端，结果发现计数变成“逢八进一”了。原因在于Q_4是在CP_8作用下产生正跳变的，其上升沿不能作进位脉冲，只有其下降沿才是“逢十进一”的进位信号。正确接法是将低位的Q_4端接高位的EN端，高位计数器的CP端接U_{SS}。

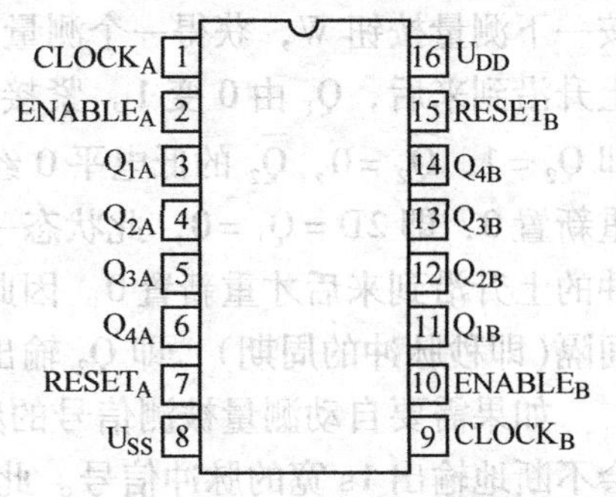

图 7-18 CD4518 引脚图

2. 放大整型电路

为了扩大测量信号的幅度范围，被测信号首先经过放大电路，如图 7-19 所示，该放大电路为反相放大器电路，波形幅度放大的倍数由R_3和R_4确定，输出信号的幅值U_o与输入信号的幅值U_i之间的关系如下：

$$U_o = \frac{R_3}{R_4} U_i$$

放大信号后还要经过整型，这里使用40106施密特触发器进行整型，将石英晶振输出的正弦信号整型成方波，以适合分频电路的要求。40106由6个施密特触发器组成，每个电路都是两输入端且具有施密特触发功能的反相器。

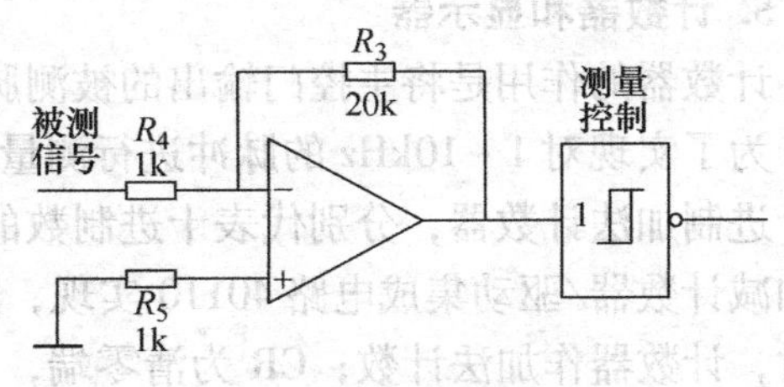

图 7-19 放大整型电路

3. 门控电路

对于数字频率计门控信号即标准宽度的脉冲信号，这里选1s宽脉冲信号，它使被测信号在1s的时间里通过主控门送计数器进行计数，即得到被测信号的频率。1s宽的正脉冲信号由1Hz的秒脉冲信号经过双D触发器4013得到，电路如图 7-20 所示。工作原理简述如下：

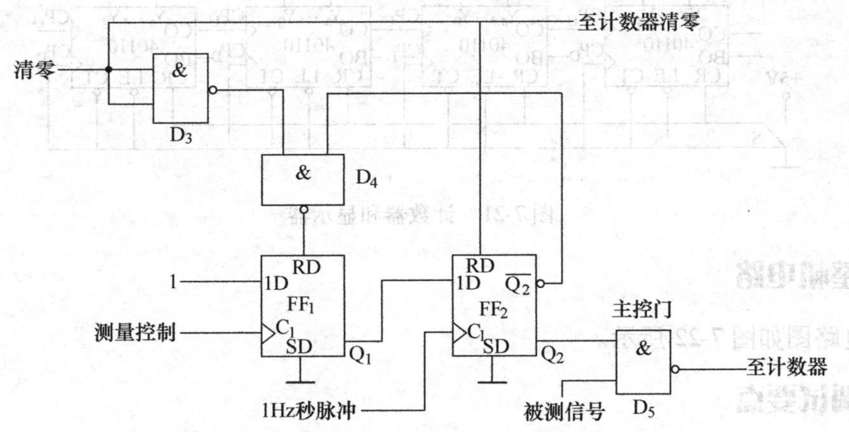

图 7-20 波形放大整型电路

测量前先用清零信号 L 的高电平将触发器 FF_1 和 FF_2 清零，即使得 $Q_1=Q_2=0$。测量时按一下测量按钮 W，获得一个测量正脉冲，由于 FF_1 的 1D 输入端接 1，因此，测量脉冲的上升沿到来后，Q_1 由 0 变 1。紧接着一个秒脉冲的上升沿到来后，Q_2 由 0 翻转为 1 状态，即 $Q_2=1$，$\overline{Q}_2=0$，$\overline{Q}_2$ 的低电平 0 经 D_4 门输出高电平，使 FF_1 的 RD 变为高电平，将 FF_1 又重新置 0，即 $2D=Q_1=0$，此状态一直维持到下一个秒脉冲到来。而 FF_2 只有在下一个秒脉冲的上升沿到来后才重新置 0。因此，Q_2 输出的高电平时间是两个秒脉冲上升沿之间的时间间隔（即秒脉冲的周期），即 Q_2 输出的是 1s 宽的门控信号。

如果需要自动测量被测信号的频率，可在 FF_1 的时钟端加某一频率的脉冲信号，Q_2 端会不断地输出 1s 宽的脉冲信号。此时加入被测信号进行测量，计数器会对被测频率进行累加，累加的间隔时间由 FF_1 的时钟端所加的脉冲信号决定，当此脉冲信号频率大于 1Hz 时，累加的间隔时间是 1s，小于 1Hz 时的间隔时间大于 1s。

4. 主控门

主控门是一个由门控信号控制的闸门，门控信号为高电平期间，主控门打开，被测信号脉冲通过主控门；反之，主控门关闭，被测信号停止通过主控门。图 7-20 中的与非门 D_5 是主控门。

5. 计数器和显示器

计数器的作用是将主控门输出的被测脉冲进行累加计数并在数码管上显示出来。

为了实现对 1～10kHz 的脉冲进行测量，需要用 4 位十进制数码管显示，计数器采用四级十进制加法计数器，分别代表十进制数的个位、十位、百位和千位。具体电路由 4 片十进制加减计数器/驱动集成电路 40110 实现，如图 7-21 所示。CP_U 为加法输入端，当有脉冲输入时，计数器作加法计数；CR 为清零端，高电平有效。即当 CR＝1 时，计数器清零，显示 0；当 CR＝0 时，计数器工作。CO 为进位输出端，出现进位信号时为高电平。Y_a～Y_g 为译码器输出端，高电平有效，可直接驱动数码管显示数据。该电路如图 7-21 所示。

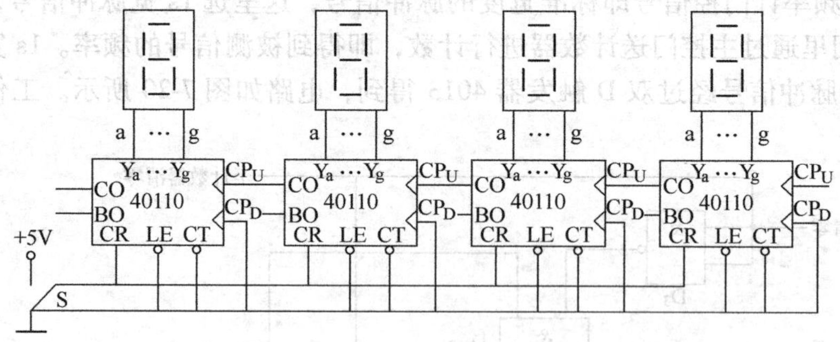

图 7-21 计数器和显示器

7.4.4 整机电路

整机电路图如图 7-22 所示。

7.4.5 调试要点

1. 时基信号的调试

用示波器观察石英晶体振荡器经 CD4518 分频输出的脉冲信号是否为标准的时基脉冲。

2. 放大整型电路的调试

将频率为 100Hz、幅值为 0.5V 的一正弦信号输入到放大整型电路中，用示波器观察输出的波形是否为对应的方波。

3. 门控信号的调试

清零端接高电平清零，再接低电平，送一个脉冲 W 看 Q_2 是否输出为 1s 宽的脉冲。

4. 计数器的调试

清零端接低电平，断开计数器和门控信号的连接，加入一已知频率的信号，看数码管显示是否正确。

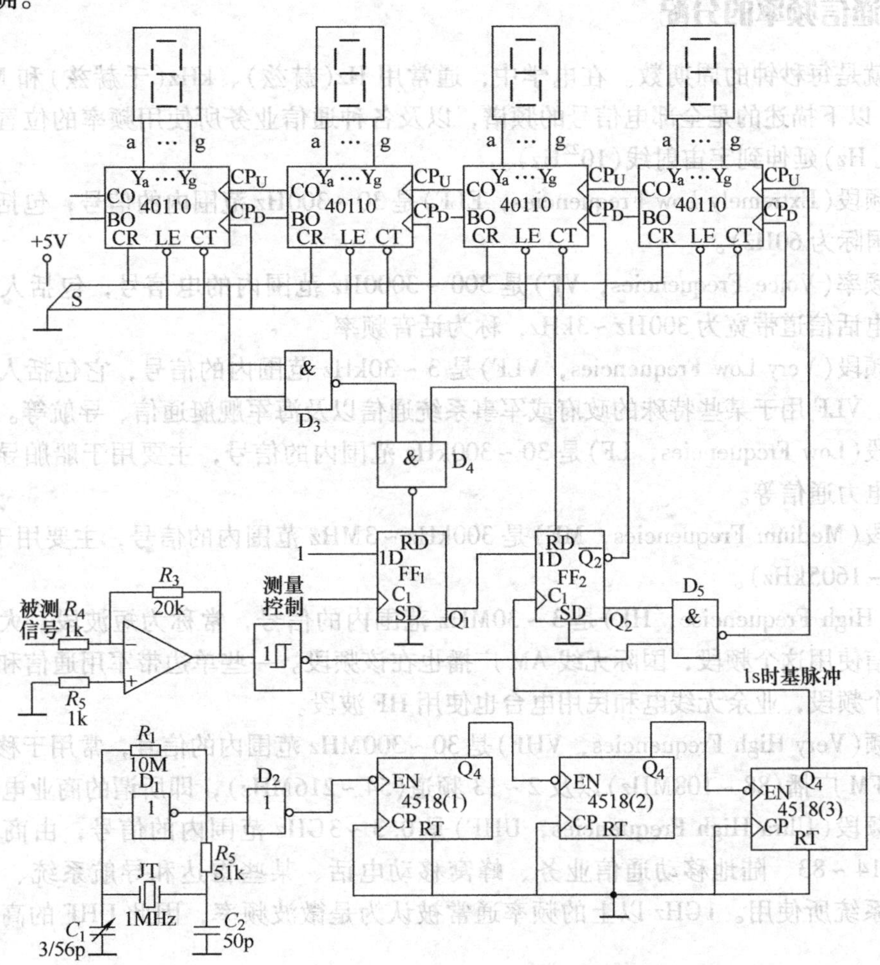

图 7-22　简易数字频率计整机逻辑图

第 8 章　通信系统概述

8.1　电子通信概述

8.1.1　通信频率的分配

频率就是每秒钟的周期数。在电学中，通常用 Hz(赫兹)、kHz(千赫兹)和 MHz(兆赫兹)表示。以下描述的是全部电信号的频谱，以及各种通信业务所使用频率的位置。频谱从次声频(几 Hz)延伸到宇宙射线(10^{22}Hz)。

极低频段(Extremely Low Frequencies，ELF)是 30 ~ 300Hz 范围内的信号，包括工业交流电 50Hz(国际为 60Hz)。

语音频率(Voice Frequencies，VF)是 300 ~ 3000Hz 范围内的电信号，包括人类语音频率，标准电话信道带宽为 300Hz ~ 3kHz，称为话音频率。

甚低频段(Very Low Frequencies，VLF)是 3 ~ 30kHz 范围内的信号，它包括人类听觉范围的高端。VLF 用于某些特殊的政府或军事系统通信以及海军舰艇通信、导航等。

低频段(Low Frequencies，LF)是 30 ~ 300kHz 范围内的信号，主要用于船舶导航、航空导航以及电力通信等。

中频段(Medium Frequencies，MF)是 300kHz ~ 3MHz 范围内的信号，主要用于商业 AM 广播(535 ~ 1605kHz)。

高频(High Frequencise，HF)是 3 ~ 30MHz 范围内的信号，常称为短波段，大多数双向无线电通信使用这个频段，国际无线 AM 广播也在该频段。一些单边带军用通信和商业通信也常用这个频段，业余无线电和民用电台也使用 HF 波段。

甚高频(Very High Frequencies，VHF)是 30 ~ 300MHz 范围内的信号，常用于移动车载通信、商业 FM 广播(88 ~ 108MHz)以及 2 ~ 13 频道(54 ~ 216MHz)，即所谓的商业电视广播。

特高频段(Ultra High Frequencies，UHF)是 0.3 ~ 3GHz 范围内的信号，由商业电视广播的频道 14 ~ 83、陆地移动通信业务、蜂窝移动电话、某些雷达和导航系统、微波及卫星无线电系统所使用。1GHz 以上的频率通常被认为是微波频率，因此 UHF 的高端属于微波段。

超高频段(Superhigh Frequencies，SHF)是 3 ~ 30GHz 范围内的信号，这是微波及卫星无线电通信系统所使用的频率。

极高频段(Extremely High Frequencies，EHF)是 30 ~ 300GHz 范围内的信号，该波段除特殊应用外，很少用于无线电通信。

红外(Infrared)是 0.3 ~ 300THz 范围内的电信号，红外通常不认为是无线电波，而认为是与热有关的电磁辐射射线。

可见光(Visible Light)是 0.3 ~ 3PHz 范围内的电磁波，用于光波通信、光纤通信等，近年来已成为电子通信系统的一种重要传输媒体。

8.1.2 通信系统的模型

根据电信号传输媒质的不同，通信可分为有线通信和无线通信两大类。有线通信是电信号通过导线、电缆线及光纤媒质传递的。无线通信是指电信号利用空间电磁波的传输来作为媒质传输的。无论哪种通信，通信系统都可以用图 8-1 所示的模型来表示。

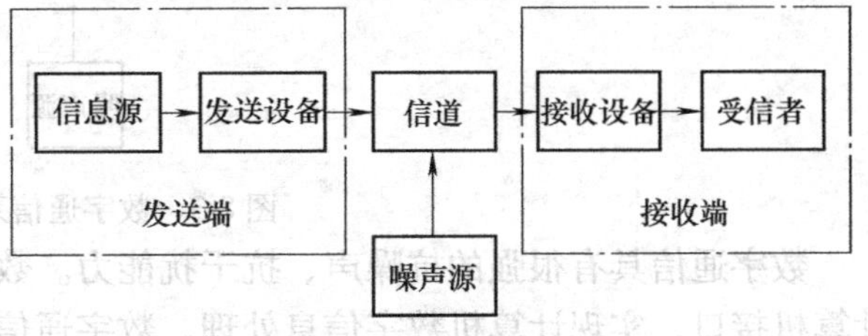

图 8-1 通信系统模型

- 信息源：把各种消息转换成电信号。
- 发送设备：将原始电信号转换成适合在信道中传输的已调载频电信号，然后将电信号送入信道。
- 信道：是传输电信号的媒质，对有线通信来说是指传输导线、电缆线和光缆等，对于无线通信来说是指空间传播电磁波。
- 接收设备：将信道送来的已调载波电信号转换成原始电信号，送给受信者。
- 受信者：将原始电信号转换成消息，这样就完成了消息的传递过程。
- 噪声源：是信道中的噪声和分散在发送、接收系统中的噪声的集中表示。

8.1.3 模拟通信与数字通信

按照信道中传输的是模拟信号还是数字信号，可以把通信系统分为模拟通信系统和数字通信系统。模拟通信系统的模型如图 8-2 所示。由于传送的是模拟信号，因此，发送端的信息源是将要传送的语音、音乐及图像等连续变化的模拟信息转换成连续变化的原始电信号。这种原始电信号频率较低，不能直接在信道中传输。我们把这种频率较低且携带信息的原始电信号称为基带信号。为了实现信息的传输，必须把基带信号转换成频率较高且适合在信道中传输的电信号。这种转换过程通常称为调制，实现调制功能的电路称为调制器。调制后的电信号称为已调信号，已调信号携带信息且适合在信道中传输。在接收端，为了获取所传输的信息，必须将信道送来的已调信号再转换成基带信号。这种转换与发送端的转换相反，称为解调，实现解调功能的电路称为解调器。解调输出的基带信号，还必须由模拟终端重新恢复成连续变化的模拟信息。

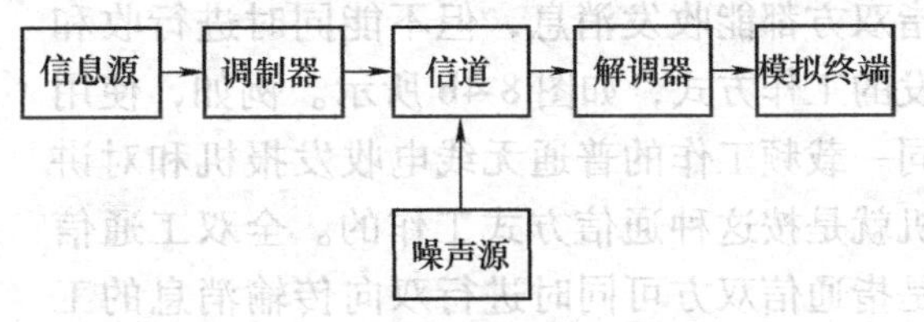

图 8-2 模拟通信系统模型

数字通信系统是传输数字信号的，因此在发送端必须把由信息源产生的连续变化的模拟基带信号转换成离散的数字脉冲信号。完成这种采样数字转换功能的电路称为 A/D 转换器。为了提高数字信号的传输效果，增强抗干扰能力和便于计算机处理，必须对 A/D 输出的数字脉冲信号进行编码处理。同时，为了使通信具有保密性，还要先对编码前的数字脉冲信号进行加密处理。经过这些处理以后就形成了数字基带信号，该信号就可以送入数字调制器中进行数字调制了。数字调制器输出的带有数字信息的已调信号，是可以在信道中传输的。接收端收到数字已调信号后，送入解调器解出原数字基带信号，再经译码、解码处理后恢复出原始数字信号。然后，再经 D/A 转换器转换成连续的原始模拟信号。模拟电信号由模拟终端恢复出所要获取的模拟信息。如果仅仅只需要获取数字信息，终端用计算机就行了。图 8-3 是传输数字信息的数字通信系统模型。

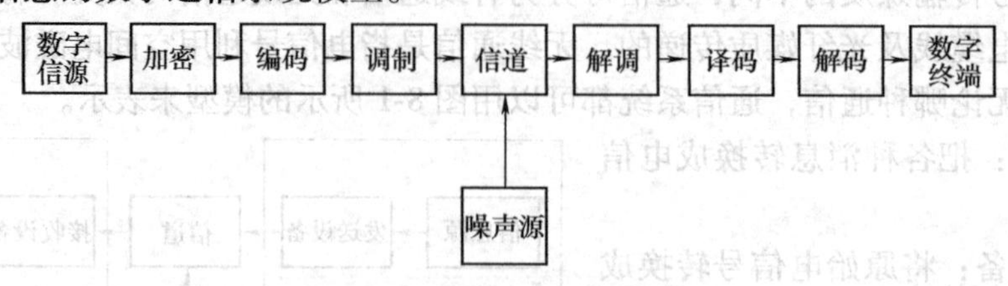

图 8-3 数字通信系统模型

数字通信具有很强的抗噪声、抗干扰能力。数字通信可以方便地实现保密通信，便于与计算机接口，实现计算机数字信息处理。数字通信能适应现代通信的高要求，是现代通信技术的主要方法。

8.1.4 通信方式

如果通信仅在点与点之间进行，那么按信息传送的方向与时间，通信的方式可以分为单工通信、半双工通信及全双工通信三种。单工通信是指消息只能单方向进行传输的工作方式，如图 8-4a 所示。例如，广播、遥控就是一种单工通信方式。半双工通信方式是指双方都能收发消息，但不能同时进行收和发的工作方式，如图 8-4b 所示。例如，使用同一载频工作的普通无线电收发报机和对讲机就是按这种通信方式工作的。全双工通信是指通信双方可同时进行双向传输消息的工作方式，如图 8-4c 所示。例如，普通电话就是最简单的一种全双工通信方式。

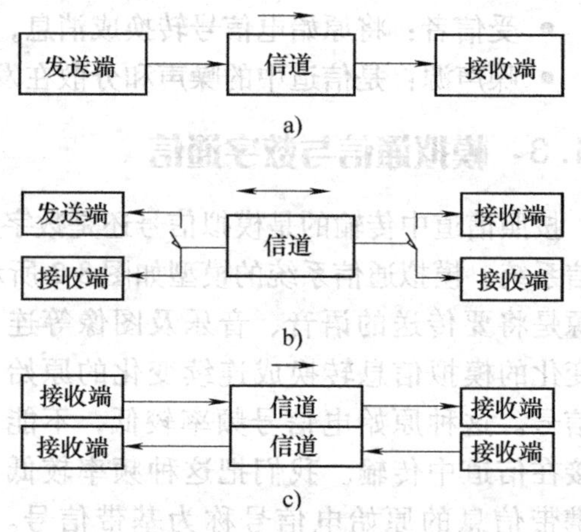

图 8-4 通信方式
a) 单工通信 b) 半双工通信 c) 全双工通信

8.1.5 调制解调的提出

通信中需要调制的原因有两个：其一，基带信号是携带信息的低频信号，要想从天线上以电磁能量形成辐射传送是很困难的；其二，通常传送各种信息的基带信号几乎占有相同的频带，如果直接将它从两个或多个电台的天线同时发射，那么它们必然会相互干扰，从而导致无法接收。因此，实用中的调幅(AM)或调频(FM)广播电台在播送语音及音乐信号时，是将该基带信号调制到可以从天线上以电磁能量辐射传送的高频振荡来实现广播的。这种可以辐射的高频振荡称为射频，因为它可以受基带信号的调制，因此又称为载频(或载波)。载波在调制器中被基带信号调制后，转换成具有一定带宽的已调波，也就是需要具有一定带宽的频道来传送。在 AM 广播中每个频道占有带宽约为 10kHz，FM 广播中的频道占有 150kHz 左右的带宽，而微波和卫星通信则需要 30MHz 以上的带宽。因此，在 AM 和 FM 广播中采用不同频道方式可以传送多个电台的语音和音乐，而不会产生相互干扰。

在接收机中，已调信号被放大、变频和中放后，必须通过解调从已调波中恢复出基带信号，将恢复出的基带信号再放大后送给接收者。解调是指将已调波转换为携带信息的基带信号，因此它是调制的逆过程。对应也有AM解调(包络检波和同步检波)、FM解调(鉴频)、PM解调(鉴相)以及各种数字解调等。

8.1.6 无线通信系统

无线通信系统的类型可根据不同的方法来划分。按工作频段或传输手段划分有中波通信、短波通信、超短波通信、微波通信和卫星通信等。工作频率主要指发射与接收的射频(RF)。射频实际上就是“高频”的广义语，它是指适合无线电发射和传播的频率。按通信方式划分主要有(全)双工、半双工和单工方式。单工指的是只能发或只能收的通信方式；半双工是指既可以发也可以收但不能同时收发的通信方式；双工通信是可以同时收发的通信方式。按调制方式划分有调幅、调频、调相以及混合调制等。按传送的消息的类型划分有模拟通信和数字通信，也可以分为语音通信、图像通信、数据通信和多媒体通信等。

无线通信系统由发射装置、接收装置和传输媒质组成，如图8-5所示。

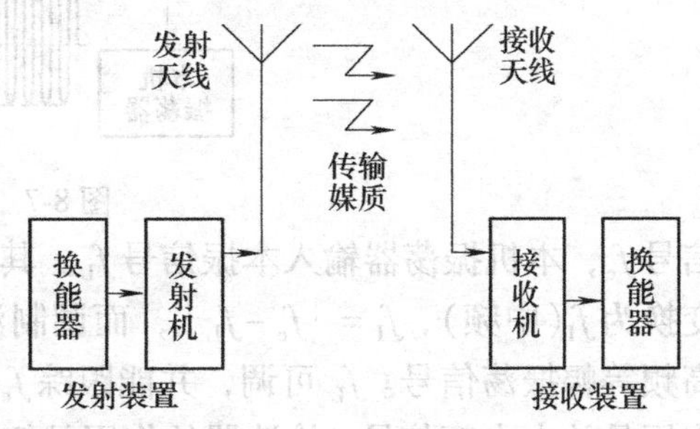

图8-5 无线通信系统的组成

发射装置的换能器用于将被发送的信息转换为电信号。例如，话筒将声音变为电信号。发射机用于将换能器输出的电信号变为强度足够的高频电振荡。天线用于将高频电振荡变成电磁波向传输媒质辐射。接收装置接收是发射的逆过程。接收天线用于将从空间接收的电磁波变成高频电振荡。接收机用于将高频电振荡变成电信号。接收装置的换能器用于将电信号转换成所传送的信息。传输媒质是自由空间，以电磁波为传送方式，依据波长不同，可分为：长波、中波、短波及超短波。

无线通信存在着接收信号微弱和具有干扰的问题，例如其他电台的发射信号、宇宙固有的电磁干扰等，因此对接收装置的要求是增益高和选择性好。解决方案是接收机借助线性和非线性电子线路对携有信息的电信号进行转换和处理，除放大外，最主要的有调制和解调。

调制就是由携有信息的电信号(如音频信号)去控制高频振荡信号的某一参数(如振幅)，使该参数按照电信号的规律而变化(调幅)。调制信号是携有信息的电信号。载波信号是未调制的高频振荡信号。已调波是经过调制后的高频振荡信号。调制根据受控参数可分为调幅、调角(调频、调相)。解调是调制的逆过程，是将已调波转换为载有信息的电信号。调制的作用是减小天线的尺寸和选台。调幅发射机的组成如图8-6所示。

振荡器产生f_{osc}的高频振荡信号，几十千赫以上。小信号高频谐振放大器放大振荡信号，使频率倍增至f_c，并提供足够大的载波功率。多级放大器的前几级为小信号放大器，放大微音器的电信号，后几级为功放，提供功率足够高的调制信号。振幅调制器实现调幅功能，将输入的载波信号和调制信号变换为所需的调幅波信号，并加到天线上。调幅接收机的组成如图8-7所示。

高频放大器为小信号谐振放大器，其作用为选台。利用可调谐的谐振系统选出有用信号，抑制其他频率的干扰信号，放大选出的有用信号。混频器两路输入是由高放级输入已调

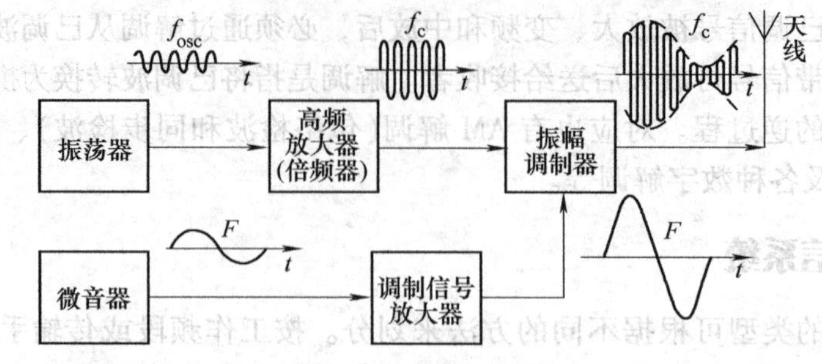

图 8-6 调幅发射机的组成

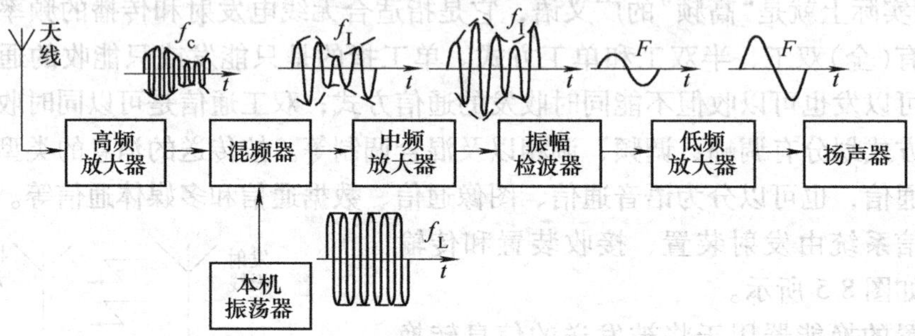

图 8-7 调幅接收机的组成

信号 f_c，本机振荡器输入本振信号 f_L。其作用是载波变频，即将已调信号的载波由 f_c（高频）变换为 f_I（中频），$f_I = |f_c - f_L|$，而调制波形不变。本机振荡器产生频率为 $f_L = |f_c + f_I|$ 的高频等幅振荡信号。f_L 可调，并能跟踪 f_c。中频放大器为多级固定调谐的小信号放大器，其作用是放大中频信号。检波器的作用是解调，从中频调幅波还原所传送的调制信号。低频放大器由小信号放大器和功率放大器组成，其作用是放大调制信号，向扬声器提供所需的推动功率。整个电路特点是解调电路前包括混频器、本机振荡、中频放大器等。优点是增益高和选择性好。如果解调前仅包括高放，无混频器、本机振荡、中频放大器等，就会使得增益低，选择性差。

8.2 高频电子电路设计实例

高频电子电路是通信系统，特别是无线通信系统的基础，其主要任务是研究组成通信系统的各个部分——单元电路的组成、工作原理及电路的分析与设计。以下通过高频单元电路的设计，让学生掌握高频电子电路的基本原理。

8.2.1 分频式频率合成器的制作与测试

1. 设计目的

现代通信系统需要频率稳定度高且可在大范围调节的信号源，采用传统的 *RC* 或 *LC* 信号源虽然调节频率较为方便，但信号源的稳定度一般只能达到 10^{-2}，不能满足通信系统对信号源稳定性的要求。石英晶体振荡器的稳定性好，很容易达到 10^{-6}，但石英晶体的频率可调范围很小，不能满足在大范围连续可调的要求。现代锁相频率合成器技术用石英晶体信号源作基准频率，用锁相技术控制压控振荡器即可得到稳定度与基准频率接近，且频率可在大范围内调节的信号源，满足现代通信对信号源的要求。频率合成技术是高频电子电路及电子测量课程的重要内容之一，因此，要求参与本实验的学生通过频率合成器的制作进一步巩固所学过的有关课程内容，使所学知识得到进一步的充实与提高。

图 8-8 所示为集成锁相环路框图，图中集成锁相环内包括鉴相器、低通滤波器和压控振荡器三个部分，f_o 为压控振荡器的输出，将该频率进行 1/N 分频，当环路锁定时应满足下式：

$$f_r = \frac{1}{N} f_o \tag{8-1}$$

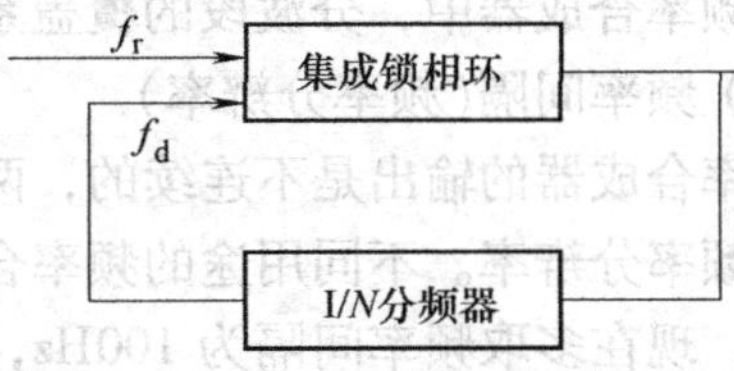

图 8-8　分频式锁相环频率合成器示意图

所以压控振荡器的输出频率为 $f_o = Nf_r$，f_o 偏离该频率时，由鉴相器产生的误差电压将对压控振荡器的频率进行自动校正，使其频率稳定度相近 f_o。若要改变输出 f_o，只要改变分频系数 N 即可实现。

锁相环频率合成器是目前应用最广泛的频率合成器，基本锁相环频率合成器如图 8-9 所示。

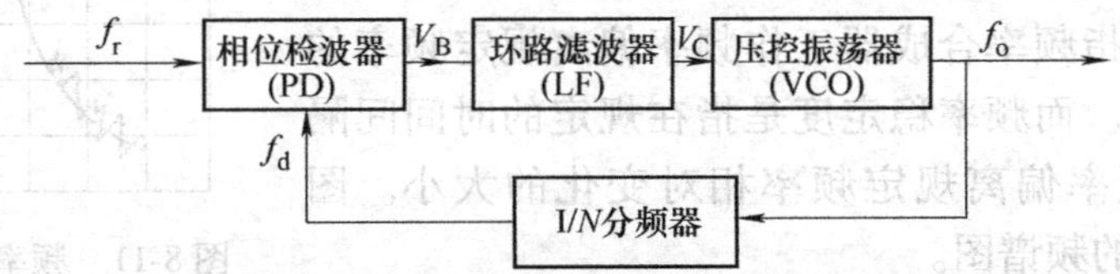

图 8-9　基本锁相频率合成器

参考频率通常用高稳定度的晶体振荡器产生，经过固定分频比的参考分频之后获得。当锁相环锁定后，相位检波器两输入端的频率是相等的。压控振荡器（VCO）输出频率 f_o 经 N 分频后得到

$$f_r = f_d = \frac{f_o}{N} \tag{8-2}$$

所以输出频率是参考频率 f_r 的整数倍，即

$$f_o = Nf_r \tag{8-3}$$

固定分频器的工作频率明显高于可变分频比，超高速器件的上限频率可达千兆赫兹以上，若在可变分频比之前串接一固定分频器作为前置分频器，则可大大提高 VCO 的工作频率，如图 8-10 所示。

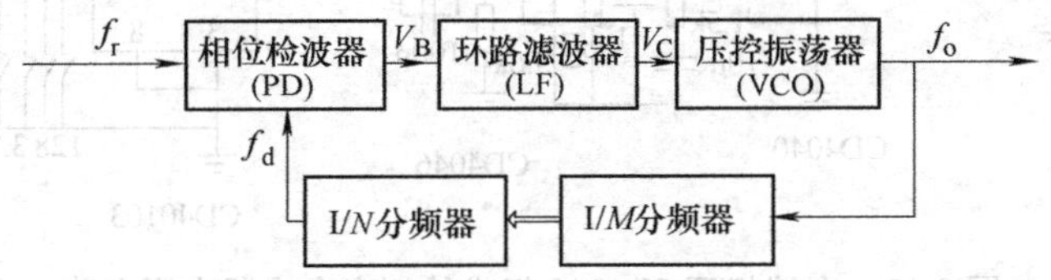

图 8-10　前置分频器锁相频率合成器

前置分频器的分频比为 M，则可得

$$f_o = N(Mf_r) \tag{8-4}$$

2. 频率合成器及其技术指标

频率合成器体积小、重量轻、成本低、功耗低、功能灵活性大，广泛应用于各种电路与电子系统中。频率合成器的技术指标包括以下 4 项：

（1）频率范围

频率范围是指频率合成器输出的最低频率f_{min}和最高频率f_{max}之间的变化范围，也可用覆盖系数$k=f_{omax}/f_{omin}$表示（k又称为波段系数）。如果$2<k\leqslant 3$，整个频段可以划分为几个波段。在频率合成器中，分波段的覆盖系数一般取决于压控振荡器的特性。

（2）频率间隔（频率分辨率）

频率合成器的输出是不连续的，两个相邻频率之间的最小间隔就是频率间隔。频率间隔又称为频率分辨率。不同用途的频率合成器，对频率间隔的要求是不同的。对短波单边带通信来说，现在多取频率间隔为100Hz，有时取10Hz、1Hz甚至0.1Hz。对超短波通信来说，频率间隔多取50kHz、25kHz等。在一些测量仪器中，其频率间隔可达兆赫兹量级。

（3）频率转换时间

频率转换时间是指频率合成器从某一个频率转换到另一个频率，并达到稳定所需要的时间。它与采用的频率合成方法有关。

（4）频率准确度

频率准确度是指频率合成器工作频率偏离规定频率的数值，即频率误差。而频率稳定度是指在规定的时间间隔内，频率合成器频率偏离规定频率相对变化的大小。图8-11是频率合成器的频谱图。

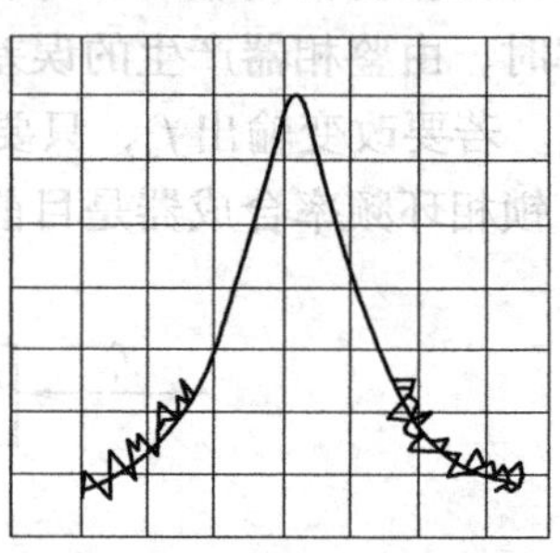

图8-11　频率合成器的频谱图

锁相环频率合成器的电路图如图8-12所示。

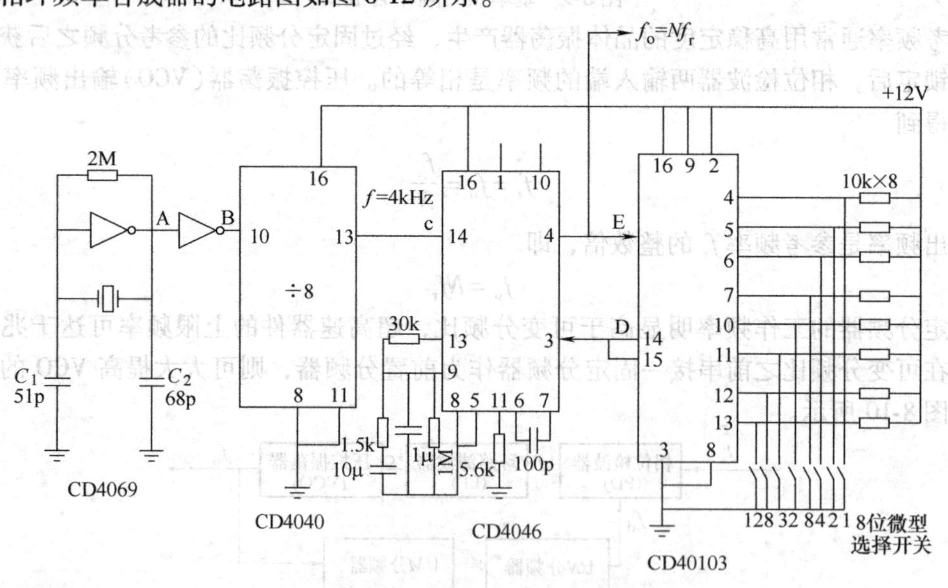

图8-12　由锁相环CD4046组成的频率合成器实用电路

3. 测试要求

1）根据电路图所提供的集成电路名称，查找有关资料，了解集成电路CD4069、CD4046、CD40103的用途、引脚功能、内部结构及主要工作原理，写出调研报告。

2）根据实验室提供的元件及工具组装频率合成器。

3）将组装完成的频率合成器仔细检查，无接线错误后接上+5V电源（注意：+、-电源极性不要接反）用示波器初步检查频率合成器工作是否正常。

4）将开关“1”打开，其余位全部闭合（接地）用示波器观察电路原理图中 A、B、C、D、E 各点的波形，画出相应的波形，测量出这些波形所代表的频率。

5）将开关“128”打开，其余位全部闭合（接地）用示波器观察电路原理图中 A、B、C、D、E 各点的波形，画出相应的波形，测量出这些波形所代表的频率。

6）将 8 位开关全打开，用示波器观察电路原理图中 A、B、C、D、E 各点的波形，画出相应的波形，测量出这些波形所代表的频率。

7）做完上述测试后，根据结果分析所制作的频率合成器工作是否正常。验证频率合成结果 $f_r = \frac{1}{N} f_o$ 是否正确。

实验元件：CD4069 六反相器一个，CD4040 十二级分频器一个，CD4046 集成锁相环一个，CD401038 位可预置分频器一个，管座：14P 两个、16P 两个、8 位微型选择开关一个、印制板一个、接线柱六个，电阻：2MΩ 一个、30kΩ 一个、1.5kΩ 一个、1MΩ 一个、5.6kΩ 一个、10kΩ 八个，电容：51pF、68pF、100pF、10μF、1μF，晶振：1MH 一个，实验用仪器：数字频率计、双踪示波器一台、稳压电源一台。

8.2.2　高频功率放大器的设计与测试

高频功率放大器放大高频正弦信号或高频已调波（即窄带）信号，也可用于发射机的末级，将高频已调波信号进行功率放大，以满足发送功率的要求，然后经天线将其辐射到空间，保证在一定区域内的接收机可以接收到满意的信号电平，并且不干扰相邻信道的通信。高频功率放大器是通信系统的重要组成部分。

高频功率放大器由于采用谐振回路作为负载，解决了大功率放大时的效率、失真及阻抗变换等问题。就放大过程而言，电路中的功率管在截止、放大至饱和等区域中工作，表现出了明显的非线性，但其效果是可以对窄带信号实现线性放大。从原理上深刻理解这一特点，在电路上充分认识谐振回路的选频和阻抗变换作用，掌握其负载特性、调制特性、放大特性等外部特性，对于学习本章内容非常重要。

高频功率放大器可分为窄带放大器和宽带放大器。窄带放大器的相对通频带宽较小，例如中波段调幅广播的载波频率为 535 ~ 1605kHz，而信号带宽只有 9kHz，传送信息的相对带宽只有 0.6% ~1.7%，因此高频功率放大器一般采用窄带选频网络作为负载。由于调谐系统复杂，且使用范围较窄，窄带高频功率放大器的应用受到很大的限制。对于某些有特殊要求的通信机，要求频率变换的相对范围大，采用传输线变压器做负载可构成宽带高频功率放大器。晶体管高频功率放大器的原理电路如图 8-13 所示，该电路由输入回路、晶体管和输出谐振回路三部分组成。

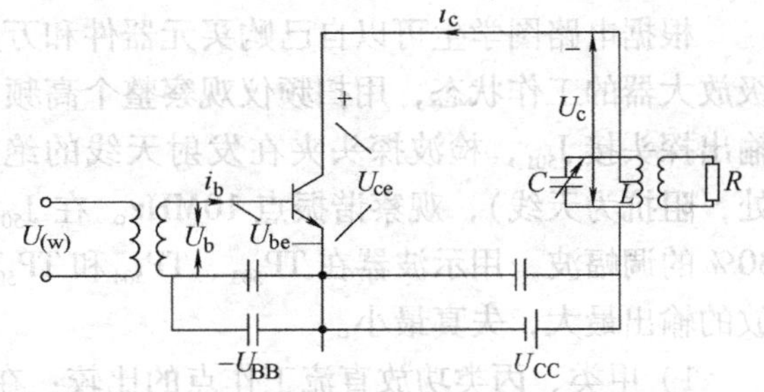

图 8-13　晶体管高频功率放大器的原理电路

为了提高效率，高频谐振功率放大器应工作于丙类状态。谐振功率放大器晶体管发射结一般为负偏置。

高频功率放大器的主要技术指标如下：

1）高频输出功率 P_o：是指高频功率放大器输出高频信号的功率。在一定条件下，高频功率放大器的输出功率应尽可能大。

2）高频功率放大器的效率 η：高频输出功率 P_o 与直流电源提供的功率 $P_=$ 的比值，即 $\eta = P_o/P_=$，要求高频功率放大器的效率 η 要高。

3）高频功率放大器的功率增益 A_p：高频功率放大器输出的有用信号功率与输入信号功率的比值，即 $A_p = P_o/P_i$，要求高频功率放大器的功率增益要符合设计要求。

4）高频功率放大器的通频带宽 $B_{0.7}$：两个半功率点之间的带宽，要求高频功率放大器的通频带宽要符合要求。

5）选择性：反映高频功率放大器对通频带内信号的放大和对通频带外信号的抑制能力，要求高频功率放大器的选择性要好。

设计主要解决的问题是丙类功率放大器的调谐特性及负载变化时的动态特性，了解激励信号变化对功率放大器工作状态的影响，比较甲类功率放大器与丙类功率放大器的功率、效率与特点。

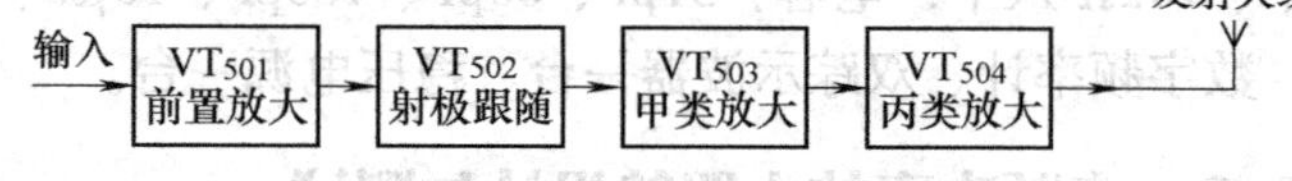

图 8-14　高频功率放大器的原理框图

丙类功率放大器通常作为发射机末级功放以获得较大的功率和较高的效率。设计的电路由三级放大器组成，如图 8-14 所示。高频功率放大与发射的实际整体电路如图 8-15 所示。

VT_{501} 构成了一级甲类线性放大电路，以适应较小的输入信号电平、RP_{501} 和 R_{503} 可调节这一级放大器的偏置电压，同时控制输入电平。VT_{502} 构成了射极跟随电路，RP_{502} 和 RP_{503} 可控制后两级放大器的输入电平，以满足甲类功率放大器和丙类功率放大器对输入电平的要求。VT_{504} 构成了丙类高频功率放大电路，其基极无直流偏置电压。只有载波的正半周且幅度足够才能使功率管导通，其集电极负载为 LC 选频谐振回路，谐振在载波频率以选出基波，因此可获得较大的功率输出。R_{513} 可调节丙类放大器的功率增益，S_{502} 可选择丙类放大器的输出负载。全部电路由 +12V 电源供电。VT_{503} 为甲类功率放大器，其集电极负载为 LC 选频谐振回路，谐振频率为 10MHz，R_{509} 和 R_{511} 可调节甲类放大器的偏置电压，获得较宽的动态范围。

根据电路图学生可以自己购买元器件和万用板来焊接和调试。调整高频功率放大电路三级放大器的工作状态，用扫频仪观察整个高频功率放大与发射电路的增益和频率特性，扫频输出探头接 J_{501}，检波探头夹在发射天线的绝缘外层上，输出衰减为 30 ~ 40dB（S_{502} 置于 4 处，阻抗为天线），观察谐振点 10MHz。在 J_{501} 处输入 10MHz，0.4V（峰-峰值），调制度为 30% 的调幅波，用示波器在 TP_{503}、TP_{504} 和 TP_{505} 处观察，调整电路中各电位器，使甲放与丙放的输出最大，失真最小。

1）甲类、丙类功放直流工作点的比较：在上述状态下，用万用表直流电压挡测量 TP_{503} 和 TP_{504} 的基极电压，然后断开 TP_{501} 处的高频输入信号，再次测量 TP_{503} 和 TP_{504} 的基极电压，对其进行比较，以进一步理解甲类功率放大器和乙类功率放大器的特点：甲类功率放大器有静态偏置，乙类功率放大器没有静态偏置。

2）调谐特性的测试：在上述状态下，改变输入信号频率（由载波发生器产生），频率范围为 7 ~ 13MHz，用示波器测量 TP_{505} 的电压值（S_{502} 置于 4 处，阻抗为天线）。表 8-1 给出了调谐特性的测试表。

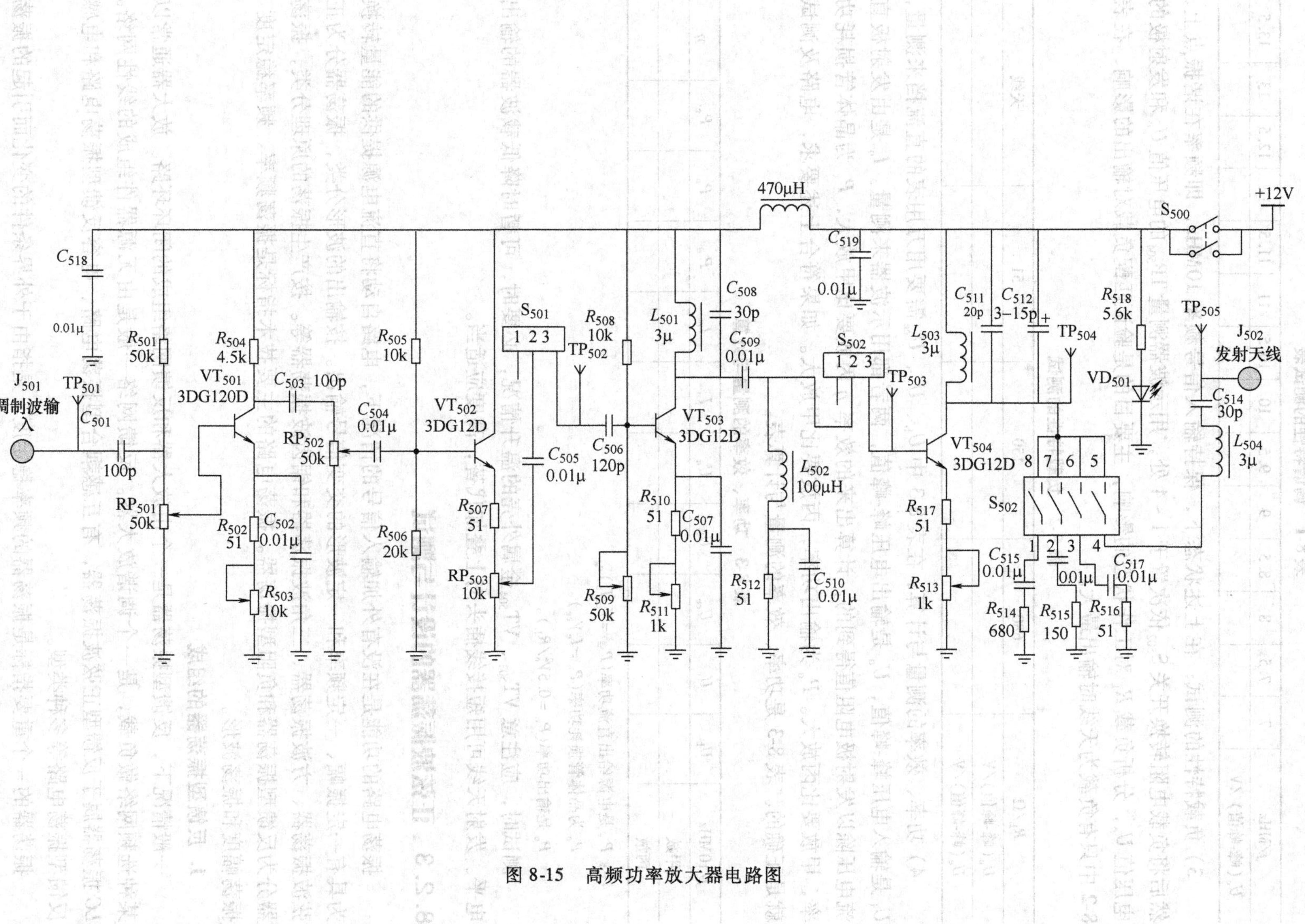

图 8-15 高频功率放大器电路图

表 8-1　调谐特性的测试表

f/MHz	7	7.5	8	8.5	9	9.5	10	10.5	11	11.5	12	12.5	13	13.5
U_c(峰-峰值)/V														

3）负载特性的测试：在上述状态下，保持输入信号频率 10MHz，即频率在谐振点上，然后将负载电阻转换开关 S_{502}依次置于 1～4 处，用示波器测量 TP_{504}的电压值 U_c 和发射极的电压值 U_e，分析负载 R_L 对工作状态的影响，主要目的是验证匹配负载对输出的影响，在表 8-2 中只有负载为天线时输出最大。

表 8-2　负载特性的测试

R_L/Ω	680	150	51	天线
U_c(峰-峰值)/V				
U_e(峰-峰值)/V				

4）功率、效率的测量与计算：在表 8-3 中 U_b、U_c、U_{ce}需要用万用表的直流挡来测量，U_i 是输入电压峰-峰值，U_o 是输出电压峰-峰值，两者都用示波器来测量。I_o 是由发射极直流电压除以发射极电阻值得到的，计算出来的效率 η 丙放要比甲放大，P_c 为晶体管损耗功率，甲放要比丙放大。P_o 为输出功率，丙放要比甲放大。如果符合上述要求，电路及测试就是正确的。表 8-3 是功率、效率的测量与计算表。

表 8-3　功率、效率的测量与计算

f/10MHz	U_b	U_c	U_{ce}	U_i	U_o	I_u	I_c	$P_=$	P_o	P_c	η
甲放											
丙放											

注：$P_=$是电源给出直流功率($P_= = V_{cc}I_o$)。

P_c 为晶体管损耗功率($P_c = I_c V_{ce}$)。

P_o 是输出功率($P_o = 0.5V_o^2/R_L$)。

测试时，应注意 VT_{503}、VT_{504}金属外壳的温升情况，必要时，可暂时降低载波器的输出电平。发射天线可用短接线插头向上叠加代替，高度应适当。

8.2.3　正弦波振荡器的设计与测试

振荡电路的功能是在没有外加输入信号的情况下，电路自动将直流电源提供的能量转换为具有一定振幅、一定频率和一定波形的交变信号输出。按输出的波形分类，振荡器分为正弦波振荡器、方波振荡器、三角波振荡器和锯齿波振荡器等。按产生振荡的原理分类，振荡器分为反馈型振荡器和负阻型振荡器。振荡电路的主要技术指标是振荡频率、频率稳定度、振荡幅度和振荡波形。

1. 反馈型振荡器的组成

一般情况下，反馈型振荡器是一个由放大器和反馈网络组成的闭环环路。放大器通常以某种选频网络做负载，是一个调谐放大器。反馈网络一般是由无源器件组成的线性网络。*LC* 振荡器属于反馈型正弦波振荡器，有互感耦合型振荡电路、电容反馈型振荡电路和电感反馈型振荡电路等多种类型。

振荡器的一个重要指标是振荡器的频率稳定度，是指由于外界条件的变化而引起的振荡器的实际工作频率偏离标称频率的程度。振荡器的频率稳定度常用频率偏差表示，分为绝对频率偏差和相对频率偏差。

绝对频率偏差可由下式计算：

$$\Delta f = f_1 - f_0 \tag{8-5}$$

相对频率偏差可由下式计算：

$$\frac{\Delta f}{f_0} = \frac{f_1 - f_0}{f_0} \tag{8-6}$$

频率稳定度是指在一定时间内频率准确度的变化，实际上是频率的不稳定程度。

长期稳定度：时间间隔为1天～12个月。

短期稳定度：时间为一天，用小时、分、秒计算。

瞬间稳定度：秒或毫秒以内的频率稳定度。

振荡器的频率稳定度常用在一定时间内的频率偏差来衡量。根据用途的不同，振荡器对频率稳定度的要求也不同，对于中波发射，稳定度要求不超过10^{-5}，电视发射为10^{-7}，普通信号发生器为$10^{-5}\sim10^{-4}$，高精度信号发生器为$10^{-9}\sim10^{-7}$，而作为频率标准用的振荡器要求稳定度在10^{-11}左右，振荡器的频率稳定度应尽可能地小。

2. 晶体振荡电路

石英晶体具有压电效应，在晶片两端加上交变电压，晶体就会发生相应的机械振动，同时由于电荷的周期变化，又会有交流电流流过电路。石英晶体振荡器之所以能获得很高的频率稳定度，是由于石英晶体谐振器具有良好的特性，具体表现为：

1）石英晶体谐振腔具有很高的标准性，其频率稳定度很高。

2）石英晶体谐振器与有源器件的接入系数p很小，一般为$10^{-4}\sim10^{-8}$。

3）石英晶体谐振器的损耗很小，具有很高的Q值，和较窄的通频带，因而选频特性较好。

3. 负阻型振荡器

负阻器件有隧道二极管和单结二极管等，它们的伏安特性在某种条件下呈现负阻特性。负阻型振荡器就是利用这种负阻特性工作的。负阻型振荡器工作于高频和微波波段，常用于微波电路与系统中。负阻型振荡器一般由负阻器件和选频网络两部分组成。为保证振荡器的正常工作，电流型负阻器应与串联谐振回路相连接，电压型负阻器则应与并联谐振回路相连接。振荡器电路如图8-16a所示，它的交流等效电路如图8-16b所示，图中R是R_1与R_2的并联值，由于R_1与R_2不是很小，所以R不能忽略。因而负阻不仅要供给$R_L' = R_P // R_L$的损耗能量，还要抵消R引入的损耗。此外，C_1的接入限制了最高振荡频率。

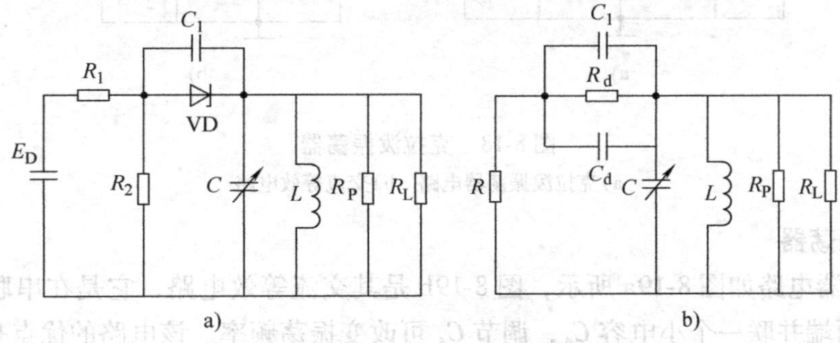

图8-16　实用隧道二极管振荡器

a）振荡器电路　b）交流等效电路

隧道二极管振荡电路虽然很简单，但在微波波段中应用时，选择合适的电路结构非常重要。常用的谐振腔或带状线作为其谐振回路。其优点是工作频率最高可达几千兆赫兹，体积小，耗电量低。它的缺点是输出功率低。近几年，随着在微波振荡技术方面其他新型负阻器件的出现，这一缺点已被克服，使得负阻型振荡器的应用更为广泛。

8.2.4 *LC* 与晶体振荡器设计与测试

设计目的：掌握电容三点式振荡器和晶体振荡器的基本电路及其工作原理；比较静态工作点和动态工作点，了解工作点对振荡波形的影响；测量振荡器的反馈系数、波段覆盖系数、频率稳定度等参数；比较 *LC* 与晶体振荡器的频率稳定度。

三点式振荡器包括电感三点式振荡器（哈脱莱振荡器）和电容三点式振荡器（考毕兹振荡器）。下面就电容三点式振荡器进行分析。

1. 考毕兹振荡器

考毕兹振荡器电路如图 8-17a 所示，图 8-17b 是交流等效电路，它是基本的三点式电路，其缺点是晶体管自身的输入电容 C_i 和输出电容 C_o 对频率稳定度的影响较大，且频率不可调。

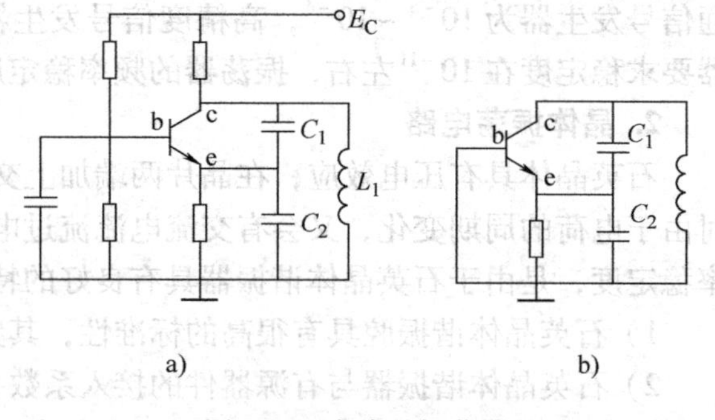

图 8-17　考毕兹振荡器

a）考毕兹振荡器电路　b）交流等效电路

2. 克拉泼振荡器

克拉泼振荡器电路如图 8-18a 所示，图 8-18b 是其交流等效电路。其特点是在 *L* 支路中串入一个可调的小电容 C_3，并加大 C_1 和 C_2 的容量，振荡频率主要由 C_3 和 *L* 决定。C_1 和 C_2 主要起电容分压反馈作用，从而大大减小了 C_i 和 C_o 对频率稳定度的影响，且使频率可调。

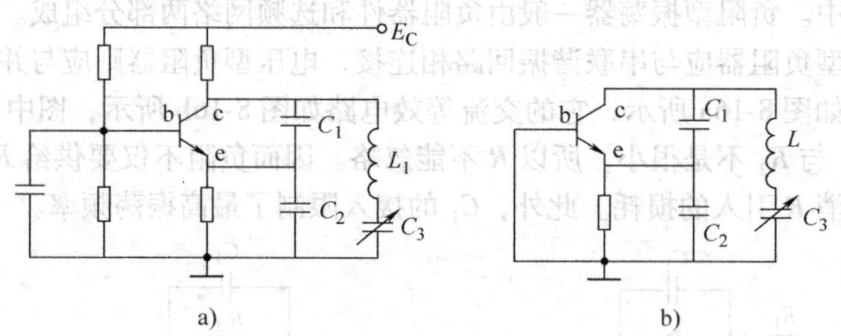

图 8-18　克拉泼振荡器

a）克拉泼振荡器电路　b）交流等效电路

3. 西勒振荡器

西勒振荡器电路如图 8-19a 所示，图 8-19b 是其交流等效电路，它是在串联改进型的基础上，在 L_1 两端并联一个小电容 C_4，调节 C_4 可改变振荡频率。该电路的优点是电路的稳定性进一步提高，振荡频率可以做得较高，该电路在短波、超短波通信机、电视接收机等高频设备中得到了非常广泛的应用。本实验电路中的 *LC* 振荡器就是西勒振荡器。

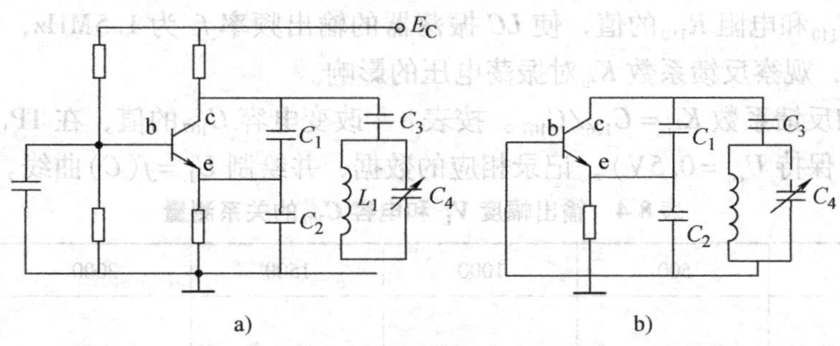

图 8-19　西勒振荡器

a）西勒振荡器电路　b）交流等效电路

4. 晶体振荡器

晶体振荡器为并联晶振 b-c 型电路，又称皮尔斯电路，其交流等效电路如图 8-20 所示。

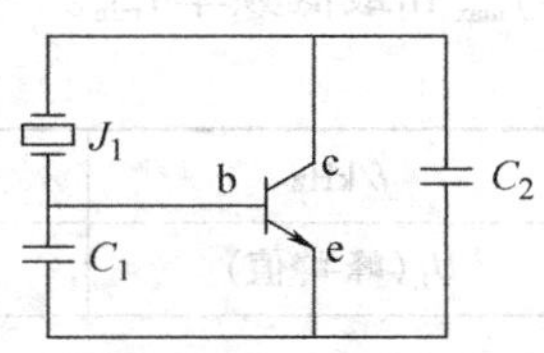

图 8-20　皮尔斯振荡器

设计的电路如图 8-21 所示，用“短路帽”短接切换开关 S_{101}、S_{102}、S_{103} 的 1 和 2 接点构成 *LC* 西勒振荡电路，短接 S_{101}、S_{102}、S_{103}2-3，并去除电容 C_{107}后，便成为晶体振荡电路。

调整 *LC* 振荡电路静态工作点时，应短接电感 L_{102}（即短接 S_{104}2-3）。在这个电路后面可以再加一个射极跟随电路，用来提供低阻抗输出。电路中的 *LC* 振荡器的输出频率约为 1.5MHz，晶体振荡器的输出频率为 10MHz，调节电阻 R_{110}，可改变输出的幅度。接 +12V 的电源。调整和测量西勒振荡器的静态工作点，比较振荡器射极直流电压 U_e、U_{eq}和直流电流 I_e、I_{eq}。

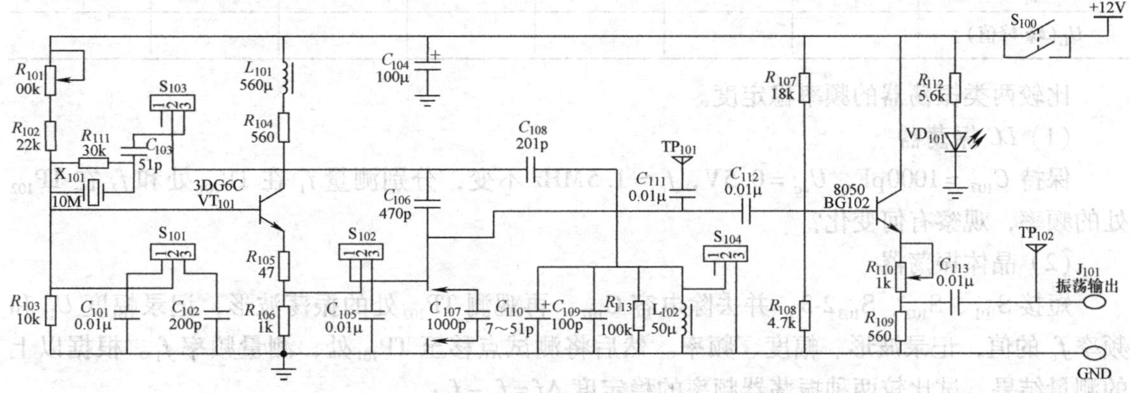

图 8-21　*LC* 与晶体振荡器实验电路原理图

组成 *LC* 西勒振荡器：短接 S_{101}1-2、S_{102}1-2、S_{103}1-2、S_{104}1-2，并在 C_{107} 处插入 1000pF 的电容器，这样就组成了与图 8-20 完全相同的 *LC* 西勒振荡器电路。用示波器（探头衰减 10）在测试点 TP_{102}观测 *LC* 振荡器的输出波形，用频率计测量其输出频率。

调整静态工作点：短接 S_{104}2-3（即短接电感 L_{102}），使振荡器停振，测量晶体管 VT_{101} 的发射极电压 U_{eq}；然后调整电阻 R_{101} 的值，使 U_{eq} = 0.5V，并计算出电流 I_{eq}（= 0.5V/1k = 0.5mA）。

测量发射极电压和电流：短接 S_{104}1-2，西勒振荡器恢复工作，测量 VT_{102} 发射极电压 U_e 和 I_e。

改变电容 C_{110} 和电阻 R_{110} 的值，使 LC 振荡器的输出频率 f_o 为 1.5MHz，输出幅度 U_L 为 1.5V(峰-峰值)，观察反馈系数 K_{fu} 对振荡电压的影响。

由原理可知反馈系数 $K_{fu}=C_{106}/C_{107}$。按表 8-4 改变电容 C_{107} 的值，在 TP_{102} 处测量振荡器的输出幅度 U_L(保持 $U_{eq}=0.5V$)，记录相应的数据，并绘制 $U_L=f(C)$ 曲线。

表 8-4 输出幅度 V_L 和电容 C_{107} 的关系测量

C_{107}/pF	500	1000	1500	2000	2500
U_L(峰-峰值)					

测量振荡电压 U_L 与振荡频率 f 之间的关系，如表 8-5 所示，计算振荡器波段覆盖系数 f_{max}/f_{min}，选择测试点 TP_{102}，改变 C_{110} 值，测量 V_L 随 f 的变化规律，并找出振荡器的最高频率 f_{max} 和最低频率 f_{min}。

表 8-5 振荡电压 U_L 与振荡频率 f 之间的关系

f/kHz						
U_L(峰-峰值)						

f_{max} = ________和 f_{min} = ________，f_{max}/f_{min} = ________

观察振荡器直流工作点 I_{eq} 对振荡电压 U_L 的影响：保持 $C_{107}=1000pF$，$U_{eq}=0.5V$，$f_o=1.5MHz$ 不变，然后按以上调整静态工作点的方法改变 I_{eq}，并测量相应的 U_L，把数据记入表 8-6。

表 8-6 I_{eq} 对振荡电压 U_L 的影响

I_{eq}/mA	0.25	0.30	0.35	0.40	0.45	0.50	0.55
U_L(峰-峰值)							

比较两类振荡器的频率稳定度。

(1) LC 振荡器

保持 $C_{107}=1000pF$，$U_{eq}=0.5V$，$f_o=1.5MHz$ 不变，分别测量 f_1 在 TP_{101} 处和 f_2 在 TP_{102} 处的频率，观察有何变化？

(2) 晶体振荡器

短接 S_{101}、S_{102}、S_{103}2-3，并去除电容 C_{107}，再观测 TP_{102} 处的振荡波形，记录幅度 U_L 和频率 f_o 的值，记录波形、幅度、频率。然后将测试点移至 TP_{101} 处，测量频率 f_1。根据以上的测量结果，试比较两种振荡器频率的稳定度 $\Delta f=f_0-f_1$：

$$LC\text{ 振荡器}\quad \frac{\Delta f}{f_0}=(f_0-f_1)/f_0\times 100\%$$

$$\text{晶体振荡器}\quad \frac{\Delta f}{f_0}=(f_0-f_1)/f_0\times 100\%$$

8.2.5 高频小信号放大器电路的设计与测试

高频小信号放大器主要用于放大高频小信号，采用谐振回路做负载，又称为小信号谐振放大器。由于用谐振回路做负载，解决了放大倍数、通频带宽和阻抗匹配等问题，属于窄带放大器。放大电路中的晶体管工作在放大区域，由于信号小，线性失真小，具有对窄带信号不失真放大和滤除带外信号的选频作用。

高频小信号放大器是通信系统中常用的功能电路，它所放大的信号频率在数百千赫兹至数百兆赫兹之间，其功能是实现对微弱的高频信号进行不失真放大。从信号所含频谱来看，高频小信号放大器的输入信号频谱与放大后输出信号的频谱是相同的。

高频小信号放大器的分类如下：

1）按使用的元器件分有晶体管放大器、场效应晶体管放大器和集成电路放大器。

2）按通频带分有窄带放大器和带宽放大器。

3）按电路形式分有单级放大器和多级放大器。

4）按负载性质分有谐振放大器和非谐振放大器。

高频小信号放大器的重要技术指标如下：

- 电压增益与功率。
- 频带宽度。
- 矩形系数。
- 工作稳定性和噪声系数。

1. 设计目的

让学生了解谐振回路的选择性，了解信号源内阻及负载对谐振回路的影响，掌握频带的展宽、动态范围及其测试方法。

高频小信号放大器电路是构成无线电设备的主要电路，它的作用是放大信道中的高频小信号。为使放大信号不失真，放大器必须工作在线性范围内，例如无线电接收机中的高放电路，就是典型的高频窄带小信号放大电路。窄带放大电路中，被放大信号的频带宽度小于或远小于它的中心频率。如在调幅接收机的中放电路中，带宽为 9kHz，中心频率为 465kHz，相对带宽 $\Delta f/f_0$ 约为百分之几。因此，高频小信号放大电路的基本类型是选频放大电路，选频放大电路以选频器作为线性放大器的负载，或作为放大器与负载之间的匹配器。它主要由放大器与选频回路两部分构成。用于放大的有源器件可以是半导体晶体管，也可以是场效应晶体管、电子管或者是集成运算放大器。用于调谐的选频器件可以是 *LC* 谐振回路，也可以是晶体滤波器、陶瓷滤波器，*LC* 集中滤波器和声表面波滤波器等。本设计用晶体管作为放大器件，*LC* 谐振回路作为选频器。在分析时，主要用如下参数衡量电路的技术指标：中心频率、增益、噪声系数、灵敏度、通频带与选择性。

单调谐放大电路一般采用 *LC* 回路作为选频器的放大电路，它只有一个 *LC* 回路，调谐在一个频率上，并通过变压器耦合输出，图 8-22 为该电路的原理图。

为了改善调谐电路的频率特性，通常采用双调谐放大电路，其电路如图 8-23 所示。双调谐放大电路是由两个彼此耦合的单调谐放大回路组成的。它们的谐振频率应调在同一个中心频率上。两种常见的耦合回路如下：

1）两个单调谐回路通过互感 *M* 耦合（见图 8-23a），称为互感耦合双调谐振回路。

2）两个单调谐回路通过电容耦合（见图 8-23b），称为电容耦合双调谐回路。

若改变互感系数 *M* 或者耦合电容 *C*，就可以改变两个单调谐回路之间的耦合程度。通常用耦合系数 *K* 来表征其耦合程度，即

$$K=\frac{M}{\sqrt{L_1L_2}} \tag{8-7}$$

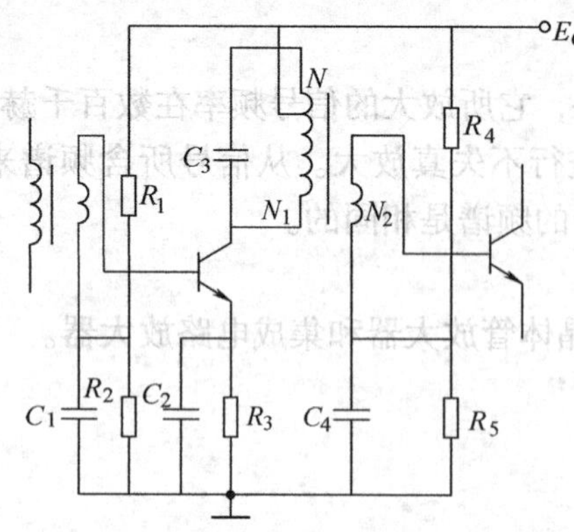

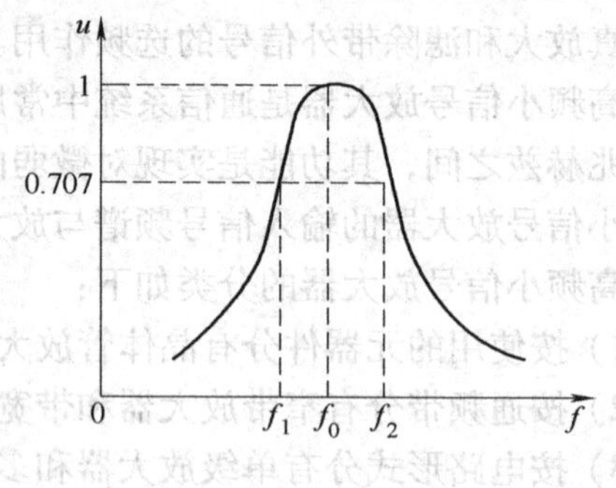

图 8-22　单调谐放大电路

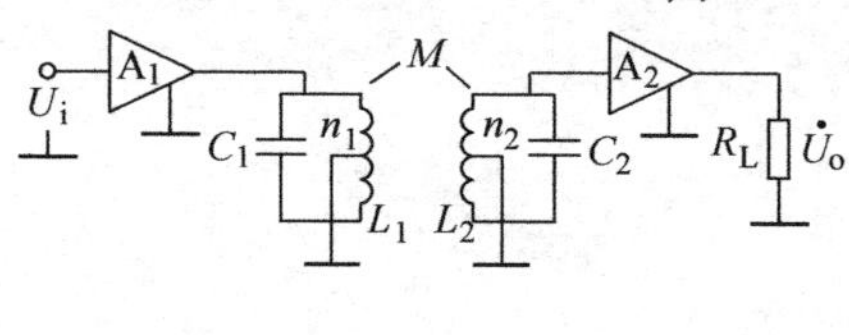

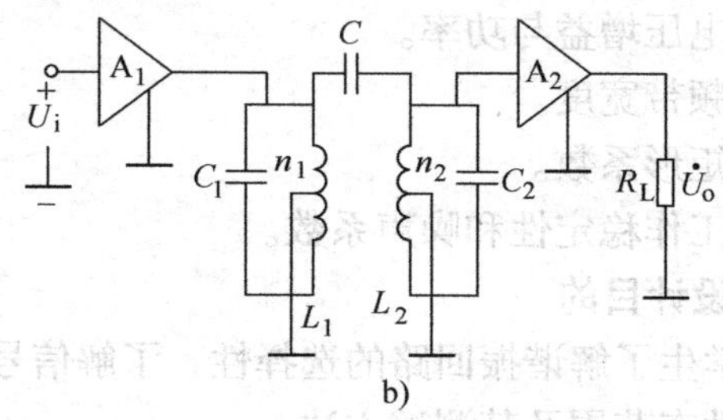

图 8-23　双调谐放大电路

a) 互感耦合　b) 电容耦合

电容耦合双调谐回路的耦合系数可按下式计算：

$$K=\frac{C}{\sqrt{(C_1+C)(C_2+C)}} \tag{8-8}$$

式中，C_1'与C_2'是等效到一、二次回路的全部电容之和。

2. 实际电路分析

图 8-24 给出了调谐放大电路的电路图，由 VT_1 等元器件组成单调谐放大器，由 VT_2 等元器件组成双调谐放大器，它们的输入端（J_1 和 J_3）接 6.5MHz 调制波信号。切换开关 S_1 用于改变射极电阻，以改变 VT_1 的直流工作点。切换开关 S_2 用于改变 LC 振荡回路的阻尼电阻，以改变 LC 回路的 Q 值。切换开关 S_3 可改变双调谐回路的耦合电容，以观测 $\eta<1$、$\eta=1$、$\eta>1$ 三种状态下的双调谐回路幅频特性曲线。

（1）单调谐放大器增益和带宽的测试

将扫频仪的输出探头接到电路的输入端（J_1），扫频仪的检波探头接到电路的输出端（TP_2），然后在放大器的射极和调谐回路中分别接入不同阻值的电阻，并通过调节调谐回路的磁心（T_1），使波形的顶峰出现在频率为 6.5MHz 处，分别测量单调谐放大器的增值与带宽，并记录下来。

（2）调谐放大电路的测试

改变双调谐回路的耦合电容，并通过调节一谐振回路的磁心，使出现的双峰波形的峰值等高。测量放大器的增益与带宽，并记录下来。

（3）不同信号频率下的耦合程度测试

在电路的输入端（J_2）输入高频载波信号（0.4V，其频率分别为 6.1、6.5、6.9MHz），用

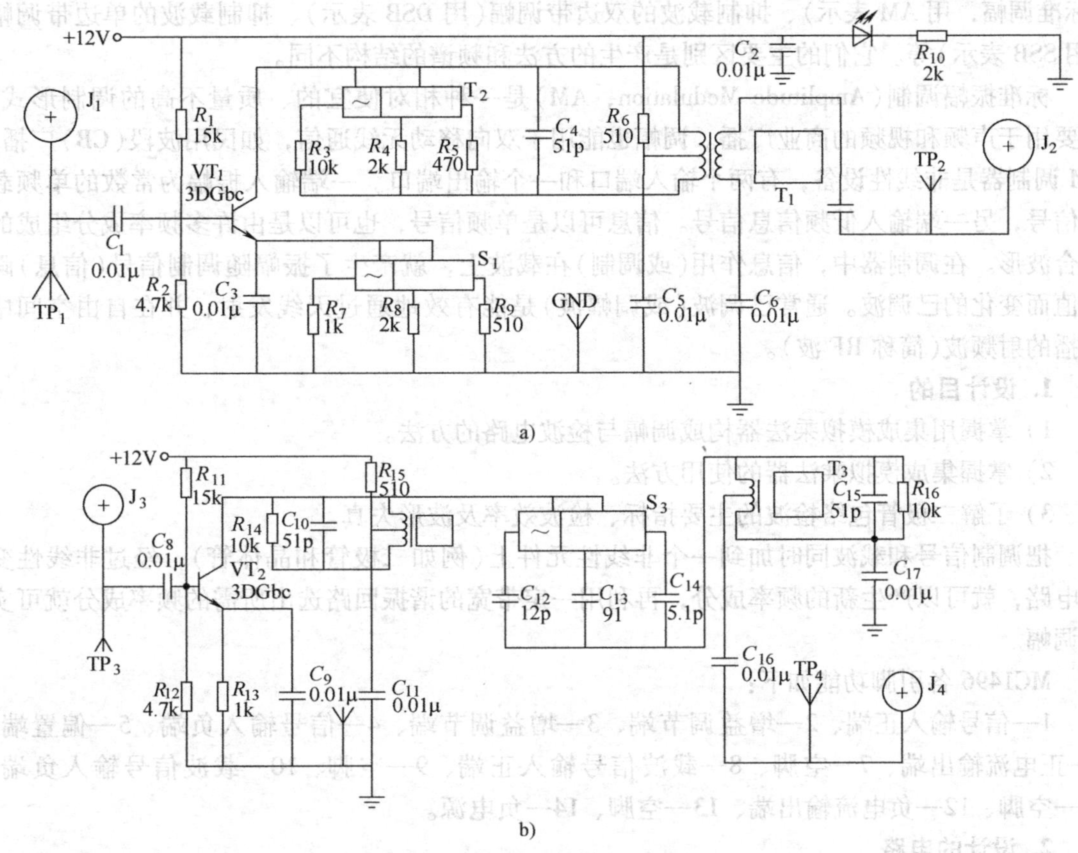

图 8-24　调谐放大电路

a）单调谐电路　b）双调谐电路

示波器在电路的输出端(TP_4)分别测试三种耦合状态下的输出幅度 U(峰-峰值)，表 8-7 给出了不同信号频率下的耦合程度测试表。

表 8-7　不同信号频率下的耦合程度测试

	6.1MHz	6.5MHz	6.9MHz
S_{1103}1-2 紧耦合			
S_{1103}2-3 适中耦合			
S_{1103}4-5 松耦合			

以上测试用的高频载波亦可取“变容二极管调频器及相位鉴频器实验”所产生的载波信号，其频偏可用电位器 RP_{401} 进行调节。

8.2.6　幅度调制与解调电路的设计与测试

振幅调制常用于长波、中波、短波和超短波的无线电广播、通信、电视和雷达等系统。这种调制方式是用传递的低频信号(如代表语言、音乐、图像的电信号)去控制作为传送载体的高频振荡波(称为载波)的幅度，使已调波的幅度随调制信号大小线性变化，而保持载波的角频率不变。在振幅调制中，根据所输出已调波信号频谱分量的不同，分为普通调幅

(标准调幅，用 AM 表示)、抑制载波的双边带调幅(用 DSB 表示)、抑制载波的单边带调幅(用 SSB 表示)等。它们的主要区别是产生的方法和频谱的结构不同。

标准振幅调制(Amplitude Modulation，AM)是一种相对便宜的、质量不高的调制形式。主要用于声频和视频的商业广播。调幅也能用于双向移动无线通信，如民用波段(CB)广播。AM 调制器是非线性设备，有两个输入端口和一个输出端口。一端输入振幅为常数的单频载波信号，另一端输入低频信息信号。信息可以是单频信号，也可以是由许多频率成分组成的复合波形。在调制器中，信息作用(或调制)在载波上，就产生了振幅随调制信号(信息)瞬时值而变化的已调波。通常已调波(或调幅波)是能有效地通过天线发射，并在自由空间中传播的射频波(简称 RF 波)。

1. 设计目的

1）掌握用集成模拟乘法器构成调幅与检波电路的方法。

2）掌握集成模拟乘法器的使用方法。

3）了解二极管包络检波的主要指标、检波效率及波形失真。

把调制信号和载波同时加到一个非线性元件上(例如二极管和晶体管)，经过非线性变换电路，就可以产生新的频率成分，再利用一定带宽的谐振回路选出所需的频率成分就可实现调幅。

MC1496 各引脚功能如下：

1—信号输入正端、2—增益调节端、3—增益调节端、4—信号输入负端、5—偏置端、6—正电流输出端、7—空脚、8—载波信号输入正端、9—空脚、10—载波信号输入负端、11—空脚、12—负电流输出端、13—空脚、14—负电源。

2. 设计的电路

电路如图 8-25 所示，图中 U_{301}是幅度调制乘法器，音频信号和载波分别从 J_{301}和 J_{302}输入到乘法器的两个输入端，S_{301}和 S_{303}可分别将两路输入对地短路，以便对乘法器进行输入失调调零。RP_{302}可控制调幅波的调制度，S_{302}断开时，可观察平衡调幅波，R_{302}为增益调节电阻，R_{309}和 R_{304}分别为乘法器的负载电阻，C_{309}对输出负端进行交流旁路。C_{304}为调幅波输出耦合电容，VT_{301}接成低阻抗输出的射级跟随器。U_{302}是幅度解调乘法器，调幅波和载波分别从 J_{304}和 J_{305}输入，S_{304}和 S_{305}可分别将两路输入对地短路，对乘法器进行输入失调调零。

幅度调制实验需要加音频信号 U_L 和高频信号 U_H。调节函数信号发生器的输出为 0.3V(峰-峰值)、1kHz 的正弦波信号。调节载波发生器，使其输出为 0.6V(峰-峰值)、10MHz 的正弦波信号。将音频信号接入调制器的音频输入口 J_{301}，高频信号接入载波输入口 J_{302}或 TP_{302}，用双踪示波器同时监视 TP_{301}和 TP_{303}的波形。以得到理想的 10MHz 调幅波。

观测调幅波，在乘法器的两个输入端分别输入高、低频信号，调节相关的电位器(RP_{302}等)，短接 S_{302}1-2，在输出端观测调幅波 U_0，并记录 U_0 的幅度和调制度。此外，在短接 S_{302} 2-3 时，可观测平衡调幅波 U_0，记录 U_0 的幅度。

观测解调输出，在保持调幅波输出的基础上，将调制波和高频载波输入解调乘法器 U_{302}，即分别连接 J_{303}和 J_{304}，J_{302}和 J_{305}，用双踪示波器分别监视音频输入和解调器的输出。然后在乘法器的两个输入端分别输入调幅波和载波。用示波器观测解调器的输出，记录其频率和幅度。若用平衡调幅波输入(S_{302}2-3 短接)，再观察解调器的输出并记录下来。

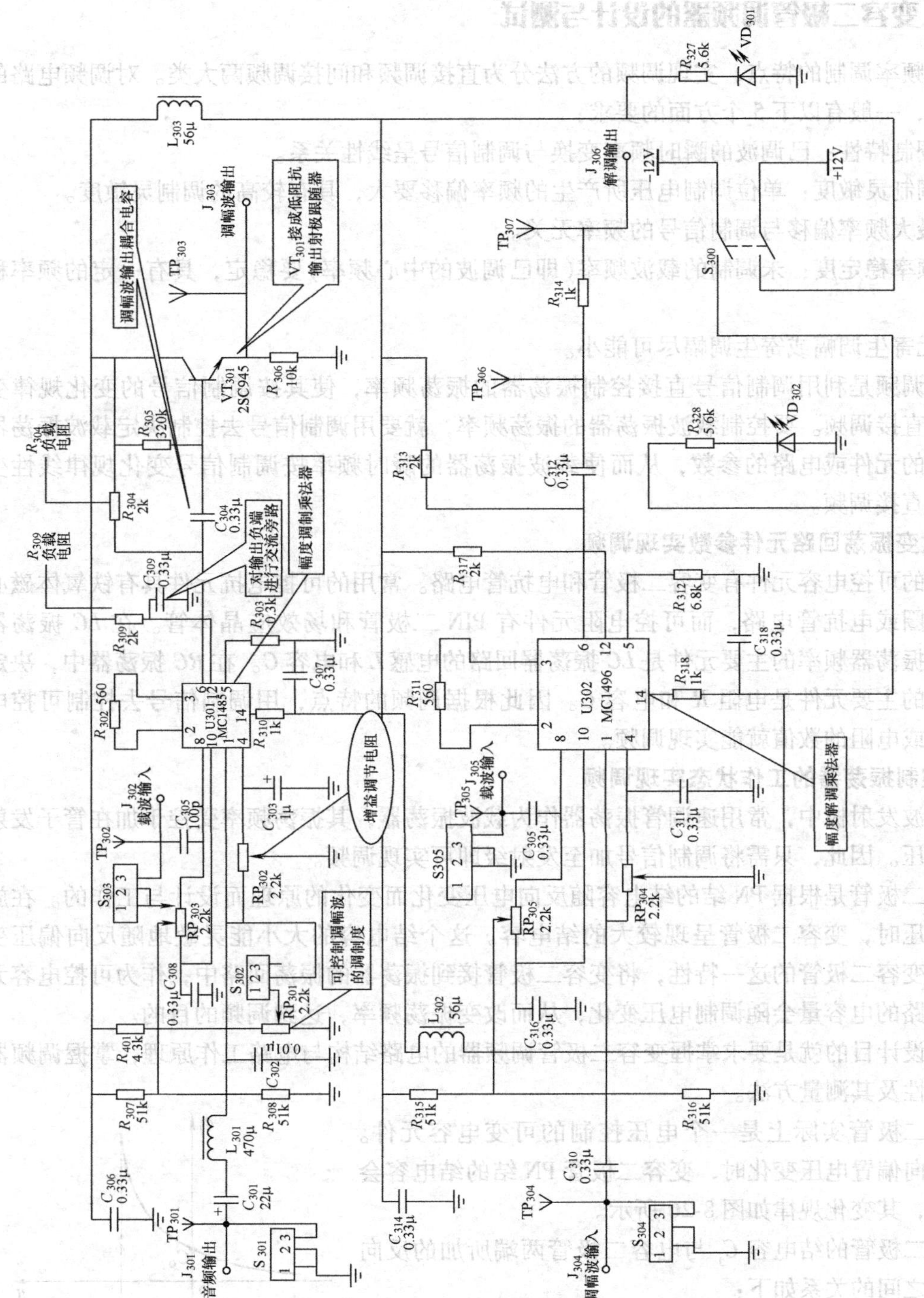

图 8-25 幅度调制与解调实验电路原理图

为了得到准确的结果，乘法器的失调调零至关重要，而且又是一项细致的工作，必须要认真完成这一实验步骤。用示波器观察波形时，探头应保持衰减10倍的位置。

8.2.7 变容二极管调频器的设计与测试

根据频率调制的特点，实现调频的方法分为直接调频和间接调频两大类。对调频电路的性能指标，一般有以下5个方面的要求：

1）调制特性：已调波的瞬时频率变换与调制信号呈线性关系。

2）调制灵敏度：单位调制电压所产生的频率偏移要大，具有较高的调制灵敏度。

3）最大频率偏移与调制信号的频率无关。

4）频率稳定度：未调制的载波频率(即已调波的中心频率)要稳定，具有一定的频率稳定度。

5）无寄生调幅或寄生调幅尽可能小。

直接调频是利用调制信号直接控制振荡器的振荡频率，使其按调制信号的变化规律变化，称为直接调频。要控制载波振荡器的振荡频率，就要用调制信号去控制决定载波振荡器振荡频率的元件或电路的参数，从而使载波振荡器的瞬时频率按调制信号变化规律线性变化，实现直接调频。

1. 改变振荡回路元件参数实现调频

常用的可控电容元件有变容二极管和电抗管电路。常用的可控电抗元件具有铁氧体磁心的电感线圈或电抗管电路，而可控电阻元件有PIN二极管和场效应晶体管。在*LC*振荡器中，决定振荡器频率的主要元件是*LC*振荡器回路的电感*L*和电容*C*。在*RC*振荡器中，决定振荡频率的主要元件是电阻*R*和电容*C*。因此根据调频的特点，用调制信号去控制可控电感、电容或电阻的数值就能实现调频。

2. 控制振荡器的工作状态实现调频

在微波发射极中，常用速调管振荡器作为载波振荡器，其振荡频率受控于加在管子发射级上的电压。因此，只需将调制信号加至发射级即可实现调频。

变容二极管是根据PN结的结电容随反向电压变化而变化的原理而设计与工作的。在施加反向偏压时，变容二极管呈现较大的结电容。这个结电容的大小能灵敏地随反向偏压变化。利用变容二极管的这一特性，将变容二极管接到振荡器的振荡回路中，作为可控电容元件，则回路的电容量会随调制电压变化，从而改变振荡频率，达到调频的目的。

电路设计目的就是要求掌握变容二极管调频器的电路结构与电路工作原理，掌握调频器的调制特性及其测量方法。

变容二极管实际上是一个电压控制的可变电容元件。当外加反向偏置电压变化时，变容二极管PN结的结电容会随之改变，其变化规律如图8-26所示。

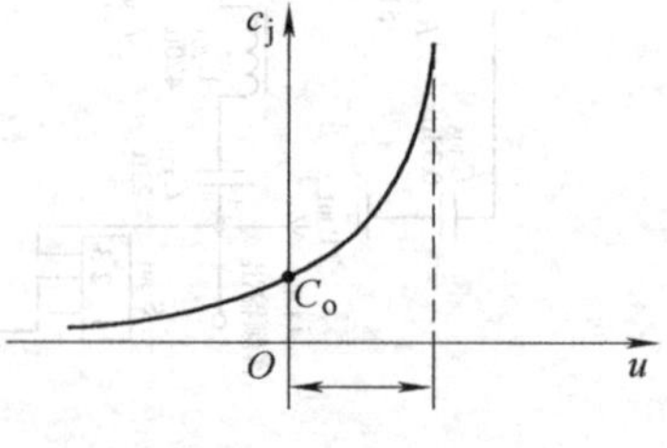

图8-26 变容二极管的$C_j \sim u$曲线

变容二极管的结电容C_j与电容二极管两端所加的反向偏置电压之间的关系如下：

$$C_j = \frac{C_0}{\left(1 + \frac{|u|}{U_\varphi}\right)^\gamma} \tag{8-9}$$

式中，U_{φ} 为 PN 结的势垒电位差，硅管约 0.7V，锗管约为 0.2 ~0.3V；C_0 为未加外电压时的耗尽层电容值；u 为变容二极管两端所加的反向偏置电压；γ 为变容二极管结电容变化指数，它与 PN 结渗杂情况有关，通常 $\gamma=1/2\sim1/3$。采用特殊工艺制成的变容二极管 γ 值可达 1 ~5。

直接调频的基本原理是用调制信号直接控制振荡回路的参数，使振荡器的输出频率随调制信号的变化规律呈线性改变，以生成调频信号。若载波信号是由 LC 自激振荡器产生的，则振荡频率主要由振荡回路的电感和电容元件决定。因而，只要用调制信号去控制振荡回路的电感和电容，就能达到控制振荡频率的目的。若在 LC 振荡回路上并联一个变容二极管，并用调制信号电压来控制变容二极管的电容值，则振荡器的输出频率将随调制信号的变化而改变，从而实现了直接调频的目的。

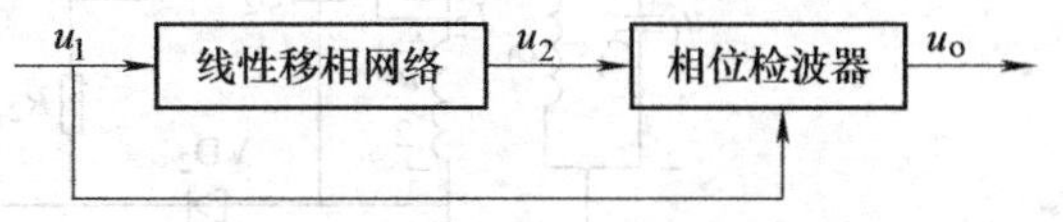

图 8-27　相位鉴频器的组成框图

电容耦合双调谐回路相位鉴频器的组成框图如图 8-27 所示。

图中的线性移相网络就是频-相变换网络，它将输入调频信号 u_1 的瞬时频率变化转换为相位变化的信号 u_2，然后与原输入的调频信号一起加到相位检波器，检出反映频率变化的相位变化，从而实现了鉴频的目的。图 8-28 所示的耦合回路相位鉴频器是常用的一种鉴频器。这种鉴频器的相位检波器部分是由两个包络检波器组成，线性移相网络采用耦合回路。为了扩大线性鉴频的范围，这种相位鉴频器通常都接成平衡和差动输出。

图 8-29 是电容耦合的双调谐回路相位鉴频器的电路原理图，它是由调频-相变换器和相位检波器两部分组成的。调频—调相变换器实质上是一个电容耦合双调谐回路谐振放大器，耦合回路初级信号通过电容 C_p 耦合到二次线圈的中心抽头上，L_1C_1 为一次调谐回路，L_2C_2 为二次调谐回路，一、二次回路均调谐在输入调频波的中心频率 f_c 上，二极管 VD_1、VD_2 和电阻 R_1、R_2 分别构成两个对称的包络检波器。鉴频器输出电压 u_o 由 C_5 两端取出，C_5 对高频短路而对低频开路，再考虑到 L_2、C_2 对低频分量的短路作用，因而鉴频器的输出电压 u_o 等于两个检波器负载电阻上电压的变化之差。电阻 R_3 对输入信号频率呈现高阻抗，并为二极管提供直流通路。图 8-29a 中一、二次回路之间仅通过 C_p 与 C_m 进行耦合，只要改变 C_p 和 C_m 的大小就可调节耦合的松紧程度。由于 C_p 的容量远大于 C_m，C_p 对高频可视为短路。基于上述原因，耦合回路部分的交流等效电路如图 8-29b 所示。一次电压 u_1 经 C_m 耦合，在二次回路产生电压 u_2，经 L_2 中心抽头分成两个相等的电压$\frac{1}{2}u_2$，由图可见，加到两个二极管上的信号为

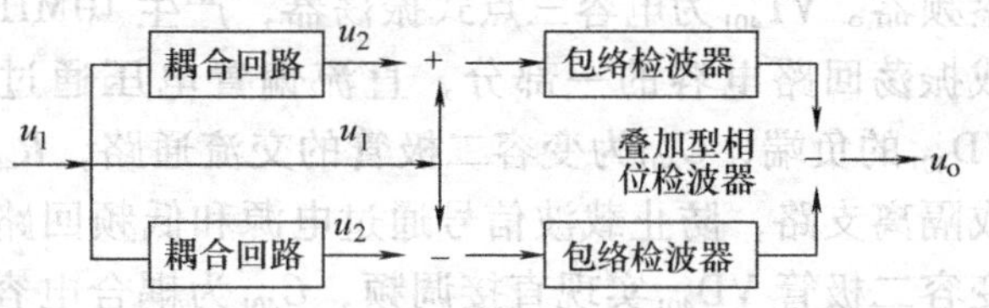

图 8-28　耦合回路相位鉴频器

$$u_{D1}=u_1+\frac{1}{2}u_2 \tag{8-10}$$

$$u_{D2}=u_1-\frac{1}{2}u_2 \tag{8-11}$$

随着输入信号频率的变化。u_1 和 u_2 之间的相位也发生了相应的变化，从而使它们的合成电压发生变化，由此可将调频波变成调幅—调频波，最后由包络检波器检出调制信号。

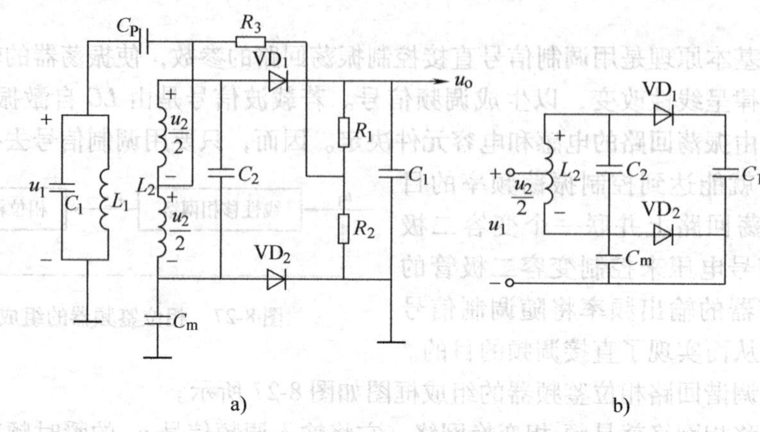

图 8-29 电容耦合双调谐回路相位鉴频器

a) 相位鉴频器的电路原理图 b) 交流等效电路

3. 实际电路分析

电路原理图如图 8-30 所示，图中的上半部分为变容二极管调频器，下半部分为相位鉴频器。VT_{401} 为电容三点式振荡器，产生 10MHz 的载波信号。变容二极管 VD_{401} 和 C_{403} 构成振荡回路电容的一部分，直流偏置电压通过 R_{427}、RP_{401}、R_{403} 和 L_{401} 加至变容二极管 VD_{401} 的负端，C_{402} 为变容二极管的交流通路，R_{402} 为变容二极管的直流通路，L_{402} 和 R_{403} 组成隔离支路，防止载波信号通过电源和低频回路短路。低频信号从输入端 J_{401} 输入，通过变容二极管 VD_{401} 实现直接调频，C_{401} 为耦合电容，VT_{402} 对调制波进行放大，通过 RP_{402} 控制调制波的幅度，VT_{403} 为射极跟随器，以减小负载对调频电路的影响。从输出端 J_{402} 或 TP_{402} 输出 10MHz 调制波，通过隔离电容 C_{413} 接至频率计；用示波器接在 TP_{402} 处观测输出波形，目的是减小对输出波形的影响。J_{403} 为相位鉴频器调制波的输入端，C_{414} 提供合适的容性负载；VT_{404} 和 VT_{405} 接成共集—共基电路，以提高输入阻抗和展宽频带，R_{418}、R_{419} 提供公用偏置电压，C_{422} 用以改善输出波形。VT_{405} 集电极负载以及之后的电路在原理分析中都已阐明，这里不再重复。

4. 测试内容与步骤

(1) 振荡器输出的调整

将切换开关 S_{401} 的 1-2 接点短接，调整电位器 RP_{401} 使变容二极管 VD_{401} 的负极对地电压为 +2V，并观测振荡器输出端的振荡波形与频率。

调整线圈 L_{402} 的磁心和可调电阻 R_{404}，使 R_{407} 两端电压为 2.5 ±0.05V（用直流电压表测量），使振荡器的输出频率为 10 ±0.02MHz。

调整电位器 RP_{402}，使输出振荡幅度为 1.6V（峰-峰值）。

(2) 变容二极管静态调制特性的测量

输入端 J_{401} 无信号输入时，改变变容二极管的直流偏置电压，使反偏电压 E_d 在 0 ~5.5V 范围内变化，分两种情况测量输出频率，并填入表 8-8。

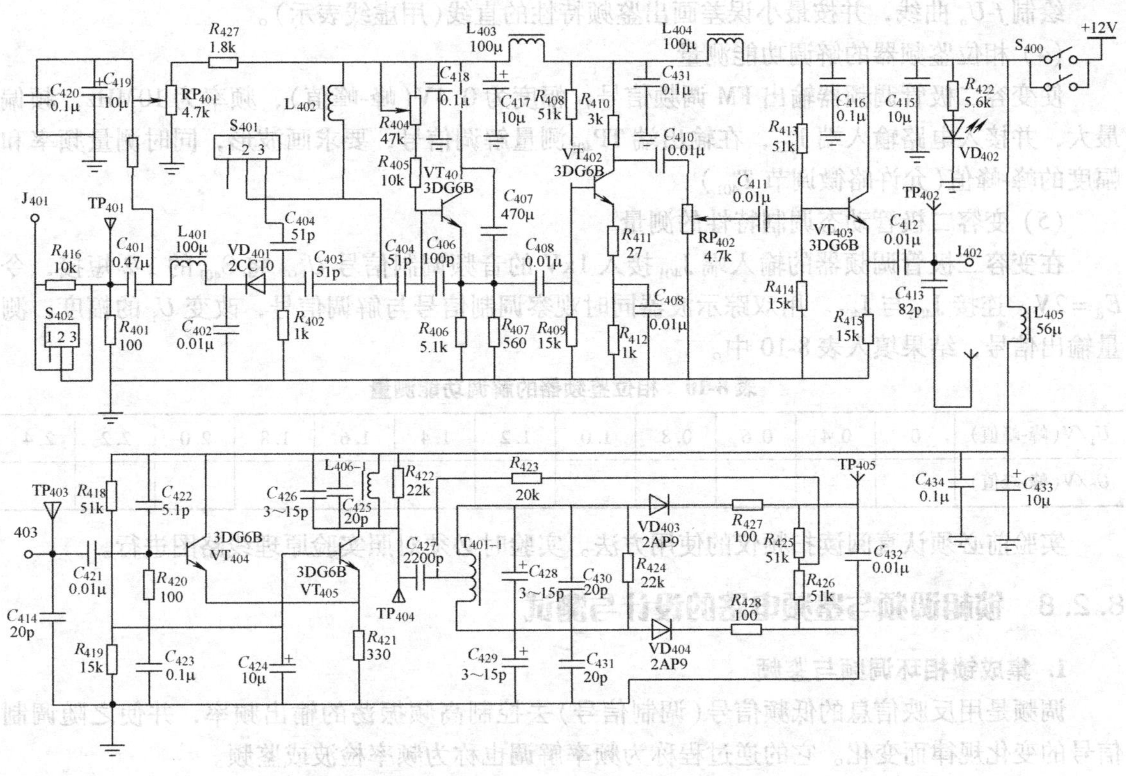

图 8-30　变容二极管调频器与相位鉴频器实验电路原理图

表 8-8　变容二极管静态调制特性的测量表

E_d/V		0	0.5	1	1.5	2	2.5	3	3.5	4	4.5	5	5.5
f_0/MHz	不并 C_{404}												
	并 C_{404}												

（3）相位鉴频器鉴频特性的测试

1）相位鉴频器的调整。扫频输出探头接 TP_{403}，扫频输出衰减 30dB，Y 输入用开路探头接 TP_{404}，Y 衰减 10(20dB)，Y 增幅最大，扫频宽度控制在 0.5 格/MHz 左右，使用内频标观察和调整 10MHz 鉴频 S 曲线，可调元器件为 L_{406}，T_{401}，C_{426}，C_{428}，C_{429}。其主要作用为：T_{401}、C_{428} 调中心 10MHz 至 X 轴线，L_{406}、C_{426} 调上下波形对称，C_{429} 调中心 10MHz 附近的线性。

2）鉴频特性的测试。载波发生器模块输出载波的频率 10MHz，幅度 0.4V(峰-峰值)，接入输入端 TP_{403}，用直流电压表测量输出端 TP_{405} 对地电压(若不为零，可略微调 T_{401} 和 C_{428}，使其为零)，然后在 9.0～11MHz 范围内，以相距 0.2MHz 的点频，测得相应的直流输出电压，并填入表 8-9 鉴频特性的测试表。

表 8-9　鉴频特性的测试

f/MHz	9.0	9.2	9.4	9.6	9.8	10	10.2	10.4	10.6	10.8	11
U_o/mV											

绘制f-U_o曲线，并按最小误差画出鉴频特性的直线(用虚线表示)。

(4) 相位鉴频器的解调功能测量

使变容二极管调频器输出FM调频信号，幅度为0.4V(峰-峰值)，频率为10MHz，频偏最大，并接入电路输入端J_{403}，在输出端TP_{405}测量解调信号，要求画波形，同时测量频率和幅度的峰-峰值(允许略微调节T_{401})。

(5) 变容二极管动态调制特性的测量

在变容二极管调频器的输入端J_{401}接入1kV的音频调制信号U_i。将S_{401}的1-2短接，令$E_d=2V$，连接J_{402}与J_{403}。用双踪示波器同时观察调制信号与解调信号，改变U_i的幅度，测量输出信号，结果填入表8-10中。

表8-10 相位鉴频器的解调功能测量

U_1/V(峰-峰值)	0	0.4	0.6	0.8	1.0	1.2	1.4	1.6	1.8	2.0	2.2	2.4
U_0/V(峰-峰值)												

实验前必须认真阅读扫频仪的使用方法。实验时必须对照实验原理线路图进行。

8.2.8 锁相调频与鉴频电路的设计与测试

1. 集成锁相环调频与鉴频

调频是用反映信息的低频信号(调制信号)去控制高频振荡的输出频率，并使之随调制信号的变化规律而变化。它的逆过程称为频率解调也称为频率检波或鉴频。

设计采用LM4046数字集成锁相环(PLL)来设计调频与鉴频。锁相环的内部电路主要由鉴相器和压控振荡器(VCO)两部分组成。

2. LM4046简介

1)锁相环调频原理

锁相环调频原理框图如图8-31所示。

将低频调制信号加到压控振荡器的控制端，使压控振荡器的输出频率在自由振荡频率(中心频率)f_0上下随调制信号而变化，即生成了调频波。当高频载波频率与自由振荡频率相近时，压控振荡器的振荡频率与载波频率锁定。图8-31中的低通滤波器只保证压控振荡器中心振荡频率与载波频率锁定时所产生的相位误差电压通过，它与调制信号经由加法电路，去控制压控振荡器的频率，从而获得与载波频率具有同样频率稳定度的调频波。

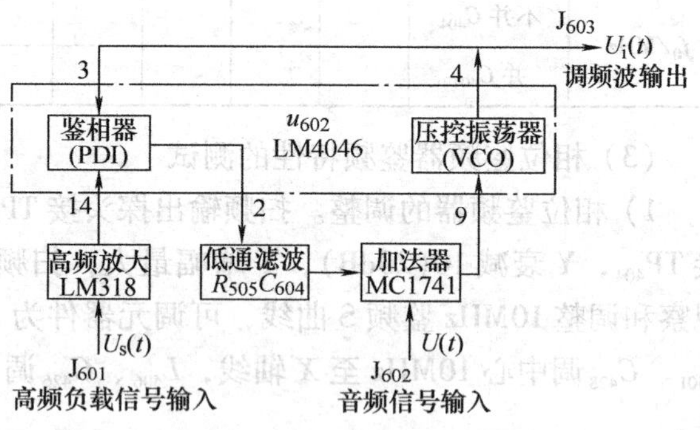

图8-31 锁相环调频原理框图

2)锁相环解调原理

锁相环鉴频原理框图如图8-32所示。

输入调频波经放大后与压控振荡器的输出经鉴相器获得一个变化的相位误差电压，并通过低通滤波器滤去所含有的高频成分，获得一个随调制信号频率而变的解调信号，即实现了鉴频。

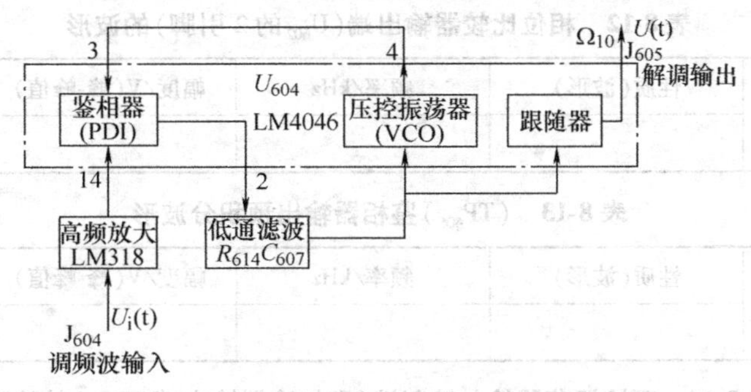

图 8-32 锁相环鉴频原理框图

3. 锁相环的自由振荡频率 f_o、同步带与捕捉带测量方法

图 8-33 中，PD 为相位比较器(鉴相器)、VCO 为压控振荡器，C_1、R_1、R_2 决定自由振荡频率 f_o；R_3、C_3 为低通滤波器；14 端为高频输入端，要求输入方波信号，4 端为 VCO 输出端。

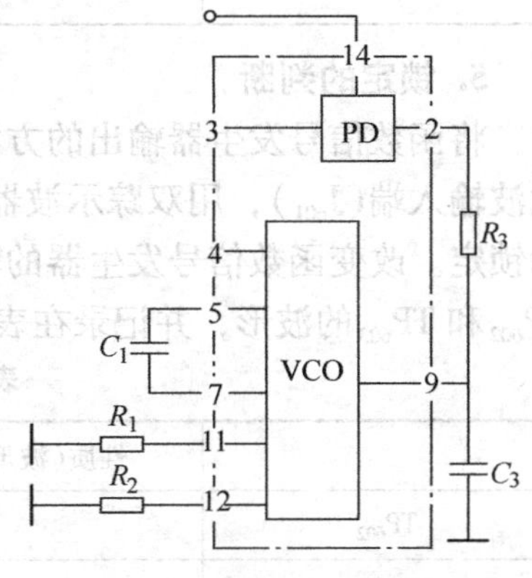

图 8-33 锁相环典型电路

(1) 自由振荡频率 f_o 测量

用示波器观测 4 端的波形应为方波，测量其周期即可换算出自由振荡频率 f_o。

(2) 锁定的判断

在 14 端输入方波信号，观察 2 端的波形，如已锁定，可得一个稳定的矩形脉冲；若 14 端输入信号频率与压控振荡器的振荡频率相等，则 2 端将呈现两倍频的稳定方波信号。

(3) 同步带和捕捉带的测量

14 端输入一个方波(或正弦)信号，变化输入信号频率从中心频率 f_o(VCO 自由振荡频率)附近逐渐上升，至 4 端或 2 端输出方波出现不稳定时，即环路失锁时，测出此时的失锁频率 f_{H2}。改变 14 端输入信号频率，由 f_{H2} 下降至 4 或 2 端输出方波再次稳定时，测其频率 f'_{H2}。改变 14 端输入信号频率由 f_0 下降至 4 或 2 端输出方波出现不稳定时，测其失锁频率 f_{L2}。改变 14 端输入信号频率由 f_{L1} 上升至 4 或 2 端输出方波又重新出现稳定时，测其频率 f'_{L1}。可计算得，同步带为：$f_{H2}-f_{L2}$，捕捉带为：$f'_{H2}-f'_{L2}$，如图 8-34 所示。

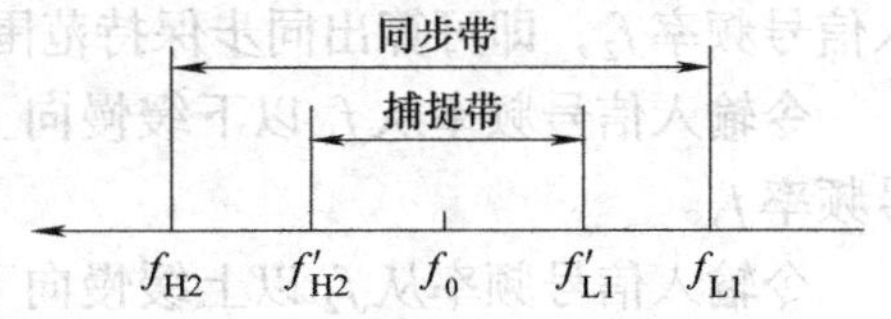

图 8-34 同步带和捕捉带

4. 锁相环自由振荡频率 f_o 的测量

调节自由振荡频率的微调电位器 R_{611} 至适中位置，令锁相调频的高低频输入端对地短接，测量 TP_{607}(即 U_{603} 的 9 引脚)直流电压(约为 5.3V，近似电源电压的 1/2)，用示波器观察锁相环的输出，填写表 8-11 ~ 表 8-14。

表 8-11 波形性质、频率和幅度

U_{603} 锁相环自由振荡波形	性质(波形)	频率/kHz	幅度/V(峰-峰值)

表 8-12 相位比较器输出端(U_{602}的 2 引脚)的波形

	性质(波形)	频率/kHz	幅度/V(峰-峰值)	相 位
TP_{605}鉴相器输出波形				

表 8-13 (TP_{606})鉴相器输出预积分波形

	性质(波形)	频率/kHz	幅度/V(峰-峰值)	相 位
TP_{606}鉴相器输出预积分波形				

表 8-14 压控振荡器输入控制端(即加法器输出端 TP_{607})的波形

	性质(波形)	频率/kHz	幅度/V(峰-峰值)	相 位
TP_{607}鉴相器输出积分波形				

5. 锁定的判断

将函数信号发生器输出的方波信号(幅度为 3.5V(峰-峰值),频率为自振荡频率)加到载波输入端(J_{601}),用双踪示波器同时观测锁相环 14 引脚和 4 引脚的波形。若波形稳定则表示锁定。改变函数信号发生器的输出信号频率,可发现在较大范围内锁相环均能锁定。观察 TP_{602}和 TP_{603}的波形,并记录在表 8-15。

表 8-15 观察 TP_{602}和 TP_{603}的波形

	性质(波形)	频率/kHz	幅度/V(峰-峰值)	相 位
TP_{602}				
TP_{603}				

锁定时,同时观测 TP_{605}和 TP_{603}(即锁相环的 2 引脚和 4 引脚),会发现什么现象?

(1) 测量同步保持范围(同步带)和同步引入范围(捕捉带)

令载波输入端的方波输入信号从自振荡频率开始缓慢下调,直至双踪波形失步抖动(不锁定),测得此时的载波输入信号频率 f_1。

令输入信号从自振频率缓慢向上调,直至双踪波形失步抖动(不锁定),测得此时的输入信号频率 f_2,即可算出同步保持范围(同步带)$f_2 \sim f_1$。

令输入信号频率从 f_1 以下缓慢向上调,直至双踪波形同步(锁定),测得此时的输入信号频率 f_3。

令输入信号频率从 f_2 以上缓慢向下调,直至双踪波形同步(锁定),测得此时的输入信号频率 f_4,即可算出同步引入范围(捕捉带)$f_4 \sim f_3$。

(2) 锁相环自由振荡频率的测量

调节自由振荡频率的微调电位器 R_{615}至适中位置,测量 TP_{611}(即 U_{604}的 9 引脚)直流电压,用示波器观察锁相环的输出(TP_{609})。并把波形的性质、频率和幅度,填入表 8-16 ~ 表 8-18。

表 8-16 锁相环自由振荡频率的测量

	性质(波形)	频率/kHz	幅度/V(峰-峰值)
TP_{609}锁相环自由振荡波形			

表 8-17 观测相位比较器输出端(U_{604}的 2 引脚)的波形

TP_{610}鉴相器的输出波形	性质(波形)	频率/kHz	幅度/V(峰-峰值)

表 8-18 观测 U_{604}的 9 引脚的波形

TP_{611}鉴相器输出积分波形	性质(波形)	频率/kHz	幅度/V(峰-峰值)

(3) 锁定的判断

将函数信号发生器输出的方波信号(幅度为 3.5V(峰-峰值),频率为自振荡频率)加到输入端(J_{601}),连接 TP_{602}和 TP_{608},用双踪示波器同时观测 TP_{608}和 TP_{609},即锁相环的 14 引脚和 4 引脚,波形稳定则表示锁定。改变函数信号发生器的输出信号频率,可发现在较大范围内锁相环均能锁定。锁定时观察管 TP_{610}和 TP_{609},即锁相环 2 引脚和 4 引脚的波形,有何结论,如何分析?

(4) 测量同步保持范围(同步带)和同步引入范围(捕捉带),观测 TP_{608}和 TP_{609},改变函数信号发生器的输出信号频率(载波信号)。使载波输入端的方波输入信号频率从自振荡频率开始缓慢向下调,直至双踪波形失步抖动(不锁定),测得此时的输入信号频率 f_1。令输入信号频率从自振荡频率开始缓慢向上调,直到双踪波形失步抖动(不抖动),测得此时的

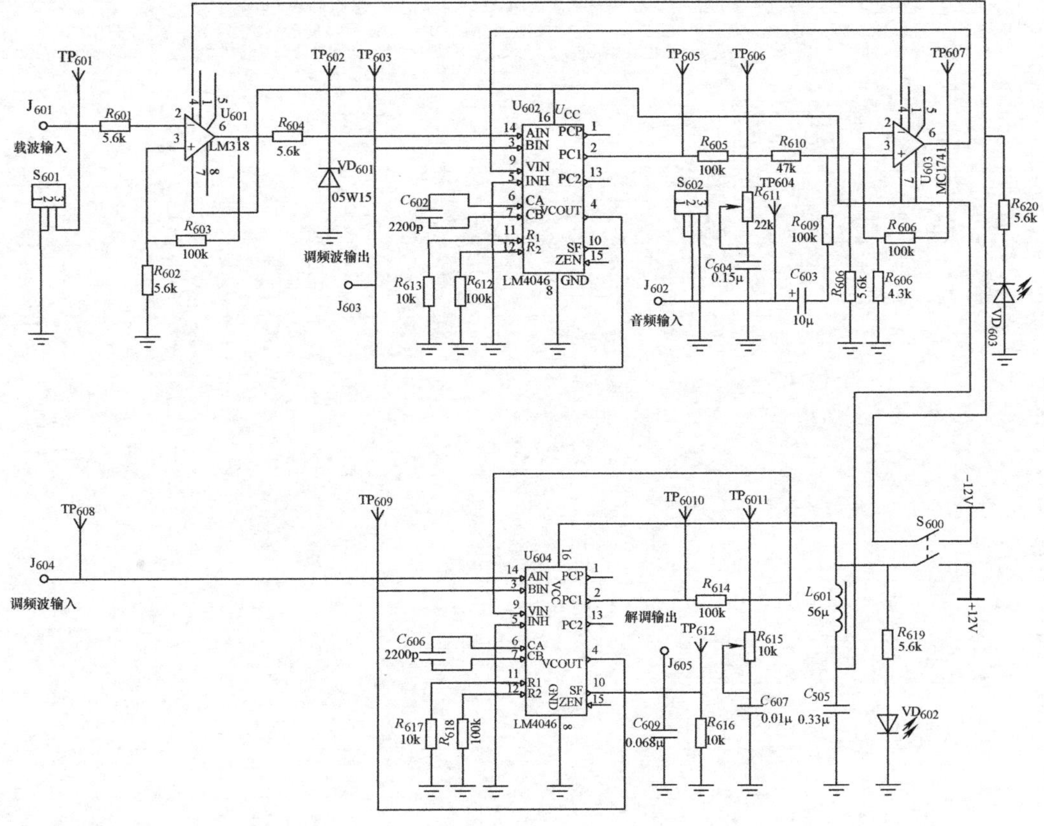

图 8-35

输入信号频率f_2，即可算得同步保持范围(同步带)$f_2 \sim f_1$。令输入信号频率从f_1以下缓慢向上调，直至双踪波形同步(锁定)，测得此时的载波输入信号频率f_3。令输入信号频率从f_2以上缓慢向下调，直至双踪波形同步(锁定)，测得此时的载波输入信号频率f_4，即可算得同步引入范围(捕捉带)$f_4 \sim f_3$。

短接S_{601}1-2，在J_{601}或TP_{601}输入3.5V(峰-峰值)自振频率的正弦波。短接S_{602}1-2，在J_{602}或TP_{604}输入1V(峰-峰值)频率1kHz的正弦波。用双踪示波器跟踪观察TP_{604}和TP_{603}，就能清晰地观看到调频波的稀密变化。

第9章 微波测量

微波指的是分米波、厘米波和毫米波。频率范围的一种说法是300kHz～300GHz，相应波长是1m～1mm；另一种说法是1～1000GHz，相应的自由空间的波长为30cm～0.3mm。

9.1 微波技术的特点及重要性

微波波谱处于无线电波谱的高端，因为波长短，使得同样尺寸的天线具有较高的方向性和分辨能力，或相同性能的天线具有相对小的尺寸。

在微波波段，电波在大气中的衰减比较小，并能够穿过电离层。对于通信、雷达、遥感、遥测、全球定位系统（Global Positioning System，GPS）等应用系统来说，微波提供了非常好的性能，也就是低的大气传播衰减，高的辐射方向性和高的分辨率。因为波长短，在相对频率带宽相同的情况下，微波能提供较宽的可用频谱。例如，分米波段、厘米波段和毫米波段的频谱宽度分别为2.7GHz、27GHz和270GHz，这是一个非常丰富的频谱资源，必须很好地利用和配合。因为波长短，使得微波设备的尺寸可以做得相对较小，便于安装在飞机、导弹、卫星等各种飞行物中。正是由于微波的这些优点，使得微波工程在国防工业和信息产业中的地位变得至关重要，几十年来对于微波波谱的开发和利用经久不衰，而微波也从最初的军事应用逐渐转变到以民用为主。

微波技术是无线电技术向高频发展形成的分支技术，微波测量技术是微波技术的辅助部分，它对微波技术的发展和应用起到很重要的作用。同其他尖端科学技术一样，微波技术中有很多问题在理论上并没有完全解决，微波理论是否正确，只有通过生产实践和科学实验才能加以验证。例如，在微波元器件和微波设备的生产过程中，微波测量也是必不可少的。此外，在实际工作中，还需要知道振荡器的振荡频率、输出功率以及传输线的匹配情况。可见，在科学研究和生产实际中，微波测量技术是极其重要的环节。

微波测量技术早已经作为一种常用的实验技术而列入了微波实验课的内容，很多基本微波研究，例如微波波谱分析、粒子加速度等都要用到微波测量技术。因此，掌握微波测量技术是极其重要的。但必须指出，微波测量技术本身是建立在理论基础上的。因此，掌握足够的微波理论是正确、灵活应用微波测量技术的必要条件。

9.2 低频和微波波段的电路实现的区别

微波技术主要研究如何引导电磁波在微波传输系统中有效传输，它的特点是：希望电磁波按一定要求沿着传输系统无辐射地传输。因为对传输系统而言，辐射是一种能量的损耗。

微波技术是无线电技术向高频发展而形成的分支，它与一般的无线电技术有着共同的基础。因此，两种测量有着共同之处，某些微波测量的方法也在低频中应用（如驻波测量法），而低频测量中的差频法在微波测量中也能应用。

微波测量的内容很多，实验课中所进行的是微波基本量的测量。与一般的无线电测量相比较，微波测量具有很多不同的特点。

1. 微波测量的基本量

微波测量的基本量是功率、波长 λ 和驻波比 S，而不是电压 V、电流 I 和阻抗 Z。在低频时，无线电工程测量均建立在原始参量电压、电流和频率的基础上，其他参量，如波长、功率、阻抗、品质因数和放大系数等均可由这三个基本量导出。然而，随着频率提高到微波波段，电压、电流不仅失去了原来的意义，而且根本无法直接测量，所以，电压、电流不能再作为微波测量的基本参数。

2. 微波的重要特点

微波的特点是频率高，波长短，电磁场的空间效应不能忽略，因此不能像低频那样用电路的概念和方法来处理问题，而是必须采用场的概念来研究微波问题。因此，微波测量的基本量是以场强为基本量的驻波比、功率和波长等，而其他参量如阻抗（或导纳）、衰减系数、增益和品质因素等，原则上都可以由基本量导出。功率一般是借助能量变换装置，将微波电磁能变换成其他形式的能量来测量，而不是从电压和电流出发来进行计算的，波长则往往根据电磁场的驻波分布直接进行长度的测量，阻抗测量是通过测量驻波比以及驻波最小点至负载的距离，从而确定阻抗的。衰减量的测量则可以转化为功率的测量，谐振腔 Q 值的测量可以转化为频率和驻波比的测量等。

3. 微波中用分布参数的元器件代替集中参数的元器件

在低频时，每一个元器件都有特定的电参数值，如电阻、电容和电感等。但是，在微波段，由于频率高，波长同一般电子元器件的尺寸差不多，故一般的接线或普通的电子元件就相当于天线，将会产生严重的辐射。因此，在微波电路中，一般低频集中参数的电阻、电容和电感已不能使用，而应以闭合的波导管、空腔谐振器以及各种类型的波导元件来代替一般的传输线、振荡回路和电路元件。

4. 低频和微波波段的电路实现具有很大的区别

开路：不接任何元器件就可以在低频时实现开路。在微波波段，如果不接元器件，则从开路处会有微波辐射出去，因此要用到可调短路器才可以实现真正的开路，在短路时再移动 1/4 个波长就可以实现开路。

短路：在低频时，用一根导线就可以实现短路。在微波段，需要用一个短路板或可调短路器来实现短路。

匹配：在低频时，调节电压和电流可以实现匹配。在微波段，需采用各种匹配器，调节可调螺钉来实现匹配。

滤波：在低频时，实现滤波的电路非常容易。在微波段，采用传输线的实现方式，如波导、同轴线、带状线和微带等，用这些传输线的电抗元件可实现滤波器的 4 种频率变换（低通、高通、带通、带阻）。

谐振：低频时，用电容、电感实现谐振。在微波段，采用谐振腔，其等效电路是等效为电容、电感来实现谐振的。

5. 机械加工要求十分严格

对于波导管来说，内壁要求十分光滑，需要镀金或银，内壁的光滑度对测量结果影响很大。微波测量本身有一套完整的系统理论，是一门独立系统的课程。

9.3 微波测量系统的认识与基础连接

9.3.1 微波测量系统的认识

微波测量一般都是在微波信号源和若干波导或同轴元件组成的微波测量系统上进行的，根据信号源输出功率电平的大小，可分为小功率和大功率两类微波测量系统，其中大功率波导测量系统主要用来测量大功率微波管的特性。图 9-1 所示的是一种较常用的小功率波导测量系统。图中信号源产生的微波信号通过同轴－波导转换进入测量系统。隔离器作为去耦合衰减器，防止反射波进入信号源，影响其输出功率与频率的稳定性。可调衰减器用来调节输出功率的大小，使指示器有适当的指示。正接的定向耦合器从主波导中分出部分功率到副波导中，供监视功率和测量频率使用。频率计和监视功率的检波器接在定向耦合器的副波导中，这样安排可以防止在测量频率时对主波导的影响，在简单的测量系统中也有将频率计直接接入主波导的。测量线用来测量主传输线中的驻波参量，待测元件就接在驻波测量线的后面。必须指出，由于测量对象和所采用的测量方法不同，测量系统的布置也相应地有所变化。

连接时注意定向耦合器的正确方向，并将短路板接在测量线输出端，选频放大器与测量线先连上 Q_9 线。检查无误后方可打开信号发生器和选频放大器的电源。

微波测量系统常用的有同轴和波导两种。小功率同轴测量系统与波导测量系统类似，只是所用微波元件的具体结构不同。同轴系统频带宽，一般用在较低的微波频段（2cm 波段以下）；波导系统（常用矩形波导）损耗低、功率容量大，一般用在较高频段（厘米波段直至毫米波段）。

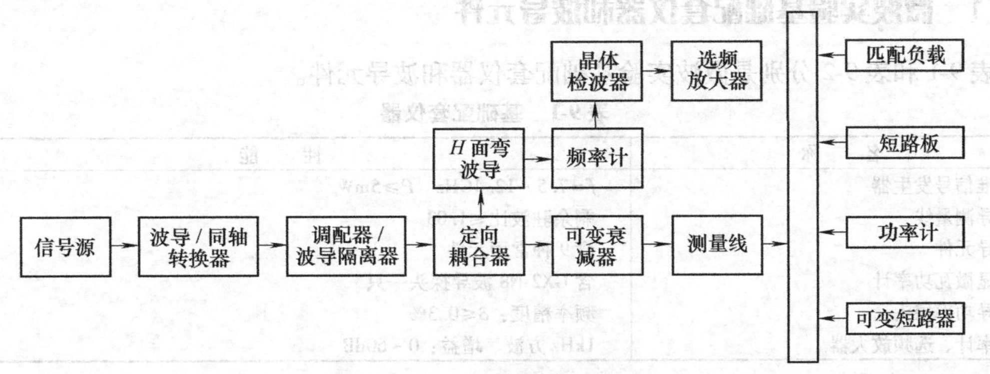

图 9-1　小功率波导测量系统

电源部分包括微波信号源，功率、频率监视单元和隔离器。信号源是微波测试系统的核心。微波测量技术要求具有足够功率电平和一定频率的微波信号，同时要求一定的功率和频率稳定度。功率和频率监视单元是由定向耦合器取出一小部分微波能量，经过检波指示来观察信号源的稳定情况，以便及时调整。为了减小负载对信号源的影响，电路中采用了隔离器。测量装置部分包括测量线、调配元件、短路器、匹配负载以及电磁能量检测器（晶体检波架、功率计探头等）。指示器部分包括显示测量信号特性的仪表，常用测量指示器有指示等幅波的直流微安表、光点测流计、微瓦功率计，有指示调制波的测量放大器和选频放大器。此外，还可用示波器、数字电压表等作为指示器。实验室常用选频放大器作为指示器，因为这类仪表灵敏度高，能对微波信号进行宽带或选频放大。

9.3.2 微波测量实验室基础连接

当对微波信号的功率和频率稳定度要求不高时，测量系统可简化为图 9-2 所示的基础连接系统，实验室一般采用这种装置。

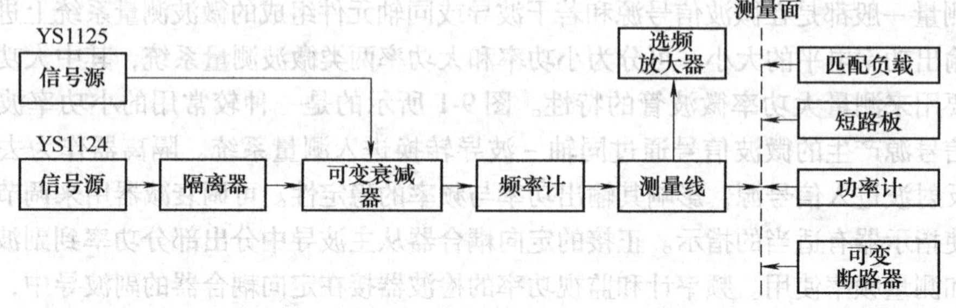

图 9-2 实验室基础连接系统

微波测量，首先必须正确连接与调整微波测量系统。图 9-2 是实验室常用的微波测量系统，为了便于操作，信号源通常位于左侧，待测元件接在右侧。连接系统要求平稳，各元件接头对准。晶体检波器输出引线应该远离电源和输入线路，以免干扰。如果系统连接不当，将会影响测量精度，产生误差。系统调整主要指测量线的调整以及晶体检波器的校准。

9.4 微波实验系统

9.4.1 微波实验基础配套仪器和波导元件

表 9-1 和表 9-2 分别是微波实验基础配套仪器和波导元件。

表 9-1 基础配套仪器

名　称	性　能
标准信号发生器	$f=7.5\sim12.4$GHz　$P\geqslant5$mW
波导测量线	剩余驻波比≤1.03
波导元件	含 9 种常用元件
数显微瓦功率计	含 GX2-N8 波导探头一只
波导功率探头	频率精度：$\delta\leqslant0.3\%$
频率计、选频放大器	1kHz 方波、增益：0～60dB

表 9-2 BD-20A 型波导元件（FB-100：22.86×10.16）

成套产品	单　位	数　量
E-H 阻抗调配器	只	1
定向耦合器	只	1
可变衰减器（附衰减曲线对照表）	只	1
晶体检波器（附输出电缆）	只	1
匹配负载	只	1
波导同轴转换	只	1
90°H 波导	只	1
可变短路器	只	1
直波导	只	1

根据实验扩展需要可选下列波导元件：魔T（2）单螺调配器、90°扭波导、90°E面弯波导、波导开关、E-T型接头、H-T型接头、EH-T型接头、双脊宽带喇叭天线（同轴）、角锥天线（波导）、容性或感性两端口元件。

9.4.2 微波信号发生器

微波信号源既是微波测量的重要对象，又是测量无源微波元器件的必备仪器。微波信号发生器的振荡源早期主要采用微波电子器件，如微波晶体管及反射式速调管，以后逐渐出现微波半导体器件，其所有电路完全半导体化，形成固态信号源。现在市场上有采用TTL振荡锁相环路倍频压缩技术，能生产9.37GHz点频的信号发生器，具有功率大、稳定可靠等特性，特别适用于学生实验和天线场测试使用。信号发生器使用要点如下：

1）有的信号发生器的机内已连接上隔离器，因此在一般测量情况下，系统不必再串接隔离器，同时系统中的可变衰减器实际上已起到了隔离作用。

2）如果信号发生器上有功率调节旋钮，在正常使用情况下，一般不要将机器面板上的功率调节旋钮调到最大处，因功率是通过耦合环伸入腔体内拾取能量，耦合环过度深入会引起频率牵引而造成跳模，影响使用。

9.4.3 测量线技术

测量线是微波测量中的常用仪器，它在微波测量中用途很广，不仅可以用来测量传输线上的驻波场分布，还可以测量波长、阻抗、衰减、相位移和Q值等微波参量，有“微波万用表”之称。其使用方便、灵活，具有一定精度，因而在微波测量中有广泛应用。

根据传输线的不同，测量线的形式也不同，常用的有同轴型和波导型，一般包括开槽线、探针耦合指示机构、机械传动及位置移动装置三部分。波导测量线结构图如图9-3所示。

测量线一般由一段开槽传输线、探头（耦合探针、探针的调谐腔体和输出指示）及传动装置三个部分组成。由于耦合探针伸入传输线而引入不均匀性，其作用相当于在线上并联一个导纳，从而影响系统的工作状态，因此测量前必须仔细调整测量线，以减少其影响。测量线的调整一般包括选择合适的探针穿伸度、调谐探头和测定晶体检波特性。

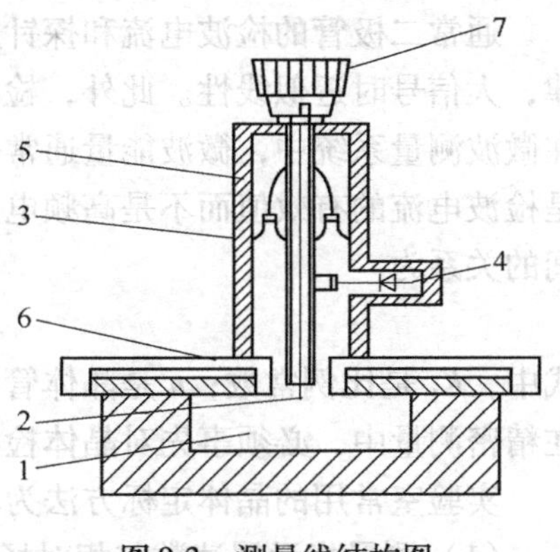

图9-3 测量线结构图

1—传输波导 2—探针 3—同轴线 4—微波二极管 5—调谐活塞 6—检波滑座 7—深度调节螺母

探针电路的调谐方法是，先使探针的穿伸度适当，通常取1.0～1.5mm，然后，测量线终端接匹配负载，移动探针至测量线中间部位，调节探头活塞，直到输出指示最大。

1. 开槽线

在矩形波导的宽边（上面）正中平行于波导的轴线开一条窄缝，由于很少切割电流，因而开槽对波导内的场分布影响很小，槽长有几个半波长。

2. 探头部分

探头包括探针耦合、调谐装置及晶体检波器。金属探针垂直伸入波导（或同轴线）槽缝少许，由于它与电力线平行耦合的结果产生大小正比于该处场强的感应电压，耦合出一部分电磁场能量，经调谐腔体送至晶体检波器检波后输出直流或低频电流，由微安表或测量放大器指示。

3. 机械传动及位置移动装置

探头固定在托架上，依靠齿轮齿条的传动可使探针沿开槽线移动，以便检测相应各点的场分布。探针位置由游标尺读数，精度可达0.05mm，若借助于百分表，精度可达0.01mm。

正确使用测量线是提高测量精度的重要保证，它包括探针穿伸度的调整和探头的调谐。从理论上说，探针在波导中可等效为一并联导纳 $Y=G+\mathrm{j}b$，其等效电导 G 反映了探针吸收功率的大小，因而 G 的存在将使所测得的驻波比小于真实值；等效电纳 B 反映了探针在波导中所产生的反射对驻波场的影响，因而将使驻波相位发生偏移，也就是使驻波最大点与最小点的位置发生偏移，因而驻波图形产生倾斜。探针插入越深，影响也越大。

4. 减少和消除这些影响的办法

减小探针的穿伸度和正确调谐探头的谐振腔是保证测量精确性的前提，但穿伸度的减小会影响输出指示的灵敏度，因而必须适当地调整，一般是旋到底后退出两圈半为宜。探头的调谐是十分重要的，既可以消除电纳 B 的影响，又可以提高测试灵敏度。

调谐方法：当测量线端接不匹配负载时，将测量线探针置于波腹点，调节调谐腔体活塞，使输出指示最大，或在测量线终端接匹配负载，调节腔体活塞，使输出指示最大，这时对应的 $B=0$，G 为最大。当电源的工作频率变化时，需重新调谐。

9.4.4 晶体检波特性的测定

利用开槽测量线进行测量时，测量精度不仅与正确选择测量方法有关，也与测量线本身误差有直接关系。晶体检波率的变化是一重要误差源，对于精密测量，必须进行校准。

通常二极管的检波电流和探针所在处的场强并非线性关系，一般在小信号时为近似平方律，大信号时近似线性。此外，检波律还随环境温度、湿度、时间和振动等的变化而变化。在微波测量系统中，微波能量通常是经过二极管检波后送至指示器的，所以从电表上读到的是检波电流的有效值而不是高频电压。二极管是非线性元件，其检波电流 I 与两端电压 U 之间的关系为

$$I=K_1\,|U|^n \tag{9-1}$$

式中，K_1 是比例常数；n 是晶体管的检波规律，它与晶体检波器的特性及工作状态有关，故在精密测量中，必须事先对晶体检波律进行定标校准。

实验室常用的晶体定标方法为驻波法，它包括以下两种方法：

（1）测量指示器读数与相对场强的关系曲线

忽略波导的损耗和探针负载的影响，当测量线终端短路时，测量线上分布的全反射驻波可用下式表示：

$$E=E_m\sin(\beta d)=E_m\sin\left(\frac{2\pi}{\lambda_g}d\right) \tag{9-2}$$

$$\left|\frac{E}{E_m}\right|=\left|\sin\left(\frac{2\pi}{\lambda_g}d\right)\right| \tag{9-3}$$

式中，d 为被测点距驻波节点的距离；λ_g 为波导波长；E_m 为波腹处场强。

$$U = K_2\sin\left(\frac{2\pi}{\lambda_g}d\right) \tag{9-4}$$

$$I = K_1U^n = K\left[\sin\left(\frac{2\pi}{\lambda_g}d\right)\right]^n \tag{9-5}$$

式中 K_2 为常数；K 为与 K_1、K_2 有关的另一个常数。两边取对数，得

$$\lg I = \lg K + n\lg\sin\left(\frac{2\pi}{\lambda_g}d\right) \tag{9-6}$$

由式（9-5）可知，检波器晶体的输出电流 I 与 $\sin\left(\frac{2\pi}{\lambda_g}d\right)$ 在全对数坐标系中呈线性关系，如图9-4所示，它的斜率是 n。

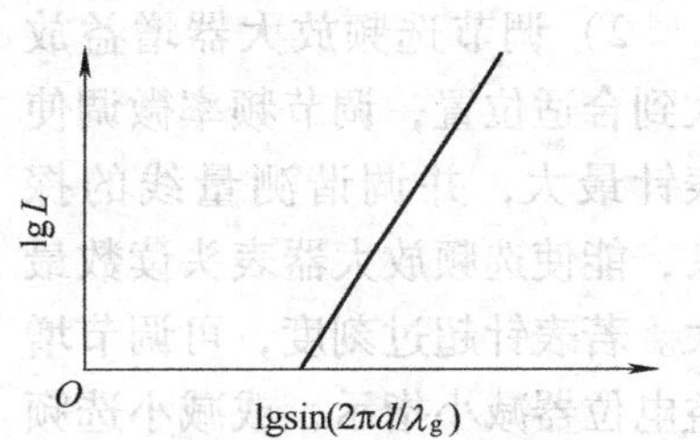

图9-4 晶体检波电流与距离的关系曲线

移动探针并逐点记下距离 d 与检波电流 I，作图，从而计算出 n。也可以作出 $I\text{-}K\sin\left(\frac{2\pi}{\lambda_g}d\right)$ 曲线，由 I 可查出相应的电场强度 E。

必须注意，这样测得的校正曲线包括了测量放大器本身的非线性特性，因而应记下校正时衰减器的衰减量和测量放大器上的量程。除了以上方法，也可以利用半高点之间的距离确定晶体检波律。

（2）利用半高点之间的距离确定晶体检波律

测量线终端短路，测量驻波最大值，然后在最大值两边测量半高点（即为驻波最大值的一半）之间的距离 W，如图9-5所示，则可根据下式计算出 n：

$$n = \frac{\log 0.5}{\lg\cos\left(\frac{\pi W}{\lambda_g}\right)} = \frac{0.3010}{\lg\cos\left(\frac{\pi W}{\lambda_g}\right)} \tag{9-7}$$

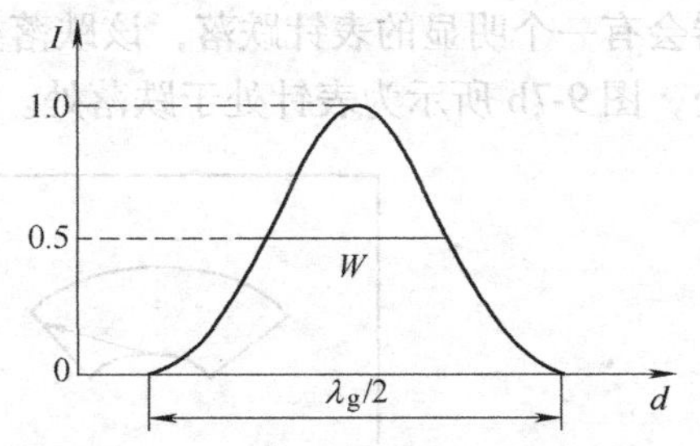

图9-5 半高法校准晶体的检波特性

实验中大多数微波测试系统属于小信号工作状态，因此，晶体检波律基本为平方律，如果不是精密测量，通常 n 取2。

需要指出，上述方法测得的二极管的定标曲线和检波律，实际上还包括指示器的非线性部分在内，在更换检测仪表或晶体管后都必须重新校准。同时，晶体的检波特性随时间、温度和湿度变化较大，校准工作应经常进行。

9.5 微波实验内容

9.5.1 微波测量系统的连接、调整与频率检查

本实验内容主要是熟悉微波信号源的工作方式、信号检测及学会用吸收式频率计测量工作频率 f_0。当波导中存在不均匀性或负载不匹配时，波导中将出现驻波。测量驻波特性的仪器就是驻波测量线（简称测量线）。实验前要进行探针电路调谐，方法是调整探针插入深度（通常

在1.5~2mm)。探头调谐活塞就是调节(侧立小圆盘)探头调谐活塞使选放指示最大，调谐的过程就是减小探针反射对驻波图形的影响和提高测量系统灵敏度的过程，这是减小驻波测量误差的关键，必须认真调整。另外当改变信号发生器频率或探针插入深度时，由于探针电纳 Y_p 相应改变，必须重新进行探针调谐。同时将信号源的工作方式置于等幅位置，将衰减置于较大位置，晶体检波器输出端接至相应的指示器，记录测量结果。测量步骤如下：

1）参照基本系统连接框图（见图9-6）进行连接。开机检查信号源，看频率是否显示正常，并调到9.37GHz，工作状态须选择在“等幅”或“方波”处。

2）调节选频放大器增益放大到合适位置，调节频率微调使表针最大，并调谐测量线的探头，能使选频放大器表头读数最大。若表针超过刻度，可调节增益电位器减小指示，或减小选频放大器的分贝值。

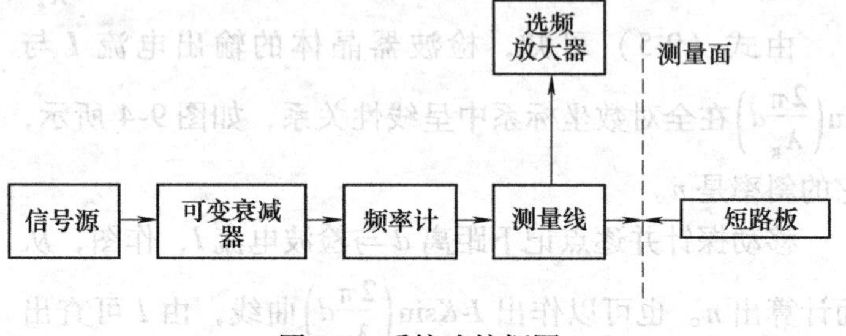

图9-6 系统连接框图

3）移动测量线探针平台，可观察到从大到小及从小到大的周期变化（即波腹与波节交替出现）此时系统即处于正常待测状态。

4）调节选频放大器增益电位器使表针处于满刻度处，用频率计测量信号源的工作频率。缓慢旋转频率计上的黑盖或调谐频率计，在9.3~9.4GHz处放慢旋转动作，选频放大器会有一个明显的表针跌落，该跌落处即是实际频率点，如图9-7a所示为表针处于满刻度处，图9-7b所示为表针处于跌落处。

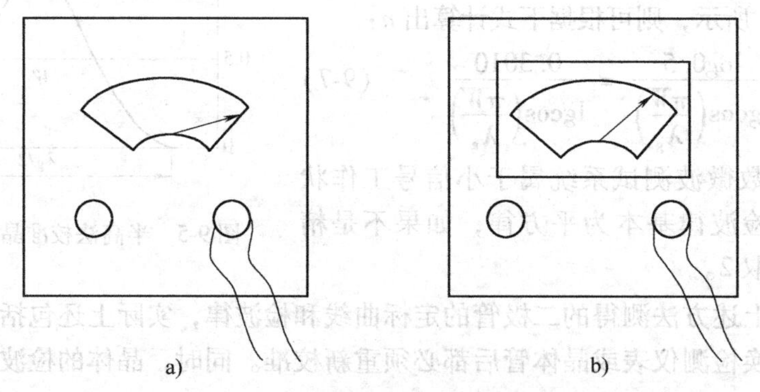

图9-7 选频放大器测量系统频率

a）表针处于满刻度处 b）表针跌落

5）测量波长常用的方法有谐振法和驻波分布法。前者用谐振式波长计测量，后者是用驻波测量线测量波导波长。

6）方法1：当测量线终端短路时，传输线上呈现出纯驻波，移动测量探针，测出相邻两个驻波节点之间的距离，即可求出波导波长。

7）方法2：在测量线的输出端接精密可调短路器，将测量线探针置于某一个波节点处，旋动可调短路活塞，则探针测量值随之由最小逐渐增至最大，然后又减至最小，即为相邻的另一个驻波节点，短路活塞移动的距离等于半个波导波长。

8）传输线上存在驻波时，相邻两个驻波最小点之间的距离为1/2波导波长，即

$$\lambda_g = 2(D_{min2} - D_{min1}) \tag{9-8}$$

9）只要精确测得驻波最小点位置，就可测得 λ_g。为了提高测量精度，通常采用“交叉读数法”确定驻波最小的位置 D_{min}，即在最小点附近两边取相等指示度的两点，公式如下：

$$D_{min} = \frac{D_1 + D_2}{2} \tag{9-9}$$

其位置读数为 D_1、D_2，如图9-8所示。

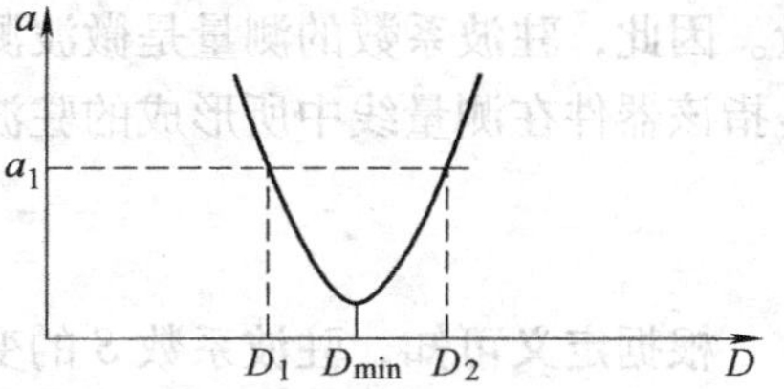

图9-8 交叉读数法

对于传输横电磁波的同轴线系统，按上述方法测出的波导波长就是工作波长，即 $\lambda_g = \lambda$；对于矩形波导，测量线测出的波长是波导波长 λ_g，根据波导波长和工作波长之间的关系式

$$\lambda_g = \frac{\lambda}{\sqrt{1 - \left(\frac{\lambda}{\lambda_c}\right)^2}} \tag{9-10}$$

便可以计算出工作波长 λ 为

$$\lambda = \frac{\lambda_g}{\sqrt{1 - \left(\frac{\lambda_g}{\lambda_c}\right)^2}} \tag{9-11}$$

9.5.2 λ_g 波导波长测量

λ_g 波导波长测量的系统连接图如图9-9所示。

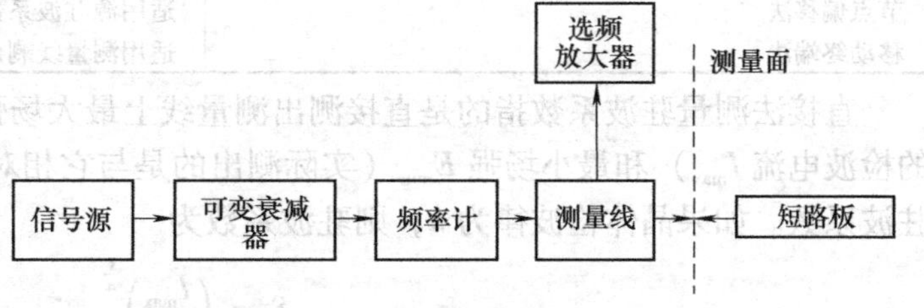

图9-9 波导波长实验测试框图

本实验主要解决的内容是熟悉测量线的调整及使用方法，熟悉测量线的开槽传输线、探头和传动装置三部分的主要结构、原理及用途，熟悉测量线的调整方法。实验依据的原理就是根据驻波分布特征，在波导系统中能量是以电场磁场交替行进来传输的，而不是在自由空间直线传输的。系统终端短路时，在传输系统中会形成纯驻波分布状态，在这种情况下，两个波节点间的距离为1/2波导波长。

1. 实验方法及步骤

在测量线上连接短路板，使系统处于全反射状态。找出一个波节点，使节点特征相当明显，该波节点的读数为 D_{min1}，记下刻度值，再移动测量线探针座找出另一个波节点 D_{min2}，同样在标尺上读出刻度值。$D_{min2} - D_{min1}$ 为两个波节点的距离长度，根据原理确认为半波长，则 $\lambda_g = 2$（$D_{min2} - D_{min1}$）。实测例子：$\lambda_g = 2\times$（$135.9 - 113.5$）$mm = 44.8mm$。

2. 测量时注意事项

测量波导波长或其他参量时，测量线探针位置及短路器活塞必须朝一个方向移动，以免引起回差。读数法测纯驻波节点时，微波衰减器衰减量必须置于最小值，以提高指示器灵敏

度。但在移动时必须同时加大衰减量或降低指示器灵敏度，以防止晶体烧毁或指示电表过载而损害。当微波信号源频率改变时，测量线必须重新调整。

9.5.3 负载方向驻波系数测量的原理

驻波系数（即驻波比）的测量是微波测量中最基本的测量，通过驻波系数测量，不仅可以了解传输线上的场分布，而且还可以测量阻抗、波长、相位移、衰减和 Q 值等其他参量。因此，驻波系数的测量是微波测量中最基本、最重要的内容之一。微波器件的驻波系数是指该器件在测量线中所形成的驻波电场最大值与最小值之比，即

$$S=\left|\frac{E_{\max}}{E_{\min}}\right| \tag{9-12}$$

根据定义可知，驻波系数 S 的变化范围很大：当系统匹配时，$S=1$；当系统处于全反射时，$S=\infty$。因此，一般按驻波系数的大小分为：小驻波系数，$S\leqslant 3$；中驻波系数，$3<S\leqslant 10$；大驻波系数，$S>10$。

传输线上存在驻波时，能量不能有效地传到负载，这就增加了损耗。大功率传输时，由于驻波的存在，驻波电场的最大点处可能产生击穿打火，因而驻波的测量及调配是十分重要的。驻波系数的测量方法很多，有测量线法、反射计法、电桥法和谐振法等，用测量线进行驻波系数测量的主要方法及应用条件由表 9-3 列出。

表 9-3 用测量线测驻波系数的方法及应用条件

测试方法	应用条件
直接法	中、小驻波系数 $S\leqslant 10$
等指示度法	大驻波系数 $S>10$
功率衰减法	适用任意驻波系数
节点偏移法	适用源驻波系数
移动终端法	适用测量线剩余驻波系数

直接法测量驻波系数指的是直接测出测量线上最大场强 $E_{\max}$（实际测出的是与它相对应的检波电流 $I_{\max}$）和最小场强 $E_{\min}$（实际测出的是与它相对应的检波电流 $I_{\min}$），从而计算出驻波系数。如果晶体检波律为 n，则驻波系数为

$$S=\left(\frac{I_{\max}}{I_{\min}}\right)^{\frac{1}{n}} \tag{9-13}$$

为测量准确，可多测几个驻波最大值和最小值，并按下式计算驻波系数：

$$S=\left(\frac{I_{\max 1}+I_{\max 2}+\cdots+I_{\max m}}{I_{\min 1}+I_{\min 2}+\cdots+I_{\min m}}\right)^{\frac{1}{n}} \tag{9-14}$$

凡是 $S<6$ 的中、小驻波系数，都可以用直接法测量。

1. 直接法测量驻波系数（适用于驻波系数小于 10 的情况）

当使用测量线内的检波晶体为平方律时，可由选频放大器读数（α）直接计算，即

$$S=\sqrt{\frac{\alpha_{\max}}{\alpha_{\min}}} \tag{9-15}$$

由于有些选频放大器表头刻度内已有换算或驻波系数，所以，只要将波腹调节至满刻度值（$S=1$），然后找出波节点，此时可直接读出驻波系数量值（波节点对应的驻波刻度）。

2. 等指示度法（也称为二倍最小法，适用于驻波系数大于 10 的情况）

当被测器件的驻波系数大于10时，由于驻波最大与最小处的电压相差很大，若在驻波最小点处使晶体输出的指示电表上得到明显的偏转，那么在驻波最大点时由于电压较大，往往使晶体的检波特性偏离平方律，这样用直接法测量就会引入较大的误差。等指示度法是通过测量驻波图形在最小点附近场强的分布规律，从而计算出驻波系数，如图9-10所示。

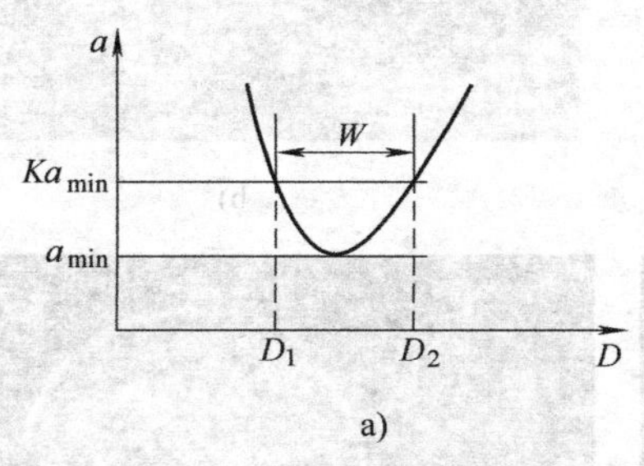

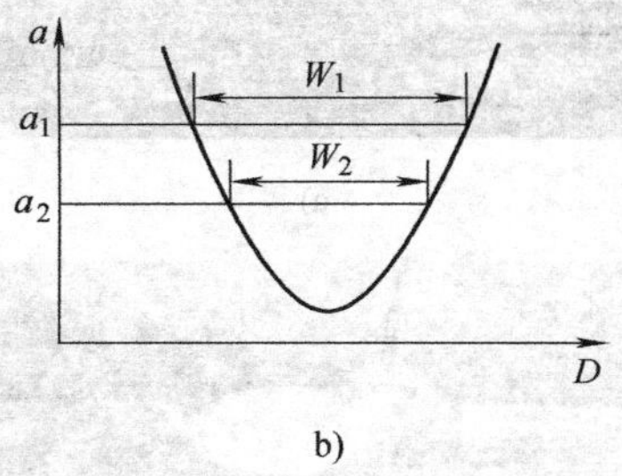

图9-10　最小点附近场分布

因此，大驻波系数的测量，通常改用测量最小点附近驻波分布规律的间接方法，常用的是二倍最小功率法，它是通过测量波导波长及二倍最小点之间的距离，从而求得驻波系数。假定测量线内的检波晶体为平方律时，只需测出读数为最小点二倍的两点的距离（W）及已知波导波长（λ_g）即可计算。

当$S\geqslant 10$时可简化为

$$S = \sqrt{1 + \frac{1}{\left(\sin\left(\frac{\pi W}{\lambda_g}\right)\right)^2}} \tag{9-16}$$

$$S \approx \frac{\lambda_g}{\pi W} \tag{9-17}$$

9.5.4　大驻波系数测试

大驻波系数测试的系统连接框图如图9-11所示，实际测量连接图如图9-12所示。

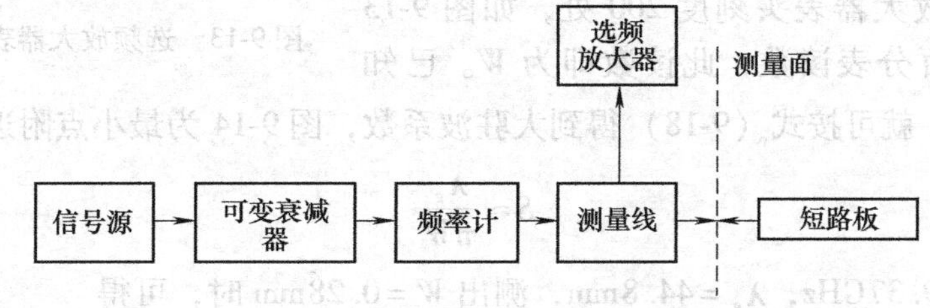

图9-11　大驻波系数测试系统连接框图

1. 实验内容

1）掌握直接法、等指示度法及功率衰减法测量电压驻波系数的方法。

2）掌握用等指示度法测量W及移动测量线探针位置时应注意的问题。

3）掌握功率衰减法测量大驻波系数的方法。

2. 实验方法及步骤

1）在测量线上连接短路板，架上百分表附件，信号源频率调至9.37GHz。对于信号源

a) b) c) d)

图 9-12 实际测量连接图

a）千分尺表和选频放大器 b）负载连接 c）测量线和千分尺 d）W 值测量

点频，选择方波状态。

2）调整系统并找出波节点，此时尽可能开大选频放大器增益至 50dB 或 60dB 处，在接近波节点时（注意朝源的单一方向移动），找出最靠近波节点的一个读数，例如在选频放大器表头刻度 200 处，将百分表顶上动作，转动百分表外圈至“0”刻度，再慢慢移动测量线探针座，过了真正的节点（最小指示）后再重新回到选频放大器表头刻度 200 处，如图 9-13 所示，此时记录百分表读数，此读数即为 W。已知 λ_g，而 π 是常数，就可按式（9-18）得到大驻波系数，图 9-14 为最小点附近场分布。

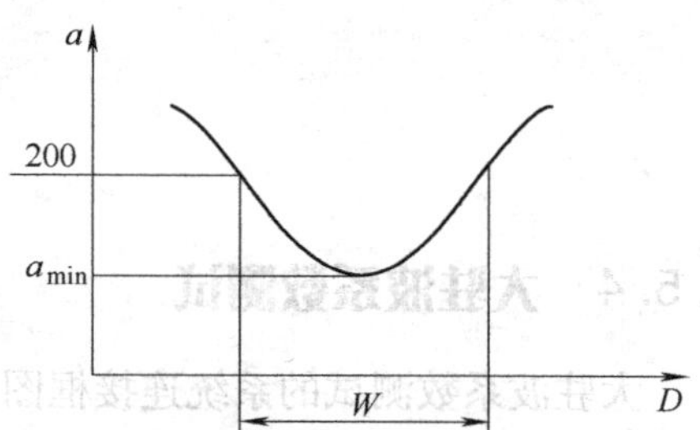

图 9-13 选频放大器表头刻度示意图

$$S \approx \frac{\lambda_g}{\pi W} \tag{9-18}$$

例如，当 $f=9.37\text{GHz}$，$\lambda_g=44.8\text{mm}$，测出 $W=0.28\text{mm}$ 时，可得

$$S=\frac{44.8}{3.14\times0.28}\approx 50$$

以上方法有两种称谓：等指示读法和两倍最小法。

可以看到，驻波系数 S 越大，W/λ_g 的值就越小，因而，宽度 W 和波导波长 λ_g 的测量精度对测量结果的影响很大，特别是在大驻波系数时，需要用高精度的位置指示装置（如千分表），测量线探针移动时应尽可能朝一个方向，不要来回晃动，以免测量线齿轮间隙的“回差”影响精度，在测量驻波最小点位置时，为减小误差，也必须采用“交叉读数法”。

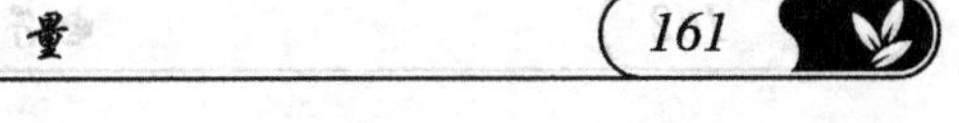

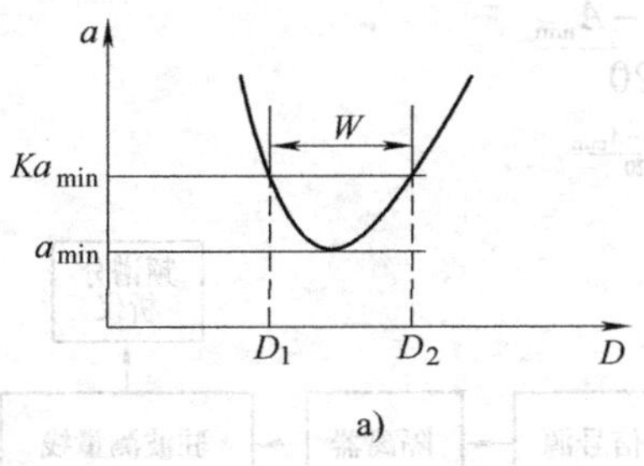

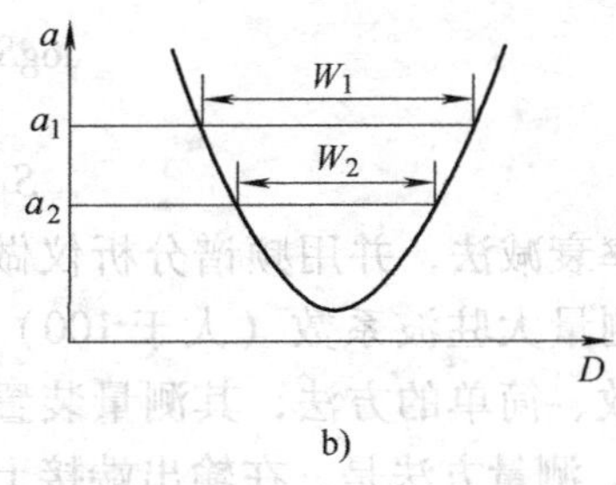

图 9-14 最小点附近场分布

对驻波系数很大的情况，由于测量仪器的限制，有时 a_{min} 不易测出，可用以下方法扩大驻波系数的测量范围。

1）加深探针穿伸度：在一般测量中，为减小探针插入对驻波场分布的影响，探针穿伸度应限制在波导窄边的10%～15%之内，然而由理论分析可知，探针对波节处的影响是较小的，而等指示度法所测量的正是最小点附近场的特性，因而可用增加探针穿伸度的方法提高测量最小点的灵敏度，所带来的误差是很小的。理论证明，探针的整个穿伸度可分为三个区：不灵敏区、小误差区和大误差区。对于每一个驻波系数都存在着一个探针穿伸度区域，在这个区域内，由探针导纳引起的误差很小。因此，用二倍最小功率法测量大驻波系数时，可在这个区域相应的穿伸度下进行。因此，可取更深的探针穿伸度来测量大驻波系数。

2）两次节点宽度法：在最小点两边测出两组不同的等指示值 a_1、a_2 所对应的节点宽度 W_1、W_2，如图 9-14b 所示。通过以下公式计算 S 值：

$$S=\sqrt{\frac{K\cos^2\left(\frac{\pi W_2}{\lambda_g}\right)-\cos^2\left(\frac{\pi W_1}{\lambda_g}\right)}{\sin^2\left(\frac{\pi W_1}{\lambda_g}\right)-K\sin^2\left(\frac{\pi W_2}{\lambda_g}\right)}} \tag{9-19}$$

式中，$K=a_1/a_2$；检波律 $n=2$。

3）功率衰减法：功率衰减法是一种比较简便而又准确的驻波测量方法，它避免了晶体检波律的影响，把驻波最大值、最小值的测量转化为衰减变化的测量，可测得任意驻波系数，特别适合测量大驻波系数。测量装置如图 9-15 所示。

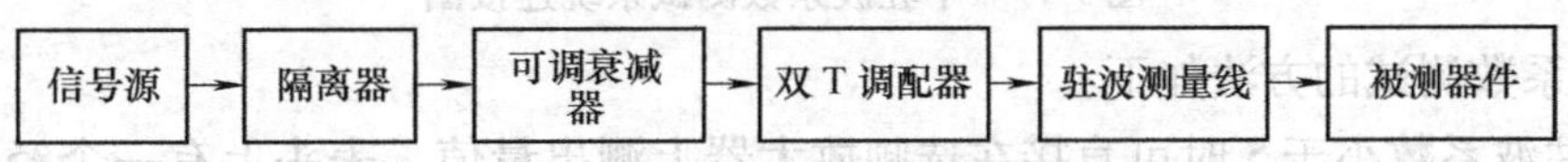

图 9-15 功率衰减法测量装置图

功率衰减法的测量精度与晶体检波律、测量放大器的线性特性无关，而主要取决于衰减器校准精度和测量电路的匹配情况，在测量精度要求较高时，应先对电源方向进行调配，并选用高精度衰减器。

具体方法为：在驻波最小点处记下指示读数 a_{min} 及此时可变衰减器的衰减读数 A_{min}（dB），移动探针至驻波最大点处，改变衰减器的衰减量使电表指示重新回到 a_{min}，这时衰减器的衰减量为 A_{max}（dB），则

$$A_{max}-A_{min}=10\lg\frac{P_{max}}{P_{min}}=10\lg S^2=20\lg S \tag{9-20}$$

$$\log S=\frac{A_{max}-A_{min}}{20} \tag{9-21}$$

$$S=10^{\frac{A_{max}-A_{min}}{20}} \tag{9-22}$$

采用功率衰减法，并用频谱分析仪做指示器，也是测量大驻波系数（大于100）的一种比较有效、简单的方法，其测量装置如图9-16所示。测量方法是，在输出端接上要测量的短路板，移动测量线的探针至驻波的最大点和最小点上，控制频谱分析仪上的可变衰减器，使探针拾取的信号在指示器上指示的大小相同，则由衰减量的大小即可知道驻波系数。用这种方法测量的驻波系数可达1000以上。功率衰减法的测量精度主要取决于衰减器的精度以及测量系统的匹配情况，在测量精度要求较高时，应该把信号源系统的驻波系数调到1.02以下。

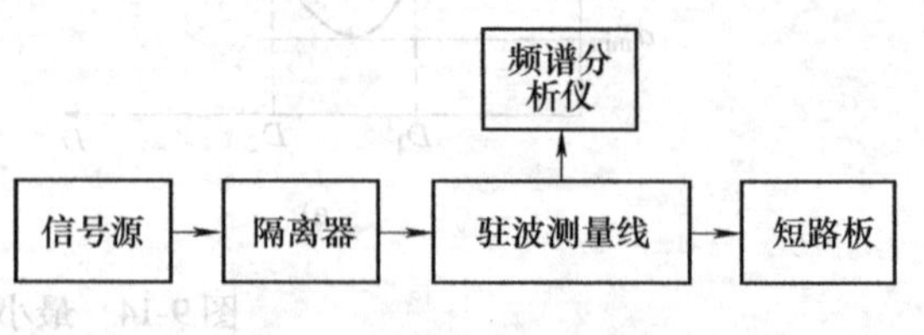

图9-16 功率测量法测量装置图

测量时要注意，微波测试系统要调整好，测量线终端接短路板，测量线要朝着一个方向移动。一般微波可调衰减器不能确保精度，只是作为学习测量方法用，如果有精度要求，功率衰减器就必须用已经校准的精密可变衰减器测量衰减量。

9.5.5 中驻波系数测试

中驻波系数测试系统的连接图如图9-17所示。

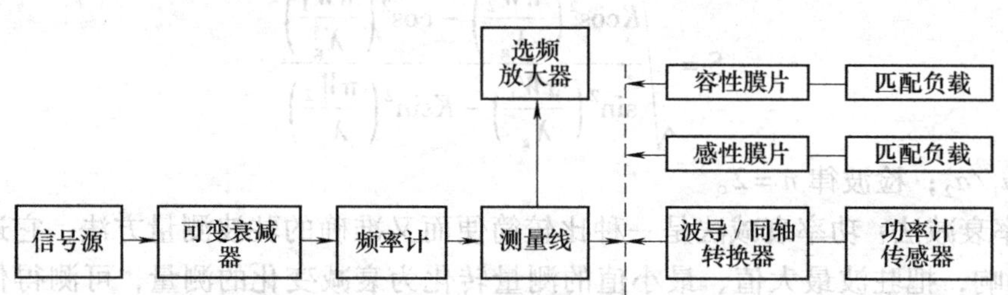

图9-17 中驻波系数测试系统连接图

中驻波系数测试的方法如下：

1）当驻波系数小于5时可直接在选频放大器上测出量值，表头上有一个经过换算的驻波系数刻度。

2）按上述方法连接后，找出波腹点，调节选频放大器增益电位器使表头满刻度，即驻波系数为“1”时，移动探针座至波节点，当读数最小时，就可直接在表头驻波系数刻度中读出驻波系数量值。

在测试中要注意若驻波节点指示已超过“4”范围，可使“放大选择”增益增加10dB，可直读 $S<10$ 范围内的量值。测量时可串接 L_0 后 $S\approx1.9$ 及串接 C_0 后 $S\approx1.3$。

9.5.6 小驻波系数测试

小驻波系数测试系统的连接框图如图9-18所示。

1. 本测试要解决的问题

1）掌握用图9-18所示的测试系统测小驻波系数的方法。

2）因为驻波小于5时可直接在选频放大器上测出量值，表头上有一个经过换算的驻波系数刻度。

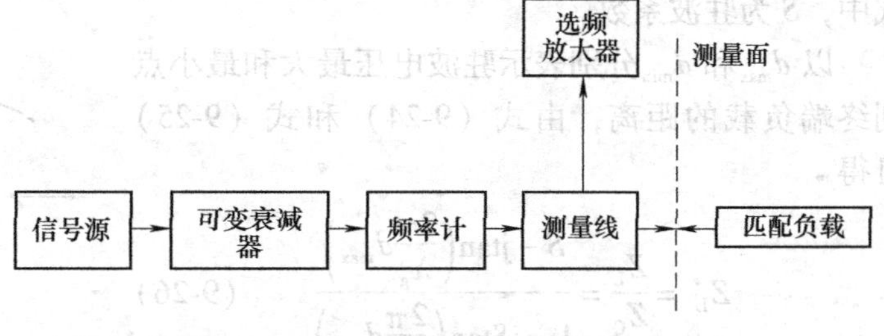

图9-18 小驻波系数测试系统的连接框图

2. 测试依据的理论及方法

同中驻波系数一样，实际上中驻波系数测量方法是在完全匹配的情况下，有意串接上容性膜片、感性膜片，破坏传输场结构，增大驻波系数，因此当这些因素排除后，驻波就变得非常小。测量时因波腹、波节不敏感，所以需要仔细确定波腹位置，然后正确读出波节处的驻波刻度（小驻波系数测试最好用节点位移法）。按上述方法连接后，找出波腹点，调节选频放大器增益电位器使表头满刻度，即驻波为“1”时，移动探针座至波节点，当读数最小时，就可直接在表头驻波系数刻度中读出驻波系数量值。

小驻波系数测试还可以用节点位移，在小驻波系数时（$S<1.05$），驻波最大值和最小值都很接近，加上测量线本身存在一定的误差，直接测量驻波系数有困难。同时，由于不可能得到完全匹配的终端，终端器的驻波系数会影响测量结果的准确度。因此，采用间接的测量方法——节点位移法。节点位移法是测量驻波系数分布位置偏移大小的方法，驻波分布的位置取决于反射系数的辐角ψ，ψ不同，驻波图形的分布也不同，随着ψ的变化，整个驻波分布图形将沿线移动。因此，若在被测量器件的后面接上可调短路器，移动短路活塞的位置，就可以改变传输线中的驻波分布，根据驻波节点位置偏移的大小来确定驻波系数。利用节点偏移法可以消除终端器的影响，准确地测量无损二端网络很小的不连续性，一般可测到小至1.001的驻波系数S，其测量精度主要取决于测量驻波节点位置的精确度和信号频率的稳定度。

注意影响节点偏移法测量精度的因素及应采用的主要措施。如果测量节点偏移的时间太长，将会引入误差。

9.5.7 阻抗测量的基本原理

微波元件或天线系统的输入阻抗是微波工程中的重要参数，因而阻抗测量是微波测量的重要内容之一。实验目的是学习用测量线测量单端口微波元件的输入阻抗的方法。

根据传输线理论，无损耗传输线上任一参考面的输入阻抗$Z_1(d)$为

$$Z_1(d) = Z_0\frac{Z_L + jZ_0\tan\beta d}{Z_0 + jZ_L\tan\beta d} \tag{9-23}$$

式中，Z_0为传输线的特征阻抗；Z_L为负载阻抗；$\beta=\frac{2\pi}{\lambda_g}$为相位常数；$\lambda_g$为波导波长，$d$为该参考面到负载的距离，如图9-19所示。在驻波电压（场）最大点和最小点的输入阻抗分别为

$$Z_{max}=SZ_0 \tag{9-24}$$

$$Z_{min}=\frac{Z_0}{S} \tag{9-25}$$

式中，S 为驻波系数。

以 d_{max} 和 d_{min} 分别表示驻波电压最大和最小点到终端负载的距离，由式（9-24）和式（9-25）可得

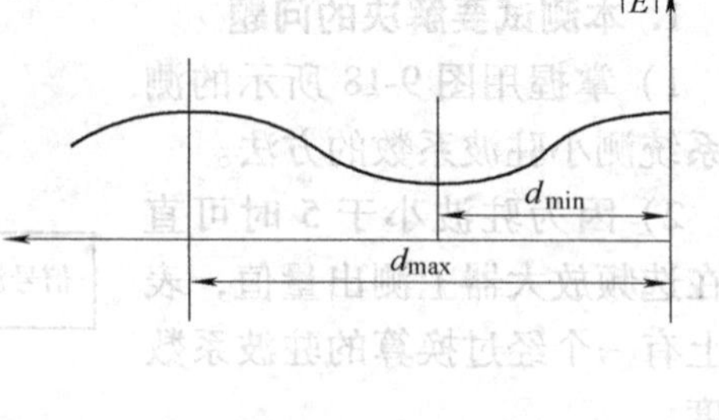

$$Z_L^* = \frac{Z_L}{Z_C} = \frac{S - \mathrm{j}\tan\left(\frac{2\pi}{\lambda_g}d_{max}\right)}{1 - \mathrm{j}S\tan\left(\frac{2\pi}{\lambda_g}d_{max}\right)} \quad (9\text{-}26)$$

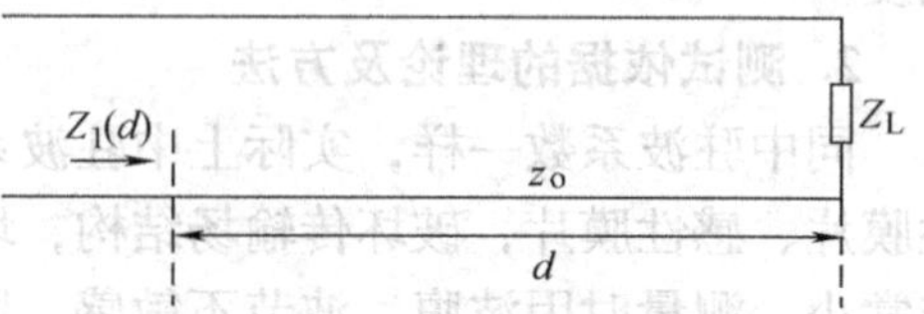

$$Z_L^* = \frac{Z_L}{Z_C} = \frac{1 - \mathrm{j}S\tan\left(\frac{2\pi}{\lambda_g}d_{min}\right)}{S - \mathrm{j}\tan\left(\frac{2\pi}{\lambda_g}d_{min}\right)} \quad (9\text{-}27)$$

图 9-19 参考面到负载的距离

式中，参数 λ_g、d_{min} 和 d_{max} 都能通过实验测出，故可以计算出归一化负载阻抗 $Z_L^* = \frac{Z_L}{Z_C}$（在实际工作中，通常只需要知道归一化阻抗 Z_L^*，而不必知道 Z_L）。由于在驻波电压（电场）最小点电压变化比较尖锐，因此，实验时一般都测定 d_{min}，而不用测定 d_{max}。

9.5.8 阻抗测量实验（归一化阻抗实验）

1. 阻抗测量实验解决的问题

1）了解微波电磁场的矢量概念。

2）掌握 Smith 圆图的使用方法。

2. 实验依据的简单原理

传输线驻波分布情况和终端负载直接有关，当在波导测试系统中垂直放置铜片（称为膜片），理论分析表明，当膜片厚度 t 满足 $\delta \leqslant t \leqslant \lambda_g$（$\delta$ 是膜片的趋肤深度）时，它的等效电路为一并联导纳 $Y = G + \mathrm{j}B$，使电磁波传输引起不连续。当膜片的宽边（b'）小于标准波导 b（此时窄边 a 不变）时，开槽处电场更为集中，有电容作用，称为容性膜片。而当膜片的窄边（a'）小于标准波导 a（此时宽边 b 不变）时，有电感作用，称为感性膜片。本实验是采用匹配负载法来测量膜片阻抗，只要测出此时波导匹配系统的驻波系数 S、波导波长 λ_g 和节点位移，就可以利用 Smith 圆图求得归一化阻抗。

图 9-20 测量线接短路板

（1）系统连接

测量线的测量端接上短路板，如图 9-20 所示。图 9-21 为测量连接图，图 9-22 为容性膜片、感性膜片，图 9-23 为容性膜片 + 匹配负载。

（2）测量方法

1）先测出 λ_g（波导波长）：两节点间距为半波长（利用二倍最小法，也称等指示度法）。

由以上原理可知

$$\lambda_g = 2\ (D_{min2} - D_{min1})$$

假设 $f = 9.37\text{GHz}$，测出 $\lambda_g \approx 44.80\text{mm}$，即 $2 \times (135.9 - 113.5)\ \text{mm} = 44.80\text{mm}$。

2）确定参考面的刻度值：

- 测量线探头座移到中间位置。
- 测量线输出端仍接上短路板。
- 找出波节点（尽可能开大选频放大器增益 60dB 挡处），记下标尺位置 113.5mm。

图 9-21　测量连接图

（3）测量容性膜片 + 匹配负载的归一化阻抗

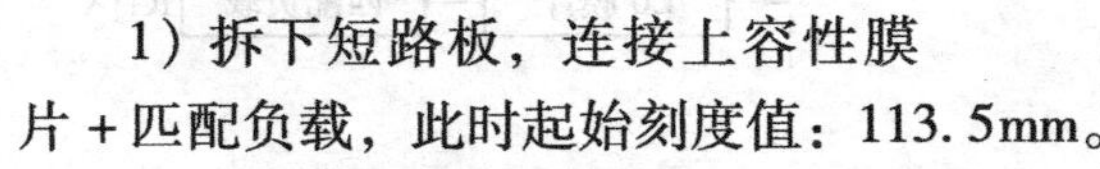

1）拆下短路板，连接上容性膜片 + 匹配负载，此时起始刻度值：113.5mm。

2）调节测量线探头座，向负载方向移动，找出波节点（指示最小处），读出标尺 95.3mm，记下此读数。

3）测出容性膜片 + 匹配负载的驻波系数 $S \approx 1.3$。

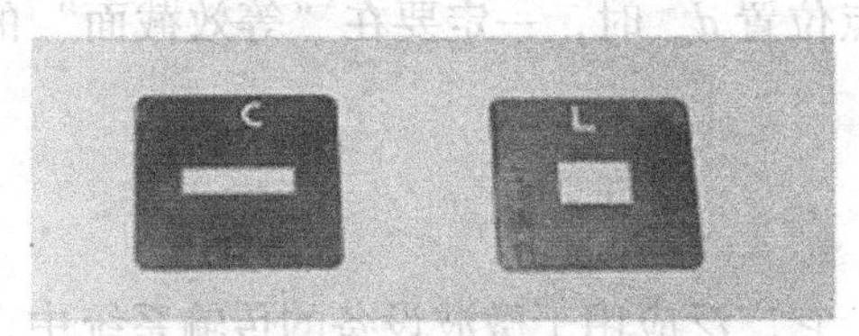

图 9-22　容性膜片、感性膜片

图 9-23　容性膜片 + 匹配负载

4）按原理标出阻抗圆图移位值：$l = \dfrac{d}{\lambda_g} = \dfrac{18.2}{44.8} \approx 0.41$

其中 $$d = (113.5 - 95.3)\text{mm} = 18.2\text{mm}（节点移位值）$$

将阻抗圆图标尺逆时针对在 0.41 处，在标尺 K 刻度线上找出 $S = 1.3$ 处的交集点，读出实轴值 0.88，虚轴值 0.2，得出 $\tilde{Z} = 0.88 - \text{j}0.2$（归一化阻抗）。

（4）测容（感）性膜片连接匹配负载的归一化阻抗

1）在测量线中间的位置找出波节点（此时接上短路板），记下标尺的位置 113.5mm。

2）拆下短路板，连接上感性膜片 + 匹配负载。

3）调节测量线探头座，向负载方向移动，找出波节点（指示最小处），负载读出标尺值 108.5mm。测出感性片 + 匹配负载的驻波系数 $S \approx 1.9$。

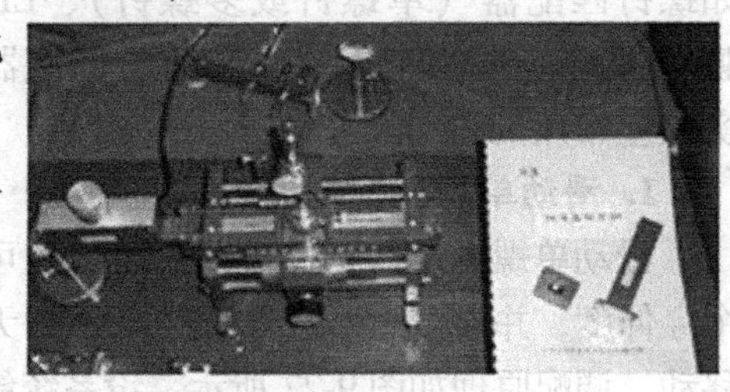

图 9-24　感性膜片 + 匹配负载

4）按原理：标出阻抗圆图移位值：$l = \dfrac{d}{\lambda_g} = \dfrac{5}{44.80} \approx 0.1116$

其中 $$d = (113.5 - 108.5)\text{mm} = 5\text{mm}（节点移位值）$$

5）将阻抗圆图标尺顺时针对在 0.1116 处，在标尺 K 刻度上找出 $S = 1.9$ 处的交集点，读出实轴值0.76，虚轴值0.5，得出$\widetilde{Z}=0.76+j0.5$（归一化阻抗）。图9-25是Smith圆图的使用方法，图9-26为系统实验图。

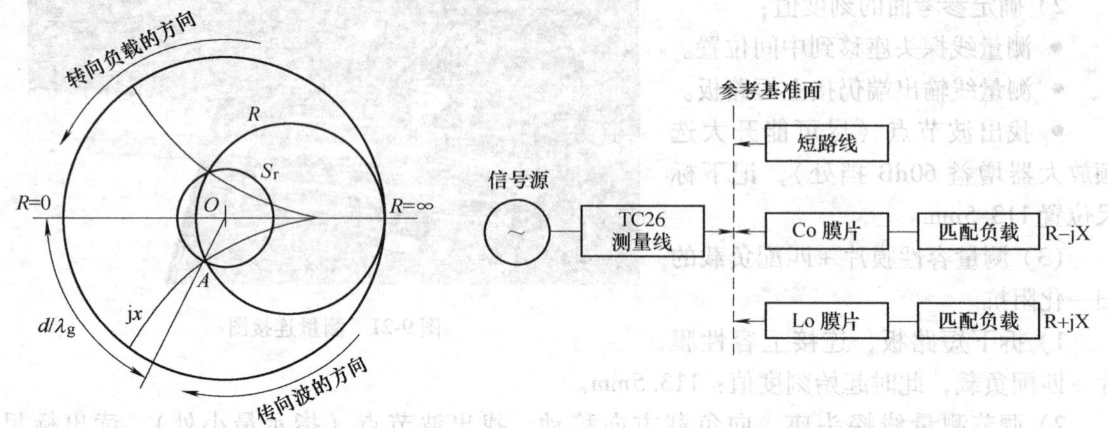

图9-25 Smith圆图的使用方法　　图9-26 系统实验图

实验时要注意测量微波元件阻抗时，首先要在测量线上确定等效截面，测量膜片阻抗时，要在后面接匹配负载，测量待测元件驻波节点位置d_{min}时，一定要在“等效截面”的左边，向微波源方向移动探针。

9.5.9 阻抗匹配的基本原理

在实际应用中，阻抗匹配技术是十分重要的，它广泛应用于微波设备的传输系统中，以获得良好的工作性能及传输效率。微波测量匹配与否，直接关系到测量数据的准确度。在精密测量中，往往对阻抗匹配提出了很高的要求，阻抗失配时，就会有反射。匹配的基本原理是利用调配器，使它产生附加反射，与由负载所产生的反射相抵消。从微波电路的观点看，调配器起着阻抗变换的作用，它使原来不匹配元件的阻抗经调配器变换为传输线的特性阻抗，从而达到匹配。在波导系统中，阻抗匹配的装置和方法有很多，如螺钉匹配器（单螺钉或多螺钉）、EH阻抗调配器、膜片匹配（小窗匹配）、阶梯阻抗匹配器等，这里仅对实验室常用的进行介绍。

1. 滑动单螺调配器调配原理

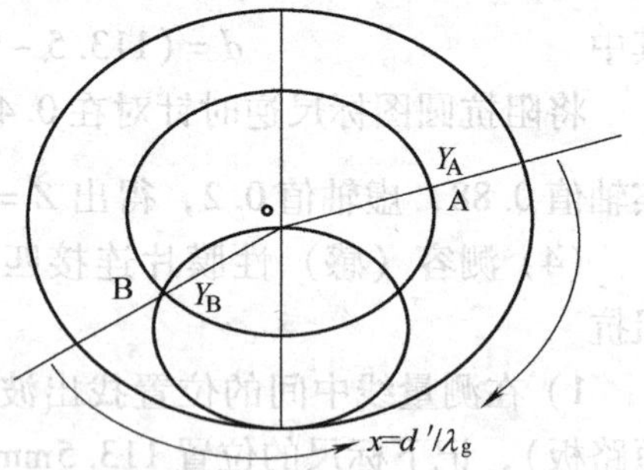

图9-27 滑动单螺钉匹配原理

滑动单螺调配器是插入矩形波导中可调节螺钉的一个穿伸度，并沿着矩形波导宽壁中心的无辐射缝作纵向移动，调配原理如图9-27所示。设系统终端导纳Y_A在圆图上的对应点为A，当参考面从负载向波源移动时，传输线的输入导纳由A点沿等驻波比圆顺时针方向移动，达到B面时，与$g=1$的圆相交，输入导纳为$Y_B=1-jb$，电纳为感性。又因为波导宽壁插入一直径$D\ll\lambda_g$、插入深度为$h<\lambda_g/4$的螺钉时，等效于在传输线上并联一容性导纳，改变螺钉深度，即能改变容性电纳值jb，因而B面上总的归一化导纳为$\widetilde{Y}_L'=\widetilde{Y}_B+jb'=1-jb+b'$。若调节螺钉深度$t$，直至$b'=b$，$\widetilde{Y}_B'=1$，圆图上点导纳逐渐移动到$O$点，即匹配点，从而使系统达到匹配。

2. 调配器件介绍

（1）螺钉匹配器

在波导的宽边中心伸入一个或数个金属螺钉（或销杆）便构成螺钉匹配器。它是利用螺钉产生适当的电纳达到匹配的目的。我们知道，在伸入较少时，螺钉的作用相当于在波导传输线上并联一个正的电纳（为容性的），电纳的大小随伸入深度而增加，当伸入深度达到谐振位置时，电纳将增加至无限大，若继续伸入螺钉，相应的电纳由正值变为负值（呈现感性），其谐振位置取决于螺钉的粗细，伸入深度以及波导高度。图 9-28 为螺钉伸入波导的相对深度与电纳变化的关系。在实际使用时，螺钉是作为正电纳并联在波导传输线中，因而其伸入深度不应超过谐振位置。（一般不超过窄边的 60%）应用较多的螺钉调配器为可移动单螺钉调配器、三螺钉调配器、四螺钉调配器等，它们的可调范围都是很宽的。而以四螺钉调配器的调配最为方便，它可以用逐次调小驻波的方法迅速得到近似的匹配（$\rho<1.02$），一般四螺钉调配器的螺钉间距为 $1/8\lambda_g$ 或 $3/8\lambda_g$。

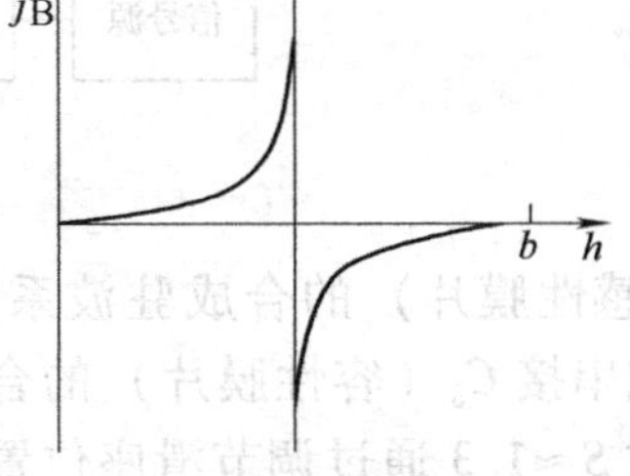

图 9-28 螺钉电纳与插入深度的关系

（2）EH 阻抗调配器

由双 T 接头（E-HT 形接头）构成，在接头处的 H 臂和 E 臂内各接有短路活塞。改变短路活塞在臂中的位置，也即改变在接头处的电抗值，就可以使系统获得较好的匹配，其结构与等效电路如图 9-29 所示。

由于这种调配器不会影响系统和功率传输，结构上具有机械或电的对称性，因而有以下优点：

1）可以用于高功率传输系统（尤其在毫米波段）。

2）有较宽的频带。

3）有很宽的驻波匹配范围。

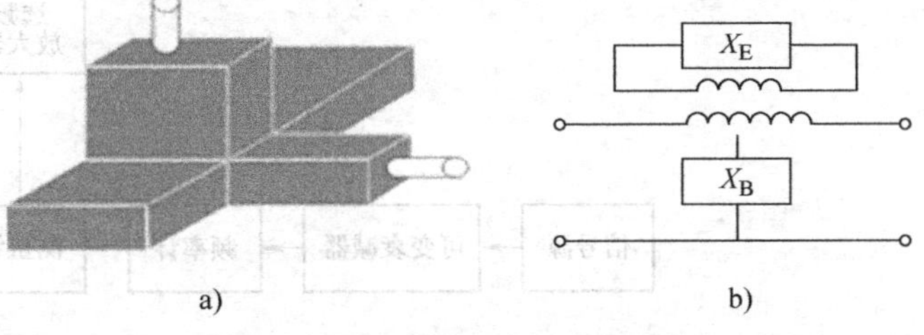

图 9-29 EH 调配器的结构和等效电路

a）EH 调配器 b）等效电路

在负载驻波不太大时，可先调 E 臂活塞，使驻波减至最小，然后再调 H 臂活塞，就可使 $\rho<1.02$ 得到近似匹配，如果驻波较大，则需反复调 E 臂和 H 臂活塞，才能将输入驻波系数调到很小。

9.5.10 调配技术实验

调配技术实验主要解决的问题是通过实验掌握调配的基本原理和方法，提高调配的操作技巧。以下是实验的几种连接方法：

1. 两种连接方法

图 9-30 为方法 1 的系统连接框图，图 9-31 为方法 1 的系统连接实图。

图 9-32 为方法 2 的系统连接框图，图 9-33 为方法 2 的系统连接实图。

2. 测试方法

利用单螺调配器或双路（E-HT）调配器（方法 1）将已破坏的匹配状态，例如串接 L_o

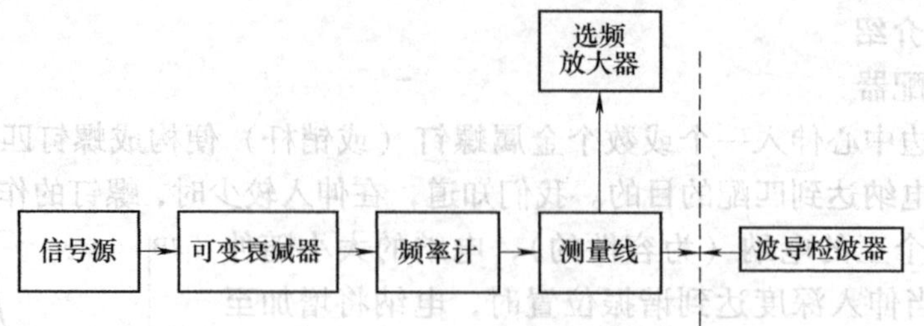

图 9-30 方法 1 的系统连接框图

（感性膜片）的合成驻波系数 $S\approx1.9$ 或串接 C_o（容性膜片）的合成驻波系数 $S\approx1.3$ 通过调节滑座位置（改变相移）及调节指针深度（改变导纳），使驻波系数 $S<1.1$ 即可。方法一为边调节，边观察 YS3892 选频放大器的表头指针，在处于波节点位置时，不断向指示大的方向移动，原则上相移变化较为明显，导纳变化作为辅助修正，在此过程中也要移动 TC26 探头滑座在节点位置附近反复观察。有时效果相反，则要不断修正原先调配器的动作，直到满足 $S<1.1$ 甚至 $S<1.05$ 为止。以下是调节的步骤：

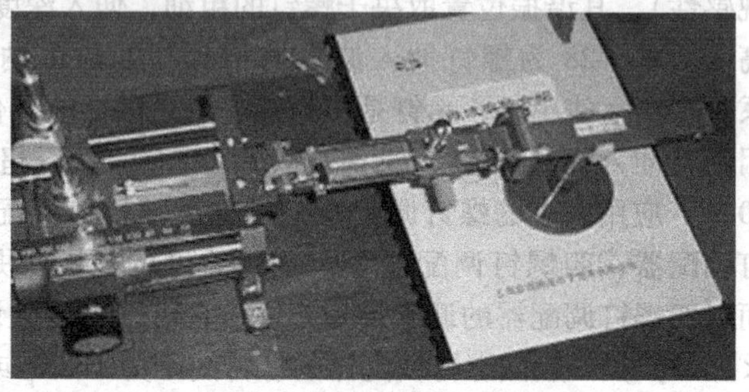

图 9-31 方法 1 系统连接实图

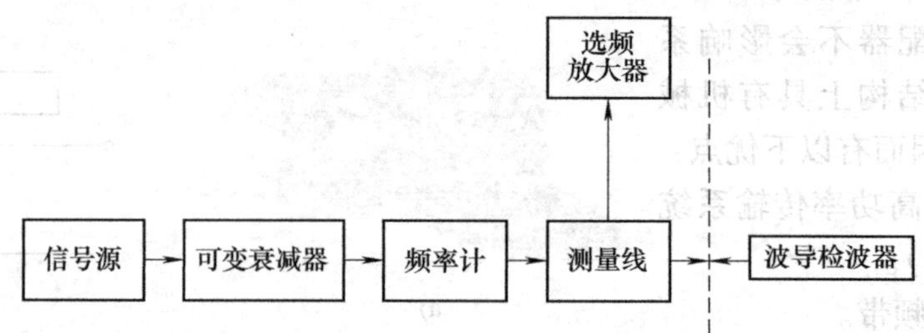

图 9-32 方法 2 的系统连接框图

1）找到波腹和波节。

2）在 TC26 测量线上找一个小范围（120～190mm）。

3）测量线移到波节点，调配器往波腹调节。

4）测量线移到波节点。

5）调配器往波腹点调。

6）波腹、波节越来越小，调增益旋钮把波腹移到驻波系数 $S=1$ 的地方。

7）最后的结果在测量线上都是 $S<1.1$。

检波器本身就带有短路活塞及调谐螺钉的单端口元件，使用方法 2 时该器件调配的难度远大于第一种方法，只有熟练掌握第一种方法才能使用第二种方法操作。提示，波导检波器 Q_9 输出孔相反方向的那个

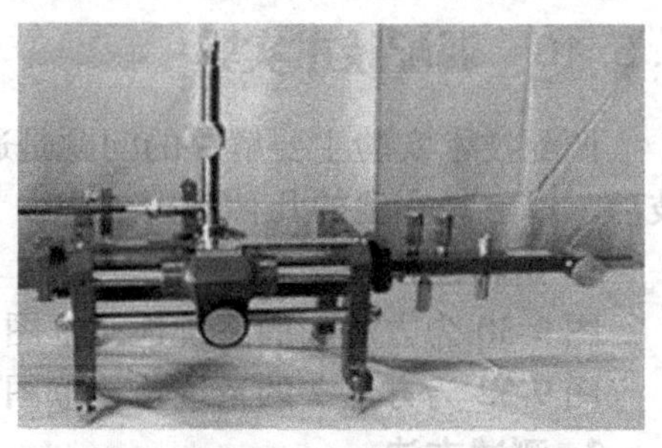

图 9-33 方法 2 的系统连接实图

调谐螺钉最为敏感，与短路活塞连动，将波幅、波节间的摆动越调越窄，最终达到 $S<1.1$ 甚至 $S<1.05$，即达到实验目的。

实验时要注意在调配方法上常采用逐步减小驻波系数的方法，即先将测量线的探针置于波节（或波腹）位置，调整调配器，观察到指示器读数增大（如果探针位于波腹处，则应使指示读数减小），就说明调配螺钉移动方向正确，反复调节单螺钉的位置及螺钉的穿伸度，直至达到所要求的驻波系数。注意，在每次调配过程中，驻波的相位也会随之改变，因此，当用测量线观察波节（或波腹）电平时，要移动探头位置，使其真正位于波节（或波腹）点。

9.5.11 电源方向驻波系数测量

实验主要解决的问题是在测量精度要求较高的微波测量中，为减少多项反射的影响，要求信号源有良好的匹配，驻波系数应小于1.02，因此必须对信号源的驻波系数进行测量。

在微波精密测量中，必须对电源方向的驻波系数进行测量与调配，其测量方法有两种：

1）改变信号源的反射极电压，使速调管处于不振状态，另取一微波源，作为系统的信号源，而将原来的信号源作为负载，按上述方法直接测出其驻波系数。这种方法步骤简单，调配方便，但要求一个辅助信号源，其工作频率须与被测信号源的工作频率严格一致，系统装置比较麻烦。

2）用“可移动短路活塞法”测量，测试框图如图9-34所示。具体步骤：逐点移动短路器活塞，并随时将测量线探针置于波腹位置（即使电表指示 a 始终为驻波最大值），记下活塞在不同位置处的 $a_{波腹}$。如果波源方向无反射，即 $S_{源}=1$，则在活塞移动时，驻波波腹的数值不变。如果波源有反射，则当活塞移动时，由于波源与活塞之间距离的变化引起入射波与反射波之间的相位变化，所以波腹的场强大小有变化，则 a 也会出现周期性的起伏变化。可通过下式找出波腹及波节：

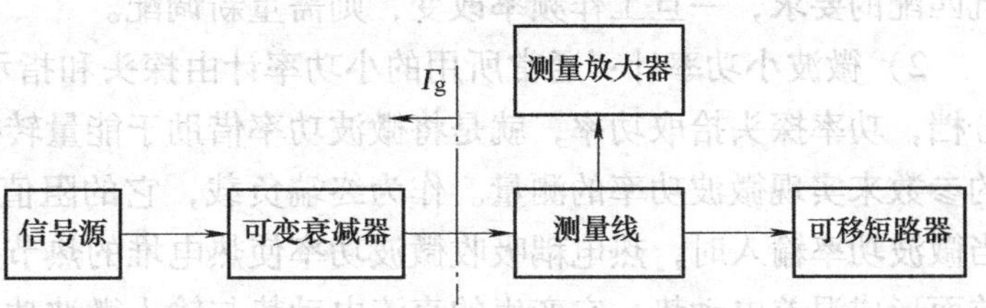

图9-34 电源方向驻波系数测量

$$S_{源}=\sqrt{\frac{(a_{波腹})_{\max}}{(a_{波腹})_{\min}}} \tag{9-28}$$

这是一种简便易行的方法，但需注意，信号源输出端必须使用隔离器或去耦衰减器，以免短路活塞移动时对信号源产生频率牵引。

实验时要注意，在实际的测量系统中，为减小终端负载变化对信号源的影响，通常在信号源后面接有隔离衰减器等，因此测出的信号源驻波比包括了所接的隔离元件在内。

9.5.12 功率及衰减测量原理

1. 功率测量的原理

微波功率测量一般是通过各种换能元件把微波功率变换为易于直接测量的其他能量形式（如热能、低频电能等）再进行测量的。微波功率计按灵敏度和测量范围可分为大功率计、中功率计和小功率计等，所测得的一般为平均功率。

在微波传输系统中，如果在信号源与负载之间接入一个微波元件，如波导段、衰减器、隔离器和接头等，都会使传输到负载的功率电平发生变化。由于微波元件本身的损耗，将使传输到负载的功率受到衰减。如果接入的微波元件与信号源及负载不匹配，则不仅存在元件本身的损耗，而且还存在输入、输出的反射损耗，这样就使衰减的大小与元件本身有关，而且还与信号源、负载的特性有关。信号源和负载阻抗改变时，发射的大小不同，因而衰减量的大小也不同，不能唯一确定。由此引入衰减量和插入衰减（损耗）的概念。

（1）实验室两类常用的功率测量装置

1）微波二极管检波器：微波二极管与低频二极管具有类似的 *V-I* 特性。实验表明，检波电流与加至晶体管处电场之间的关系为 $I_0 = Ken$，n 为检波律，可由实验确定。小信号时 $n=2$，则输出检波电流正比于传输功率。将晶体二极管装入特定的微波装置中，便构成微波晶体检波器，常用的检波器结构有两种：一类是通过式指示器如壁电流检波器；另一类为接于传输线终端的晶体检波器。由于输入信号调制方式的不同，检波器输出指示系统也不相同，若输入为连续波，则检波后滤去高频分量，输出为直流信号，需用直流微安表或光电检流计等显示；如输入信号受方波或脉冲信号调制，则检波输出除直流外，还有调制信号，此时可用选频放大器进行放大和指示，这样可大大提高测试灵敏度。

使用晶体检波器进行相对功率测量时，必须对检波器进行调谐，以达到提高灵敏度及阻抗匹配的要求，一旦工作频率改变，则需重新调配。

2）微波小功率计：通常所用的小功率计由探头和指示器两部分组成。指示器进行功率分档，功率探头拾取功率，就是将微波功率借助于能量转换器转换成易于测量的低频或直流的参数来实现微波功率的测量。作为终端负载，它的阻值必须与传输线的等效阻抗相匹配。当微波功率输入时，热电耦吸收微波功率使热电堆的热节点温度升高，这就与冷节点产生温差而形成温差电动势，它产生的直流电动势与输入微波功率是成正比的。热电堆输出的直流讯号是很微弱的，需经直流放大后再作功率指示。

（2）微波功率测量

一般可分为两种：

1）绝对功率测量：利用微波功率计直接给出功率的绝对值。

2）相对功率测量：利用功率指示器给出微波功率的相对变化量，例如在衰减测量中所用的晶体检波器即为进行功率相对测量的一种指示。

微波波段功率测量的方法一般不同于低频功率的测量方法，低频功率的测量是通过电压和电流的测量来实现的，而微波功率的测量一般是通过各种换能元件把微波功率变换为易于直接测量的其他能量形式（如热、力、低频电能等）再进行测量。一般情况下，微波功率的测量是应用各种类型的功率计来进行的，通常按功率大小可划分为如下三个量程范围：

- 小功率：功率电平低于 100mW。
- 中功率：由 100mW 至 10W。
- 大功率：功率电平高于 10W。

上述划分只是一种大致范围，也有将小功率定为 10mW 以下，大功率定为 10W 以上的。对于连续的等幅微波信号，功率一般是指其时间平均值，在矩形脉冲调制的情况下，脉冲功率可按下式计算：

$$P_{脉冲}=\frac{P_{平均}}{\tau f_r} \tag{9-29}$$

式中，τ 为脉冲宽度；f_r 为脉冲重复频率。

对于大功率的测量，除了可采用热量式的大功率计以外，也可以采用扩大小功率表量程的方法，常用的有衰减器法，即在功率探头前加接一个功率衰减器，使被测功率降低到规定的电平后再进入功率头，扩大量程时所需的衰减量可按下式计算：

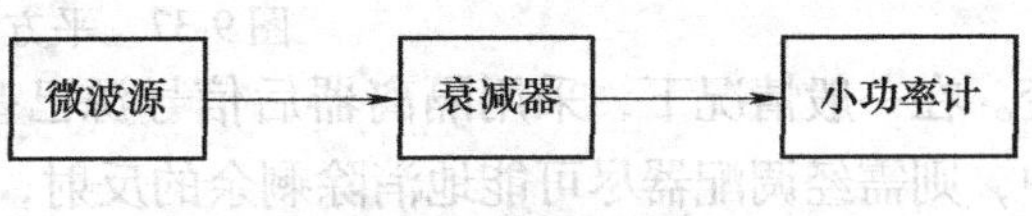

图 9-35　功率的测量

$$A=10\lg x \tag{9-30}$$

式中，x 为量程扩大倍数，如图 9-35 所示。也可用定向耦合器法来测量，其测量示意图如图 9-36 所示。

根据小功率计的读数 P，定向耦合器的耦合度 C 和可变衰减器的衰减量 A 可以计算出信号源的输出功率，即

$$P_{输出}=P\cdot 10^{\left(\frac{C+A}{10}\right)} \tag{9-31}$$

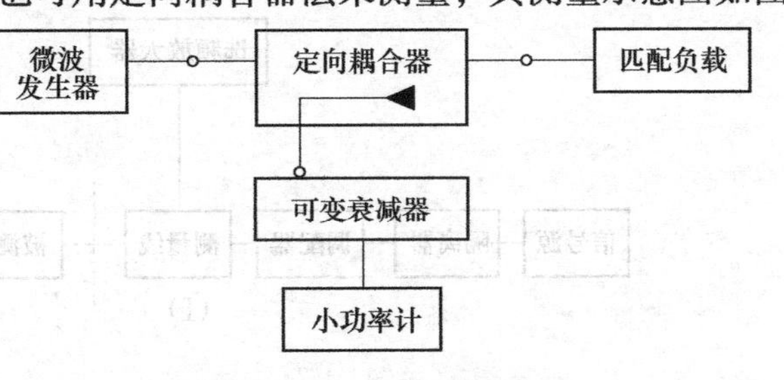

图 9-36　定向耦合器法来测量功率

事实上，功率的测量多数情况下都是用功率计直接测量的，而在测量衰减时，即进行相对功率测量时，可将晶体检波器和选频放大器配合使用，就能大大提高测量的灵敏度（0 ~ 60dB 变化）。

2. 衰减测量的基本原理

功率比法是根据衰减量的基本定义来确定被测器件的衰减量，即通过测量两个功率的比值来确定衰减量，根据不同的功率指示方式又分为两种。

（1）平方律检波法（即直接法）

这是一种用晶体检波器和测量放大器来测量衰减量的方法。当检波器具有平方律检波特性时，测量放大器的指示值是和输入检波器的功率成正比的，因而可直接用放大器的指示值来确定被测器件接入前后功率的相对变化量，并计算出它的衰减量。

这种方法的测量范围受限于检波系统的噪声电平和晶体检波器平方律特性的上限电平。微波器件衰减量测量的主要方法和它们的应用条件如表 9-4 所示，其测试框图如图 9-37 所示。

表 9-4　微波器件的衰减量测量的主要方法和它们的应用条件

测量方法	应用条件
1. 功率比法	根据功率比关系测量未知衰减量
● 平方律检波法	中衰减量 $A\leqslant 15\sim 20$dB
● 驻波波幅比法	小衰减量 $A\leqslant 5$dB
2. 替代法	需要用校正的可变衰减器作为替代标准
● 高频替代法	大衰减量 $A\leqslant 70\sim 80$dB
● 中频替代法	中衰减量 $A\leqslant 50$dB
● 低频替代法	小衰减量 $A\leqslant 20$dB
3. 功率反射法	根据功率反射关系测出未知衰减量
	中小衰减量 $0.1\text{dB}<A<10\text{dB}$

为了获得较高的测量精确度，必须分别对电源系统、检波系统进行调配，图中微波信号与其输出端的隔离器、调配器一起组成匹配信号源，保证了信号端的输出不随负载的变化而改

图 9-37　平方律检波法测试框图

变。在一般情况下，采用隔离器后信号源已基本上匹配，不必再加调配器，而在精密的测量中，则需经调配器尽可能地消除剩余的反射，右边的阻抗调配器则是用来调配检波器系统的。

（2）驻波波幅比法

这是一种用测量线法测量微波衰减的方法，即在一个终端短路的无耗传输线中插入一个被测的有耗元件后，将引起短路线内驻波场幅度的变化。元件衰减量越大，驻波场幅度就越小，根据驻波波腹的变化量可求得衰减。测试框图如 9-38 所示。

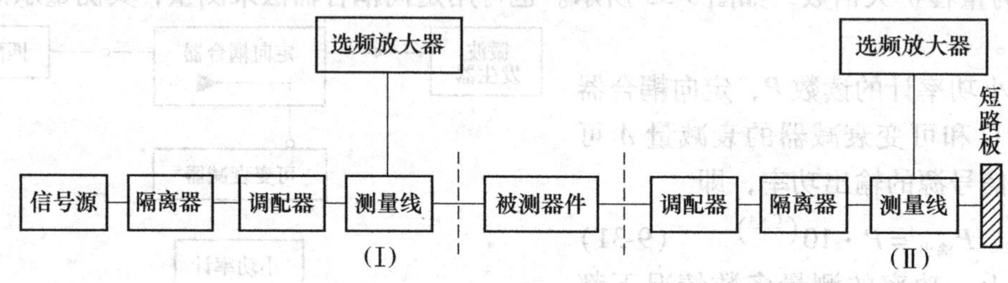

图 9-38　驻波波幅比法测试框图

图中测量线Ⅰ用来检测电源方向和负载方向驻波系数。测量线Ⅱ用来测量短路线内驻波波腹的变化。它前面的隔离器用来减小短路线对前面系统的影响。当接入被测元件时，由测量线Ⅱ测得传输线上的驻波分布，如图 9-39 中曲线 2 所示，波腹场强为 E_2，不接被测元件时，线上驻波分布如图中的曲线 1 所示，此时，驻波波腹的场强增加到 E_1。

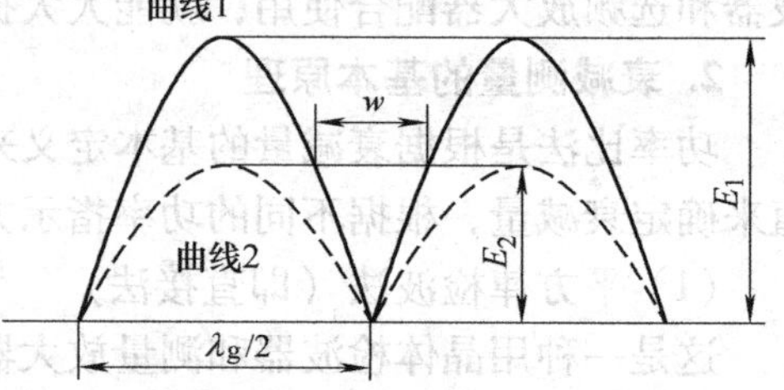

图 9-39　驻波场强分布

曲线 1 所示场强分布可用正弦函数表示，即

$$E_1(d) = E_1\left|\sin\left(\frac{2\pi d}{\lambda_g}\right)\right| \tag{9-32}$$

式中，d 为离驻波节点的距离。若在 $d=w/2$ 位置上场强为 E_2，则可得

$$E_2 = E_1\left|\sin\left(\frac{\pi w}{\lambda_g}\right)\right| \tag{9-33}$$

或

$$\frac{E_1}{E_2} = \frac{1}{\left|\sin\left(\frac{\pi w}{\lambda_g}\right)\right|} \tag{9-34}$$

于是得到计算衰减量公式为

$$A = 10\lg\frac{P_1}{P_2} = 20\lg\frac{E_1}{E_2} = 20\lg\frac{1}{\left|\sin\left(\frac{\pi w}{\lambda_g}\right)\right|} \tag{9-35}$$

可见，只要测出 w 和 λ_g，就可得到衰减量的数值。

这一方法的特点是，衰减量与测量线探头中的检波器的特性无关，而与 w 及 λ_g 的测试精度有关，一般适用于较小衰减（<10dB）的测量。

替代法是应用标准衰减器来测量微波器件衰减量的一种重要方法。在信号源和指示器之间的某一位置接入一校准的可变衰减器，将被测衰减器件插入所引起的传输功率的变化用标准衰减器衰减量的减小来替代。由标准衰减器插入的不同位置，替代法又可分为高频替代、中频替代和低频与直流替代，实验中主要采用高频替代法。

高频替代法通常可分为串联式和并联式两种，其基本框图如图9-40所示。

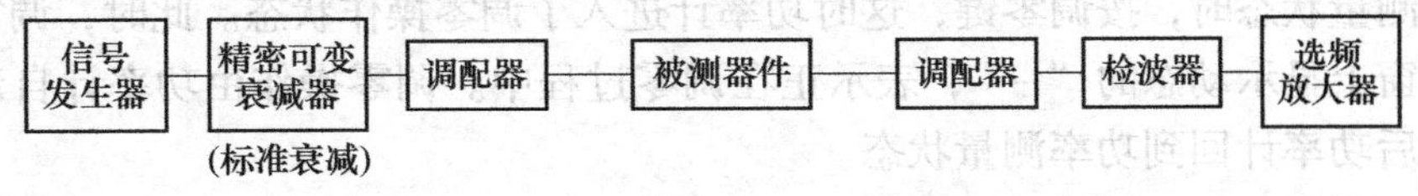

a)

b)

图9-40 高频替代法测试框图

a）串联式电路 b）并联式电路

串联替代时，在插入被测器件前，先将标准衰减器调整到适当的衰减 A_1，使检测系统指示某一基准电平，接入被测器件后，减小标准衰减器的衰减量至 A_2，使检测系统的指示仍等于原来的基准电平。于是被测器件的衰减量便直接等于标准衰减器的衰减改变量，即 $A=A_1-A_2$。

并联式电路采用一只两端口之间有良好隔离的分功率器（如魔T、3dB正交耦合器等）将信号源输出等分为两个支路，其中一路接被测器件，作为测试支路，另一路接标准可变衰减器和标准可变相移器，作为参考支路。两路信号同时到达另一分功率器，合成后输至灵敏的电平指示器。测量时，在插入被测器件前后，利用参考支路中的标准衰减器和标准相移器将到达分功率器时的两路信号调至大小相等，方向相反（即相位相差 π），输出电平指示器指零，这时标准衰减器两次读数之差即为被测器件的衰减量，而标准相移器两次读数之差为被测器件的相移量，图9-40b为并联式电路，也是电桥法测量相移量的实验框图。

由于应用可变衰减器作为被测器件的替代标准，避免了晶体检波器与测量放大器非线性的影响，可用来测大衰减量，其测量精度主要取决于标准衰减器的范围、精度及系统的匹配情况。而并联式电路不仅可以同时测出待测网络的衰减量和相移量，还可以避免信号源幅度不稳所造成的误差，但电路结构比较复杂，且对标准衰减器及标准相移器的要求较高，其衰减及相移的调整必须互相独立。

9.5.13 衰减测量实验

1. 实验原理及功率计的一般使用方法

功率计的使用包括两点：

（1）自动调零

在功率测量状态时，按调零键，这时功率计进入了调零操作状态。此时，调零指示灯点亮，在显示窗上显示动态的“-”，表示正在调零过程中。调零操作由功率计自动完成，调零操作完成后功率计回到功率测量状态。

（2）校正设置

在校正操作时应将功率传感器连接在参考功率输出口上，然后由面板设置为校正操作。通过以上两个操作仪器即可进行正常测量。当然仪器还有其他功能，如效率校正（频响）、dBm/W 读数切换等，具体操作方法请参照相应的产品说明书。

衰减测量的方法很多，常用的是功率计的功率比较法及调配好（$S<1.1$）的晶体检波器配上选频放大器的 dB 读数（改变增益大小）法。这两种方法中，前者使用比较方便，后者则要求满足晶体检波管的平方律检波特征，而且对检波器的驻波系数的调整也有相当要求，可以根据仪器的配置及教学大纲要求自行安排。

2. 测试方法（功率比较法）

功率比较法的连接框图如图 9-41 所示。

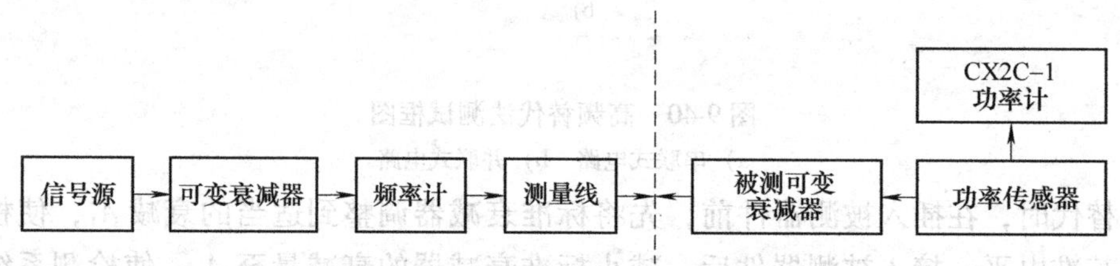

图 9-41 测试系统连接图

1）为了保证测试精度，建议在系统中加一只隔离器接在信号源的输出端，将信号源工作方法置于等幅，将可变衰减器全部退到零刻度后待测。功率计传感器通过波导同轴转换器连上测量线的输出端，调节第一只可变衰减器使功率计指示值为 10mW。

2）调节可变衰减器的刻度值（见刻度/衰减量对照表）依此记录功率值（dB），即

$$A = 10\lg\frac{P_{基}}{P_{测}} \tag{9-36}$$

3）如有可能，也可直接利用系统中的可变衰减器测得数据，可省略一个被测可变衰减器。直接测量法测试的数据如表 9-5 所示。

表 9-5 直接测量法测试的数据

标称值/dB	0	3	6	9	12	15	18	21	24	27	30
功率读数/mW	60.2	27.9	16.1	8.45	4.23	2	0.7	1.03	0.543	0.273	0.068
计算后实测值/dB	—	3.3	5.73	8.53	11.53	14.6	17.6	20.5	23.4	26.3	29.4

3. 测试方法

检波电平增益法的连接框图如图 9-42 所示。具体连接方法如下：

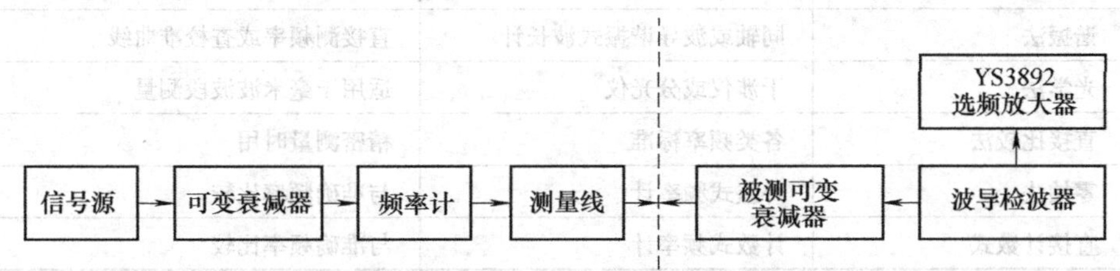

图 9-42 检波电平增益法的连接框图

1）用已调配好（$S<1.1$）的波导检波器接在 TC26 测量端，输出信号连接在 YS3892 上。

2）将波导可变衰减器刻度置于零位（逆时针方向退到“0”刻度）。

3）调节选频放大器的增益电位器使表头指针置于分贝刻度 0dB 处，“放大选择”置于 30dB 或 40dB 挡，若信号偏小，可调节信号源的功率输出。

4）根据波导可变衰减器的（衰减值/刻度）对照曲线表所列刻度值分别旋至相应位置，可分别在选频放大器的 dB 值刻度线上读出相应的衰减量值。若达不到 10dB 刻度范围，可将选频放大器“放大选择”挡增大 10dB，（此时表头指示 dB 值加上增加的 dB 值，就是实际衰减量），依此类推，可观察 3 ~ 27dB 全部量值。实验时要注意尽可能让检波晶体管工作状态处于平方律检波范围内，即选频放大器的“放大选择”挡 dB 值控制在 40 ~ 60 范围内。这样读数可保持较好的线性。同时要注意衰减量是在什么条件下测量得到的。

9.5.14 微波频率测量原理

频率（波长）的测量是微波的基本测量之一。已知波长 λ 与频率 f（或周期 T）之间有如下关系：

$$\lambda = VT = \frac{V}{f} \tag{9-37}$$

式中 V 为电磁波在媒介中传播的速度，其计算方式如下：

$$V = \frac{c}{\sqrt{\mu_r \varepsilon_r}} \tag{9-38}$$

式中，$\mu_r = U/U_0$ 为介质的相对磁导率；ε_r 为相对介电常数；c 为光速。

可见波长与频率是密切相关的，但从测量上看，波长的测量是长度的测量，而频率的测量却是时间的测量，两者又是有差别的。对于稳态情况，电磁波的频率是常数，而波长却与相速有关，即与电磁波传播的媒质、传播的波型和传输系统的尺寸等有关，只有这些因素都可以精确测定时，才能确切知道 λ 和 f 之间的具体关系。可见，频率是更能反映电磁波特性的物理量（它与传播条件无关），而且频率的测量可以得到较高精确度，而波长的测量则受到机械量具的限制。

尽管如此，波长的测量可以直接转化为直线长度的测量，设备比较简单，测量方法也较方便，因而在微波波段得到广泛的应用。常用的测量波长与频率的方法如表 9-6 所示。

表 9-6 常用的测量波长与频率的方法

分类	测量方法	测量仪器	特点
波长	驻波分步法	测量线	直接测出波导波长
	谐振法	同轴或波导谐振式波长计	直接测频率或查校准曲线
	光学法	干涉仪或分光仪	适用于毫米波波段测量
频率	直接比较法	各类频率标准	精密测量时用
	零拍法	外差式频率计	与准确频率比较
	直接计数式	计数式频率计	与准确频率比较

下面就目前实验室常用的方法进行介绍：

1）用测量线测量波导波长，可参阅前述波导波长测量的方法。

2）谐振式波长计：利用同轴线段、波导段或封闭空腔构成谐振器测量微波振荡的波长。

谐振式波长计有许多种类型，主要分为同轴波长计和空腔波长计两大类，同轴波长计广泛应用于3cm以上的厘米波和分米波范围，它是一种低品质因数的谐振式波长计，但由于它所传输的为TEM波，无色散，因而振荡模式稳定，工作可靠，频带较宽。

圆柱形空腔谐振式波长计是一种结构比较简单的波导式空腔谐振器，具有较高的品质因素，对半径为R、高为L的圆柱形谐振腔常用的振荡模式有TE. oll模，其谐振波长计算公式如下：

$$\lambda_0 = \frac{1}{\sqrt{\left(\frac{1}{1.64R}\right)^2 + \left(\frac{1}{2L}\right)^2}} \tag{9-39}$$

TEm模，其谐振波长如下：

$$\lambda_0 = \frac{1}{\sqrt{\left(\frac{1}{3.41R}\right)^2 + \left(\frac{1}{2L}\right)^2}} \tag{9-40}$$

前者为低损耗模式，因而Q值高，可做高精度波长计，但它的调谐范围不大。后者体积小，调谐范围宽，但它的Q值较低，只能做中等精度波长计。

圆柱形谐振式波长计通常为“吸收式”的，即圆柱腔通过波导宽边小孔馈电，当信号频率远离空腔调谐点时，没有能量被吸收；而当波长计调谐到与信号频率谐振时，谐振腔吸收能量，波导输出能量相应减少，晶体检波器的输出指示为最小，其电路结构与谐振曲线如图9-43所示。

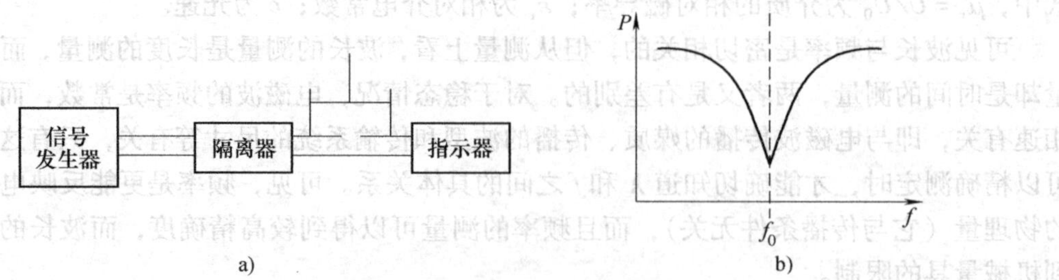

图 9-43 吸收式波长计示意图及谐振曲线

a）吸收式波长计示意图 b）谐振曲线

如在谐振腔中装有输出耦合元件，即为“通过式”波长计。在谐振时输出指示为最大，如图 9-44 所示。

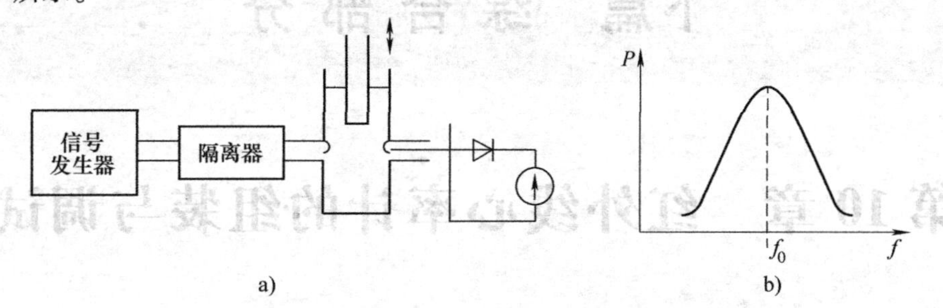

图 9-44　通过式波长计（同轴式）示意图及谐振曲线
a）示意图　b）谐振曲线

只要事先用频率计或标准波长计对所用波长计进行刻度校准，便可以直接由刻度值求得被测信号频率。

外差式频率计及数字式频率计的原理及使用可参阅有关微波测量书籍或相应的仪器使用说明，这里不再赘述。

下篇 综合部分

第10章 红外线心率计的组装与调试

10.1 实训内容

红外线心率计就是通过红外线传感器检测出手指中动脉血管的微弱波动，由计数器计算出每分钟波动的次数。但手指中的毛细血管的波动是很微弱的，因此需要一个高放大倍数且低噪声的放大器，这是红外线心率计设计的关键所在。通过本产品的制作，可以使学生掌握常用模拟、数字集成电路(运算放大器、非门、555定时器、计数器、译码器等)的应用。

10.2 实训要求

1)理解红外线心率计的原理框图、电路原理图。

2)独立完成一台红外线心率计的焊接、安装及调试，根据红外线心率计的技术指标测试红外线心率计的主要参数及波形。

3)调试过程中，能进行简单的故障分析及排除。

10.3 红外线心率计的工作原理

10.3.1 红外线心率计的原理框图

整机电路由 -10V 电源变换电路、血液波动检测电路、放大整型滤波电路、三位计数器电路、门控电路、译码驱动显示电路组成，如图10-1所示。

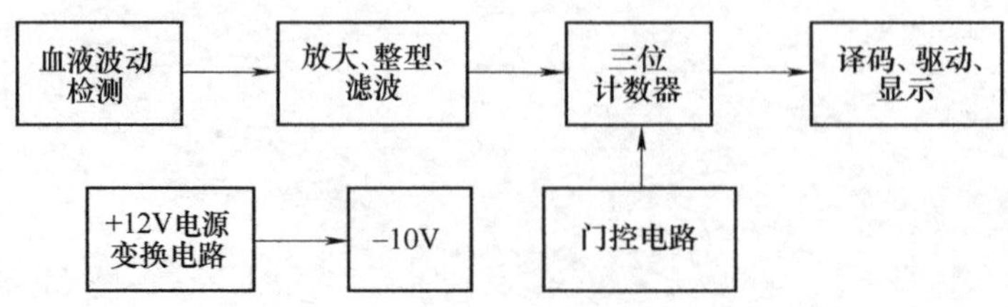

图10-1 红外线心率计的原理框图

10.3.2 单元电路的工作原理

1. 负电源变换电路

负电源变换电路的作用是把 +12V 直流电变成 -10V 左右的直流电压， -10V 电压与 +12V作为运算放大器的电源。负电源变换电路如图 10-2 所示，其中 IC_1(CD4069)为六非门集成电路，它的内部结构图如图 10-3a 所示。

负电源变换电路工作原理：通电的瞬间，假设 A 点是低电位，则 B 点是高电位，C 点是低电位，D 点是高电位。B 点的高电位通过 R_{19} 给 C_7 充电，当 F 点的电压高于 IC_1(CD4049)的电平转换电压时，B 点输出低电位，C 点(C_7 端)输出高电位，由于电容两端的电压不能突变，所以 C_7 两端的电压通过 R_{19}放电。当 F 点电压低于 IC_1 的转换电压时，B点输出高电位，此高电位通过 R_{19}对 C_7 充电，如此循环。C 点得到方波，经过后面 4 个反相器反相、扩流后，在 D 点得到方波。

当 D 点是高电平时，VD_1 导通，C_8 被充电，大约充到 11V 左右，当 D 点变成低电平时，由于 C_8 两端电压不能突变，G 点电压被拉到 -11V 左右，此时 VD_2 导通，C_9 反方向充电，使 E 点电压达到 -10V 左右。由于带负载的能力不强，当带上负载后，E 点电压降到 9V 左右。

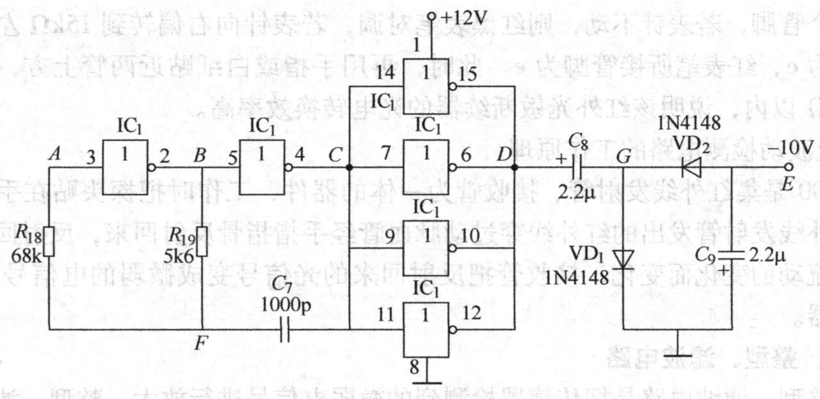

图 10-2 电源电路

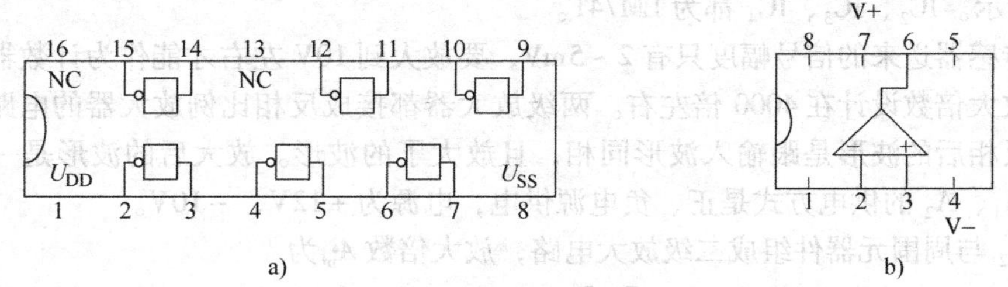

图 10-3 集成电路的结构图

a) CD4049 b) LM741

2. 血液波动检测电路

血液波动检测电路首先通过红外光电传感器把血液中波动的成分检测出来，然后通过电容器耦合到放大器的输入端如图 10-4 所示。

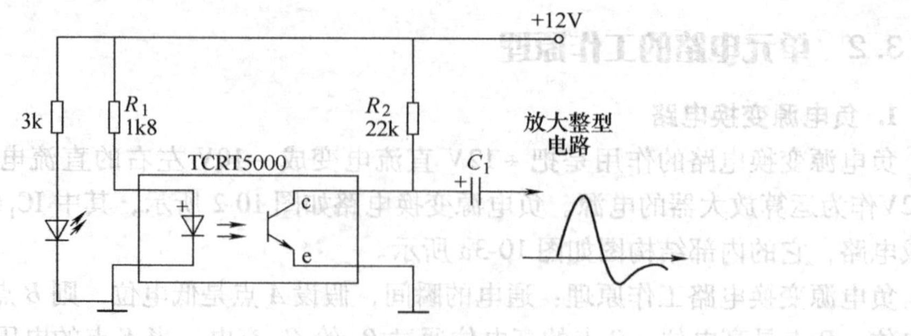

图 10-4 血液波动检测电路

(1)TCRT5000 红外光敏传感器的检测方法

首先用数字万用表的二极管挡位正向电压降测试控制端发射管(浅蓝色)的正、负极，将红黑表笔分别接发射管的两个管脚，正反各测一次，表头一次显示“1.05(0.9－1.1)”，一次显示溢出值“－1”，则显示 1.05V 的那次正确，红表笔接的是正极，黑表笔接的是负极。若两次都显示“1”，则说明发射管内部开路，若两次都显示“0”，则发射管内部短路。然后再判断接收管的 c、e 极和光电转换效率，方法如下：将发射管的正、负极分别插入数字万用表 h_{FE}挡 NPN 型的 c、e 插孔，再将模拟万用表置于到 R×1kΩ 挡。红黑表笔分别接接收管的两个管脚，若表针不动，则红黑表笔对调，若表针向右偏转到 15kΩ 左右，则黑表笔所接管脚为 c，红表笔所接管脚为 e。此时，再用手指或白纸贴近两管上方，表针继续向右偏转至 1kΩ 以内，说明该红外光敏断续器的光电转换效率高。

(2)血液波动检测电路的工作原理

TCRT5000 是集红外线发射管、接收管为一体的器件，工作时把探头贴在手指上，力度要适中。红外线发射管发出的红外线穿过动脉血管经手指指骨反射回来，反射回来的信号强度随着血液流动的变化而变化，接收管把反射回来的光信号变成微弱的电信号，并通过 C_1 耦合到放大器。

3. 放大、整型、滤波电路

放大、整型、滤波电路是把传感器检测到的微弱电信号进行放大、整型、滤波，最后输出反映心跳频率的方波，如图 10-5 所示。其中 LM741 为高精度单运放电路，其引脚功能如图 10-3b 所示。IC_2、IC_3、IC_4 都为 LM741。

因为传感器送来的信号幅度只有 2～5mV，要放大到 10V 左右才能作为计数器的输入脉冲。因此放大倍数设计在 4000 倍左右。两级放大器都接成反相比例放大器的电路，经过两级放大、反相后的波形是跟输入波形同相，且放大了的波形。放大后的波形是一个交流信号。其中 A_1、A_2 的供电方式是正、负电源供电，电源为 +12V、－10V。

A_1、A_2 与周围元器件组成二级放大电路，放大倍数 A_{uf} 为

$$A_{uf}=\frac{R_4}{R_3}\frac{R_8}{R_6}=66\times 66\approx 4000$$

由于放大后的波形是一个交流信号，而计数器需要的是单方向的直流脉冲信号。所以经过 VD_3 检波后变成单方向的直流脉冲信号，并把检波后的信号送到 RC 两阶滤波电路，滤波电路的作用是滤除放大后的干扰信号。R_9、VD_4 组成传感器工作指示电路，当传感器接收到心跳信号时，VD_4 就会按心跳的强度而改变亮度，因此 VD_4 正常工作时是按心跳的频率闪

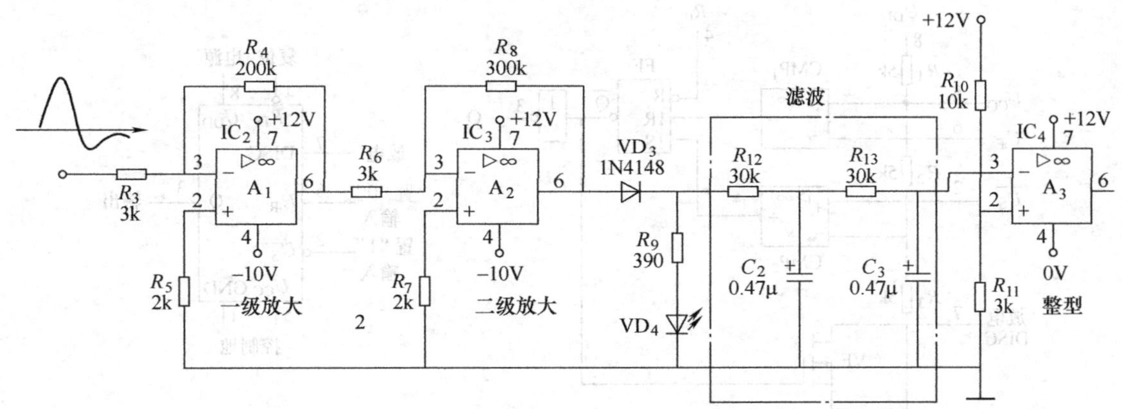

图 10-5　信号放大、整型电路

烁。直流脉冲信号滤波后送入 A_3 的同相输入端，反相输入端接一个固定的电平，A_3 是作为一个电压比较器来工作的，是单电源供电。当 A_3 的 3 引脚电压高于 2 引脚电压的时候，6 引脚输出高电平；当 A_3 的 3 引脚电压低于 2 引脚电压的时候，6 引脚输出低电平，所以 A_3 输出一个反应心跳频率的方波信号。

4. 门控电路

555 定时器是一种将模拟电路和数字电路集成于一体的电子器件，用它可以构成单稳态触发器、多谐振荡器和施密特触发器等多种电路。555 定时器在工业控制、定时、检测、报警等方面有广泛应用。

555 定时器内部电路及其电路功能如图 10-6 所示。555 内部电路由基本 RS 触发器 FF、比较器 $COMP_1$、$COMP_2$ 和场效应晶体管 VF 组成(见图 10-6a)。当555 内部的 $COMP_1$ 反相输入端(－)的输入信号 U_R 小于其同相输入端(＋)的比较电压 U_{co}($U_{co}=\frac{2}{3}U_{DD}$)时，$COMP_1$ 输出高电位，置触发器 FF 为低电平，即 $Q=0$；当 $COMP_2$ 同相输入端(＋)的输入信号$\overline{U_S}$大于其反相输入端(－)的比较电压 $U_{co}/2(1/3U_{DD})$时，$COMP_2$ 输出高电位，置触发器 FF 为高电平，即 $Q=1$。$\overline{R_D}$是直接复位端，$\overline{R_D}=0$，$Q=0$；MOS 管 VF 是单稳态等定时电路时，供定时电容 C 对地放电作用。

注意，电压 U_{co}可以外部提供，故称为外加控制电压，也可以使用内部分压器产生的电压，这时 $COMP_2$ 的比较电压为 $U_{DD}/3$，不用时常将 0.01μF 电容接地以防干扰。

由 555 接成单稳态触发器来完成门控电路的作用是控制计数器的起停，并控制每次测量的时间，电路如图 10-7a 所示。

1)当接通电源的时候，＋12V 电源电压通过 R_{15}对电容 C_4 进行充电，2 引脚的电压马上变成 12V(“1”电平)，触发器 FF 被置“0”，即 555 的 3 引脚输出“0”电平(见图 10-7a)。VT_6 截止，VT_6 的 c 极为高电位，所以计数器 MC14553 不计数，此时 VD_5 不亮。

2)当按下 S_1 按钮时，2 引脚电压为0V，低于1/3 电源电压。555 内部比较器 CMP_2 的输出端为高电平(见图 10-6a)，触发器 FF 被置“1”，即 3 引脚输出“1”电平，VT_6 饱和导通，VD_5 发光，VT_6 的集电极输出低电平，使计数器 MC14553 清零，开始计数。同时555 内场效应晶体管截止，12V 电压通过 R_{17}给 C_6 充电，C_6 的电压逐渐增高，如图 10-7b 中 u_{C6}波形所示。

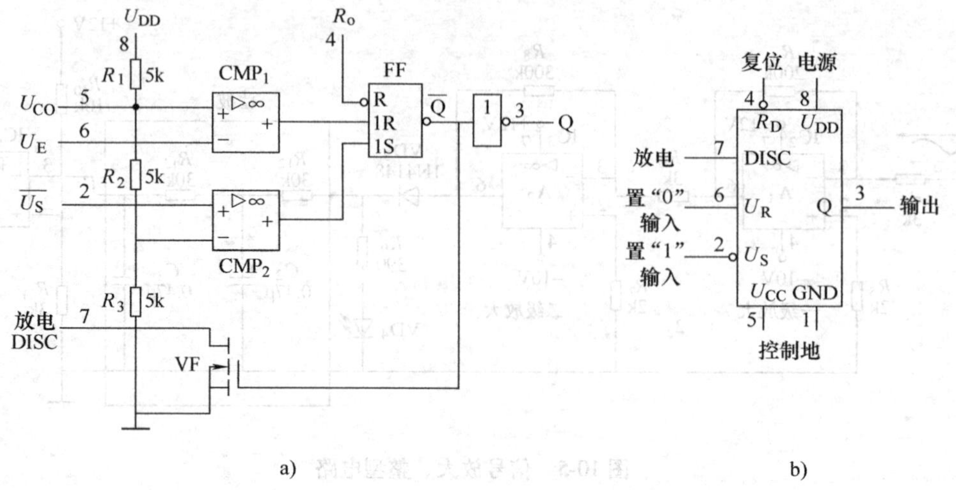

图 10-6 555 定时器内部电路及其功能符号

a) 555 定时器内部电路 b) 555 简化符号

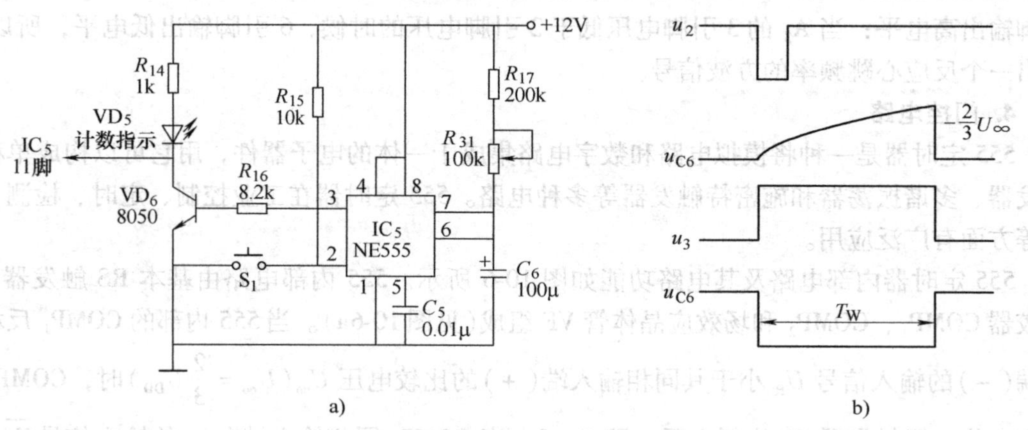

图 10-7 由 555 组成的门控电路

a) 电路 b) 工作波形

3) 当 C_6 的电压充到 2/3 电源电压时，555 内部比较器 CMP$_1$ 的输出端为高电平，触发器置“0”，3 引脚输出低电平，VT$_6$ 的集电极输出高电平，因此计数器 MC14553 的 11 引脚变为高电平，计数器停止计数；同时 555 内场效应晶体管导通，电容 C_6 通过场效应晶体管迅速放电到低电平，返回稳定的状态，定时结束。

脉宽 T_W 可根据下式计算：

$$T_W = R_{17}C_6\ln\frac{U_{DD}}{U_{DD}-\frac{2}{3}U_{DD}} = R_{17}C_6\ln 3 = 1.1R_{17}C_6$$

5. 三位计数电路

由 MC14553 组成的三位计数电路对输入的方波进行计数，并把计数结果以 BCD 码的形式输出。

MC14553 为 16 引脚扁平封装集成电路，其引脚功能如图 10-8a 所示，有 4 个 BCD 码输出端 $Q_1 \sim Q_3$，可分时输出三组 BCD 码；有三个分时同步控制信号 $DS_1 \sim DS_3$，为计数器的输出提供分时同步输出控制信号，形成动态扫描工作方式，该控制端低电平有效。计数电路包含了计数和输出驱动电路。

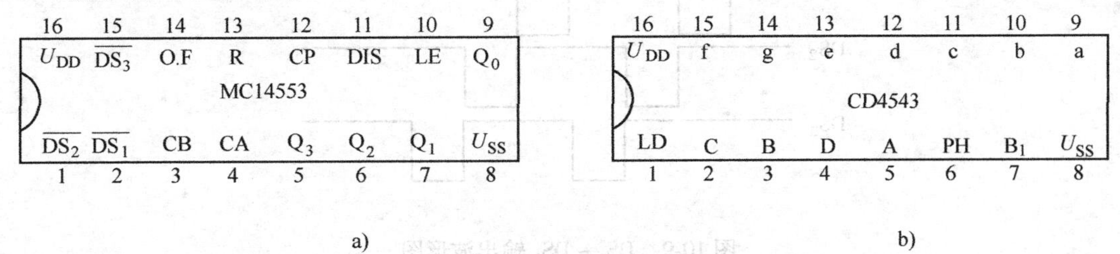

a) b)

图 10-8 集成电路引脚功能图

a) MC14553 b) CD4543

计数器 MC14553 的真值表见表 10-1。

表 10-1 MC14553 的真值表

输入				输出
置零端(13 引脚)	时钟(12 引脚)	使能(11 引脚)	测试(10 引脚)	
0	上升沿	0	0	不变
0	下降沿	0	0	计数
0	×	1	×	不变
0	1	上升沿	0	计数
0	1	下降沿	0	不变
0	0	×	×	不变
0	×	×	上升沿	锁存
0	×	×	1	锁存
1	×	×	0	$Q_0123=0$

注：× = 任意。

计数器 MC14553 的 $DS_1 \sim DS_3$ 输出为方波，波形如图 10-9 所示。当按下 S_1 时(见图 10-7a)，VD_5 饱和导通，VD_5 的 c 极为低电平，MC14553 的 11 引脚变为低电平，计数器开始对送到 12 引脚的从整型电路过来的方波个数进行计数，最大计数为 999，计数结果以 BCD 码的形式从 $Q_0 \sim Q_3$ 输出。11 引脚不管是高电平还是低电平，$DS_1 \sim DS_3$ 始终输出图 10-9 所示的方波。当 DS_3 是低电平时，个位显示器被选中，$Q_0 \sim Q_3$ 输出个位要显示的数值；当 DS_2 是低电平时，十位显示器被选中，$Q_0 \sim Q_3$ 输出十位要显示的数值；当 DS_1 是低电平时，百位显示器被选中，$Q_0 \sim Q_3$ 输出百位要显示的数值。

6. 译码、驱动、显示电路

三位计数电路、译码、驱动、显示电路如图 10-10 所示，图中，IC_6 为 MC14553，IC_7 为 CD4543。它的作用是把计数器输出的计数结果显示在三位数码管上。

译码器 CD4543 的引脚功能如图 10-8b 所示。它有 4 个输入端：A、B、C、D，与计数器的输出端相连；有 7 个数码笔段输出驱动端：a ~ g。译码器 CD4543 可以驱动共阴、共阳两种数码管，使用时，只要将 PH 引脚接高电平，即可驱动共阳极的 LED 数码管；将 PH 引脚接低电平，便可驱动共阴极的 LED 数码管。

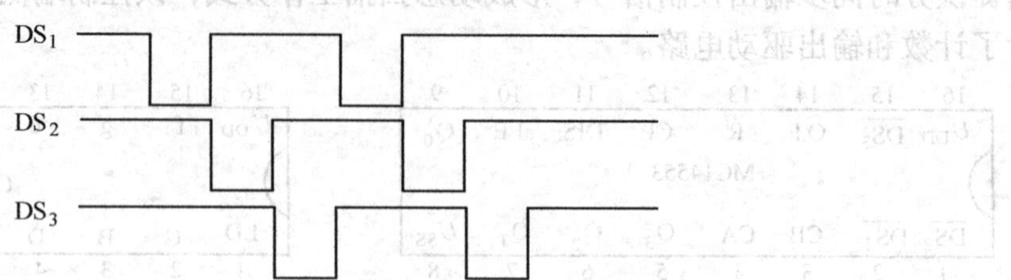

图 10-9　$DS_1 \sim DS_3$ 输出波形图

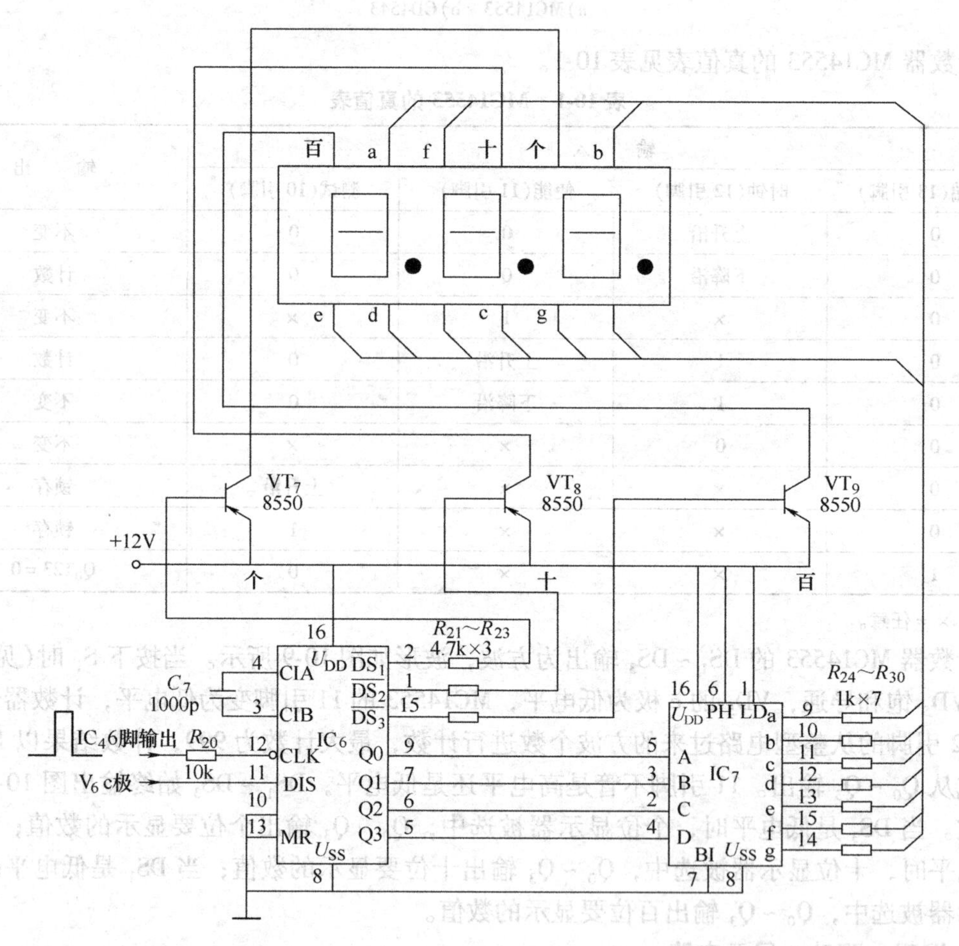

图 10-10　三位计数、译码、驱动、显示电路

显示采取动态扫描的方法，即每一时刻只有一个数码管被点亮，但是交替的频率非常快，由于人眼的视觉残留效应，人眼看到的就是静止的数字显示结果。计数器送来的数据，经过 CD4543 翻译成 7 段字码后，接到数码管的 7 个笔画段，点亮相应的笔画段。数码管采用共阳极。CD4543 的真值表见表 10-2。

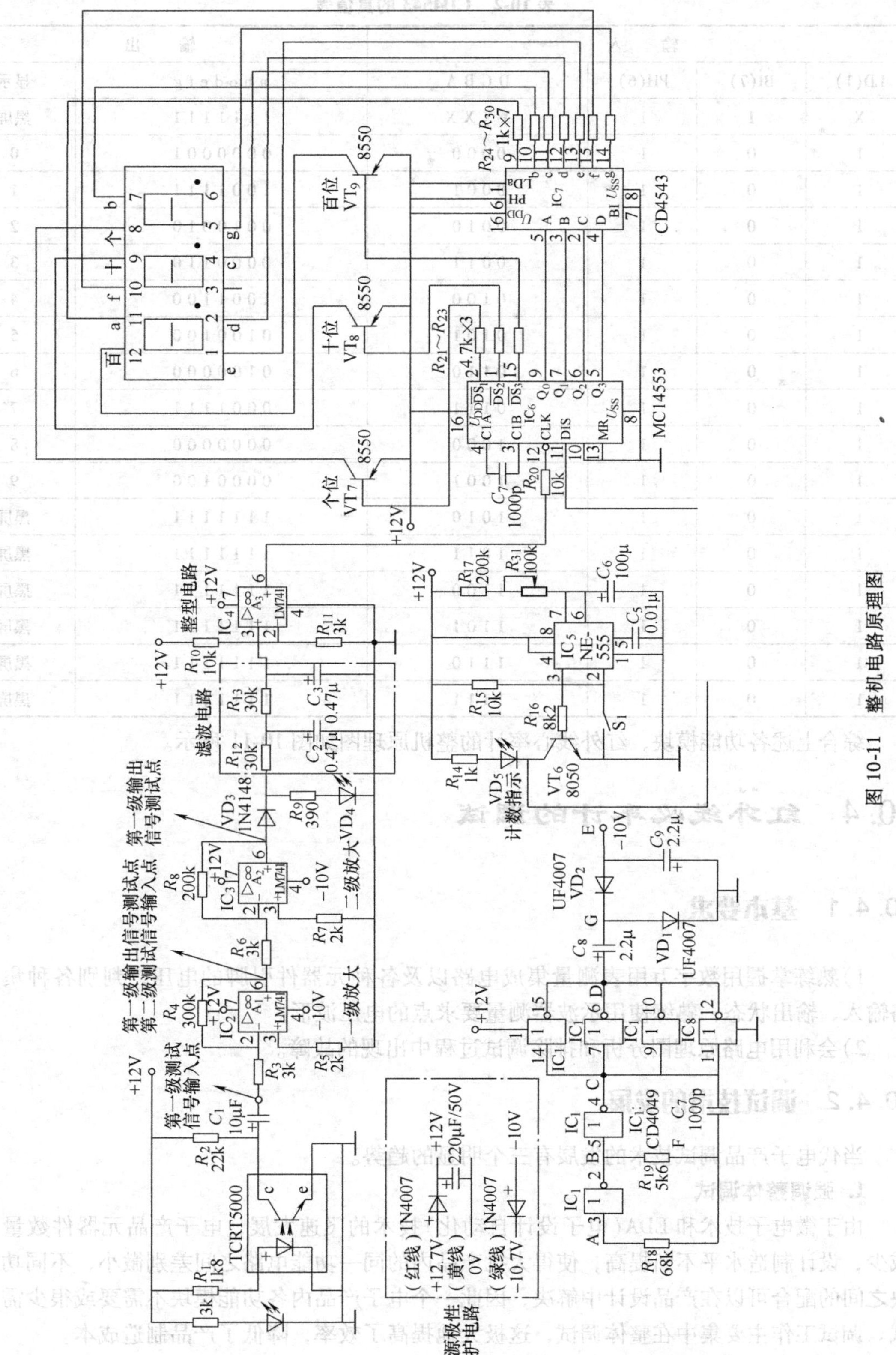

图 10-11　整机电路原理图

表 10-2 CD4543 的真值表

输入				输出	
LD(1)	BI(7)	PH(6)	DCBA	abcdefg	显示
X	1	1	XXXX	1111111	黑屏
1	0	1	0000	0000001	0
1	0	1	0001	1001111	1
1	0	1	0010	0010010	2
1	0	1	0011	0000110	3
1	0	1	0100	1001100	4
1	0	1	0101	0100100	5
1	0	1	0110	0100000	6
1	0	1	0111	0001111	7
1	0	1	1000	0000000	8
1	0	1	1001	0000100	9
1	0	1	1010	1111111	黑屏
1	0	1	1011	1111111	黑屏
1	0	1	1100	1111111	黑屏
1	0	1	1101	1111111	黑屏
1	0	1	1110	1111111	黑屏
1	0	1	1111	1111111	黑屏

综合上述各功能模块，红外线心率计的整机原理图如图 10-11 所示。

10.4 红外线心率计的调试

10.4.1 基本要求

1)熟练掌握用数字万用表测量集成电路以及各种元器件引脚的电压，判别各种集成电路输入、输出状态；熟练使用示波器测量要求点的电压波形。

2)会利用电路原理图分析和排除调试过程中出现的故障。

10.4.2 调试技术的发展

当代电子产品调试技术的发展有三个明显的趋势。

1. 强调整体调试

由于微电子技术和 EDA(电子设计自动化)技术的飞速发展，电子产品元器件数量不断减少，设计制造水平不断提高，使得大批产品内的同一功能电路之间差别微小，不同功能模块之间的配合可以在产品设计中解决，因此一个电子产品内各功能模块不需要或很少需要调试。调试工作主要集中在整体调试，这极大地提高了效率，降低了产品制造成本。

2. 趋向免调试、少测试

由于现在很多电子产品采用高集成度专用的集成电路，大规模、超大规模通用集成电路和高质量电子元器件组成，制造工艺先进，使电子产品调试走出传统反复调整和测试的模式，向免调试、少测试方向发展。例如现代采用单片集成电路和 SMT 技术制造的数字调谐收音机，几乎不用调整，只需很少的测试便可以达到较高的指标。

3. 发展自动测试

先进的计算机集成制造系统将电子产品的测试完全由计算机控制，产品的一致性和质量都达到空前的水平。

10.4.3 红外线心率计的调试过程

1. 电源变换电路的调试

把12V 直流电压送入电源变换电路 CD4096 的1 引脚(正极)与8 引脚(负极)之间，注意正负极。用数字万用表 DC 20V 挡测集成电路 CD4096 的 1 引脚与 12 引脚之间电压为 12V。此时，*RC* 振荡器应该工作，用示波器(量程 DC 5V/DIV)测试 *C* 点(见图 10-2)的电压波形，应该是一个不规范的方波，测试 *D* 点的波形，应该是规范的方波，把 *C* 点、*D* 点测量电压波形记录在表 10-3 中。用数字万用表的 DC 20V 挡测量 *E* 点对地的电压，应该是 -10V 左右，把测得电压记录在表 10-3 中。如果没有方波，说明电路没有起振，应检查 *RC* 电路和芯片 4096 的电源有没有接错；如果电路起振，而没有 -10V 电压，检查二极管 VD_1、VD_2 和电解电容 C_6 的极性有没有接错。

2. 血液波动检测电路的调试

电路连接完毕后通电。把食指放在传感器的探头处，适当调节压力。用示波器的 AC 挡(5mV/DIV、500ms/DIV)去测量电容 C_1 正极对地的波形，应该能在示波器上看到心跳微弱的波动，幅度大约是几个毫伏。如果有此波形，说明传感器工作正常，如果没有，检查传感器的引脚是否接错。用示波器去测量 C_1 负极的波形，应该能看到比刚才那个波形幅度还要小的波动。

3. 放大、整型、滤波电路的调试

电路连接完毕后通电。测量 IC_2、IC_3 的 7 引脚、4 引脚对直流地的电压(即运放的供电电压)，应该为 +12V 、 -10V 左右。测量 IC_4 的 7 引脚、4 引脚之间的电压，应该为 +12V 左右。

把食指放在传感器(ON2152)的探头上，适当调节压力。VD_4 应该会有节律的闪烁，闪烁的频率跟心跳的频率吻合。此时，用示波器测量 IC_2 的 6 引脚波形，应该是放大了 R_4/R_3 倍的波动信号。用示波器测量 IC_3 的 6 引脚波形，应该是比 IC_2 的 6 引脚波形放大了 R_8/R_6 倍的波形(因为放大倍数很大，波形有削顶现象)。IC_2、IC_3 的放大倍数可以根据实际情况适当做一些调整。用示波器测量 IC_4 的 6 引脚波形，应该是一个规范的方波，是单极性的，如果没有方波，或方波的占空比太小，可以适当改变 R_{10}、R_{11}的阻值。把测得的三个波形记入表 10-3 中。

如果手上暂时没有传感器，则使用函数信号发生器产生几赫兹、几毫伏的正弦波，并把该波形加到 C_1 的负极，同样也可以按上述的方法进行调试。

4. 门控电路的调试

电路连接完毕后通电。此时，门控电路进入稳态，用数字万用表 DC 20V 挡测量 3、6、

7 引脚与 1 引脚之间的电压都为 0V，VT_6 的 c 极与 1 引脚之间的电压为 12V，VD_5 不发光。按一下 S_1 按钮，门控电路输出状态发生翻转，进入暂稳态，555 输出端 3 引脚输出高电位，因此 VT_6 饱和导通，VT_6 的 c 极输出低电位，VD_5 发光，用数字万用表 DC 20V 挡测量 6、7 引脚与 1 引脚之间的电压，可以发现，电压是慢慢上升的，当上升到 8V 左右的时候(时间是30s)，门控电路输出状态又发生翻转，进入稳态，此时555 输出端3 引脚输出低电位。用数字万用表 DC 20V 挡测量 3、6、7 引脚的与 1 引脚之间的电压，都是 0V，VT_6 的 c 极与 1 引脚之间的电压为 12V，VD_5 不发光。

如果暂稳态的时间不是 30s，则最后测量的心率不准确。需要调整 R_{17} 或 C_6 的参数来达到 30s 的要求。计算公式为

$$1.1 \times R_{17} \times C_6 = 30$$

5. 计数、译码、驱动、显示电路的调试

电路连接完毕后通电。此时由于门控电路的控制作用，计数器 MC14553 的使能端(低电平有效)被置“1”，计数器不计数，输出的 BCD 码是 0000，即 5、6、7、9 引脚的电压约为 0V。用示波器双踪测量 DS_1、DS_2 之间、DS_2 与 DS_3 之间波形，应能显示图 10-9 所示的波形，测试并把波形画在表 10-5 中(示波器量程：双踪，5V/DIV，1ms/DIV)。

把食指放在传感器的探头处，适当调节压力。当观察到 VD_4 呈现有规律的亮-灭变化时，就可以进行测量了。按一下门控电路的 S_1 按钮，这时，VD_5 发光，计数器的使能端被置“0”，计数器开始按整型电路送来的心跳脉冲计数。计数的结果以 BCD 码的形式送到译码器进行译码。译码后的结果送到数码管显示计数的结果。过 30s 后，门控电路输出高电平，计数器使能端被置“1”，计数器停止计数。数码管显示最后计数的结果，此数字乘 2 即是被测的心率。测量并记录计数器停止计数后集成电路 MC14553 及 CD4543 的引脚电压并填入表 10-6 和表 10-7 中。

10.4.4 红外线心率计调试记录表

详见表 10-3 ~ 表 10-9。

表 10-3 电源电路

测量项目	*C* 点电压波形	*D* 点电压波形
画出被测量波形并标出幅度与周期		
E 点电压	$U_E=$ V	

表 10-4 血液波动检测电路

测量项目	C_1 正极电压波形	C_1 负极电压波形
画出被测量波形并标出幅度与周期		

表 10-5　放大、整型、滤波电路

测量项目	IC_2 的 6 引脚电压波形	IC_3 的 6 引脚电压波形	IC_4 的 6 引脚电压波形
画出被测量波形并标出幅度与周期			
一级放大倍数：		一级放大倍数：	

表 10-6　门控电路

稳态时 IC_4(555)及晶体管 VT_6 的 c 极电压

测量项目	U_1	U_2	U_3	U_4	U_5	U_6	U_7	U_8	U_c
测量值									

暂态时 IC_4(555)及晶体管 VT_6 的 c 极电压

测量项目	U_1	U_2	U_3	U_4	U_5	U_6	U_7	U_8	U_c
测量值									

暂稳态时间 $t =$ ____s

表 10-7　计数、译码、驱动、显示电路

测量项目	DS_1、DS_2、DS_3 波形(画在一起)	VT_7、VT_8、VT_9 的 c 极(画在一起)
画出被测量波形并标出幅度与周期		

表 10-8　稳态时 MC14553 的引脚电压

测量项目	MC14553									
	U_5	U_6	U_7	U_9	U_3	U_4	U_{11}	U_{13}	U_8	U_{16}
测量值										

表 10-9　稳态时 CD4543 的引脚电压

CD4543								
测试项目	U_2	U_3	U_4	U_5	U_9	U_{10}	U_{11}	U_{12}
测量值								
测试项目	U_{13}	U_{14}	U_{15}	U_1	U_6	U_{16}	U_7	U_8
测量值								

所测得的心率是：____次/min

第 11 章　数字万用表的组装与调试

11.1　实训内容

独立完成一台正式数字万用表的焊接、安装、调试，根据数字万用表的技术指标测试数字万用表的主要参数及波形。

11.2　实训要求

1）理解数字万用表的原理框图、电路原理图及装配图。

2）独立完成一台正式数字万用表的焊接、安装及调试，根据数字万用表的技术指标测试数字万用表的主要参数及波形。

3）调试过程中，能进行简单的故障分析及排除。

11.3　DT830B 型数字万用表的原理

DT830B 型数字万用表是一款功能完备、可靠性高的三位半液晶显示的仪表，整机电路以 ICL7106 型单片 A/D 转换器为核心，可测量直流电流和电压、交流电流和电压、电阻、二极管、晶体管 h_{FE}以及电路通断等。该产品具有以下特点：

1）技术成熟。主电路采用典型数字表集成电路 ICL7106，测量精度高、性能稳定可靠。

2）性价比高。由于技术成熟、应用广泛，所产生的规模效益使得成本较低，具有精度高、输入电阻大、读数直观、功能齐全、体积小巧等优点。

3）结构合理、安装简单。单板结构，ICL7106 型集成电路采用 COB 封装。

11.3.1　数字万用表原理框图

数字万用表由功能/量程选择、参数转换电路、ICL7106 型集成电路及液晶显示器四大部分组成。图 11-1 是数字万用表的原理框图。

1. 功能/量程选择

数字万用表的功能、量程选择由手动转换开关实现。

2. 参数转换电路

通常被测量的参数除了直流电压无需转换，其他被测量都需经过转换电路转换成相应的直流电压，然后送入 ICL7106，最后得到显示结果。

数字万用表的各类转换电路一般由一些无源的分压或分流电阻网络构成，而交直流转换电路由元器件(二极管)等实现。

3. ICL7106 集成电路

CMOS 三位半单片 A/D 转换器具有大规模集成的优点，是将双积分 A/D 转换器的模拟

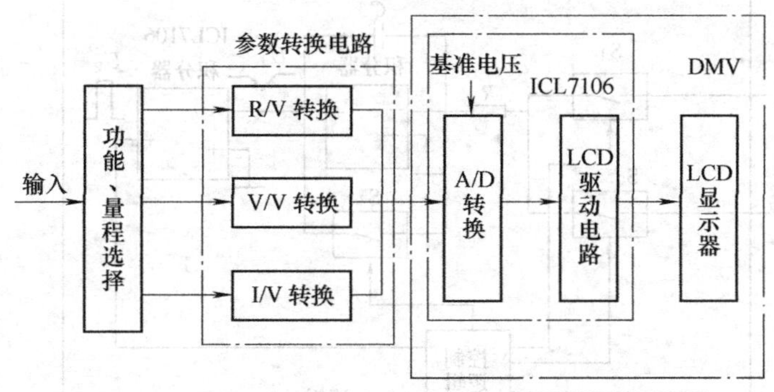

图 11-1 数字万用表原理框图

部分电路如缓冲器、积分器、比较器和模拟开关，以及数字电路部分的时钟脉冲发生器、分频器、计数器、锁存器、译码器、异或的相位驱动器和控制逻辑电路等全部集中在一个芯片上，使用时只需要配以显示器和少量的阻容元件即可组成一台三位半的各种高精度、读数直观、功能齐全、体积小巧的仪器仪表。

11.3.2 双积分式 A/D 转换器的工作原理

A/D 转换器是数字万用表的关键电路，从根本上决定了数字万用表的整体性能特别是精度要求。A/D 转换器的基本工作原理是把一个数量上连续变化的模拟量转换为一个数量上离散变换的数字量。按转换过程，A/D 转换器可大致分为直接型 A/D 转换器和间接型 A/D 转换器。直接型 A/D 转换器能把输入的模拟电压直接转换成输出的数字代码，而不需要经过中间变量。常用的电路有并行比较型和反馈比较型两种。间接型 A/D 转换器是将待转换的输入模拟电压转换为一个中间变量，例如时间 T 或频率 F，然后再对中间变量量化编码，得出转换结果。A/D 转换器的大致分类如图 11-2 所示。

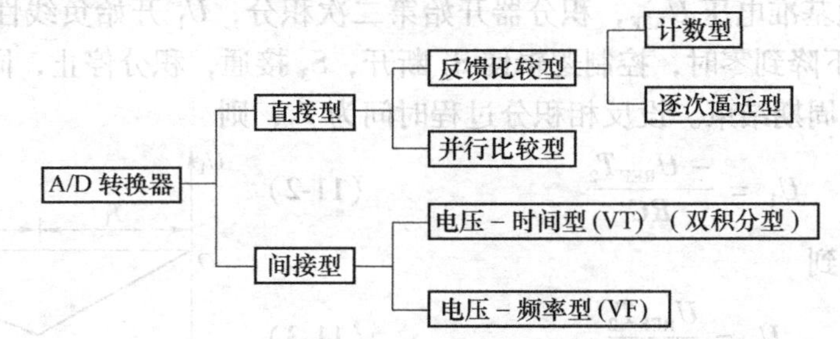

图 11-2 A/D 转换器的分类

数字万用表中通常采用双积分式的 A/D 转换器，它把输入模拟电压与基准电压作比较，通过两次积分过程转换为两个时间间隔的比较，由此将模拟电压转换为与其平均值成正比的时间间隔，然后利用时钟脉冲计数器测量这一时间间隔，所得到的计数值为 A/D 转换的结果。A/D 转换器的原理图如图 11-3 所示，它在一个测量周期内的工作过程可分为三个阶段来描述，分别是自动稳零、信号积分和反积分。

1. 自动稳零阶段

通过电路内部的模拟开关，使 V_{in+}、V_{in-} 两个输入与公共端 COM 短接，同时基准电压

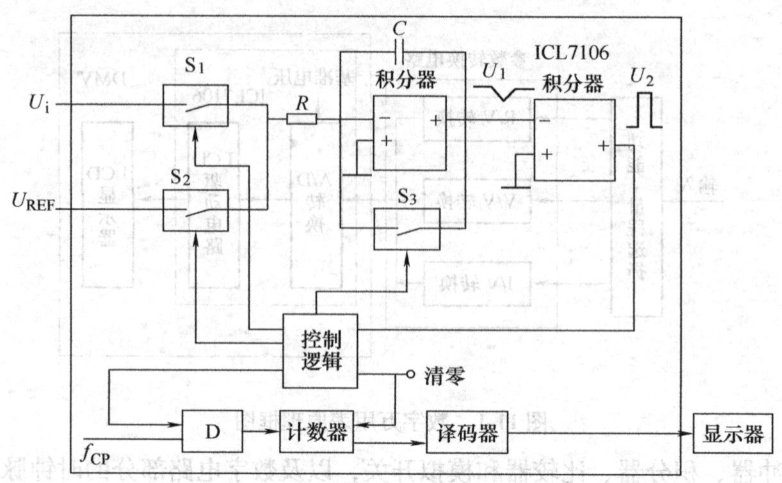

图 11-3 A/D 转换器工作原理图

U_{REF}向基准电容充电，这时积分器、比较器和缓冲放大器的输出均为零，基准电容被充电到U_{REF}。

2. 信号积分阶段

测试开始，计数器清零，C 放电，控制逻辑使 S_2、S_3 断开，S_1 接通，积分器对被测电压 U_i 进行积分(也叫采样)，采样期间积分输出 U_1 向负线性增加，经过零比较器后通过控制逻辑打开 D，计数器开始对时钟脉冲计数，当计数到最高位为 1 时，溢出脉冲通过控制逻辑使 S_1 断开，S_2 接通，采样结束，计数器置零。设采样过程时间为 T_1，则积分输出为

$$U_1 = \frac{-U_i T_1}{RC} \tag{11-1}$$

3. 反相积分阶段

S_2 导通后接通基准电压 U_{REF}，积分器开始第二次积分，U_1 开始负线性减少，计数器也重新计数。当 U_1 下降到零时，控制逻辑使 S_2 断开，S_3 接通，积分停止，同时关闭门 D，计数停止，一个测量周期结束。设反相积分过程时间为 T_2，则

$$U_1 = \frac{-U_{REF} T_2}{RC} \tag{11-2}$$

由以上两式得到

$$U_i = \frac{U_{REF} T_2}{T_1} \tag{11-3}$$

转换波形如图 11-4 所示。设时钟脉冲周期为 T，则 $T_1 = N_1 T$，$T_2 = N_2 T$，N_1、N_2 分别是正反相积分期间计数的时钟脉冲个数，所以可以得到

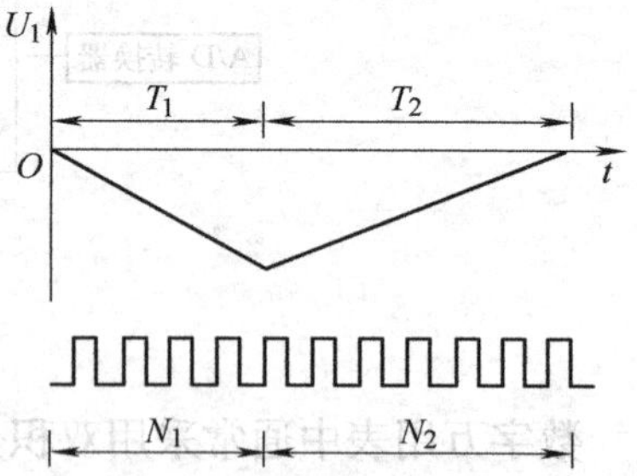

图 11-4 转换波形图

$$U_i = U_{REF}\frac{N_2}{N_1} \text{或} \frac{U_i}{U_{REF}} = \frac{N_2}{N_1} \tag{11-4}$$

对于三位半 A/D 转换器，采样期间计数到 1000 个脉冲时计数器有溢出，所以 $N_1 = 1000$ 是个定值，若规定 $U_{REF} = 100\text{mV}$，则有

$$U_i = 0.1 N_2 \tag{11-5}$$

对于三位半 A/D 转换器，如果 $U_{REF}=100mV$，则最大显示为 199.9mV，这时三位半 A/D 转换器就构成基本量程为 0.2V 的直流数字电压表。

许多普及型数字万用表就是用这种基本量程为 0.2V 的直流数字电压式电压表作表头扩展而成的。要测量较高的直流电压，可采用分压器将被测电压降到 0.2V 以下。若要测量交流电压、交直流电流及电阻，只要采用相应的转换器转换成直流电压即可。

11.3.3 ICL7106 引脚功能介绍

ICL7106 是高性能、低功耗的三位半 A/D 转换器芯片，它主要包括七段译码器、显示驱动器、参考电源和系统时钟电路等，引脚排列如图 11-5 所示。其主要特点如下：

1）零电平输入时，ICL7106 构成的数字万用表的各个量程均为零。

2）自带 LCD 驱动电路，片上时钟。由于 ICL7106 内部设有时钟电路，可以构成阻容振荡器。利用内部的模拟开关自动判断被测电压的极性，并能利用外部的异或门电路，可以显示超连成符号和小数点。

3）采用单电源供电，电压范围 7 ~ 15V，通常使用 9V 叠层电池供电即可。

4）低功耗，典型值小于 10mW，一块 9V 的叠层电池可以连续工作 200h 以上。

5）输入阻抗高，其值为 $10^{10}\Omega$，对输入信号无衰减作用。

6）抗干扰能力强、低噪声、可靠性高，使用寿命长。

ICL7106

引脚	名称	名称	引脚
1	U_{DD}	OSC_1	40
2	1D	OSC_2	39
3	1C	OSC_3	38
4	1B	TEST	37
5	1A	U_{REF+}	36
6	1F	U_{REF-}	35
7	1G	C_{REF+}	34
8	1E	C_{REF-}	33
9	2D	COM	32
10	2C	U_{IN+}	31
11	2B	U_{IN-}	30
12	2A	AZ	29
13	2F	BUF	28
14	2E	INT	27
15	3D	U_{SS}	26
16	3B	2G	25
17	3F	3C	24
18	3E	3A	23
19	AB_4	3G	22
20	PLC	BP	21

图 11-5 ICL7106 引脚排列

各引脚功能分如下：

V_{DD}(1 引脚)、V_{SS}(26 引脚)：电源的正、负极。

COM(32 引脚)：模拟信号的公共端，简称模拟地，使用时一般与基准电压的负端连接。

TEST(37 引脚)：测试端，该端经内部 500Ω 电阻接数字电路的公共端(GND)，因二者呈等电位，故亦称做数字地。该端有两个功能：作测试指示时，将它接 V_{DD}，LCD 显示全部笔段 1888、可检查显示器有无笔段残缺现象；作为数字地供外部驱动器使用时，可构成小数点及标志符的显示电路。

1A ~ 1G、2A ~ 2G、3A ~ 3G、AB_4 分别为个位、十位、百位、千位的笔段驱动端，接至 LCD 的相应笔段电极。千位 b、c 段在 LCD 内部连通。

PLC(20 引脚)：负极性指示的驱动端。

BP(21 引脚)：LCD 背面公共电极的驱动端，简称“背电极”。

OSC_1 ~ OSC_3(40 引脚、39 引脚、38 引脚)：时钟振荡器引出端，外接阻容元件可构成两级反相式阻容振荡器。

V_{REF+}、V_{REF-}(36 引脚、35 引脚)：基准电压的正、负端。

C_{REF+}、C_{REF-}(34 引脚、33 引脚)：外接基准电容 C_{REF} 的两端

V_{IN+}、V_{IN-}(31 引脚、30 引脚)：模拟电压的正、负输入端。

AZ(29 引脚)：积分器和比较器的反相输入端，接自动调零电容 C_{AZ}。

BUF(28 引脚)：缓冲放大器输出端，接积分电阻 R_{INT}。

INT(27 引脚)：积分器输出端，接积分电容 C_{INT}。

11.3.4 液晶显示器的驱动方式

液晶显示器(LCD)是一种功耗极小的场效应器件，常在数字仪表、计算机和数字式电子手表中作为数字和符号的显示器使用。随着科学技术和制造工艺的发展，液晶显示器在大屏幕显示，如电脑显示器、彩色电视机等领域得到了越来越多的应用。

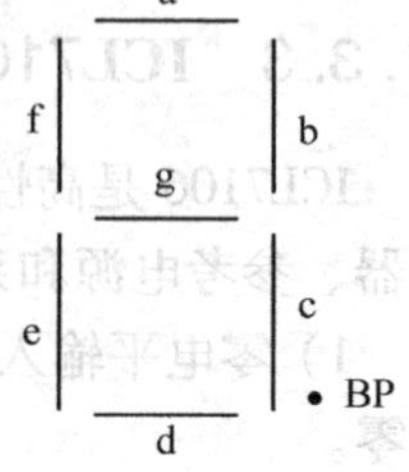

图 11-6 数字字形

液晶显示器字符的显示方式如图 11-6 所示，按电极的形状或排列可分为段显示和点阵显示两种。数字万用表液晶显示器采用段显示方式。液晶显示器电极通过导电橡胶与驱动电路相连。驱动电压分别加至液晶显示器的笔段电极 a ~ g 与公共背极 BP 之间，利用两者电位差，便可驱动 LCD 显示数据。

11.3.5 由 ICL7106 构成的 A/D 转换及 LCD 驱动电路

由 ICL7106 构成的 A/D 转换及 LCD 驱动电路如图 11-7 所示。基本挡量程为 200mV。C_1、R_1 分别为振荡电容和振荡电阻，从集成电路 38 引脚(OSC_3)可获得频率为 40kHz 的时钟信号供集成电路 A/D 转换及数字电路使用，仪表的测量速率为 2.5 次/s。为了提高仪表的抗干扰能力和过载能力，R_3、C_4 组成模拟输入端的高频滤波器，C_2 为基准电容，R_2 为积分电阻，C_5、C_3 分别为积分电容和自动调零电容。

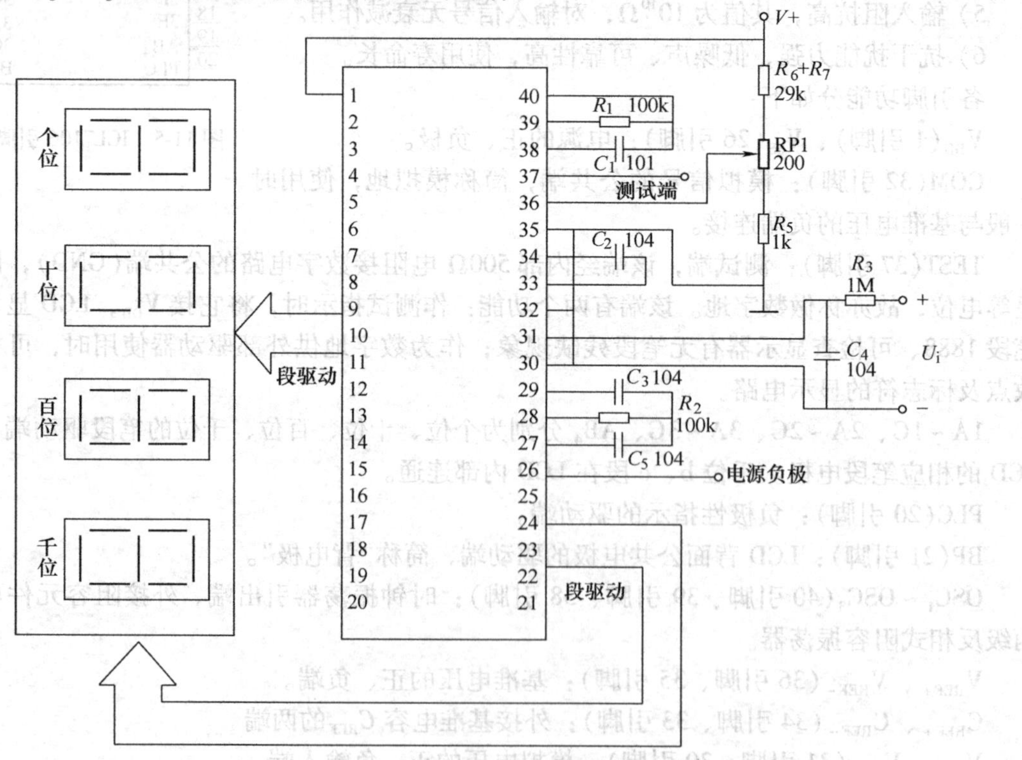

图 11-7 A/D 转换及 LCD 驱动电路

ICL 的内部基准电压源 $U_+=3V$，V_+经过 R_6、R_7、RP1、R_5 分压后，获得所需的基准电压。当 RP1 调到最下端时：$U_{REF}=V_+R_5/(R_5+R_6+R_7+R_{RP1})=3/30.2V=90.6mV$ 当 RP1 调到最上端时：$U_{REF}=V_+(R_5+R_{RP1})/(R_5+R_6+R_7+R_{RP1})=3\times1.2/30.2V=119.2mV$。因此，电位器 RP1 的电压调整范围为 90.6 ~ 119.2mV。通过调整 RP1，可获得基准电压，即

$$U_{REF}=100mV$$

11.4 参数测量电路

11.4.1 直流电压测量电路

DT830B 数字万用表的直流电压测量原理图如图 11-8 所示，测量分五挡，$R_{11}\sim R_{16}$是精度较高的分压电阻，误差 ±0.5%，该电阻的精度直接影响到测量的准确度。

基准电压 U_{REF}由电位器调整为 100mV，因此仪表基本量程为 200mV，其余量程通过分压电阻输入。在 2V 挡时满量程输入电压为

$$U(DC)=2U_{REF}\frac{R_{11}+R_{12}+R_{13}+R_{14}+R_{15}+R_{16}}{R_{11}+R_{12}+R_{13}+R_{14}}=200mV\times\frac{1000k\Omega}{100k\Omega}=2000mV$$

即 2V 量程的分压系数为 0.1，依次类推 20V、200V、1000V 挡的分压系数分别为 0.01、0.001 和 0.0001，从而通过一系列分压电阻的配置，使仪表能够测量较大的电压。

为了节省数字万用表中的元器件，通常是借用多量程直流数字电压表的分压电阻作为数字欧姆表的标准电阻。对 DT830B 而言，直流电压为 5 挡，电阻却为 6 挡，因此至少需要用 6 个分压电阻。鉴于 200mV 挡分压电阻达 900kΩ，因此选用配对电阻 R_{15}和 R_{16}，两者串联可获得 900kΩ 的电阻阻值。1000V 挡分压电阻值应为 100Ω(R_{11})，该挡的分压比为 0.0001，R_{11}还兼做 200Ω 挡的标准电阻。

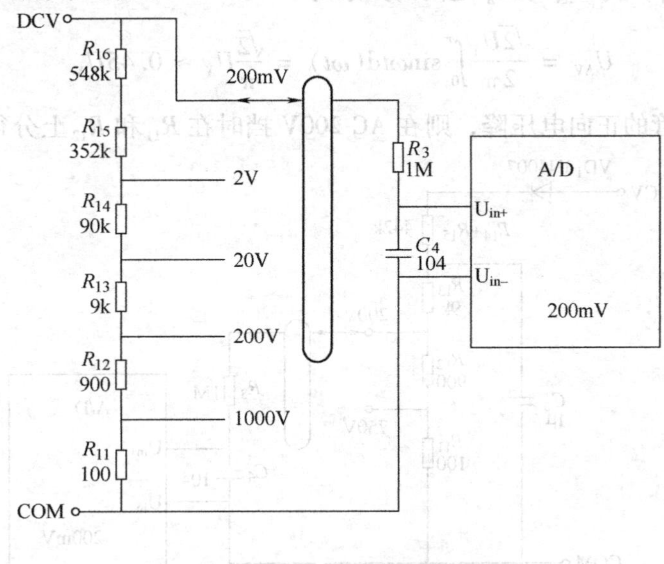

图 11-8　直流电压测量原理图

11.4.2 直流电流测量电路

DT830B 数字万用表的直流电流(DCV)测量原理图如图 11-9 所示，其测量原理是被测直流电流通过一个标准电阻并产生电压降，通过测量电阻两端的电压就可测量电流大小。直流测量电路共设 5 挡：200μA、2mA、20mA、200mA、10A。其中 10A 挡专用一个输入插孔。R_{12}、R_{11}组成一路分流电阻，R_8、R_9、R_{10}组成一路分流电阻。以 2mA 为例，标准电阻为 100Ω，当 1mA 的电流流过时，产生 100mV 的电压，$U_i = 100\text{mV}$，从而反映了电流大小。

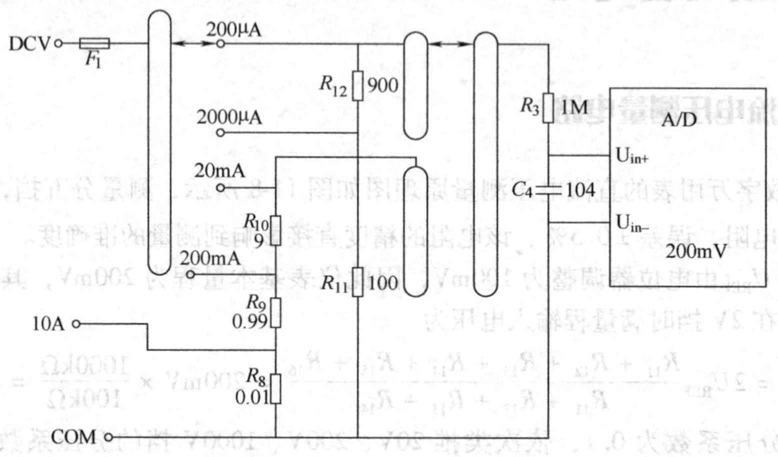

图 11-9　直流电流测量电路

11.4.3 交流电压测量电路

交流电压(ACV)测量电路如图 11-10 所示，交流电压分两挡测量，即 200V 和 750V。设 U_X 为被测正弦波电压的有效值，经二极管 VD_1 整流后得到半波整流电压，整流后得到的直流电压平均值为 U_{AV}，则 U_{AV}与 U_X 之间的关系为

$$U_{AV} = \frac{\sqrt{2}U_X}{2\pi}\int_0^{\pi}\sin\omega t\,\mathrm{d}(\omega t) = \frac{\sqrt{2}}{\pi}U_X \approx 0.45U_X \tag{11-6}$$

如果忽略二极管的正向电压降，则在 AC 200V 挡时在 R_{11}和 R_{12}上分得的直流电压平均

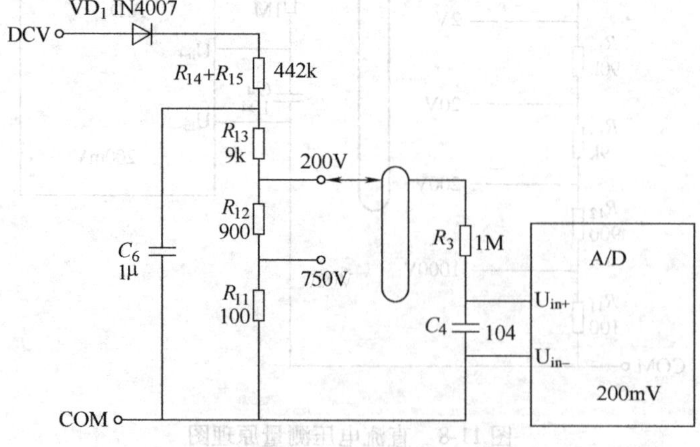

图 11-10　交流电压测量电路

值为

$$0.45U_X\frac{R_{11}+R_{12}}{R_{11}+R_{12}+R_{13}+R_{14}+R_{15}}=0.45U_X\times\frac{1\text{k}\Omega}{452\text{k}\Omega}=0.45\times\frac{200}{452}\text{V}=199.1\text{mV}$$

经 R_3 和 C_4 滤波后得到稳定的直流采样电压，送到 V_{in+} 与 V_{in-} 之间进行 A/D 转换。当被测电压有效值为 200V 时，在液晶屏上加上小数点 DP1，得到的显示字符为 199.1。

同理，在 AC750V 挡时，如果 U_X 的有效值为 750V，在 R_{11} 上分得的直流电压平均值为

$$0.45U_X\frac{R_{11}}{R_{11}+R_{12}+R_{13}+R_{14}+R_{15}}=0.45U_X\times\frac{0.1\text{k}\Omega}{452\text{k}\Omega}=0.45\times\frac{750\times0.1\text{V}}{452}=74.7\text{mV}$$

在液晶屏上加上字符“HV”后得到显示的字符为 747。

11.4.4　电阻与二极管测量电路

电阻测量电路采用比例法测量电路，图 11-11 中 $R_{11}\sim R_{16}$ 为电阻挡标志电阻。在 200Ω 挡时，为了提高测量电阻的准确度，需增大测试电流，以便在被测电阻 R_x 上形成较大的电压降，因此这挡直接将 U+ 电压加在标准电阻上。

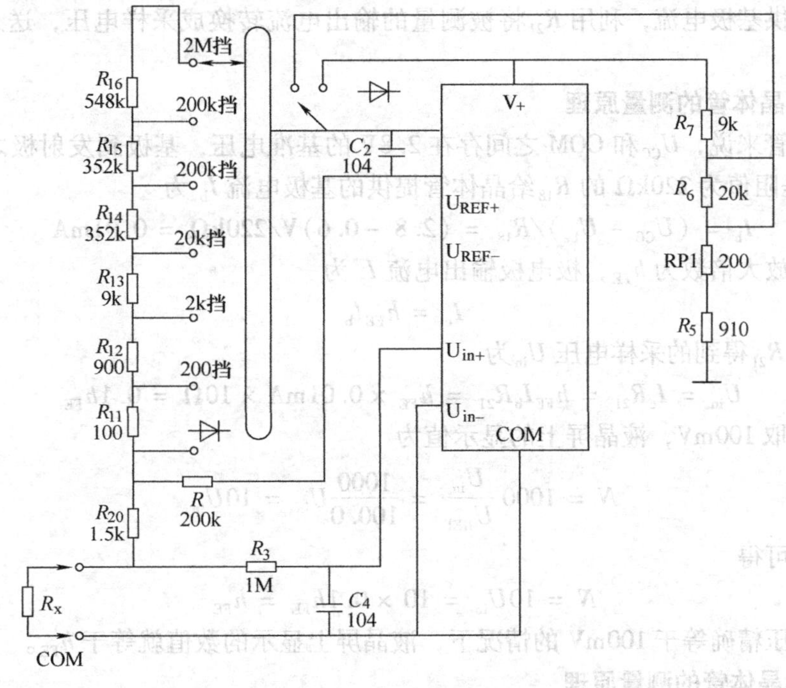

图 11-11　电阻、二极管测量电路

由

$$\frac{U_i}{U_{REF}}=\frac{N_2}{N_1}$$

$$\frac{U_i}{U_{REF}}=\frac{IR_x}{IR_{REF}}=\frac{R_x}{R_{REF}}$$

得

$$\frac{R_x}{R_{REF}}=\frac{N_2}{N_1}$$

式中，R_{REF}为电阻挡的标准电阻，N_1 为 1000。以 200Ω 挡为例，该挡的标准电阻为

$$R_{REF} = R_{11} = 100\Omega,$$

显然，当被测电阻 R_x 刚好为 100 时，N_2 为 1000。因为该挡单位为欧姆，所以将小数点定在十位上即可得到 100.0Ω。

二级管测量电路如图 11-11 所示，ICL7106 内部 +3V 基准电压经过 R_{12}、R_{11}、R_{20}，向被测二极管提供测试电流，即

$$I_F = (E_0 - U_F)/(R_{11} + R_{12} + R_{20}) = (3 - 0.5)/(2.5 \times 10^3)\text{A} = 1\text{mA}$$

式中，U_F 为二极管正向电压降，取 0.5V 左右。

R_{12}、R_{11} 上总电压降为基准电压，即

$$U_{REF} = I_F(R_{11} + R_{12}) = 1\text{mA} \times (900 + 100)\Omega = 1\text{V}$$

因此测二极管挡时将 200mA 的表头扩展成 2V 量程。

11.4.5 晶体管测量电路

晶体管 h_{FE}测量电路如图 11-12 所示。利用 R_{18}和 R_{22}分别为 PNP 型被测晶体管和 NPN 型被测晶体管提供基极电流，利用 R_{21}将被测量的输出电流转换成采样电压，送入 ICL7106 进行测量。

1. PNP 型晶体管的测量原理

对硅晶体管来说，U_{CC}和 COM 之间存在 2.8V 的基准电压，基极到发射极之间的电压降为 0.6V，于是阻值为 220kΩ 的 R_{18}给晶体管提供的基极电流 I_b 为

$$I_b = (U_{CC} - U_{be})/R_{18} = (2.8 - 0.6)\text{V}/220\text{k}\Omega = 0.01\text{mA} \tag{11-7}$$

设晶体管放大倍数为 h_{FE}，极电极输出电流 I_c 为

$$I_c = h_{FE} I_b \tag{11-8}$$

流经电阻 R_{21}得到的采样电压 U_{in}为

$$U_{in} = I_c R_{21} = h_{FE} I_b R_{21} = h_{FE} \times 0.01\text{mA} \times 10\Omega = 0.1h_{FE} \tag{11-9}$$

基准电压 U_{REF}取 100mV，液晶屏上的显示值为

$$N = 1000\frac{U_{in}}{U_{REF}} = \frac{1000}{100.0}U_{in} = 10U_{in} \tag{11-10}$$

代入式(11-8)可得

$$N = 10U_{in} = 10 \times 0.1h_{FE} = h_{FE} \tag{11-11}$$

在参考电压精确等于 100mV 的情况下，液晶屏上显示的数值就等于 h_{FE}。

2. NPN 型晶体管的测量原理

NPN 型晶体管的测量原理与 PNP 型晶体管的测量原理基本相同，前者的区别在于采样电流是从发射极输出，采样电流为

$$I_e = (h_{FE} + 1)I_b$$

它在 R_{21}上的电压降(即采样电压 U_{in})是串联在 2.8V 基准电压回路中的，在基极电流的计算公式中要考虑 U_{in}的影响。利用回路电压法可以求出

$$\begin{cases} I_b = \dfrac{U_{CC} - U_{CE} - U_{in}}{R_{22}} \\ U_{in} = I_e R_{21} = (h_{FE} + 1)I_b R_{21} \end{cases} \tag{11-12}$$

于是

$$U_{in} = \frac{(h_{FE}+1)R_{21}(U_{CC}-U_{CE})}{R_{22}+(h_{FE}+1)R_{21}} \tag{11-13}$$

当 h_{FE}远大于 1 时

$$U_{in} \approx \frac{h_{FE}R_{21}(U_{CC}-U_{CE})}{R_{22}+h_{FE}R_{21}} = \frac{10h_{FE}(U_{CC}-U_{CE})}{R_{22}+10h_{FE}} \tag{11-14}$$

因为 $R_{22}=220\text{k}\Omega$，只要能满足 $10h_{FE}$远小于 R_{22}的条件，就可以基本认为

$$U_{in} = \frac{10h_{FE}(U_{CC}-U_{CE})}{R_{22}} \tag{11-15}$$

将 U_{CC}、U_{CE}、R_{22}代入上式可得

$$U_{in} = \frac{10h_{FE}(2.8-2.2)\text{V}}{220\text{k}\Omega} = 0.1h_{FE} \tag{11-16}$$

结果与式(11-8)相同。

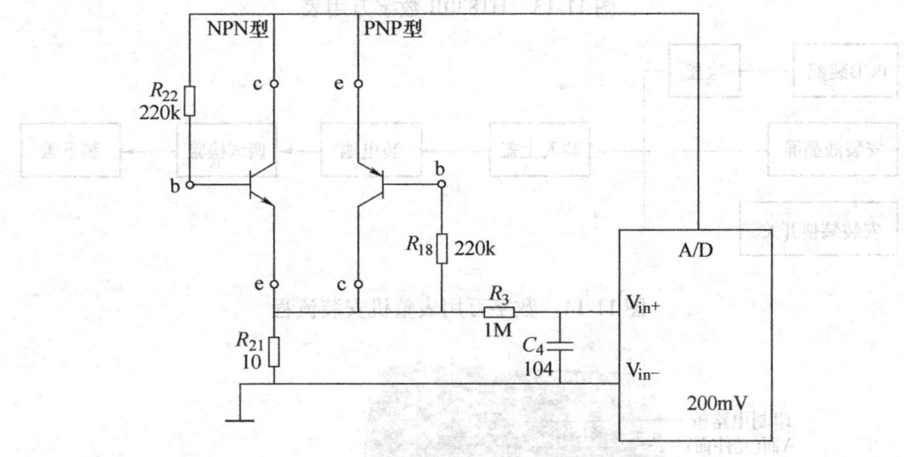

图 11-12　晶体管 h_{FE}测量电路

11.5　调试器材

1）DT830B 数字万用表套件一套，如图 11-13 所示。

2）4 位半数字万用表一台、示波器一台、直流稳压电源一台。

11.6　安装工艺

数字万用表由机壳塑料件（包括上下盖、旋钮）、印制电路板部件（包括插口）、液晶屏及表笔等组成，组装成功的关键是装配印制电路板部件，整机安装流程如图 11-14 所示。

1. 印制电路板的安装

数字万用表印制电路板是双面板，如图 11-15 所示。板的 A 面是焊接面，中间圆形印制导线是功能、量程转换开关电路，如果划伤或污染，对整机性能影响很大，需小心保护。

印制电路板的安装步骤如下：

图 11-13 DT830B 数字万用表

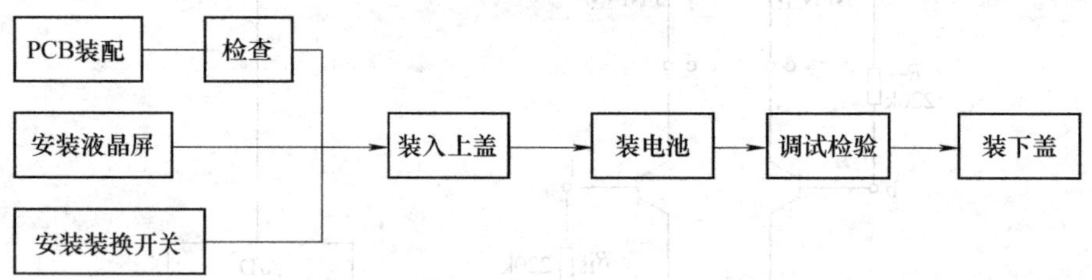

图 11-14 数字万用表整机安装流程

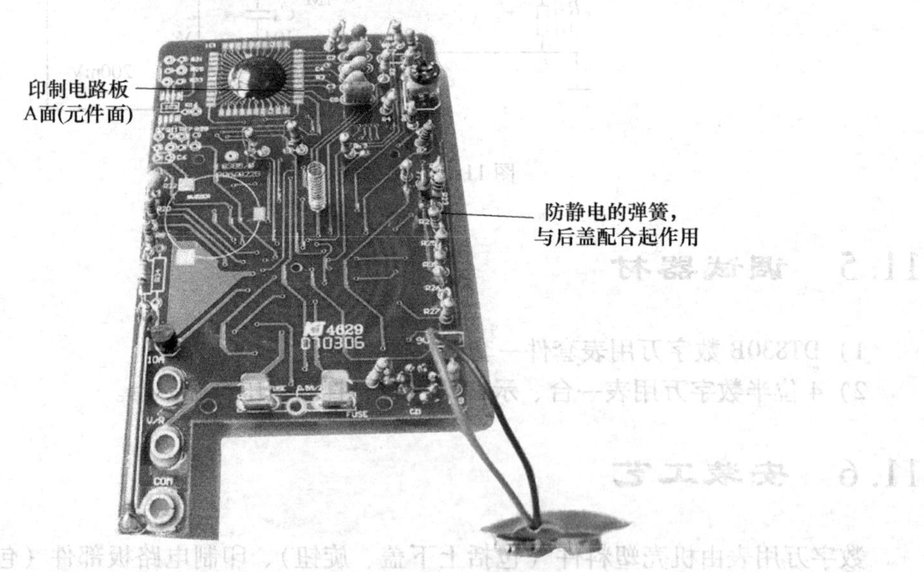

图 11-15 DT830B 数字万用表印制板

1）安装电阻、电容、二极管等。一般情况下，如果安装孔距大于 8mm，采用卧式安装；如果孔距小于 5mm，采用立式安装。电解电容采用卧式安装，其他电容采用立式安装。

2）安装电位器、晶体管插座。注意安装方向：晶体管插座装在 B 面而且应使定位凸点与外壳对准，在 A 面焊接。

3）一般额定功率在 1/4W 以下的电阻可贴板安装，立式安装的电阻和电容元件与 PCB 的距离一般为 0 ~ 3mm。

4）安装熔断器座、插座、弹簧。

5）安装电池线。电池线由 B 面穿到 A 面再插入焊孔，在 B 面焊接。红线接“+”，黑线接“-”。

2. 液晶屏的安装

液晶屏组件由液晶片、支架、导电胶条组成。液晶片镜面为正面（显示字符），白色面为背面。透明条上可见状引线为引出线，通过导电胶条与印制电路板上镀金印制导线实现电连接。由于这种连接靠表面接触导电，因此导电面被污染或接触不良都会引起电路故障，表现为显示缺笔画或显示乱字符。因此安装时务必要保持清洁并仔细对准引线位置。支架是固定液晶片和导电胶条的支撑，通过支架上面的 5 个爪与印制电路板固定，并由四角及中间的 3 个凸点定位。液晶屏的安装示意图如图 11-16 所示。

图 11-16 液晶屏安装示意图

1）面壳平面向下置于桌面，从旋钮圆孔两边垫起约 5mm。

2）将液晶屏放入面壳串口内，白面向上，方向标记在右边；放入液晶屏支架，平面向下；用镊子把导电胶条放入支架两横槽中，注意保持导电胶的清洁。

3. 转换开关安装方法

转换开关由塑壳和簧片组成，安装示意图如图 11-17 所示。

1）将 V 形簧片装到旋钮上，共 6 个。

2）装完簧片把旋钮翻面，将两个小弹簧蘸少许凡士林放入旋钮两圆孔，再把两个小钢珠放在表壳合适的位置上。

3）将装好弹簧的旋钮按正确方向放入表壳。

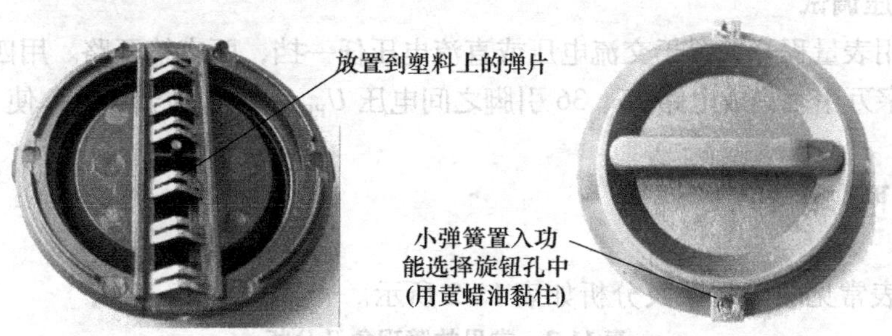

图 11-17 转换开关安装示意图

4. 总装

总装过程如下：

1）安装转换开关/前盖，将弹簧/滚珠依次装入转换开关两侧的孔里。

2）将转换开关用左手托起，右手拿前盖板对准孔位，将转换开关贴放到前盖相应位置。

3）左手按住转换开关，双手翻转使面板向下，将装好的印制电路板组件对准前盖位置，装入机壳。

4）安装两个螺钉，固定转换开挂，务必拧紧。

5）安装熔丝（0.2A），安装电池，贴屏蔽膜。

10.7 调试步骤

数字万用表的功能和性能指标由集成电路和选择外围元器件得到保证，只要安装无误，仅作简单调整即可达到设计指标。数字万用表的调试主要分为两部分：LCD 的调试与基准电压调试。

1. LCD 调试

将数字万用表量程转换开关旋钮绕着盘旋转，可以得到表 11-1 所示读数。“-”符号表示会出现或不停闪烁。

表 11-1 数字万用表正常时各量程表头显示值（测量表笔开路）

量程		表头指示	量程		表头指示
直流电压挡（DCV）	200mV	0.00	电阻挡	200Ω	1BB.1
	2000mV	000		2000Ω	1BBB
	20V	0.00		20kΩ	1B.BB
	200V	00.0		200kΩ	1BB.B
	1000V	000		2MΩ	1BBB
直流电流挡（DCA）	200μA	00.0	交流电压挡（ACV）	200V	0.00
	2000μA	000		750V	000
	20mA	0.00	h_{FE}挡		000
	200mA	00.0	二极管挡		000
	10A	0.00	“B”表示空白		

2. 基准电压调试

将数字万用表量程开关置于交流电压或直流电压任一挡，两表笔开路。用四位半数字万用表测三位半数字万用表集成电路 35、36 引脚之间电压 U_{REF}，调电位器 RP1，使 $U_{REF}=100mV$。

10.8 故障分析

数字万用表常见故障现象及分析如表 11-2 所示。

表 11-2 常见故障现象及分析

序号	故障现象		故障分析
1	液晶显示器	显示暗淡甚至不显示	电池失效或液晶显示器老化；量程转换开关接触不良
2		发生笔画残缺现象	ICL7106 局部损坏，某些驱动端接触不良；LCD 接触不良；小数点不能正常显示，一般由 R_{18}、R_{19}或量程开关开路
3		高压指示符“HV”不显示	RP1 触头松动，基准电压不能调节到 100mV

（续）

序号	故障现象		故障分析
4	DCV 挡	200mV 挡不正常	
5		200mV 挡正常，其他某电压挡的测量误差明显增大	该挡量程开关接触不良或分压电阻变值而造成的
6	ACV 挡	交流 200V、750V 均不能测量	一般是整流二极管 IN40077 开路。挡 C_6 容量减少，滤波效果变差，容易造成仪表跳数
7	DCA 挡	200μA ~ 200mA 挡不能测量	检查熔丝管是否烧断，此外，对于 200μA 和 200mA 挡，重点检查分流电阻 R_{11}、R_{12}的阻值；对于 20mA、200mA、10A 挡则检查 R_8、R_9、R_{10}阻值
8	欧姆挡	DCV 正常，但欧姆挡不能测量	应重点检查量程转换开关
9	二极管挡	该挡不能测量	量程转换开关接触不良
10	晶体管挡	该挡不能测量	插座与印制电路板脱焊；被测晶体管插错或管子损坏或被测管接触不良

11.9 数字万用表测试记录表

数字万用表的测试记录表如表 11-3、表 11-4 所示。

表 11-3 波形测试表

测量项目		测量位置	测量数据、波形	备 注
$3\frac{1}{2}$数字表量程开关量 DC 20V 挡	电源电压	U + ~ U −		用 $4\frac{1}{2}$数字表 DC 20V 挡测量
	基准电压 1	U + ~ COM		
	基准电压 2	U_{REF+} ~ U_{REF-}		用 $4\frac{1}{2}$数字表 DC 20mV 挡测量
	时钟波形	OSC_3 ~ COM		示波器 DC2V/DIV 5μs/DIV
千位字段 bc4 及 BP 输出波形（$3\frac{1}{2}$数字表量程开关量 2kΩ，开路）		bc4 ~ COM BP ~ COM		示波器置双踪进行测量 CH1 接 bc4 CH1 接 BP DC 5V/DIV 5ms/DIV
百位字段 E3 及 BP 输出波形（$3\frac{1}{2}$数字表量程开关量 2kΩ，开路）		E3 ~ COM BP ~ COM		示波器置双踪进行测量 CH1 接 E3 CH1 接 BP DC 5V/DIV 5ms/DIV

表 11-4　各挡数据测试表

测量项目	量程	输入量	显示值允许范围	数字表测量值	
				$3\frac{1}{2}$	$4\frac{1}{2}$
DCV					
DCA					
ACV					
R					
二极管					
晶体管					

第 12 章　基于 TL494 的开关电源设计

12.1　实训内容

根据相应的技术指标，设计并制作一个基于 TL494 的开关电源，具有连续可调、输出保护功能。

12.2　实训要求

（1）输入电压 220（1 ±10%）V。
（2）输出电压 48 ±0.5V。
（3）最大输出电流 3A。
（4）纹波电压≤10mV。
（5）稳压系数≤0.05。
（6）具有过电压、过电流保护功能。

12.3　总体设计思路

12.3.1　开关电源稳压原理

开关电源等效原理图如图 12-1 所示。开关 S 以一定的时间间隔重复地接通和关断，在开关 S 接通时，输入电源 U_i 通过开关 S 和电感 L 滤波电路提供给负载 R_L，在整个开关接通期间，电源 U_i 向负载提供能量，同时电感 L 储存能量；当开关 S 断开时，储存在电感 L 中的能量通过二极管 VD 释放给负载，使负载得到连续而稳定的能量。在滤波电路 AB 间得到的电压平均值 U_{AB} 可以用下式表示：

$$U_{AB} = \frac{t_{ON}}{T}U_i \tag{12-1}$$

式中，t_{ON} 为开关每次导通的时间；T 为开关通断的工作周期（即开关接通时间 t_{ON} 和关断时间 t_{OFF} 之和）。其中$\frac{t_{ON}}{T}$定义为脉冲的占空比，即

$$D = \frac{t_{ON}}{T} = \frac{t_{ON}}{t_{ON} + t_{OFF}} \tag{12-2}$$

由此可知，改变脉冲的占空比 D，AB 间电压的平均值也随之改变。而占空比 D 不但与功率开关的导通时间 t_{ON} 有关，而且还与功率开关的工作周期 T 有关，也就是与工作频率 F 有关。因此，在保持其他条件不变的情况下，仅改变功率开关的周期时间 T 或工作频率 F，同样也可以实现改变和调节输出电压 U_o 的目的，这种方法称为“时间比例控制”。

按时间比例控制原理，开关电源有三种调制方式，即脉冲宽度调制方式（PWM）、脉冲频率调制方式（PFM）和混合调制方式。其中脉冲宽度调制方式应用最普遍。脉冲宽度调制又分为电压型 PWM 控制和电流型 PWM 控制。本文讨论的开关电源采用集成芯片 TL494 进行电压型脉冲宽度调制。

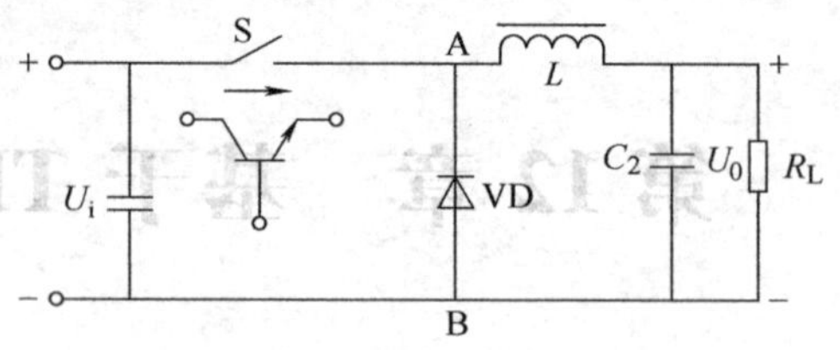

图 12-1　开关电源等效原理图

12.3.2　电压型 PWM 控制

电压型 PWM 控制只有一个电压反馈闭环，采用脉冲宽度调制法，即将电压误差放大器采样放大的慢变化的直流信号 U_e 与恒定频率的三角波电压 U_S 上斜坡相比较，通过脉冲宽度调制原理，得到当时的脉冲宽度 t_{ON}，该信号经过驱动电路功率方法得到开关管控制信号 U_g，如图 12-2 中所示的波形。

当输入电压突然变小或负载阻抗突然变小，因为主电路有较大的输出电容 C 及电感 L 相延时作用，输出电压的变小也延时滞后。输出电压变小的信息还要经过电压误差放大器的补偿电路延时滞后，才能传至 PWM 比较器将脉冲宽度展宽。这两个延时滞后作用是暂态响应较慢的主要原因。

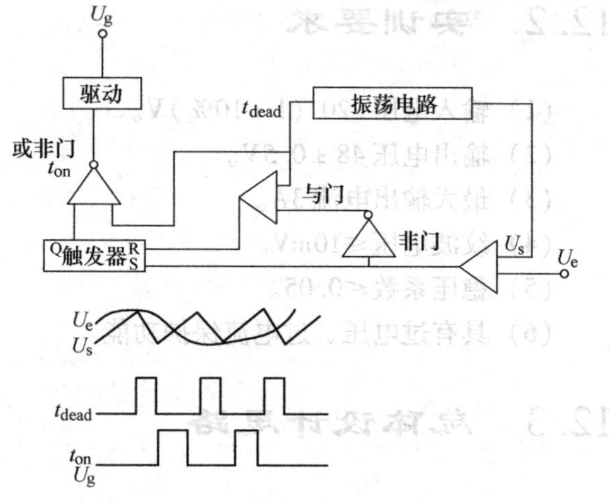

图 12-2　PWM 控制波形图

12.3.3　TL494 的结构与功能

PWM 脉冲控制电路采用美国德州仪器（Texas Instrument）公司设计的第二代集成电路脉冲宽度控制器芯片 TL494。该芯片具有任意调节死区时间、驱动能力强、性能稳定等特点。其内部含有两个误差放大器、锯齿波振荡器、PWM 比较器、脉冲控制触发器、脉冲输出控制门、一个 +5V 基准电源以及两个 NPN 输出晶体管等。其引脚名称如表 12-1 所示，内部结构框图如图 12-3 所示。

表 12-1　TL494 的引脚名称

引　脚	符　号	功　能
1	1 IN +	误差放大器 1 同相输入端
2	1 IN −	误差放大器 1 反相输入端
3	FEEDBACK	反馈端
4	DTC	死区时间控制端
5	CT	锯齿波振荡器的电容连接端
6	RT	锯齿波振荡器的电阻连接端
7	GND	接地端

（续）

引　脚	符　号	功　能
8	C_1	驱动晶体管 1 集电极引出端
9	E_1	驱动晶体管 1 发射极引出端
10	E_2	驱动晶体管 2 发射极引出端
11	C_2	驱动晶体管 2 集电极引出端
12	V_{CC}	电源电压输入端
13	OUTPUT CTRL	输出控制端
14	REF（V_{REF}）	内部参考输入端 $V_{REF}=5V$
15	2 IN -	误差放大器 2 反相输入端
16	2 IN +	误差放大器 2 同相输入端

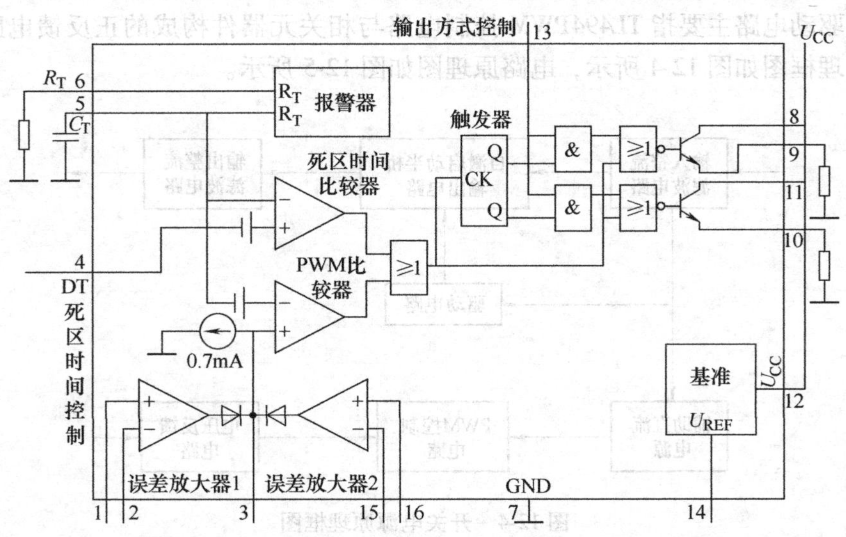

图 12-3　TL494 内部结构图

TL494 的工作原理如下：

TL494 的 6 引脚和 5 引脚外接 R_T 和 C_T，确定了产生锯齿波的振荡频率。振荡器产生的锯齿形振荡波送到 PWM 比较器的反相输入端，脉冲调宽电压送到 PWM 比较器的同相端，通过比较器进行比较，输出一定宽度的脉冲波。当调宽电压变化时，TL494 输出的脉冲宽度也随之变化，从而改变开关管的导通时间 t_{ON}，达到调节、稳定输出电压的目的。

脉冲调宽电压可由 3 引脚直接送入的电压来控制，也可分别从两个误差放大器的输入端送入，通过比较、放大，经隔离二极管输出到 PWM 比较器的正相输入端。两个放大器可独立使用，如分别用于反馈电压和过电流保护等。此时 3 引脚应接上 *RC* 网络，以提高整个电路的稳定性。

TL494 的软启动接入端（8 引脚）通常接一个软启动电容。上电过程中，由于电容两端的电压不能突变，因此与软启动电容接入端相连的 PWM 比较器反向输入端处于低电平，PWM 比较器输出高电平。此时，PWM 锁存器的输出也为高电平，该高电平通过两个或非门加到输出晶体管上，使之无法导通。只有软启动电容充电至其上的电压使 8 引脚处于高电平时，TL494 才开始工作。

实际中，基准电压通常是接在误差放大器的同相输入端上，而输出电压的采样电压则加在误差放大器的反相输入端上。当输出电压因输入电压的升高或负载的变化而升高时，误差放大器的输出将减小，这将导致 PWM 比较器输出为正的时间变长，PWM 锁存器输出高电平的时间也变长，因此输出晶体管的导通时间将最终变短，从而使输出电压回落到额定值，实现了稳态。反之亦然。

12.4 开关电源单元电路

该电源采用半桥型开关稳压电路，主要由主电路和控制电路驱动两大部分组成。其中主电路可分为交流输入回路、整流滤波电路、自激启动半桥输出电路、输出整流滤波电路 4 个环节。控制驱动电路主要指 TL494PWM 控制电路与相关元器件构成的正反馈电路及过流保护电路。原理框图如图 12-4 所示，电路原理图如图 12-5 所示。

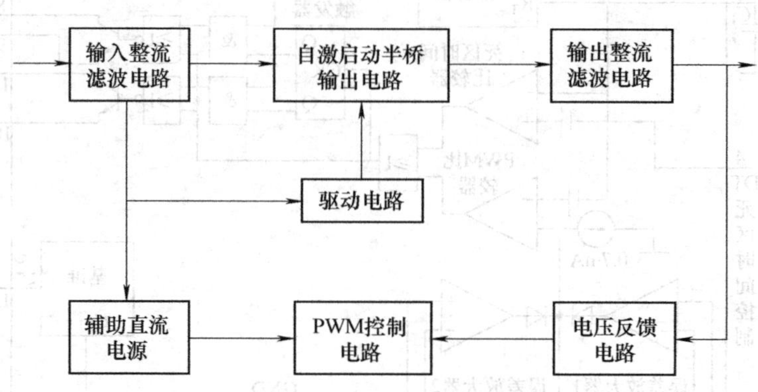

图 12-4 开关电源原理框图

开关电源的工作过程总结如下：

交流输入电压经过保险管 F_1，浪涌抑制电阻 R_1，滤波器 C_1、L_1、C_2、C_3、C_4 及全桥整流后送入由 C_5、C_6、VT_4、VT_5、T_1、T_2 等构成的半桥式变换器。开关管 VT_4 和 VT_5 在 TL494 的控制下，两管交替导通截止，将直流电转换成高频交流电。高频振荡电压由变压器 T_2 副绕组分两路输出。一路由 VD_{13}、VD_{14}、C_{25} 整流滤波得到约 21V 直流电压供给脉冲宽度调制器 TL494 专用，另一路则由 VD_{12}、L_2、C_{22}、L_3、C_{23} 整流滤波作为 48V 主输出。电路中 R_{12}、R_{15}、R_{14}、R_{17} 构成启动回路，T_1、VD_8、VD_9、C_{12}、C_{14}、R_{13}、R_{16} 为正反馈元件，R_4、C_8 及 R_{29}、C_{21} 构成尖峰吸收网络，用于改善波形及保护开关管。

驱动控制芯片 TL494 的 8 引脚与 11 引脚双端输出，两路输出脉冲相位相差半个周期，送到 VT_2、VT_3 组成的推挽功率放大电路去进行放大后，通过变压器 T_1 传输给开关管 VT_4、VT_5。TL494 有反馈稳压及过电流保护两个功能。其中，误差放大器 2 用来反馈稳压，误差放大器 1 用来过电流保护。

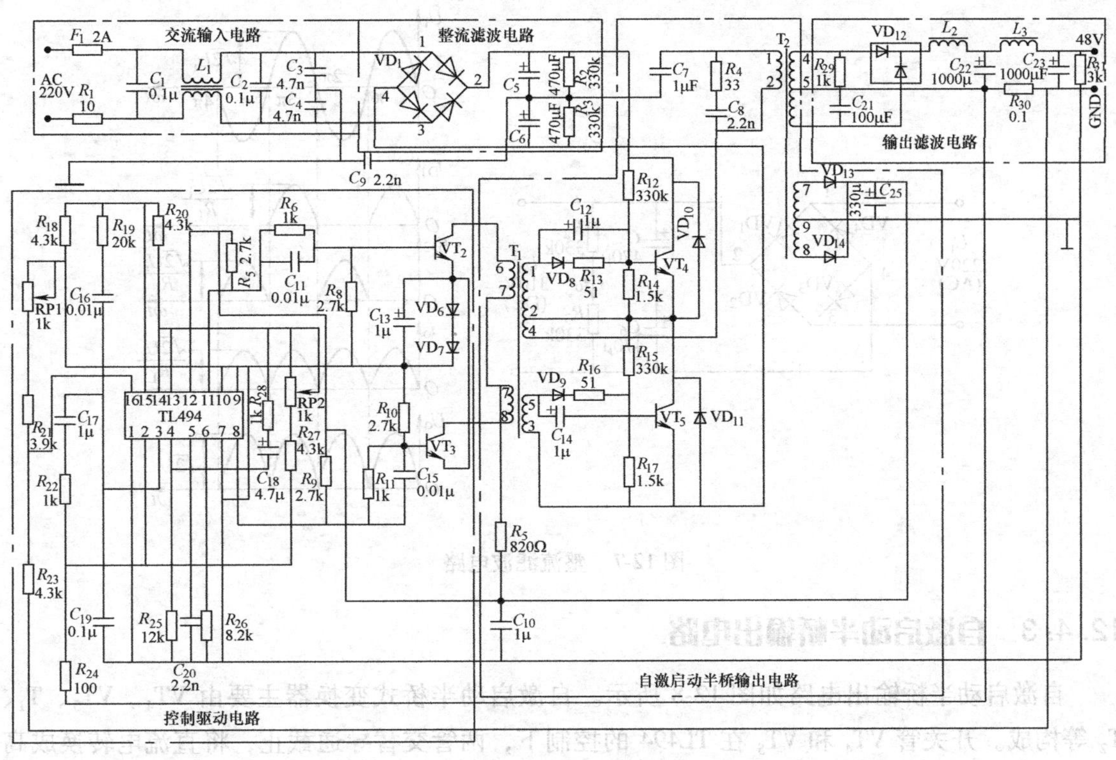

图 12-5　开关电源电路原理图

12.4.1　交流输入电路

交流输入回路如图 12-6 所示，它包括输入保护电路和抗干扰电路等。输入保护电路指交流输入回路中的过流、过压保护及限流电路，包含熔丝 F_1（2A）与负温度系数热敏电阻 R_T。熔丝 F_1 起到短路保护作用。R_T 起到限制浪涌电流作用，静态电阻大约为 10Ω，启动后的残余电阻约为 0.2Ω。R_T 静态时有较大的电阻，能有效抑制开机时的冲击电流。开机后由于通过电流使电阻发热，电阻变小，保持小的功率损失。

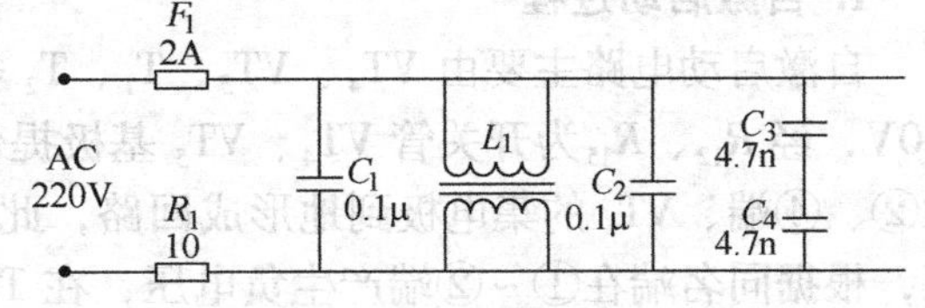

图 12-6　交流输入电路

抗干扰电路有两方面的作用，一方面对输入电源的电磁噪声及杂波信号进行抑制，防止对电源干扰；另一方面也防止电源本身产生的高频杂波对电网的干扰。C_1、C_2 组成串模干扰抑制电路，L_1、C_3、C_4 组成共模干扰抑制电路。

12.4.2　整流滤波电路

整流电路采用普通的桥式整流电路，由二极管 VD_1 ~ VD_4 组成，其将输入 220V 交流电压经桥式整流滤波后获得 310V 左右的直流电压。原理图及波形图如图 12-7 所示。其中负载 R_L 是由 R_2 与 R_3 相加得到的。C_5、C_6 是整流电路的滤波电容，并联的电阻 R_2、R_3 是两个串联滤波电容的均衡电阻，目的是让两个串联电容 C_5、C_6 两端的电压相等。

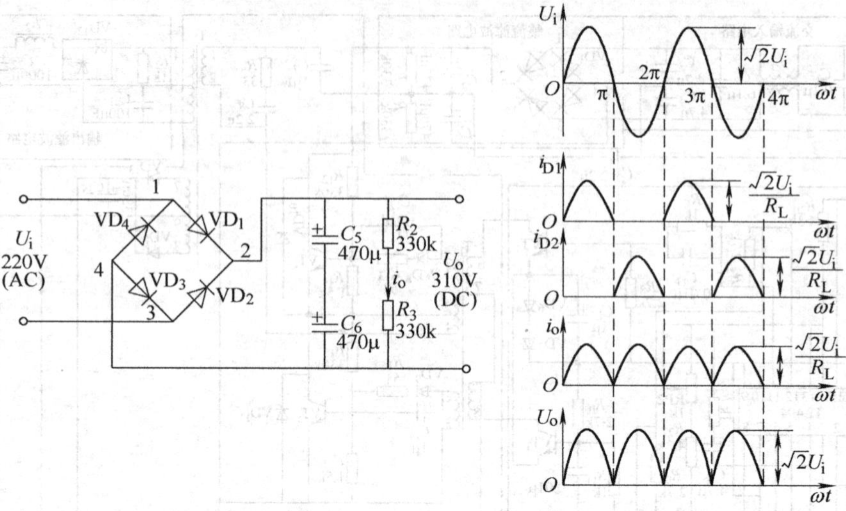

图 12-7 整流滤波电路

12.4.3 自激启动半桥输出电路

自激启动半桥输出电路如图 12-8 所示。自激启动半桥式变换器主要由 VT_4、VT_5、T_1、T_2 等构成。开关管 VT_4 和 VT_5 在 TL494 的控制下，两管交替导通截止，将直流电转换成高频交流电。高频振荡电压由变压器 T_2 副绕组分两路输出。一路由 VD_{13}、VD_{14}、C_{25} 整流滤波得到约 21V 的直流电压供脉冲宽度调制器 TL494 专用，另一路则由 VD_{12}、L_2、C_{22}、L_3、C_{23} 整流滤波作为 48V 主输出。电路中 R_{12}、R_{15}、R_{14}、R_{17} 构成启动回路，T_1、VD_8、VD_9、C_{12}、C_{14}、R_{13}、R_{16} 为正反馈元件。

1. 自激启动过程

自激启动电路主要由 VT_4、VT_5、T_1、T_2 等器件完成，C_5、C_6 从 300V 主电源分压出双 150V，经 R_{12}、R_{15} 为开关管 VT_4、VT_5 基极提供偏置，VT_4、VT_5 均可能导通，+150V 经 T_1 的②、④端、VT_5 的集电极到地形成回路，此电流在 T_1 的②、④端产生下正上负的感应电压，根据同名端在①~②端产生负电压，在 T_1 的⑤、③产生正电压，使 VT_5 导通，形成正反馈过程，使 VT_5 迅速饱和导通。根据同名端关系 T_1 的①~②绕组感应出下正上负的感应电压，使 VT_4 截止。VT_5 饱和导通后，150V 电压给 T_2 的①~②主绕组储能，电流不断增加，但当线圈的磁感应强度达到饱和时，电流不再继续增加，正反馈信号消失，晶体管 VT_5 退出饱和区进入放大区，推动变压器 T_1 的①~②、②~④、③~⑤感应出反向的感应电压，这又是一个强烈的正反馈过程，结果使 VT_5 转向截止，VT_4 饱和导通。如此周而复始形成自激振荡。

自激振荡的振荡频率主要由开关变压器决定，可用如下公式估算：

$$f=\frac{U_{DD}}{8BSN} \qquad (12\text{-}3)$$

式中，U_{DD} 表示电源电压，单位为 V；B 表示磁感应强度，单位为 T，一般取 0.5~0.7；S 代表磁心中心柱截面（m^2）；N 代表 T_2 主绕组①~②的绕组匝数。

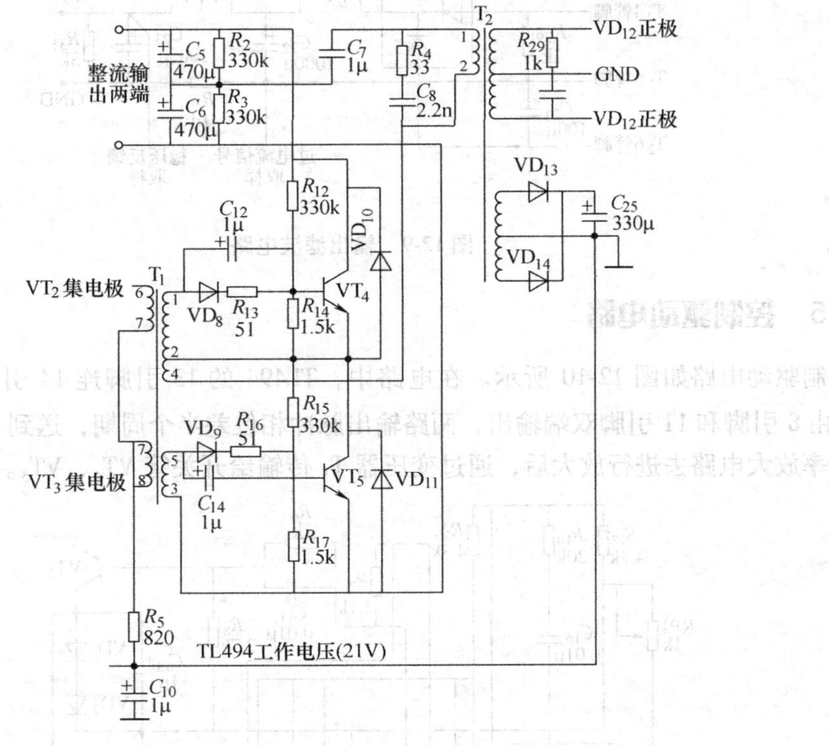

图 12-8　自激启动半桥输出电路

2. 他激工作过程

自激启动振荡后，在变压器 T_2 的二次④⑤⑥绕组电压经 VD_{13}、VD_{14} 全波整流，C_{25} 滤波后获得 +21V 直流电压，为脉宽调制器 TL494 提供工作电源，TL494 的 8、11 引脚输出相位差为 180°的触发脉冲，经 VT_2、VT_3 推挽放大由 T_1 送给 VT_4、VT_5 的基极，VT_4、VT_5 于是由自激振荡转为他激振荡。他激振荡后振荡频率取决于 TL494 的工作频率，即外接在 5、6 引脚锯齿波振荡器上的定时元件 R_t、C_t，估算公式为

$$f = \frac{|x|}{R_t C_t} \tag{12-4}$$

12.4.4　输出滤波电路

输出电路从二次绕组经全波整流后接一个∏形 *LC* 滤波器，得到稳定的直流输出电压，如图 12-9 所示。VD_{12} 由两个二极管构成。两个二极管在输入波形的一个周期里交替导通，构成全波整流电路。L_2 与 C_{22} 构成∏形 *LC* 滤波器，其中 C_{22} 的作用是滤除交流信号，电感 L_2 对直流电无电压降，对交流电能够储藏能量，利用电感的储能作用可以减小输出电压的纹波，从而得到比较平滑的直流。同样，L_3 与 C_{23} 构成∏形 *LC* 滤波器，再次用来滤除交流信号，以得到稳定的直流输出电压。

输出回路中，分别产生两个 48V 的直流电压，经过分压电路送到 TL494 的两个放大器的相应端，作为过电流保护电路与 PWM 电路的参考电压。

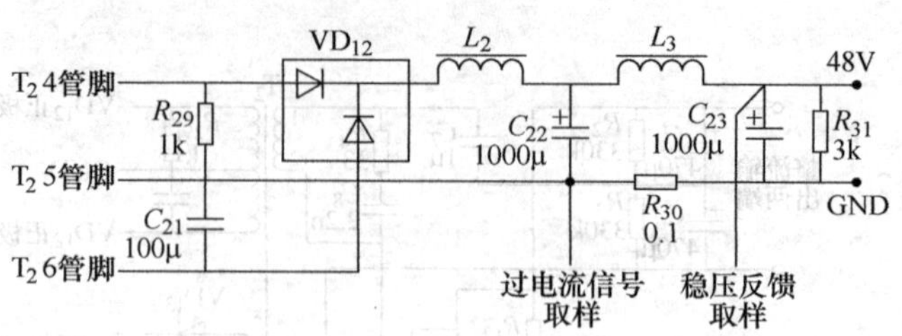

图 12-9 输出滤波电路

12.4.5 控制驱动电路

控制驱动电路如图 12-10 所示。在电路中，TL494 的 13 引脚连 14 引脚，即 $U_{13}=5\text{V}$。TL494 由 8 引脚和 11 引脚双端输出，两路输出脉冲相位差半个周期，送到 VT_2、VT_3 组成的推挽功率放大电路去进行放大后，通过变压器 T_1 传输给开关管 VT_4、VT_5。

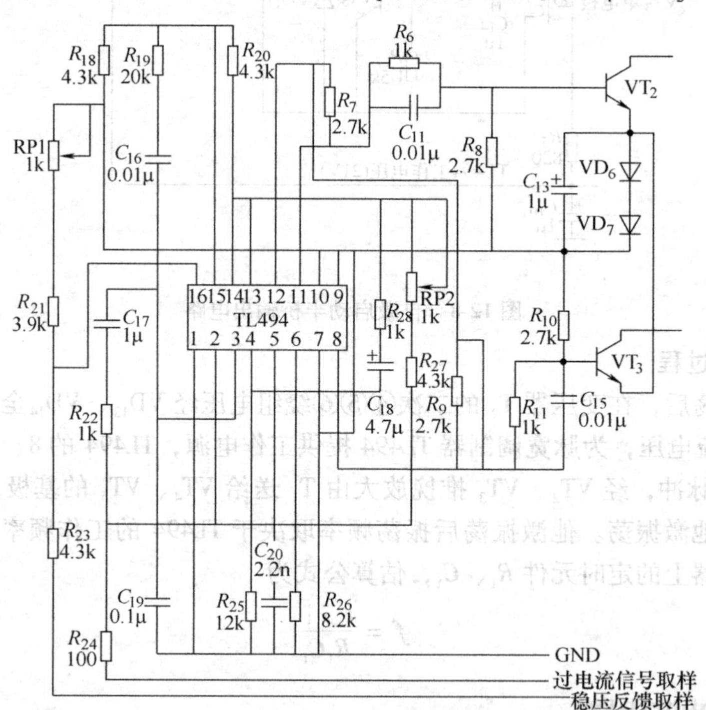

图 12-10 控制驱动电路

这个电路利用 TL494 内部误差放大器 2 进行反馈稳压。反馈稳压过程如下：

误差放大器 2 的反相输入端 15 引脚接于 14 引脚和地之间的电阻 R_{20}、R_{18}之间，分压后 $U_{15}=2.5\text{V}$。输出电压 U_o（48V）经 R_{23}和（R_{21}、R_{P1}）分压后加到 16 引脚，作为误差放大器 2 的同相输入。当 U_o 变化时，误差放大器 2 的输出电压随之改变，即与锯齿波电压比较的电平改变，PWM 比较器输出的脉冲宽度改变，致使 TL494 输出的驱动脉冲，即开关管 VT_4 和 VT_5 的导通时间 T_{ON}改变，从而实现调宽稳压的目的。此外，微调 RP1 可调整输出电压的数值，使输出电压在 45 ~75V 之间变化。

电路利用误差放大器 1 作过电流保护。从 48V 输出主回路上取出的电流控制信号经 R_{24} 接至误差放大器 1 的 1 引脚和 2 引脚上，其中反相输入端 2 引脚的电位由 14 引脚输出的 5V 基准源经过（R_{P2}，R_{27}）和（R_{24}，R_{30}）分压后获得。调整 RP2 大小可控制 2 引脚门坎电位，即过电流控制点。当 R_{30} 上取出的电压信号足够大使其绝对值超过 2 引脚电位时，误差放大器 1 将翻转并关闭脉冲信号输出，进而起到过电流保护作用。

C_{20}、R_{26} 分别接至 TL494 的 5 引脚和 6 引脚，使内部振荡器的振荡频率由 C_{20} 和 R_{26} 的值决定。

12.5 调试器材

（1）开关电源套件一套，如图 12-11 所示。

（2）三位半数字万用表若干、四位半数字万用表一台、交流调压器一台、晶体毫伏表一台、示波器一台、功率表一台、大功率电阻一个。

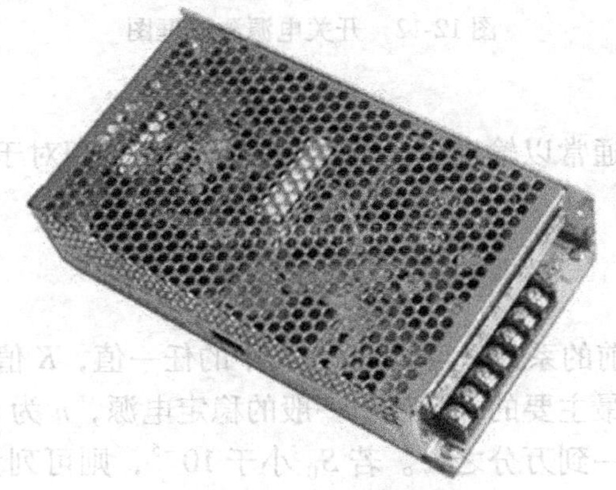

图 12-11 开关电源

12.6 调试步骤

1. 交流输入电路的调试

用交流调压器在开关电源输入端加电压 U_i（自己选择，但不宜过大，通常在 20 ~ 30V 之间）的交流电压，用万用表测量 C_1、C_2 两端电压以及桥式电路的 1、3 引脚两端电压。如果这三个电压（AC）与输入电压 U_i 一致，说明交流输入回路里的各个元器件基本正常。

2. 整流滤波电路的调试

继续上一步调试，用交流调压器在开关电源输入端加电压 U_i（20 ~ 30V 之间），用万用表直流电压挡测 C_5、C_6 两端的电压，即整流输出的电压，应该为 $U_i\sqrt{2}$。

3. 整机电路调试

用交流调压器在开关电源输入端加入电压 220V，测量输出整流滤波电路的电压。用万用表直流电压档测电容 C_{25} 两端的电压，应该为 21V 左右。调整电位器 RP1，可调整开关电源输出电压 U_o 的大小，使 U_o 在 45 ~ 75V 之间变化。用示波器观察变压器 T_2 的 4 或 6 引脚波形，可以得到方波图形，通过此图形可观察开关管的导通时间与截止时间，从而判断开关管是否正常工作。

12.7 技术指标及测试

测试框图如图12-12所示。

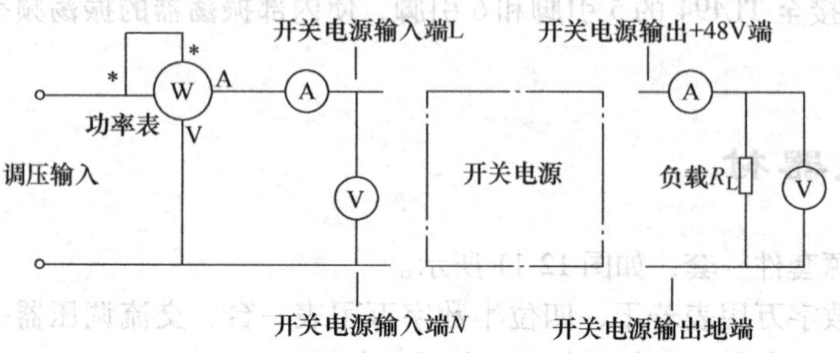

图12-12 开关电源测试框图

1. 电压稳定度

输出电压的稳定度，通常以输出电压的变化量（ΔU_o）相对于输出电压的比值来表示，以S_U表示，定义如下：

$$S_U = \pm \frac{\Delta U_o}{U_o}(K \times 10^{-n}/m) \tag{12-5}$$

式中，K为稳定度数量级前的系数，可以是1~9中的任一值，K值小，稳定性好。n是确定稳定度数量级的数值，是最主要的一个值。一般的稳定电源，n为3~4，即输出电压的变化不大于输出电压的千分之一到万分之一。若S_U小于10^{-5}，则可列为高稳定度电源。m表示稳定度所能持续的时间。

测试时，先将输出电压调节到测试条件规定值（对于可调节电压的电源电路，通常取其输出电压的最大值、中间某个值和较小值三点），再接上适当的R_L，使I_o达到测试条件规定值（通常是最大输出电流值I_{omax}）。然后调节调压变压器，使交流输入电压$U_{i1}=220V\times(1+10\%)=242V$，测出此时的输出电压值$U_{o1}$；再将交流电压跳到$U_{i2}=220V\times(1-10\%)=198V$，测出此时的输出电压值$U_{o2}$，即可求出电压稳定度$S_U$，即

$$S_U = \Delta U_o/U_o = (U_{o1} - U_{o2})/U_o \tag{12-6}$$

2. 负载稳定度

负载稳定度是指输入交流电压U_i及环境温度保持不变时，由于负载电流I_L的变化（即负载R_L的变化）引起U_o变化，以S_i表示，定义如下：

$$S_i = \Delta U_o/U_o \tag{12-7}$$

由此可见，负载稳定度反映了电源电路在负载变动时，其输出电压U_o维持稳定的能力，其值越小，U_o的稳定度越好。

测试时，先将U_i调到220V并维持不变，再测出电源电压空载（即$I_o=0$）时的输出电压U_{o1}，然后接上负载R_L（一般测试可采用滑杆电阻），调节R_L，使负载电流I_o达到满载（$I_o=I_{omax}$），记录输出电压值U_{o2}，即可求出负载稳定度

$$S_i = \Delta U_o / U_o = (U_{o1} - U_{o2}) / U_o \tag{12-8}$$

3. 转换效率

转换效率 η 定义为输出有功功率 P_o 与输入有功功率 P_i 之比。

$$\eta = \frac{P_o}{P_i} \times 100\% = \frac{U_o I_o}{U_i I_i \cos\varphi_i} \times 100\% \tag{12-9}$$

式中，U_i、I_i 为输入电压电流有效值；U_o、I_o 为开关电源输出直流电压、电流。

4. 功率因素

功率因素（Power Factor，PF）的基本定义是指交流输入有功功率 P 与视在功率 S 的比值，即

$$PF = \frac{P}{S} \tag{12-10}$$

在线性电路中，阻抗 $Z = R + jX$，其中 R 为电阻，X 为电抗。无论是感抗或容抗，均会使正弦电压和电流波形产生相位差，但电压、电流均为正弦波。所以在线性电路中，功率因数描述了负载的电抗特性，其定义为

$$PF = \cos\varphi \tag{12-11}$$

式中，φ 是正弦电流波形相对于电压波形的相位差。只有当负载呈电阻性时，电压与电流波形同相，$PF = 1$。

测试时，有功功率由功率表读得数据，视在功率由交流电压表与交流电流表两者数据之积得到。

5. 纹波

纹波用峰-峰值表示，一般为输出电压的 0.5% 以内。对纹波的测量应在额定负载和常温下进行。对于开关型的 DC/DC 变换器而言，输出纹波电压为一系列带有高频分量的小脉冲，因此通常测峰-峰值，而不是有效值（RMS）。

测试时，用晶体毫伏表的两端接在负载 RL 的两端，读出峰-峰值（mV）。

6. 占空比

占空比定义为开关管导通时间 t_{ON} 与开关管工作周期（即开关接通时间 t_{ON} 和关断时间 t_{OFF} 之和）之比，即

$$D = \frac{t_{ON}}{T} = \frac{t_{ON}}{t_{ON} + t_{OFF}} \tag{12-12}$$

测试时，将示波器的正端接在变压器 T_2 的 4 引脚或 6 引脚，负端接在变压器 T_2 的 5 引脚。一般占空比不大于 0.8。

12.8 故障分析及排除方法

由于开关电源的输入部分工作在高压、大电流的状态下，如高压大电流整流二极管、滤波电容、开关功率管等，因此故障率最高。其次就是输出整流部分的整流二极管、保护二极管、滤波电容、限流电阻等也较易损坏；再有就是脉宽调制控制器的反馈部分和保护部分。

下面就对开关电源常见故障产生的原因作一分析，并给出这些故障的排除方法，如表 12-2 所示。

表 12-2 开关电源常见故障及排除方法

故障现象	排除方法
开关电源输入端加交流电压烧熔丝	① 检查抗干扰电容 C_1、C_2、C_3、C_4 是否击穿。如果 C_1、C_2 被击穿或 C_3、C_4 同时被击穿，将造成短路 ② 检查整流电路是否短路 ③ 检查分压电容 C_5、C_6 是否击穿 ④ 检查开关管是否击穿。检测时可先测 MOSFET 各电极对地电阻，若检测值偏离正常值，再将源、栅极从电路中断开做验证性检测 ⑤ 检查开关变压器内部是否短路
直流输出电压（+48V）为零	① 检查主电压 300V 是否正常，如无电压，说明整流滤波电路有开路性故障 ② 检查变压器 T_2 的 48V 副电压，如无电压，说明自激振荡启动电路出现故障，常见的有启动电阻 R_4 开路，振荡管性能不良等 ③ 如副电源电压很低，说明脉宽调制电路或驱动电路有故障，常见的有 TL494 损坏，驱动管 VT_4、VT_5 损坏，负载电阻开路等
输出电压偏高	① 当分压电阻的阻值变化时，造成取样电压偏大，将会使脉宽调制输出脉冲高电平时间减小，即控制开关管导通时间减小 ② 影响开关管导通时间的回路中元器件质量不佳，如电阻接触不良等都会导致输出电压的升高 ③ 由于负载电流太大，开关电源的换能跟不上。造成这种情况的最大可能是负载出现短路故障，可先断开负载再进行实验
输出电压偏低	④ 当分压电阻的阻值变化时，造成取样电压偏小，将会使脉宽调制输出脉冲高电平时间增大，即控制开关管导通时间增大 ⑤ 影响开关管导通时间的回路中元器件质量不佳，如电阻接触不良等都会导致输出电压的下降

12.9 开关电源测试记录表

（1）电压稳定度测试（见表 12-3）

$$S_U = \pm \frac{\Delta U_o}{U_o}(K \times 10^{-n}/m) \mid I = I_{max}$$

表 12-3 电压稳定度

输入电压（U_i）	输出电压（U_o）	负载电流（I_L）
220V		
198V		
242V		

（2）负载稳定度（见表 12-4）

$$S_U = \pm \frac{\Delta U_o}{U_o}$$

U_i 固定，I_L 从满载到空载。

表 12-4　负载稳定度

输入电压（U_i）	输出电压（U_o）	负载电流（I_L）
220V		
220V		

（3）转换效率（见表 12-5）

$$\eta = \frac{P_o}{P_i} \times 100\%$$

表 12-5　转换效率

输入功率（P_i）	输出电压（U_o）	负载电流（I_L）	输出功率（P_o）

（4）功率因素（见表 12-6）

$$PF = \frac{P}{S}$$

表 12-6　功率因素

输入电压（U_i）	输入电流（I_i）	有功功率（P）	输出电压（U_o）	负载电流（I_L）

（5）纹波测试（见表 12-7）

表 12-7　纹波

输入电压（U_i）	输出电压（U_o）	负载电流（I_L）	纹波电压（F_r）
220V			
220V			

（6）占空比测试（见表 12-8）

$$D = \frac{t_{ON}}{T} = \frac{t_{ON}}{t_{ON} + t_{OFF}}$$

分别测输出电压为 48V、36V、20V 时的占空比。

表 12-8　占空比

输入电压（U_i）	输出电压（U_o）	负载电流（I_L）	占空比（D）
220V	48V	3A	
220V	36V	3A	
220V	20V	3A	

第13章 XL-2008黑白电视机的组装与调试

13.1 实训内容

（1）掌握黑白电视机的组成框图、各部分的作用、工作原理，学会对电路原理图进行正确分析。

（2）学会电视机的组件的组装、调试和简单的维修方法。

13.2 实训要求

（1）对有条件检测的元器件进行检测（电阻、电容、二极管），并能正确地分析其作用。

（2）准确、高质量地进行印制电路板的焊接和整机装配。焊接中，要求焊点光亮、圆滑，无虚焊。

（3）正确地进行调试、对相关电压、电流进行测量，并认真做好记录。

（4）在确保每个部分电压、电流正确的前提下接上显像管、扬声器，能够接收到清晰的电视节目。

13.3 电视机的组成与工作原理

13.3.1 电视机的组成

电视机的作用是将电视台发出的高频电视信号接收下来，加以放大和解调，然后将视频图像信号送往显像管重现图像，将伴音信号送往扬声器重放伴音。为了保证显像管正确地重现图像，电视机必须能驱动显像管中的电子束产生扫描，并使这种扫描在同步信号控制下，与发送端完全同步。因此电视机电路可分为信号系统（信号接收、放大、处理）、使显像管产生光栅的扫描系统和直流稳压电源系统三部分。

XL-2008黑白电视机是一款5.5in由单片集成电路CD5151CP（或CS5151CP）构成的套件，它同样也由信号系统、扫描系统、直流稳压电源系统三大部分组成。原理图如图13-1所示，组成框图如图13-2所示。由于CD5151CP芯片把所有小信号处理电路都集成在一起，所以电路具有代表性，外围元器件小，调试相对简单，成功率高。

1. 信号系统

（1）高频调谐器

高频调谐器俗称高频头，它的主要作用是选择所要接收的频道信号，并经放大和混频输出38MHz图像中频信号和31.5MHz伴音中频信号。

（2）前置中放及声表面滤波器

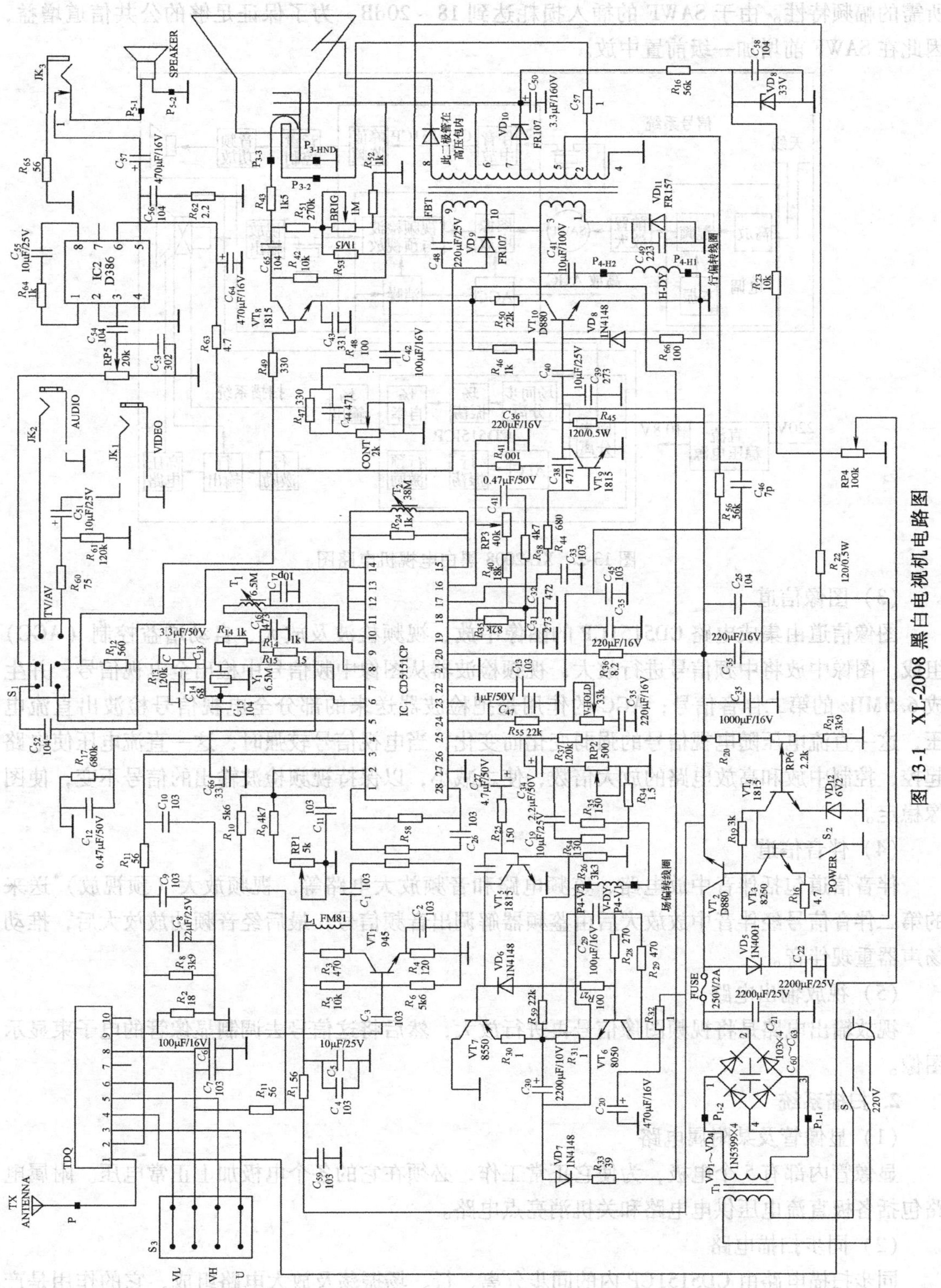

图 13-1 XL-2008 黑白电视机电路图

声表面滤波器（SAWF）是一种压电材料制作的固定器件，它能一次形成公共中频信道所需的幅频特性。由于 SAWF 的插入损耗达到 18～20dB，为了保证足够的公共信道增益，因此在 SAWF 前增加一级前置中放。

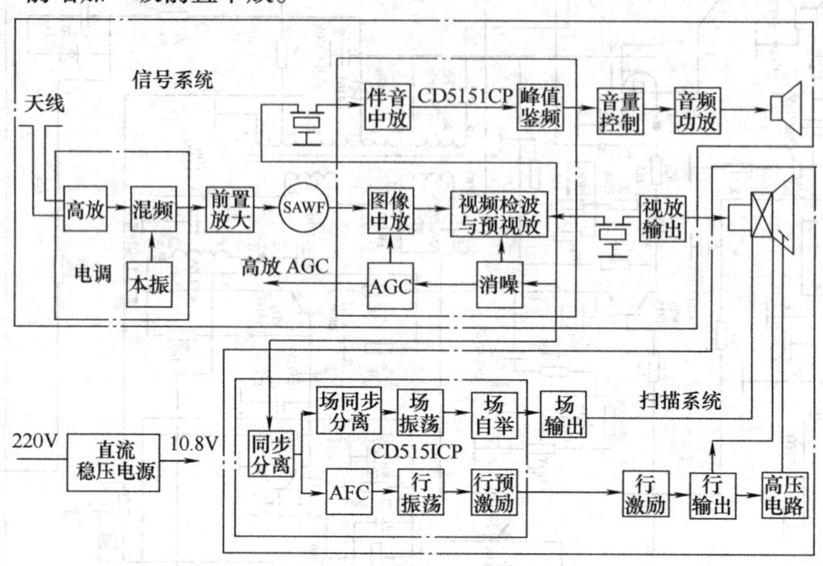

图 13-2 XL-2008 黑白电视机电路图

（3）图像信道

图像信道由集成电路 CD5151CP 的图像中放、视频检波及放大、自动增益控制（AGC）组成。图像中放将中频信号进行放大；视频检波器从图像中频信号中检出全电视信号，并生成 6. 5MHz 的第二伴音信号；AGC 的作用是把检波器送来的部分全电视信号检波出直流电压，这一直流电压随电视信号的强弱变化而变化，当电视信号较强时，这一直流电压使电路起控，控制中放和高放电路的放大倍数，使之减小，以保持视频检波输出的信号不变，使图像稳定。

（4）伴音信道

伴音信道包括伴音中放电路、鉴频电路和音频放大电路等。视频放大（预视放）送来的第二伴音信号经伴音中放放大后由鉴频器解调出音频信号，最后经音频功放放大后，推动扬声器重现伴音。

（5）视放输出电路

视放输出电路是将视频图像信号再进行放大，然后将这信号去调制显像管的电子束显示图像。

2. 扫描系统

（1）显像管及某附属电路

显像管内部有 5 个电极，为使它正常工作，必须在它的各个电极加上正常电压。附属电路包括各极直流电压供电电路和关机消亮点电路。

（2）同步扫描电路

同步扫描电路由 CD5151CP 内的同步分离、行、场振荡及放大电路组成，它的作用是产生行频矩形脉冲和场频锯齿波电压并能被行、场信号同步。

(3) 行场扫描输出电路

从 CD5151CP 输出的行频矩形脉冲，经行激励和行输出级后，在行偏转线圈中产生行频锯齿波电流。从 CD5151CP 输出的场激励信号经场功放放大后形成的场频锯齿波信号，在场偏转线圈中产生场频锯齿波电流。

3. 直流稳压电源

直流稳压电源的作用是将 220V 交流电压降压、整流滤波成直流后，经稳压电路稳压后输出稳定的直流电压供各级电路使用。

13.3.2 黑白电视机的工作过程

首先接通电视机电源，直流稳压电路开始工作，输出直流电压使各部分电路进入工作状态。

当高频头未调到有节目频道时，场、行扫描电路自发产生行频和场频锯齿波电流，通过偏转线圈使显像管电子束产生水平方向和垂直方向的扫描运动，在荧光屏上扫描形成光栅。

当高频头调到有节目的频道时，天线接收到该频道的高频信号，该信号经高频放大 20～30dB 后,与本机振荡器产生的高频振荡信号进行混频，产生 38MHz 的图像中频信号和 31.5MHz 的伴音中频信号。

混频级输出的图像中频和伴音中频信号被送入中频公共信道，它们在 SAWF 中形成规定的频谱特性，然后由图像中放级放大数千倍，送往视频检波器。检波器把图像中频信号还原成视频信号（全电视信号），并对伴音混频生成 6.5MHz 的第二伴音中频信号。6.5MHz 的陶瓷滤波器将第二伴音信号选出，送入伴音信道。视频信号在前置视放级进行预先放大和消除噪声干扰后，一路通过 6.5MHz 的陷波器滤掉 6.5MHz 伴音信号，送往视放输出级；另一路送往同步分离电路；第三路送往 AGC 电路。AGC 电路对视频信号中的同步电平进行鉴别，根据信号强弱调整图像中放和高频放大级的增益，使信道输出的视频信号幅度基本保持不变。

送入伴音信道的第二伴音中频信号，经过 60dB 左右的限幅放大，除掉幅度干扰，再由鉴频器解调成音频信号；音频信号去加重后，经低频放大电路放大后，推动扬声器发出响亮的伴音。

送往视放输出级的视频信号在 1～3V（峰-峰值），视放输出级将它放大到 50～80V（峰-峰值），调制显像管内的电子束显示图象。

同步分离电路从输入的视频信号中，切割出电平最高的复合同步信号，放大送到积分电路和 AFC 电路。积分电路选出场同步信号去控制场扫描同步；行 AFC 电路将行同步信号与行频锯齿波进行相位比较，产生误差电压改变行扫描频率与相位，实现行扫描同步，于是显像管屏幕上重现的图像就同发送端完全一致了。

13.3.3 CD5151CP 的功能及内部框图

CD5151CP 是单片黑白电视机集成电路，内部包含黑白电视机所需要的图像中频电路、伴音中频电路、调谐器 AFC 电路与偏转小信号处理电路等，是一种集成度高，外围组件少的单片黑白电视机集成电路。CD5151CP 集成电路采用 28 引脚双列塑料封装，其内部电路框图如图 13-3 所示，各引脚功能如图 13-4 所示，各引脚直流电压及对应电阻如表 13-1 所示。

黑白电视机基本上用的是低压稳压电源。CD5151CP 的电源电压范围在 8 ~ 12V 之间，本章介绍的 XL-2008 黑白电视机的电压建议在 10V 左右。

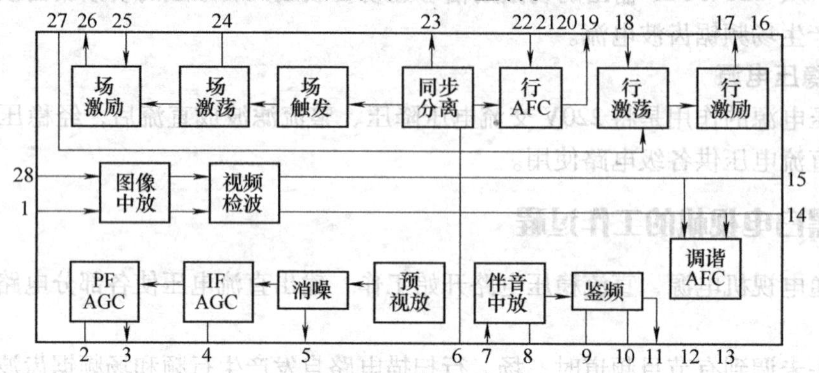

图 13-3　集成电路 CD5151CP 内部框图

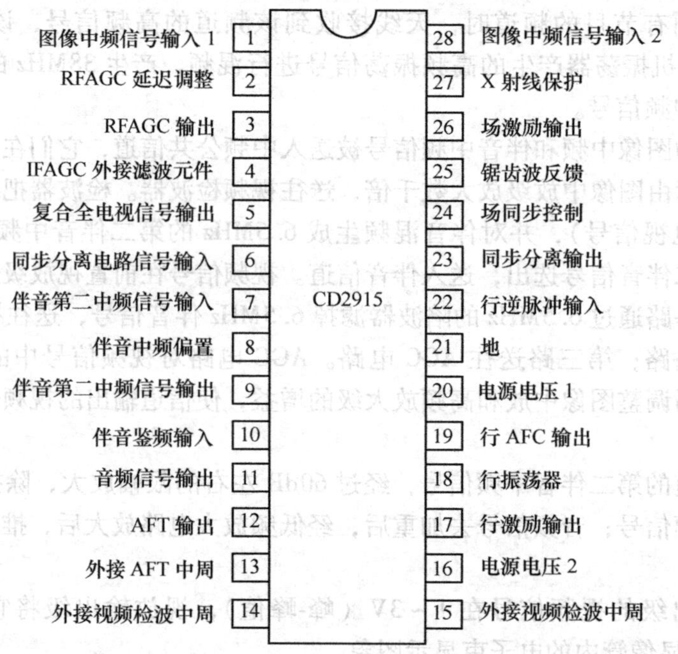

图 13-4　CD5151CP 引脚功能图

表 13-1　集成电路 CD5151CP 各脚直流电压及对应电阻

引脚序号	功　能	备注	直流电压		对地电阻
			无信号/V	有信号/V	黑比接地/kΩ
1	图像中频信号输入 1		4.8	4.8	1.3
2	RFAGC 延迟调整		5.8	5.8	1.2
3	RFAGC 输出		2	3.1	1.2
4	IFAGC 输出		5.8	5.2	1.2
5	复合全电视信号输出		4.5	3.2	1

（续）

引脚序号	功　能	备注	直流电压		对地电阻
			无信号/V	有信号/V	黑比接地/kΩ
6	同步分离电路信号输入		6	6.5	1.3
7	伴音第 2 中频信号输入		3	3	1.6
8	伴音中频偏置		3	3	1.4
9	伴音第 2 中频信号输出		4.5	4.5	1.4
10	伴音鉴频输入		4.5	4.5	1.3
11	音频信号输出		3.2	3.2	1.3
12	AFT 输出	本机未用	空	空	
13	外接 AFT 中周	本机未用	空	空	
14	外接视频检波中周		6.4	6.4	1
15	外接视频检波中周		4.8	4.8	1.3
16	电源电压 2		9.5	9.5	0.8
17	行激励输出		3.5	3.4	1.2
18	行振荡器		0.4	0.4	1.1
19	行 AFC 输出		5	4.8	1.3
20	电源电压 1	本机未用	空	空	
21			3.1	3.1	0
22	行逆脉冲输入		9.6	9.6	0.7
23	同步分离输出		0	0	0
24	场同步控制		3.6	4.8	1.2
25	锯齿波反馈		5	5	1.3
26	场激励输出		1.2	1.2	1.2
27	X 射线保护	本机未用	0	0	
28	图像中频信号输入 2		6.4	6.4	1.1

13.4 XL-2008 黑白电视机单元电路

13.4.1 直流稳压电源

直流稳压电源的作用是把交流电变换成稳定的直流电，向电视机各部分电路提供正常工作所需的电源。本次所使用的电视机稳压电源输出的直流电压在 9.5～11V 范围内。直流稳压电源一般由电源变压器、整流电路、滤波电路、稳压电路 4 部分组成，其组成框图如图 13-5 所示。稳压电源首先利用电源变压器对交流电降电压，然后经过整流、滤波和稳压，变成低压直流电。

XL-2008 黑白电视机的电源稳压电路如图 13-6 所示。图中 R_{20}、R_{21}、RP6 组成取样分压电路，改变 RP6 的阻值，可以改变 U_o 的输出电压。VD_{12} 提供基准电压，VT_3 和 VT_4 组成比较放大电路，VT_2 是电源调整管，C_{21}、C_{22} 组成电源滤波电路，R_{19} 和开关 POWER 在电源接通时给 VT_4 提供偏置电压，使 VT_4 导通，同时开关 POWER 又当做整机电源开关使用。

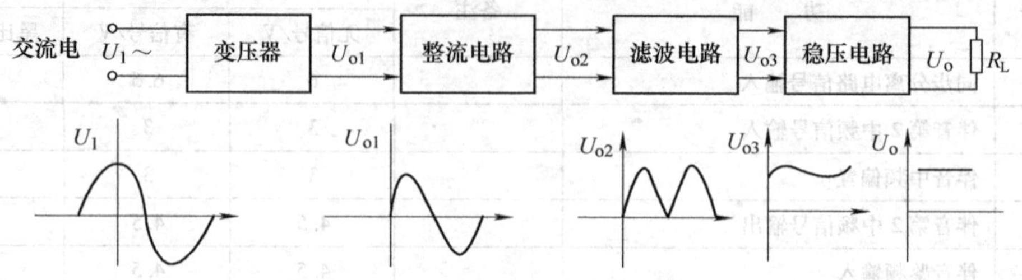

图 13-5　直流稳压电源的组成

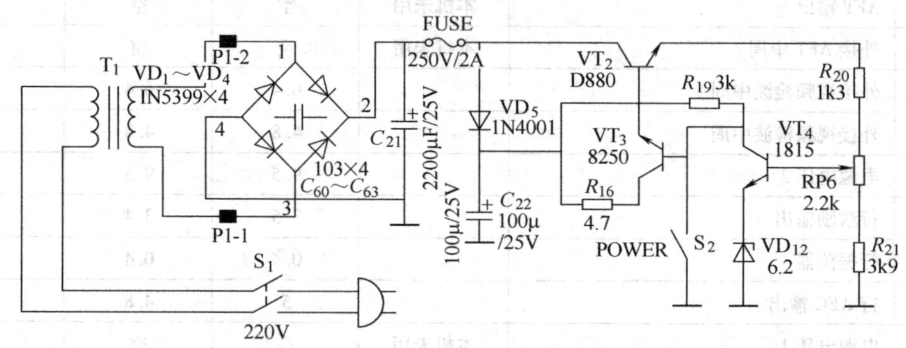

图 13-6　XL-2008 黑白电视机的电源稳压电路

整流电路的作用是利用单向导电性能的整流二极管，将电源变压器输出的交流电压变换为单方向的脉动直流电压。在黑白电视机中，常见的整流电路形式为桥式整流电路。

为了平滑整流后的脉动直流电压，降低纹波，在整流电路后面一般都加有滤波电路，在黑白电视机的电源电路中，由于负载电流较大，均采用大容量电解电容的简单滤波电路，就是图 13-6 中的 C_{21}。电容滤波是通过其充放电特性来实现的，充放电的时间常数用 $t=R_LC_{21}$ 来表示，t 越大，放电过程越慢，则输出电压越高，滤波效果越好，所以滤波电容的容量选得比较大。

整流和滤波电路虽然已经把交流电变成了直流电，但脉动成分还很大。如果直接用于电视机中，会产生烦人的交流声及图像抖动、扭曲，因此还需经过稳压电路进行稳压。稳压电路就是当输入电压或负载在一定的范围内变化时，能维持直流输出电压稳定不变的一种自动调节电路。黑白电视机由于功耗较大，故采用串联式稳压电路。

串联可调式直流稳压电源由取样电路、基准电压、比较放大电路和调整管 4 部分组成。取样电路的作用是对稳压的输出电压进行检测，取出电压高低波动信息，送往比较放大电路，基准电压产生一个稳定的电压，是比较放大电路作比较用的标准，比较放大电路将取样电路送来的检测电压，同基准电压进行比较，并对比较产生的误差电压进行放大，放大后的误差电压控制调整管的输出电流，利用输出电流的变化维持负载 R_L 两端的电压不变。由于串联可调式稳压电源具有放大误差的功能，很小的输出电压变化就足以引起调整管输出较大的调整电流，因此稳压性能好，同时改变取样电压的大小，就可以改变稳压电路的输出电压。

13.4.2　信号系统

信号系统由信号公共信道、伴音信道及视放输出级电路组成。

1. 信号公共信道

图像信号（包括复合同步和消隐信号）和伴音信号在电视机的大部分电路中，是被共同放大、传输的，这部分电路就是信号的公共信道。从图 13-2 可以看出，公共信道包括电视接收天线、高频调谐器和集成电路图像中频信道。在公共信道里，天线从空中接收下高频图像信号和高频伴音信号，前者先变成载频为 38MHz 的调幅中频信号，再检波还原成视频信号；后者先变成载频为 31.5MHz 的调频中频信号，再同 38MHz 的图像载频混频生成 605MHz 的第二伴音信号。在公共信道的输出端，视频信号同第二伴音分离，分别送往视放输出级电路和伴音信道。

（1）电视接收天线

从电视台发出的高频电视信号，以电磁波的形式向四面八方高速传播。电视接收天线把这些电磁波接收下来，变成高频图像信号和高频伴音信号的电流与电压，并通过馈电线把它们送往电视接收机的高频调谐器。

（2）高频调谐器及附属电路

高频调谐器又称“高频头”，它的作用是将天线接收下来的信号进行频道选择、放大、并混频生成 38MHz 的图像中频信号与 31.5MHz 的伴音中频信号。本机采用 UVD6201-RB 型全频道电子调谐器。

电子调谐器一般由输入电路、高频放大器、本机振荡器和混频器等部分组成。由于它工作频率高，因此单独装在一个小金属盒内，以保证良好的屏蔽，防止外界电磁信号的干扰和本机振荡的辐射。

1）电子调谐器的工作原理

电子调谐器是利用变容二极管来进行调谐选择频道的，改变加到变容二极管两端电压，就可以得到不同等效电容量，使之谐振于不同频道，从而达到选台的目的。图 13-7 是变容二极管调谐电路的示意图。图中，电感 L 和反向偏置的变容二极管 VD 组成调谐电路；VD 的反向偏置电压来自电位器 R_2 对调谐电压 U_1 的分压；R_1 是限流电阻，防止流过变容二极管 VD 的电流过大；C 用于阻断直流，以免直流调谐电压被电感 L 短路。C 的容量取得很大，对交流信号来说可以看做短路。

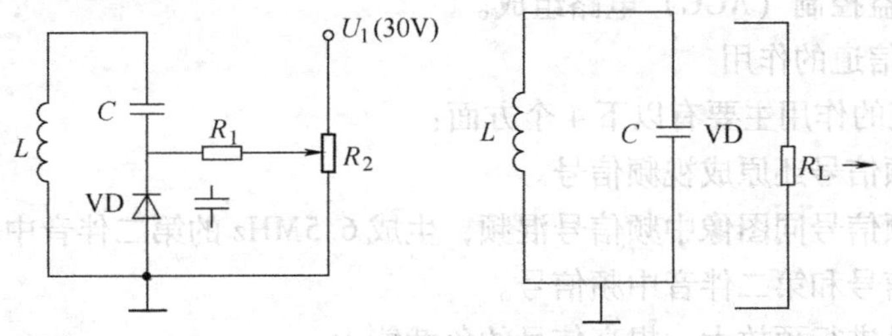

图 13-7　变容二极管调谐电路

由于变容二极管的电容变化范围限制，不能覆盖整个 VHF 频段，于是将 VHF 频段分成两个分频段，一个包括 1～5 频道，叫低频段，用 V_L 表示；另一个包括 6～12 频道，叫高频段，用 V_H 表示。电调谐器对 V_L、V_H 和 UHF 三者之间的转换，采用直流电压控制下的开关二极管做切换开关。

2）电子调谐器的引脚功能

1 引脚（ANT）：高频电视信号输入引脚。

2 引脚（AGC）：为高放 AGC 电压供电引脚。

3 引脚（UB）：为 UHF 调谐器工作电压输入引脚。

4 引脚（TU）：调谐电压输入引脚。

5 引脚（HB）：为 VHF 调谐器高频段工作电压输入引脚。

6 引脚（LB）：为 VLF 调谐器低频段工作电压输入引脚。

8 引脚（MB）：调谐器混频电路电源输入引脚。

9 引脚（IF）：中频信号输出端。

7、10 引脚为空引脚。

3）频道选择电路

频道选择是由频段选择开关和调谐电位器来完成的，如图 13-8 所示，图中 +100V 电压经 R_{16}、R_{23} 限流、VD_{13}、C_{58} 稳压后送入调谐电位器 RP4，调节 RP4 能使调谐电压 U_T 在 0～30V 之间变化，U_T 送入电子调谐器后，改变谐振回路中变容二极管的容量，使谐振频率发生变化，从而达到选择频道的目的。S_3 为频段选择开关，控制三个频段的供电，当 S_3 选定某一频段时，其他两个频段都停止供电，这样可以减小干扰，降低功耗。

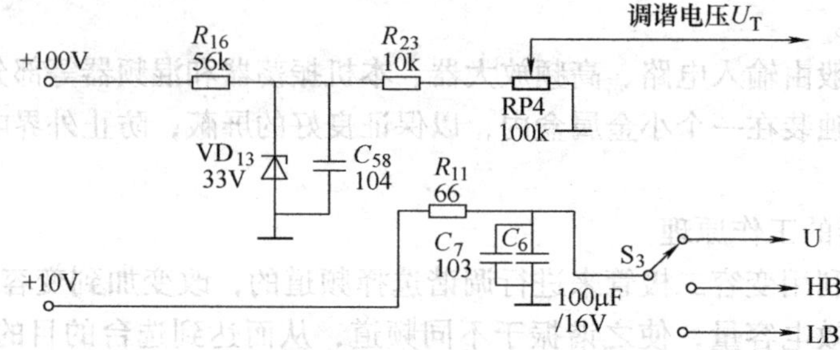

图 13-8　频道选择电路

(3) 图像中频信道

图像中频信道主要由图像中频放大电路、视频检波电路、视频前置放大电路、消噪电路（ANC）及自动增益控制（AGC）电路组成。

1）图像中频信道的作用

图像中频信道的作用主要有以下 4 个方面：

- 把图像中频信号还原成视频信号。
- 把伴音中频信号同图像中频信号混频，生成 6.5MHz 的第二伴音中频信号。
- 分离视频信号和第二伴音中频信号。
- 对视频信号进行预放大，提高信号的负载能力。

2）图像中频信道的性能指标

图像中频信道是电视机的重要组成部分，电视机的主要质量指标如灵敏度、选择性、频带宽度等，很大程度取决于图像中频信道的性能。

● 电压增益。电视机图像中频信道的总增益在 110 ~ 120dB 之间，它可将天线上输入的数十微伏信号电压放大成能驱动显像管阴极的数十伏视频信号电压。如此巨大的电压放大量中有 60 ~ 70dB 分配给图像中频信道，图 13-9 是图像信道方配增益的一个实例，可以看出图像中频信道在整机增益中所占的分量。

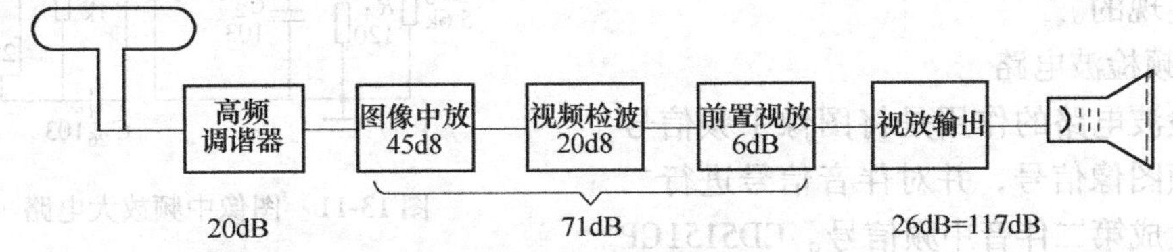

图 13-9　图像信号通道增益分布实例

● AGC 控制范围。图像中频信道必须有不小于 40dB 的 AGC 控制范围。也就是说从 AGC 电压起控开始，输入信号强度变化 100 倍，视频信号的输出幅度变化不允许超过 1.5dB。目前，由集成电路组成的中频信道，AGC 控制范围已远远超过了这些指标。

● 幅频特性。为了保证电视机重现图像和伴音有较好的质量，图像中频信道的幅频特性必须符合图 13-10 的要求，即对 0.75 ~ 5MHz 单边带传送的信号进行 100% 放大，对 0 ~ 0.75MHz 双边带传送的信号平均进行 50% 的放大，对 31.5MHz 的伴音中频信号进行 5% 的放大，以防止伴音信号和图像信号相互干扰，而对 30MHz 和 39.5MHz 的邻近频道中频信号则进行深入吸收，图像中频载频处于曲线高频端斜边的中点。在集成电路黑白电视机中，这种特殊的幅频特性是由声表面滤波器（SAWF）实现的。

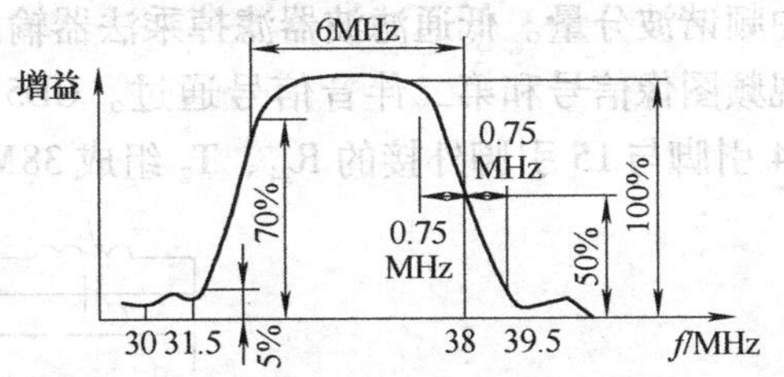

图 13-10　图像信号通道增益分布实例

● 稳定性。图像中频信道的稳定性包含两方面的内容，一是在增益和频率很高、放大级数多的情况下，不会产生自激振荡；二是当工作温度、电源电压、AGC 电压等因素发生变化时，信道的幅频特性曲线不应受到明显影响。这些因素集成电路中频信道在设计时已加以考虑，只需在外围电路采用屏蔽、电源滤波及合理布线，就能保证电路的稳定性。

3）图像中频放大电路

图像中频放大电路简称图像中放电路，它的作用是形成中频信道的幅频特性，并把图像中频信号和伴音中频信号放大到视频检波级所需的电平。图像中放电路由前置中放、声表面滤波器和宽频带放大电路组成，其中声表面滤波器形成规定的幅频特性，前置中放则补偿声表面滤波器对信号的损耗，宽频带放大电路实现对增益的要求。

由于声表面滤波器（SAWF）的插入损耗较大，因此前置中放电路是为了补偿 SAWF 的插入损耗而设置的。如图 13-11 所示的输出端 IF 与电容 C_3 相连，隔离输入端同 VT_1 基极直流偏置电压，并为中频信号提供信道。放大电路的输出端接 SAWF，C_1、C_2 是 SAWF 的隔直电容。从电子调谐器输出端 IF 送来的 38MHz 的图像中频信号和 31.5MHz 的伴音中频信号经 Q_1 预放大后，送至声表面滤波器（SAWF）上，由 SAWF 处理后的中频信号送入集成电路 CD5151CP 的 1 引脚和 28 引脚进行放大。

CD5151CP 的图像中放电路由 3 ~4 级直接耦合差动放大器组成，由于各级之间均采用直接耦合，为避免各级之间工作点的相互影响，还设置了多级直流反馈电路，只要某一级放大器的工作点发生变化，后级就立即回送（反馈）一种变化，抵消该级的工作点漂移。为了防止中频信号也跟着反馈到前级，还设置了交流退耦电路，这一般是通过外接大容量电容来实现的。

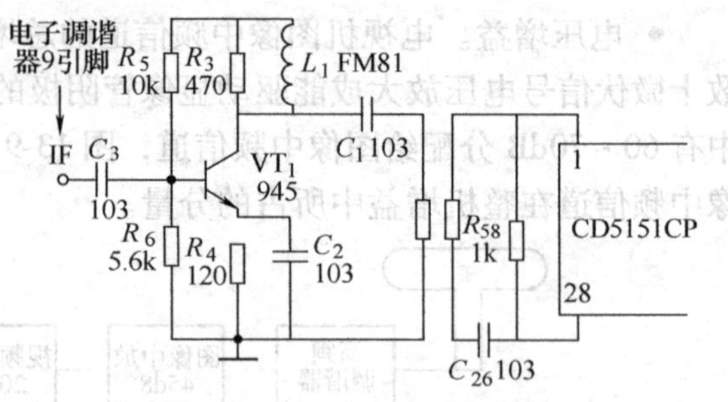

图 13-11 图像中频放大电路

4）视频检波电路

视频检波电路的作用是将图像中频信号还原成视频图像信号，并对伴音信号进行二次混频，生成第二伴音中频信号。CD5151CP的视频检波电路采用同步检波器。图13-12是同步检波器的原理框图，它由限幅器、乘法器组成。实际应用中，常把限幅器外接的LC封装在一起，做成38MHz陷波器直接使用。限幅器的作用是对图像中频信号进行选频放大和限幅，变成等幅的38MHz开关信号。开关信号同图像、伴音中频信号在乘法器中模拟相乘，生成视频图像信号、第二伴音信号以及残余的中频谐波分量。低通滤波器滤掉乘法器输出的各种残余信号分量，仅让频率在6MHz以下的视频图像信号和第二伴音信号通过。CD5151CP组成的视频检波电路如图13-1所示，它的14引脚与15引脚外接的R_{24}、T_2组成38MHz选频回路。

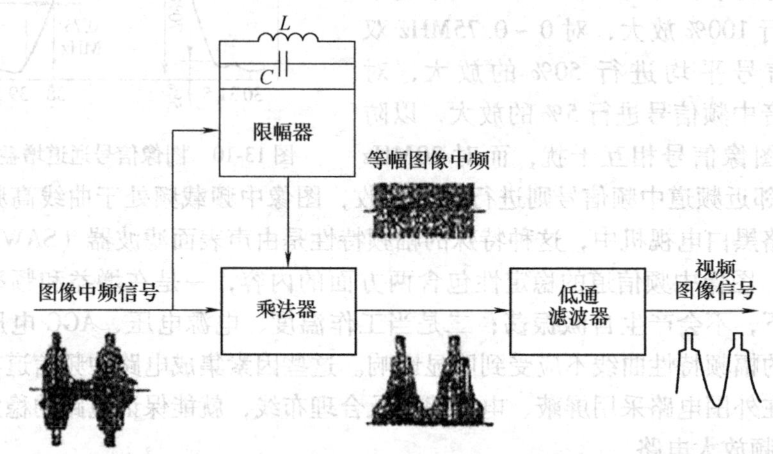

图 13-12 同步检波器原理框图

5）预视放电路与消噪电路

预视放电路的作用是对视频检波输出的视频信号进行预放大，提高检波器的负载能力，并实现检波器同后续电路的匹配。集成电路的预视放电路一般都有一定的电压增益，使整个中频信道的总增益达到60～70dB。因此从预视放输出的全电视信号幅度可达1～3V（峰-峰值）。

噪声也称噪波，是一种无规则的干扰信号。噪声在图像中表现为明暗不同的噪点，幅度高于同步信号电平（指正极性全电视信号）的噪声，在屏幕上显示闪烁的亮点，常称为白噪声；幅度低于同步电平的噪声，在屏幕上显示出黑点，故称为黑噪声。白噪声像麻点一样分布在画面上，十分讨厌。黑噪声在屏幕上虽然不显现，但它能干扰图像同步。因此在电视机电路中必须同时设置白噪声和黑噪声抑制电路，这种电路就是消噪电路。在集成电路图像中频信道中，消噪电路总是同前置视放电路设计在一起的。

6）自动增益控制（AGC）电路

信号信道设置 AGC 电路的目的在于输入信号强度变化时，保证检波级的输出信号幅度不变。信号信道的 AGC 范围必须达到 40dB 以上。另外，AGC 电路还必须具有控制性能稳定、控制速度适当和延迟控制等特性。

AGC 电路组成框图如图 13-13 所示，它包括 AGC 检波、AGC 放大和高放 AGC 延迟电路。它们同信号信道一起构成反馈回路。AGC 起控时，AGC 检波电路检出前置视放输出信号的幅度电压，AGC 放大电路将检出的电压放大，一路送往中放级以便减少中放电路增益，另一路作为高放 AGC 的参考取样电压。当输入高放 AGC 电路的参考电压达到高放 AGC 的起控点时，高放 AGC 电路启动，向高放级送出高放 AGC 电压，使高放增益下降。

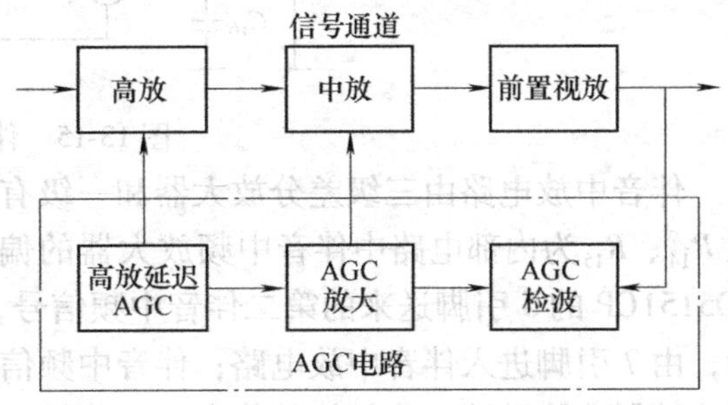

图 13-13　AGC 电路组成框图

从图 13-1 可知，在 CD5151CP 内部，噪声抑制电路输出的另一端信号加至中频 AGC、高放延迟 AGC 电路进行处理，得到高放延迟 AGC 电压从 3 引脚输出，经 R_7 送到高频头的 AGC 端（2 引脚）。其中 R_7 为隔离电阻、C_8 为滤波电容、C_{10} 为高频旁路电容。2 引脚外接电位器 RP1 用来调整高放 AGC 的延迟量。R_9、R_{10} 为分压电阻，C_{11} 为旁路电容。4 引脚外接的 RC 电路（R_{17}、C_{12}）决定了 AGC 滤波电路的时间常数。

2. 伴音通道

完整的伴音信道包括电视接收天线到扬声器的一系列电路，如图 13-14 所示。但本节所指的伴音信道，就是伴音信号同图像信号分离后，专门用于处理伴音信号的电路，主要有第二伴音中频放大电路（简称伴音中放）、鉴频电路、去加重与音量控制电路、音频功率放大电路。

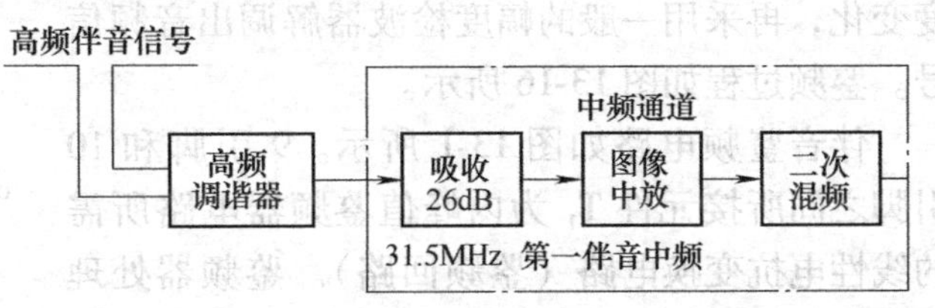

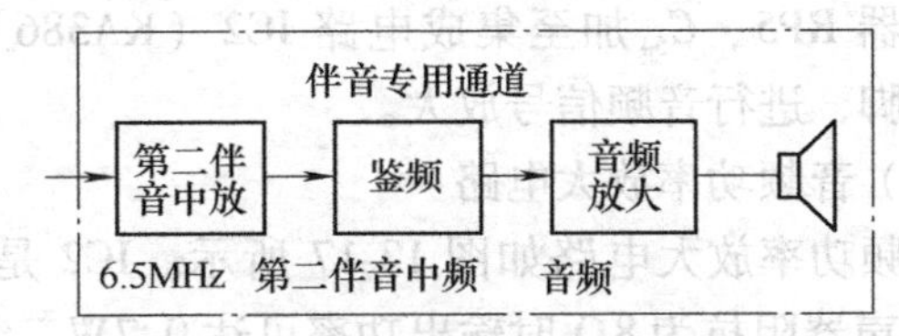

图 13-14　伴音通道

6.5MHz 第二伴音中频信号在上述信道中，首先由伴音中放电路进行数十分贝的限幅放大，削除寄生在调频伴音信号上的幅度干扰；然后在鉴频器中还原成音频伴音信号；去加重电路抑制提升的高音频分量，恢复伴音信号的频率组成；音量控制电路对音频伴音进行衰减，根据需要把一定幅度的伴音信号送到音频功率放大器电路放大，并推动扬声器发出声音。

（1）伴音中放电路

集成电路伴音信道中放电路采用差分放大器放大伴音中频信号，利用差分电路的限幅特性抑制寄生调幅，伴音中放电路一般由三级差分放大器组成。对调频伴音信号限幅，会产生大量的谐波，为了避免对后面的电路形成干扰，伴音中放电路都配有滤波电路，滤掉谐波干扰。CD5151CP 的伴音中放电路如图 13-15 所示。

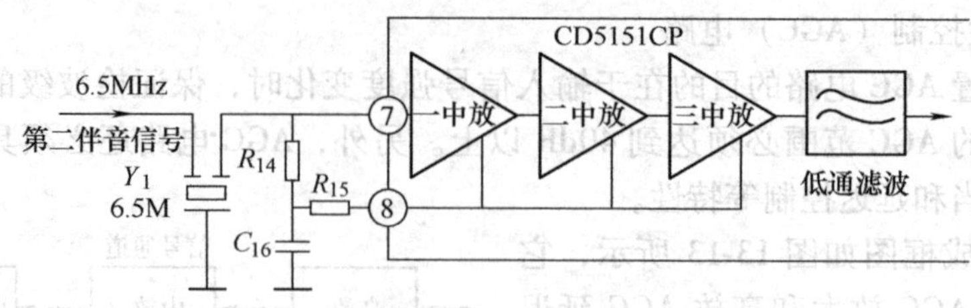

图 13-15 伴音中放电路

伴音中放电路由三级差分放大器和一级有源低通滤波器组成。7 引脚和 8 引脚之间的电阻 R_{14}、R_{15} 为内部电路中伴音中频放大器的偏置电阻，电容 C_{17} 滤除反馈中的伴音信号。从 CD5151CP 的 5 引脚送来的第二伴音中频信号，经过 C_{15}、6.5MHz 陶瓷滤波器分离视频信号后，由 7 引脚进入伴音中放电路；伴音中频信号由三级放大电路进行限幅放大，再经有源低通滤波器滤除谐波，将等幅的伴音调频信号送往鉴频电路。

（2）鉴频电路

伴音鉴频电路的作用是从 6.5MHz 的第二伴音中频调频信号中解调出音频信号。鉴频器由两部分组成，一部分是线性变换电路，另一部分是检波电路，它的工作过程是先将等幅的调频波线性变换成调频—调幅波，使其幅度的变化正比于调频波的频率变化，即正比于音频调制信号的幅度变化，再采用一般的幅度检波器解调出音频信号。鉴频过程如图 13-16 所示。

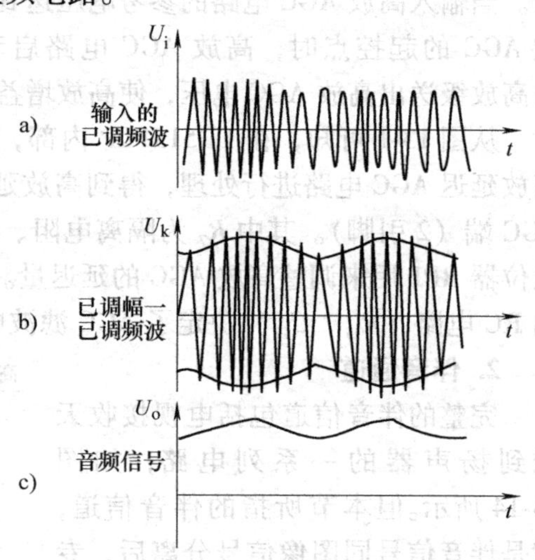

图 13-16 鉴频过程及其波形图

伴音鉴频电路如图 13-1 所示。9 引脚和 10 引脚之间所接元件 T_1 为内峰值鉴频器电路所需的线性电抗变换电路（鉴频回路）。鉴频器处理后得到的音频信号从 11 引脚输出，通过 C_{52}、音量电位器 RP5、C_{54} 加至集成电路 IC2（KA386）的 3 引脚，进行音频信号放大。

（3）音频功率放大电路

音频功率放大电路如图 13-17 所示。IC2 是一块音频功放集成电路，它在电源电压为 9V、扬声器阻抗为 8Ω 时输出功率可达 0.7W。它是单排 8 引脚封装的集成电路。其中 3 引脚为音频输入端；5 引脚为音频功放输出端，放大的音频信号通过电容器 C_{57} 耦合至扬声器，发出电视伴音声音。2、4 引脚接地，6 引脚为电源输入端，通过 R_{63}、C_{64} 滤波电容器输入 0 为 9V 的电源电压。

3. 视放输出级电路

视放输出级电路如图 13-18 所示。VT_8 是视放输出管，由于这级要求输出信号幅度很大，故集电极电源电压需 50V 左右。VT_8 接成阻容式耦合共发射极电路。C_{65} 是输出耦合电容。R_{43} 是集电极负载电阻，它的阻值对放大器的增益、通频带的带宽影响很大，阻值越大，增益越高，通频带越宽。

在对比度较小时，全电视信号中的消隐脉冲不足以使得显像管电子束完全截止，因此画

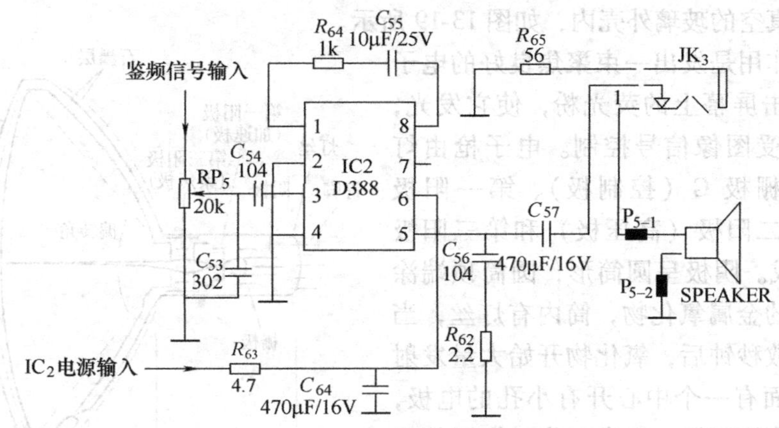

图 13-17　音频功率放大电路

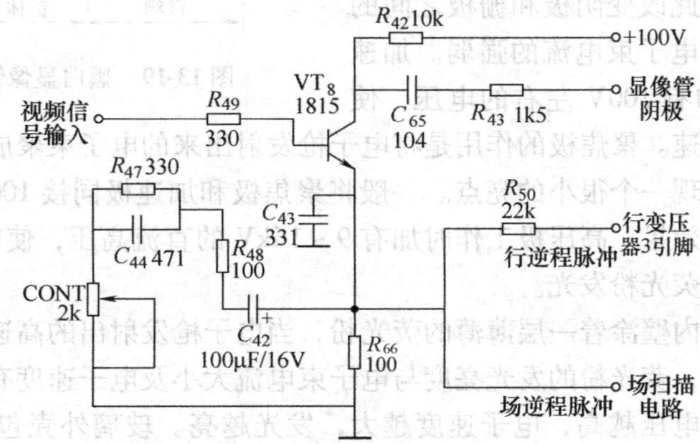

图 13-18　视放输出级电路

面上会出现回扫线。为了防止此问题的发生，在视放输出管上还加有消隐电路。消隐电路是利用行、场扫描逆程脉冲来消除光栅上的回扫线。

本机行、场消隐脉冲加在视放管的发射极。行逆程脉冲是由行变压器的 3 引脚通过 R_{50} 加入 VT_8 的发射极，场逆程脉冲是通过 R_{33}、VD_7 加入 VT_8 的发射极。当行、场逆程正脉冲到来后，使视放管截止，集电极呈高电位，有效地消除逆程回扫线。视放管加上消隐电路之后，即使没有电视信号输入，光栅上也不会出现回扫线。因此，光栅上有无回扫线可以当做判别视放输出管是否正常的一个条件。

CONT 是对比度调节电位器。C_{43} 是隔离电容，提供交流信号通路。R_{46} 与 R_{47}、R_{48}、CONT 形成交流并联电路，控制放大器的交流反馈量，从而控制放大器的增益。C_{44} 是高频补偿电容器。R_{43} 为限流电阻，当显像管内部打火时，它限制短路电流的幅度，起到一定的保护作用。

13.4.3　扫描系统

扫描系统由显像管及其附属电路、同步扫描电路组成。

1. 显像管及附属电路

(1) 显像管结构

显像管是一种电真空器件，由电子枪、荧光屏和玻璃外壳三大部分组成，电子枪和荧光屏都封装在高真空的玻璃外壳内，如图 13-19 所示。

电子枪的作用是发出一束聚焦良好的电子束，以高速轰击屏幕上的荧光粉，使它发光，电子束的强度受图像信号控制。电子枪由灯丝、阴极 K、栅极 G（控制极）、第一阳极（加速极）、第二阳极（高压极）和第三阳极（聚焦极）组成。阴极呈圆筒形，圆筒顶端涂有能发射电子的金属氧化物，筒内有灯丝，当灯丝通电加热数秒钟后，氧化物开始大量发射电子。阴极外面有一个中心开有小孔的电极，称为栅极，又称控制极。正常工作时栅极的电位总是低于阴极，因此改变阴极和栅极之间的相对电位，便可控制电子束电流的强弱。加速极位置紧靠栅极，加有 100V 左右的电压，使阴极发射的电子束加速。聚焦极的作用是将电子枪发射出来的电子束聚成很细的一束，使其打在荧光屏上只能出现一个很小的亮点。一般将聚焦极和加速极同接 100V 左右的电压，就可以获得满意的聚焦效果。高压极工作时加有 9 ~ 16kV 的直流高压，使电子束进一步加速，高速轰击荧光屏并使荧光粉发光。

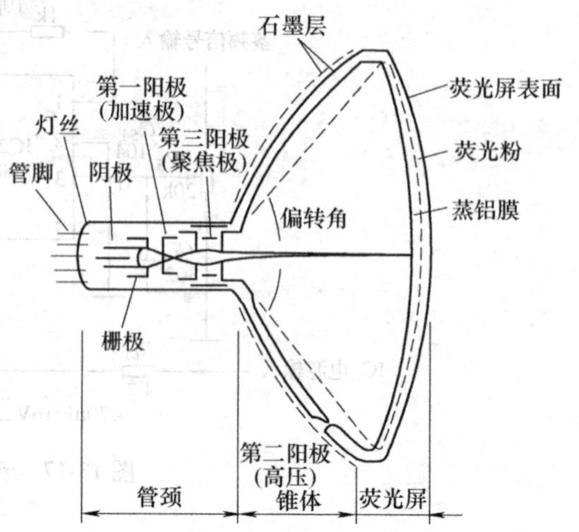

图 13-19　黑白显像管结构示意图

显像管屏幕玻璃内壁涂着一层薄薄的荧光粉，当电子枪发射出的高速电子束打在荧光屏上时荧光粉就会发光，荧光粉的发光亮度与电子束电流大小及电子速度有关，电子束电流越大，发光越亮；加速电压越高，电子速度越大，发光越亮。玻璃外壳包括管颈（装电子枪部分）、锥体及荧光屏面玻璃三部分，内部抽成真空。

（2）显像管附件

显像管的附件包括偏转线圈和中心位置调节磁环，它们都套在显像管管颈和锥体的连接处。偏转线圈由行偏转线圈和场偏转线圈组成，如图 13-20 所示。行偏转线圈分成上、下两组，套在显像管的颈部，它水平放置，所产生的磁场是垂直方向的，使电子束在水平方向偏转。场偏转线圈绕在磁环上，磁环套在显像管管颈上，它所产生的磁场是垂直方向的，使电子束在垂直方向偏转。电子束在这两个磁场同时作用下，便会自上而下地来回扫描，形成光栅。

由于工艺误差，电子枪的轴线与显像管轴线可能不完全重合，电子束偏转中心与显像管中心也不一定重合（由偏转线圈装配误差引起的），使光栅的中心偏离屏幕的中心，形成暗角。需要用一个附加磁场来校正，产生这个附加磁场的装置称为中心位置调节磁环。它由两片磁性塑料构成，做成环状，径向充磁后重叠在一起，装在偏转线圈的后部，可以灵活地各自围绕管颈轴线转动，它们的相对位置不同，所以产生的合成磁场的大小

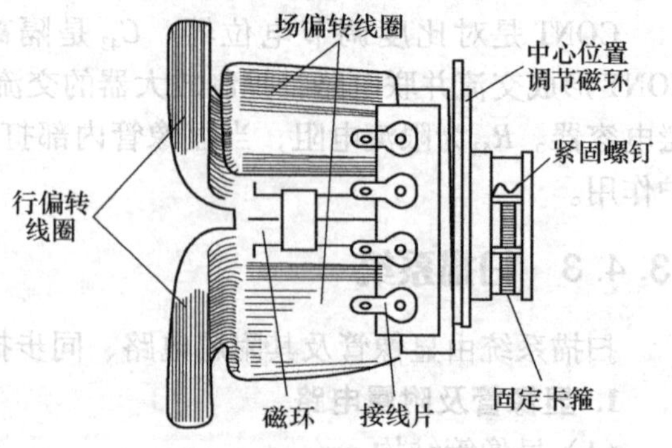

图 13-20　偏转线圈结构

和方向也不同，所以转动磁环，可以改变光栅在荧光屏上的位置。

(3) 显像管的显像原理

电视机工作时，显像管各极都加上所需的工作电压。阴极被灯丝烘热后，在真空中发射出电子，阴极电子在加速极电场力作用下得到较大的速度，飞向屏幕，经聚焦电场后，电子束又受到高压阳极电场力的作用而被加速至以极高的速度飞向屏幕上的聚焦点，轰击该点荧光粉，使之发光。与此同时，套在管颈上的行、场偏转线圈产生的磁场使电子束依顺序上下左右偏转，在屏幕上扫描出一幅光栅来。没有被图像信号调制的电子束，只能在荧光屏上扫描出白色光栅。如果把图像信号加到阴栅极之间，电子束电流就会随图像信号电平变化而变化，屏幕上就会重现与此图像信号相应的光信号变化，即重现图像。

(4) 显像管的附属电路

显像管的附属电路如图 13-21 所示，它由直流供电电路、亮度调节电路、关机亮点消除电路组成。

行扫描电路在行逆程期间产生的脉冲电压，经行输出变压器变压、整流二极管整流、电容滤波后得到直流电压，该直流电压给显像管供电。本产品的行输出变压器的型号为 BSH8-6B，该行输出变压器共有 10 个引脚。

变压器 8 引脚输出由 VD_{12} 半波整流后经高压帽送入显像管高压阳极，由显像管内、外壁石墨层形成的电容滤波得到约 1 万伏的直流电压加到高压阳极上。7 引脚输出经 VD_{10}、C_{50} 整流滤波得到约 100V 的直流电压送到加速阳极。2 引脚输出 6.3V 交流电压经 R_{57} 作为灯丝的电压。

变压器 7 引脚输出经整流滤波后的 100V 直流电压加到 R_{51}、R_{52}、BRIG 构成的分压电路中，得到可调整的 27 ~ 33V 的电压，通过 R_{43} 加到显像管的阴极 2 引脚。调整 BRIG，即可调整亮度。

2. 同步电路

同步电路的作用是从全电视信号中分离出行、场同步信号，并分别用它们去同步行、场振荡器的频率，使电视机中显像管电子束的扫描规律与发送端摄像管电子束扫描规律保持严格同步，以便在荧光屏上正确而稳定地重现图像。同步电路一般由同步分离电路、积分电路和行 AFC 电路组成。其中同步分离电路以幅度分离方式从全电视信号中分离复合同步信号；积分电路再以脉冲宽度分离方式从复合同步信号中分离出场同步信号；行 AFC 电路将行同步脉冲

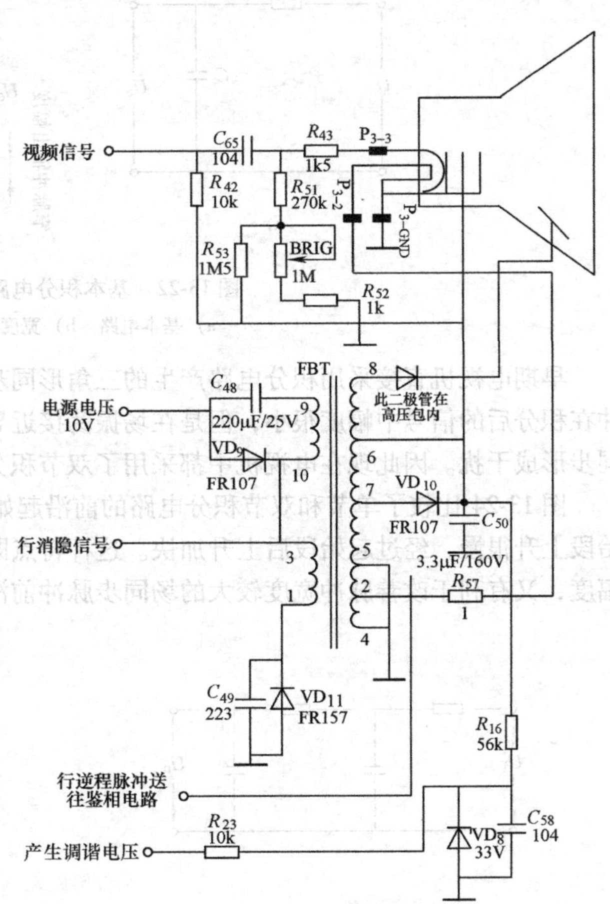

图 13-21　显像管及附属电路

同行扫描脉冲进行相位比较，利用比较产生的误差电压 U_{AFC} 控制行振荡同步。

（1）同步分离电路

由于同步信号在全电视信号中具有最大的幅度，所以采用幅度分离法可以从全电视信号中把行、场复合同步信号分离出来。

（2）积分电路

由于行同步信号与场同步信号不同（行同步信号宽度为 4.7μs，场同步信号的宽度为 160μs），因此用积分电路可把场同步信号从复合同步信号中分离出来。图 13-22a 是一个基本的 RC 积分电路，输入信号从整个 RC 串联支路加入，输出信号从电容两端取出。在积分电路的时间常数和输入脉冲幅度一定的情况下，输入脉冲的宽度越宽，电容的充电时间越长，输出电压的幅度就越大；输入脉冲的宽度越窄，电容充电时间越短，输出电压幅度就越小，由于行同步脉冲的宽度比场同步脉冲宽度小得多，在行、场同步信号送入积分电路后，积分电路输出的行同步信号幅度比场同步信号幅度小得多，从而实现了场同步信号的分离，如图 13-22b 所示。

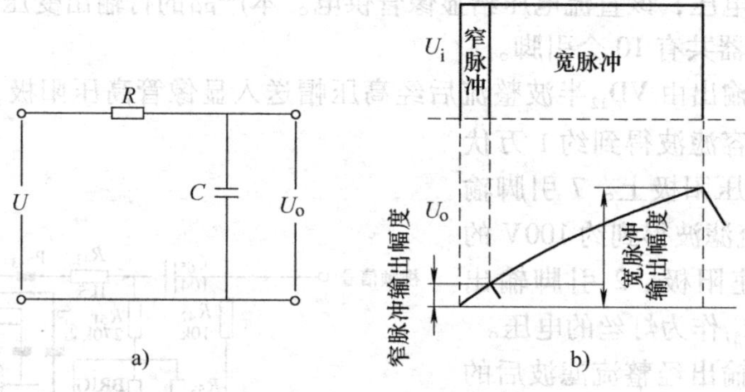

图 13-22　基本积分电路及其特性

a）基本电路　b）宽度分离原理

早期电视机直接采用积分电路产生的三角形同步脉冲去触发场振荡同步。尽管行同步脉冲在积分后的信号中幅度很小，但是在场振荡接近导通翻转的时刻，它仍会对场振荡的正常同步形成干扰。因此现在电视机中都采用了双节积分电路，如图 13-23 所示。

图 13-24 比较了单节和双节积分电路的前沿起始段。双节积分电路输出电压的特点是起始段上升很慢，经过起始段后上升加快。这种特点既有利于抑制脉冲宽度较小的行同步脉冲幅度，又有利于改善脉冲宽度较大的场同步脉冲前沿，保证了场同步的稳定性。

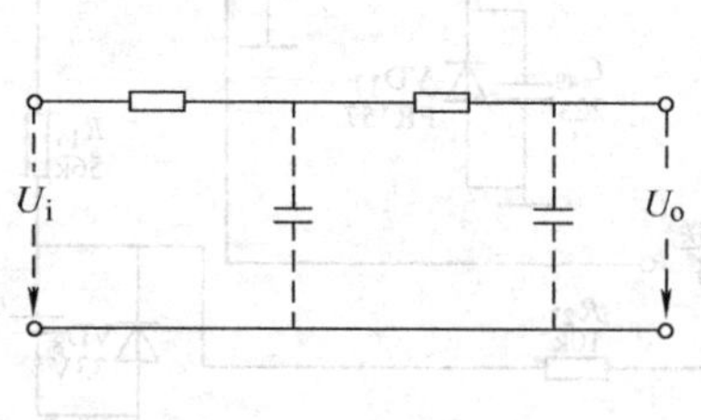

图 13-23　双节积分电路

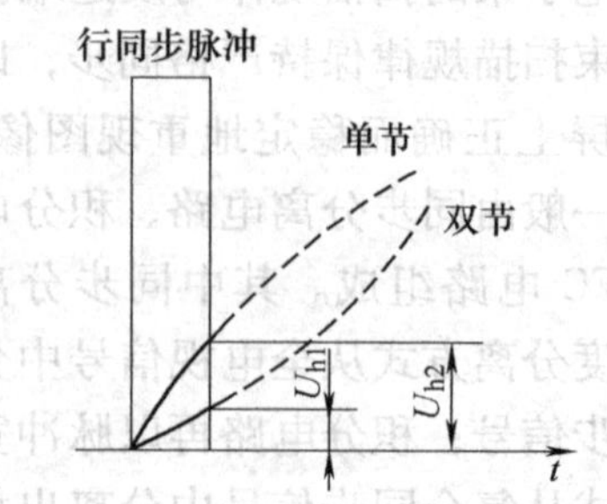

图 13-24　单节和双节积分电流比较

(3) 行频自动控制（AFC）电路

AFC 电路的组成框图如图 13-25 所示。它由鉴相器、积分滤波器、行扫描电路和积分反馈电路组成。其中，积分反馈电路将行扫描电路输出的逆程脉冲变换成需要的比较锯齿波；鉴相器是相位比较电路，它能比较行同步脉冲和比较锯齿波之间的相位，并产生与同相位差成正比的误差电压；积分滤波器是一种低通滤波器，它滤掉误差电压中的交流分量和干扰，形成平均误差电压 U_{AFC}；行扫描电路在 U_{AFC} 电压的作用下，自动调节振荡电路的频率和相位，直至与行同步脉冲同频同相为止，以达到接收端和发送端的同步扫描，这种状态称为相位的同步锁定。

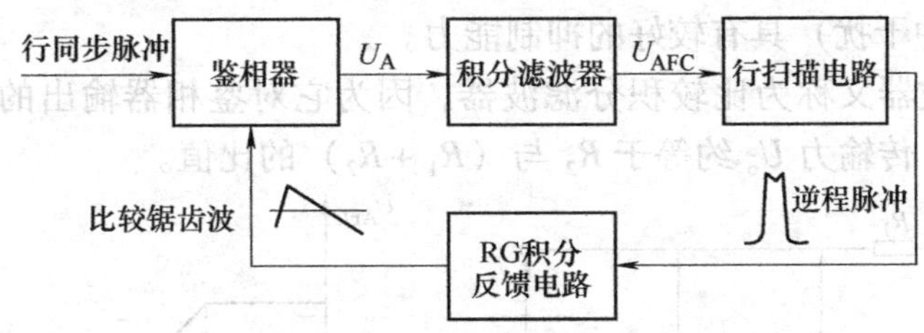

图 13-25　AFC 电路的组成框图

1）行鉴相器

鉴相器是行 AFC 电路的核心。为了提高相位比较器的灵敏度，鉴相器利用比较锯齿波斜率较大的逆程与同步信号进行相位比较，如图 13-26 所示。

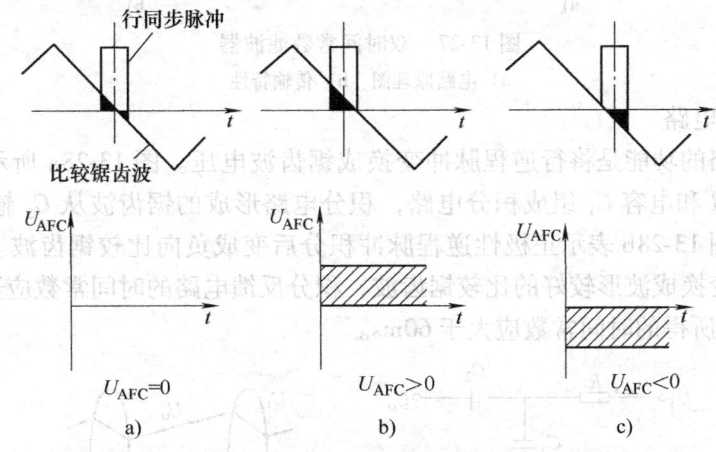

图 13-26　不同相位关系时的鉴相器输出电压

鉴相器输出电压则反映各种不同的相位关系，图 13-26a 中，比较锯齿波的逆程中点正好和行同步脉冲中点对齐，这是同步状态，$U_{AFC}=0$；图 13-26b 中比较信号的相位滞后于行同步信号，$U_{AFC}>0$；图 13-26c 中比较锯齿波的相位超前于行同步脉冲，$U_{AFC}<0$。由此可以推出三种情况分别对应：行振荡频率 $f=15625\text{Hz}$ 时，$U_{AFC}=0$；$f<15625\text{Hz}$ 时，$U_{AFC}>0$；$f>15625\text{Hz}$ 时，$U_{AFC}<0$。

2）积分滤波器

鉴相器进行相位比较时，输出的是一连串脉动的误差电压，积分滤波器的作用就是滤除误差电压的脉动分量，将它平滑成在整个行周期内稳定的直流控制电压 U_{AFC}。积分滤波器的第二个作用是滤除混在误差信号中的各种高频脉冲干扰，保持行同步稳定性。

在电视机的 AFC 电路中，都采用双时间常数积分低通滤波电路来平滑误差电压，其电路原理如图 13-27a 所示。图中，R_1、R_2 和电容 C_1 组成双时间常数电路；C_2 用于抑制可能串入的高频干扰和行频脉冲，其传输特性实际上是滤波器的通频特性。从图 13-27b 可以看出，滤波器的传输特性有两个明显的转折频率 f_1 和 f_2，对频率低于 f_1 的电压，双时间常数滤波器几乎可以进行 100% 传送；对频率在 f_1 和 f_2 之间的电压，滤波器的传输效能直线下降；对频率高于 f_2 的电压，滤波器的传输特性也维持在一个适当水平。一般将电阻 R_1 和电容 C_2 的参数选得较大，以得到良好的抗干扰能力，同时适当选择 R_2 的阻值，使同步引入保持在较好水平。对应的转折频率 f_1 约在 5 ~ 15Hz 之间，f_2 约为 50Hz，因此对 50Hz 的低频干扰（包括场同步脉冲干扰）具有较好的抑制能力。

双时间常数滤波器又称为比较积分滤波器，因为它对鉴相器输出的误差电压有积累作用，同时在高频时，传输力 U_o 约等于 R_2 与（R_1+R_2）的比值。

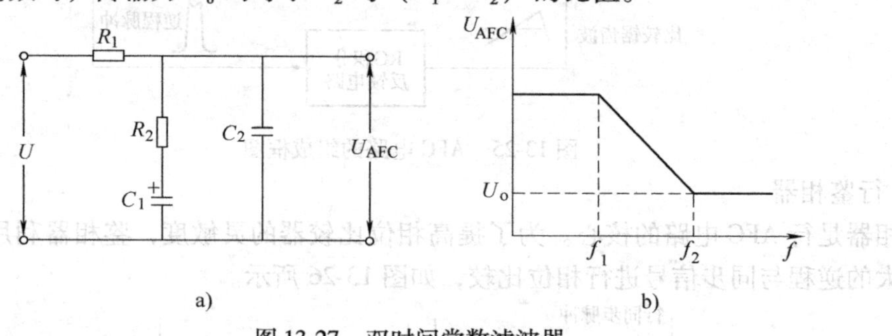

图 13-27　双时间常数滤波器

a）电路原理图　b）传输特性

3）积分反馈电路

积分反馈电路的功能是将行逆程脉冲变换成锯齿波电压。图 13-28a 所示是常见的积分反馈电路，电阻 R 和电容 C_1 组成积分电路，积分电路形成的锯齿波从 C_2 输出，C_2 同时又有隔直流作用。图 13-28b 表示正极性逆程脉冲积分后变成负向比较锯齿波。为了把顶部不平坦的逆程脉冲变换成波形较好的比较锯齿波，积分反馈电路的时间常数应选得大一些，一般 C_1 和 R 的乘积所得的时间常数应大于 60ms。

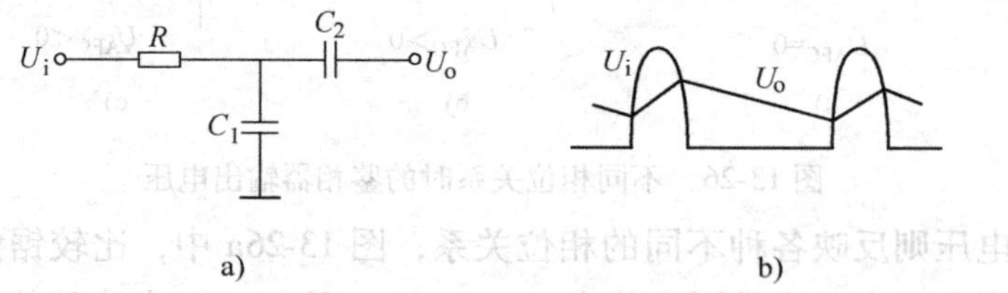

图 13-28　比较锯齿波的形成

3. 行扫描电路

行扫描电路的作用有以下三点：第一，利用行输出电路产生的行逆程脉冲，经行输出变压器升压后再进行整流、滤波，提供显像管及视放输出级所需要的各种高、中电压。第二，为行偏转线圈提供频率为 15625Hz、线性良好并且具有一定幅度的锯齿波电流，使偏转线圈产生垂直方向的偏转磁场，控制显像管中的电子束在荧光屏上作水平方向扫描。第三，利用行输出电路产生的行逆程脉冲作为显像管所需的行消隐信号。行扫描电路的组成框图如图 13-29 所示。

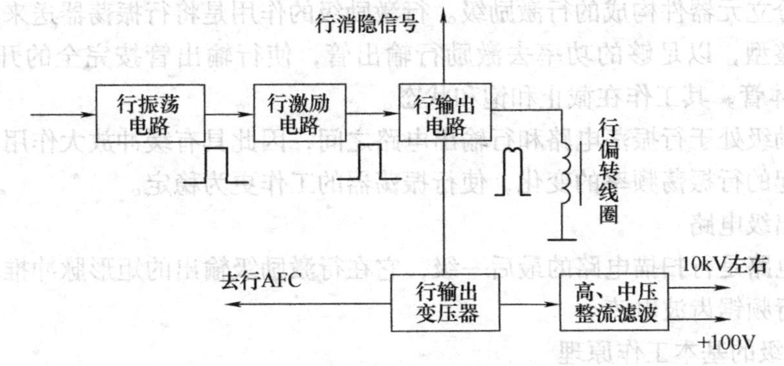

图 13-29 行扫描电路的组成框图

(1) 行振荡电路

行振荡电路的作用是产生频率为 15625Hz、周期为 64μs、宽度为 18 ~ 20μs 的矩形开关脉冲，并把它送往行激励级电路。行振荡电路的振荡频率应能受外加电压控制。一般集成化行振荡电路采用电压或电流控制型施密特触发振荡器产生行频矩形波，施密特触发器输出电平的高低，可以由输入电位的高低进行触发改变。图 13-30 是一种施密特触发器的原理，图中 U_i 为输入电压，U_o 为输出电压。当输入电压 U_i 低于触发器的开门电平后，触发器状态发生变化，U_o 由低电平变成高电平。之后，即使进一步增加输入电压，触发器仍然保持在输出高电平的稳态。反过来，逐渐降低输入电压 U_i，使它达到触发器的关门电平，触发器将再次被触发翻转，输出低电平。此后继续降低 U_i 的电平，触发器输出电平也不变。可见，施密特触发器有输出高电平或低电平的两种稳态，它处在哪个稳态只由输入电平的高低决定。

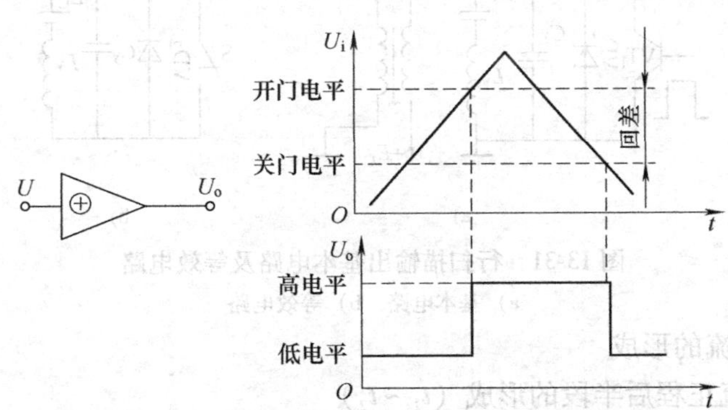

图 13-30 同相输出的施密特触发器原理

CD5151CP 集成电路 5 引脚输出的复合全电视信号，进入 IC 内的同步分离电路中。由同步分离电路进行处理得到的复合同步信号直接加至行鉴相器电路，与 22 引脚输入的行逆程脉冲信号进行比较，得到的鉴相误差电压从 19 引脚输出，经 R_{39} 送入 18 引脚，进入 IC 内的振荡电路。18 引脚外接的 C_{37}、R_{38}、RP3 为定时元件，其中 C_{37} 为定时电容，RP3 为行频调整电位器。由行输出变压器 5 引脚送出行逆程脉冲通过 C_{46}、R_{56} 加入 22 引脚，用以控制行振荡的频率和相位，使其与发送端保持一致。

(2) 行激励电路

行振荡器产生的行频脉冲信号直接加至行激励电路中进行放大，从 17 引脚输出行频脉冲信号，加到分立元器件构成的行激励级。行激励级的作用是将行振荡器送来的脉冲信号进行功率放大和整型，以足够的功率去激励行输出管，使行输出管按完全的开关方式工作。V_{19}为行激励晶体管，其工作在截止和饱和状态。

由于行激励级处于行振荡电路和行输出电路之间，因此具有缓冲放大作用，它可以消除负载的变化引起的行振荡频率的变化，使行振荡器的工作更为稳定。

（3）行输出级电路

行输出级电路是行扫描电路的最后一级，它在行激励级输出的矩形脉冲推动下，在行偏转线圈中形成行频锯齿波电流。

1）行输出级的基本工作原理

电感线圈与电阻不同，电阻中流过的电流同加在它两端的电压波形是相同的，电感线圈由于电磁感应的缘故，总是阻碍自身电流变化，这个阻力就是感抗。只有在偏转线圈两端加上矩形波电压，才会产生锯齿波电流，行输出管以开关形式周期性地通断直流电源，就可以把矩形波电压加在行偏转线圈两端。

图 13-31 是电视机行输出级的基本电路。图中 VT_1 为行输出晶体管，由于它工作在开关状态，故可用开关 S 来等效它。VD_2 为阻尼二极管，C_y 为逆程电容，L_y 为偏转线圈，作为输出级负载。C_s 为 S 校正电容，由于 C_s 容量较大，对行同步信号可视为短路；而对直流来说，当电路接通电源时，电源 E_c 将对其充电，使它充上接近 E_c 的电压，而且在工作过程中，该电压基本保持不变，所以可将它等效为直流电源 E_c。T 为行输出变压器，其一次线圈的阻抗远大于偏转线圈阻抗，可将其视为开路，于是可得到图 13-31b 所示的等效电路。

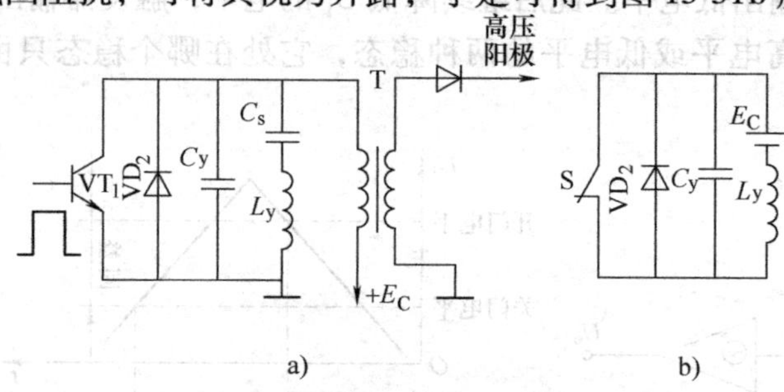

图 13-31 行扫描输出基本电路及等效电路
a）基本电路 b）等效电路

2）行锯齿波电流的形成

● 行锯齿波电流正程后半段的形成（$t_1 \sim t_2$）

行锯齿波电流正程后半段对应显像管电子束从屏幕中心至右边缘的扫描，如图 13-32a 所示。在 $t_1 \sim t_2$ 期间，行输出管的基极输入高电平电压，行输出晶体管 VT_1 饱和导通（相当于 S 导通），U_{ce}为零，电源 E_c 直接加在偏转线圈两端，由于偏转线圈 L_y 中电流 i_y 不能突变，于是在 L_y 中形成线性上升的锯齿波电流。

● 行锯齿波电流逆程的形成（$t_2 \sim t_4$）

行锯齿波电流的逆程对应显像管电子束从屏幕右边缘向左边缘回扫，如图 13-32b、图 13-32c 所示。当 $t = t_2$ 时，行输出管的基极输入变为低电平，于是 VT_1 截止（相当于 S 断开）。由于 L_y 中的电流不能突变，i_y 将保持原来的方向，转而向逆程电容 C_y 充电，方向为上正下负。电感中的磁能逐渐变为电容上的电能，L_y 中的电流 i_y 则逐渐减小，C_y 上的电压逐渐上升。到 t_3 时，电容 C_y 上的电压达到最大，这就是逆程峰值电压，逆程峰值电压通常可以达到电源电压的 8 倍以上，电流 i_y 下降为零。t_3 以后，电容 C_y 通过 L_y 放电，故电流 i_y 方向变为负，放电过程中，电容 C_y 两端电压逐渐减小，电流 i_y 则逐渐增大。到 t_4 时，C_y 上电压降为零，i_y 则逐渐增大到负最大值。

由以上分析可知，行扫描逆程期间，L_y、C_y 组成的振荡电路产生自由振荡，而扫描逆程就是这个振荡中的半个周期。

- 行锯齿波电流正程前半段的形成（$t_4 \sim t_5$）

行锯齿波电流正程前半段对应于显像管电子束从屏幕左边缘向屏幕中心扫描，如图 13-32d 所示。t_4 以后，i_y 仍按 C_y 的放电电流方向对 C_y 充电，i_y 逐渐减小，C_y 上的电压变为下正上负，并逐渐增大。如果没有阻尼二极管 VD，自由振荡将继续进行下去。由于阻尼二极管的存在，当电容 C_y 上反充电压上升到阻尼二极管导通电平时，阻尼二极管导通，振荡受阻尼，L_y 中的电流通过电源和阻尼二极管流通，对电源反充电，i_y 线性减小。到 t_5 时，$i_y=0$，行输出晶体管的基极输入脉冲又变为高电平，行输出晶体管再一次饱和导通，电路又重复上述工作过程。因此只要行输出晶体管的基极输入周期性的脉冲电压，在行偏转线圈中便可形成周期性的锯齿波扫描电流。在逆程期间，行输出晶体管的集电极上的反峰电压很高，因此要求行输出晶体管要有很高的耐压。

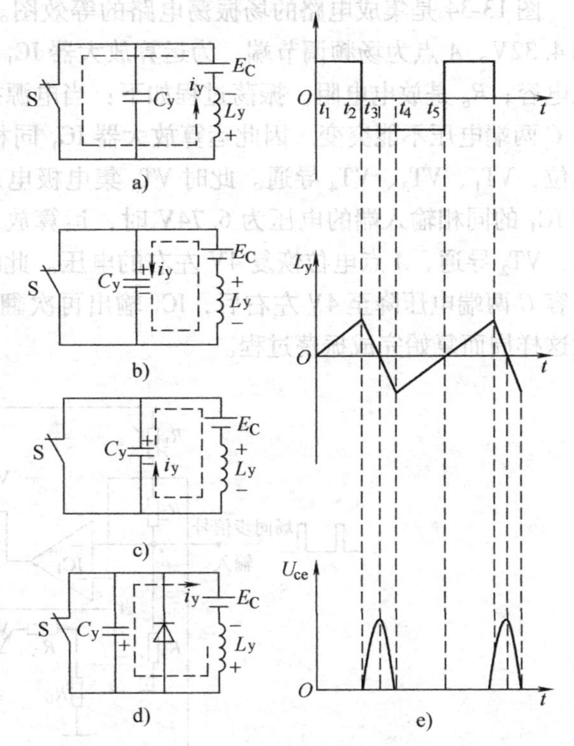

图 13-32 行输出电路的工作原理及波形

4. 场扫描电路

场扫描电路的作用有以下三点：第一，为场偏转线圈提供线性良好、幅度足够的 50Hz 锯齿波电流，使场偏转线圈产生水平方向的偏转磁场，控制显像管的电子束在荧光屏作垂直方向扫描；第二，能被场同步信号同步；第三，给显像管提供消隐信号，以消除场回扫期的回扫线。场扫描电路由场振荡电路、场激励电路、场输出电路及线性补偿电路组成，其组成框图如图 13-33 所示。

场振荡电路的作用是产生频率为 50Hz 的负向锯齿波电压的脉冲电压，并能在场同步脉冲触发下实行场同步振荡；场激励电路是将场振荡电路送来的脉冲电压进行功率放大，并使逆程脉冲得到改善；场输出电路的作用是给场偏转线圈提供一个线性良好的、满足幅度要求的锯齿波电流；线性补偿电路通过深度负反馈和预校正等措施，补偿锯齿波正程在放大中引入的非线性失真。

（1）场振荡电路

场振荡电路是一种负向（正程期幅度逐渐下降，逆程期幅度迅速增加）锯齿波振荡器，

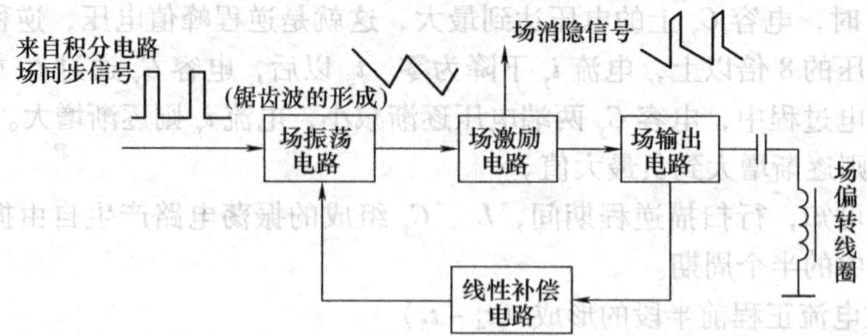

图 13-33 场扫描电路的组成框图

设有场频调节功能。

图 13-34 是集成电路的场振荡电路的等效图。图中 U_A、U_B 为固定电位，分别是 8.14V 和 4.32V。A 点为场频调节端，为运算放大器 IC_1 提供同相端电位；电容 C 是振荡器的充放电电容；R_6 是放电电阻。振荡过程如下：当电源接通时，A 点提供约 4V 左右的电压，而电容 C 两端电压不能突变。因此运算放大器 IC_1 同相输入端电位高于反相端电位，IC_1 输出高电位，VT_1、VT_3、VT_4 导通。此时 VT_3 集电极电压为 U_A-2U_F（U_F 为 0.7V）约为 6.74V。即 IC_1 的同相输入端的电压为 6.74V 时，运算放大器 IC_1 翻转，输出低电位，VT_1、VT_3 截止，VT_2 导通，A 点电位恢复 4V 左右的电压。此时电容 C 通过 VT_2、R_7 及 R_6 对地放电，当电容 C 两端电压降至 4V 左右后，IC_1 输出再次翻转，电源又通过 R_4、VT_1 和 R_5 对 C 充电，就这样周而复始完成振荡过程。

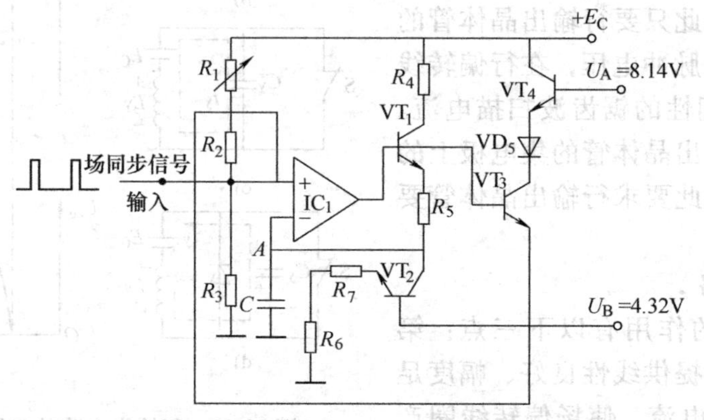

图 13-34 集成电路场振荡等效图

充电时间 $T_{充}=C(R_4+R_5)\approx 1\text{ms}$，放电时间（场扫描正程时间）$T_{放}=C(u_2-u_1)/I$，其中 u_2 为电容 C 放电前的电压；u_1 为电容 C 放电后的电压；I 为放电电流，是一常数。而场振荡周期 $T\approx T_{放}$，因而改变电容 C 放电后的电压，就可改变场频。

(2) 场输出电路

场输出电路的作用是将场振荡产生的周期性锯齿波进行功率放大，使场偏转线圈有足够

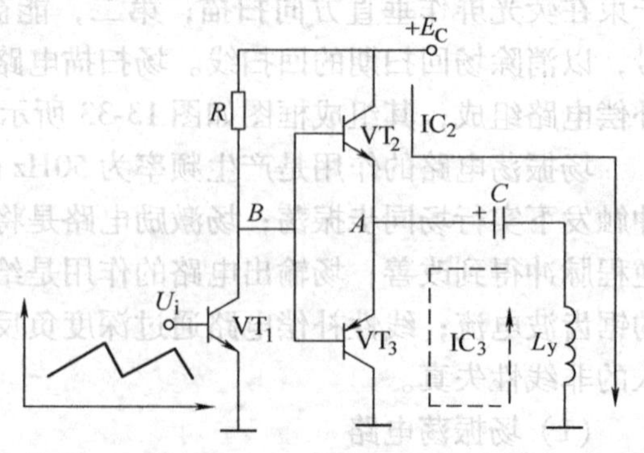

图 13-35 OTL 场输出电路

的电流。图 13-35 是互补对称 OTL 场输出电路的等效电路。图中 VT_2 和 VT_3 是一对互补对称场输出晶体管；VT_1 是场激励晶体管，工作在线性放大状态；L_y 是场偏转线圈，在场频下可近似看成电阻性负载；C 为耦合电容，将 VT_2 和 VT_3 形成的锯齿波电流送往偏转线圈，同时隔断直流，还兼有 S 校正作用。一般将 A 点的静态电压调整为电源电压的一半。

场输出锯齿波电流工作过程如下：从图 13-36 可见，当向 VT_1 基极送入场频锯齿波电压，在正程前半段（$t_0 \sim t_1$）U_i 逐渐增大，它使 VT_1 集电极电压 U_B 电压降低，在 t_1 时刻 $U_B = U_A$，如图 3-36a 所示。因此在 $t_0 \sim t_1$ 期间，U_B 大于 U_A，VT_2 正向偏置而导通，VT_3 反向偏置而截止。VT_2 集电极电流 i_{c2} 从电源端流入，通过 VT_2 向电容 C 充电，充电电流流过 L_y，形成锯齿波电流的前半段，如图 13-36b 所示。在 U_i 的正程后半段（$t_1 \sim t_2$），VT_1 集电极电压 U_B 小于 U_A，于是 VT_3 正向偏置而导通，VT_2 反向偏置而截止，这时 VT_3 的集电极电流 i_{c3} 以电容 C 放电的形式流经 L_y，形成锯齿波电流的后半段，如图 13-36c 所示。U_i 进入逆程后电压迅速下降，同样道理，VT_3 将由导通变为截止，i_{c3} 在偏转线圈中形成锯齿波电流逆程的前半段；VT_2 从截止转为导通，i_{c2} 在 L_y 中形成逆程的后半段。尽管两个输出管是轮流导通和截止的，每管只有一半的时间流过锯齿波电流，但在场偏转线圈中，它们正好合成一个完整的锯齿波电流，如图 13-36d 所示。

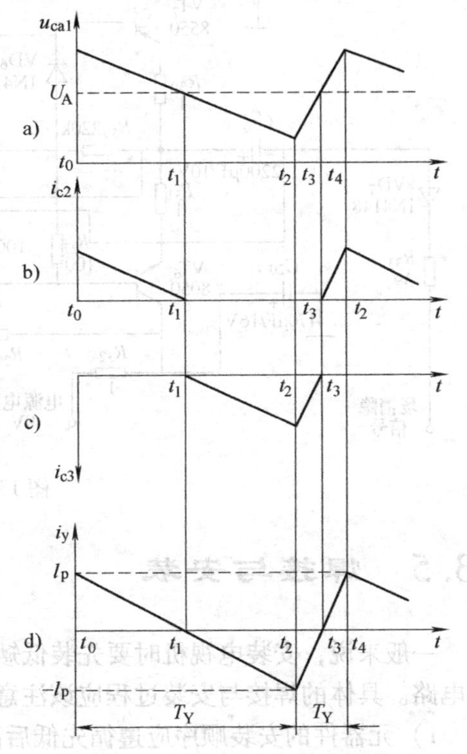

图 13-36　偏转线路中电流的形成

现在在黑白电视机中，无论是集成场输出电路还是分立元件的场输出电路，基本上都采用互补对称 OTL 电路，图 13-37 是场输出的实际电路。

由 CD5151CP 集成电路内同步分离级输出的复合同步信号直接加至场触发电路，经处理后得到的场同步信号又加到场振荡电路，用以控制场振荡器的频率和相位，使其与发送端保持一致。场振荡器产生的场振荡信号直接加到场激励级进行放大，然后从 26 引脚输出场频锯齿波信号，送到由分立元件构成的场输出电路。其中 24 引脚外接场振荡频率。25 引脚输入场锯齿波反馈信号。可调元件 RP2 是用来进行场幅（场线性）调整的，调整 RP2 电阻值的大小，就可以改变负反馈量的大小，从而可以调整补偿量的大小（进行场线性调整）。而负反馈量的大小又决定了场锯齿波信号幅度的大小，由此能同时进行场幅的调整。

场输出电路由分立元件组成，为典型的互补型 OTL 输出电路。电路中 VT_6、VT_7 是输出管，R_{30}、R_{31} 是它们的发射极电阻，具有交直流负反馈作用。VT_5 是场输出推动管，R_{26}、R_{59} 是它的偏置电阻，调整 R_{26} 的阻值，可改变中点电位。R_{27} 是 VT_5 的集电极电阻；R_{28}、VD_6 上的电压降给 VT_6、VT_7 提供静态偏置，使 VT_6、VT_7 处于临界导通状态，可克服交越失真。C_{30} 是交流耦合电容。

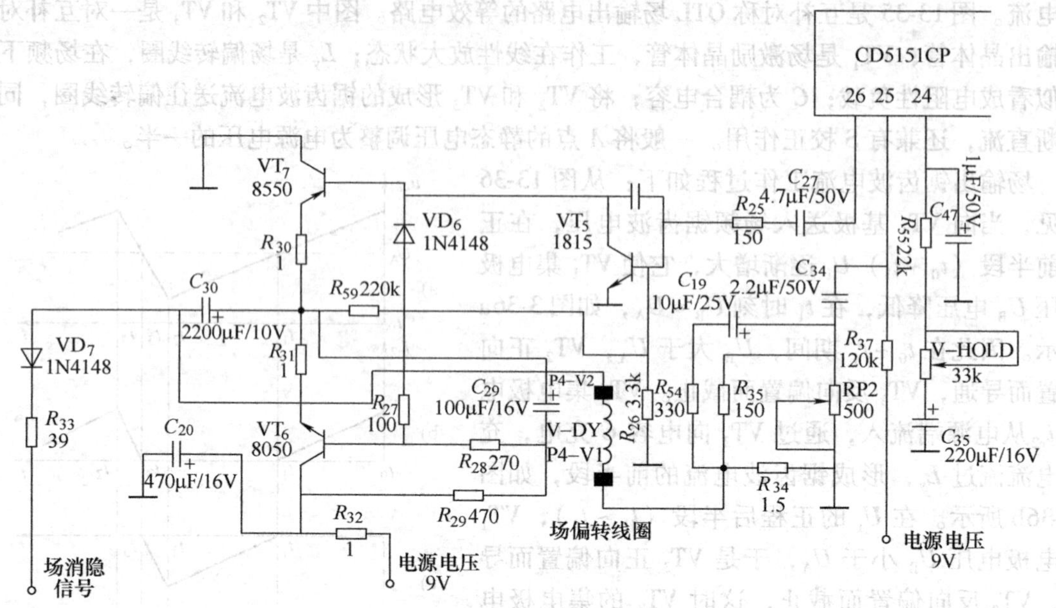

图 13-37 场扫描电路

13.5 焊接与安装

一般来说，安装电视机时要先装低矮、耐热的元器件，再装不耐热的元器件，最后焊集成电路。具体的焊接与安装过程应该注意以下几点：

1）元器件的安装顺序应遵循先低后高，先轻后重，先易后难的原则，即先安装一般元器件，后安装特殊元器件，还要注意，同一规格的元器件应尽量安装在同一高度上。因此安装电路板上的元器件一般顺序是：短接导线→电阻→二极管→集成块→小功率晶体管→瓷片电容→电解电容→涤纶电容→其他元器件。

2）安装二极管、晶体管、电解电容等元器件时要注意极性，安装集成块时要注意缺口方向，不要装反，也可使用集成块插座，另外在安装电子调谐器时还应注意其引脚序号是否和装配图上一样。安装电源开关（POWER）时应注意朝向，其有条凸起的一面应朝外面。

3）在安装晶体管时引脚应留有 5~7mm 左右的余地，其余元器件应尽量贴紧电路板安装。安装二极管时应距印制电路板 2~3mm。行输出变压器、电子调谐器、散热器应最后安装。

4）将装好电源调整管的散热器插入线路板后，应将其两个突起部分用尖嘴钳扭转成一个角度，将散热器卡在电路板上（不用焊接）。

5）发光二极管（电源指示灯）先不要装入电路板，等到装配机壳前框时再安装。

13.6 调试与总装

XL-2008 型黑白电视机如图 13-38 所示，它采用单片集成电路设计，需调试的部件较少，主要有低压直流电源的调试、扫描电路的调试和信号信道的调试。其中，扫描电路的调试包

括直流电流和电压的测试，波形的测试和光栅的调试三项内容；信号信道调试包括静态调试，同步检波、鉴频和视放电路的调试，以及图像调试等内容。由于只有电源调试好后才能调试电路，光栅调出后才能调试信号信道，因此电视机的调试必须遵循先电源、再扫描、后信道的顺序。

图 13-38 XL-2008 型黑白电视机

13.6.1 直流工作电压的测量

电视机工作电压有两种，分别是静态工作电压和动态工作电压。这里所指的工作电压是指各测试点的对地电压，获得方法比较简单，只需要将直流电压表并接到地线与电路的被测点，读出电压即可。表 13-2、表 13-3、表 13-4 分别是集成电路 CD5151CP、KA386 和各晶体管的对地工作电压，可供调试时参考，其中 CD5151CP 还给出了动态工作电压。

静态工作电压是指电视机在正常工作时，没有收到电视信号时的各工作点的直流电压，其测量要求如下：

1）电子调谐器调至无电视节目的空频道上。

2）对比度调、亮度调到最大位置。

3）音量调到最小。

动态工作电压是指电视机在正常工作时，收到电视信号，有清晰无干扰的图像显现时的各工作点的直流电压，其测量要求如下：

1）电子调谐器调至正在播出电视节目的频道上。

2）对比度、亮度调到最大位置。

3）音量调至最大位置。

表 13-2 CD5151CP 各引脚的对地直流参考电压 （单位：V）

引脚号	1	2	3	4	5	6	7	8	9	10	11	12	13	14
静态	4.5	5.2	1.8	7.4	3.85	6	2.85	2.85	4.45	4.45	2.85	2.65	3.5	6.3
动态	4.5	5.2	1.8	4.7	3.35	6.5	2.85	2.85	4.45	4.45	2.5	2.65	3.5	6.3
引脚号	15	16	17	18	19	20	21	22	23	24	25	26	27	28
静态	6.3	8.8	1.1	4.9	4.7	9.2	0	3	0.6	4.6	0.18	2.67	0	4.5
动态	6.3	8.8	1.1	4.9	4.7	9.2	0	3	0.6	4.45	0.16	2.58	0	4.5

表 13-3 KA386 各引脚的对地直流参考电压 （单位：V）

引脚号	1	2	3	4	5	6	7	8
静态电压	1.28	0	0	0	4.7	9.4	4.7	1.28

表 13-4 各晶体管对地直流参考电压 （单位：V）

管号	VT_1	VT_2	VT_3	VT_4	VT_5	VT_6	VT_7	VT_8	VT_9	VT_{10}
e	2.05	1	6.2	0	4.9	4.65	2.95	0	0	14

（续）

管号	VT_1	VT_2	VT_3	VT_4	VT_5	VT_6	VT_7	VT_8	VT_9	VT_{10}
b	2.8	1.65	5.74	0.6	5.45	4.93	3.05	0.37	-0.03	13.4
c	9	13.45	1.7	4.95	9.45	0	83	16	16	9.5

13.6.2 整机调试步骤

调试前应先弄清楚印制电路板上的各个电位器、插座、开关所起的作用和具体位置。表13-5为印制电路板上部分主要元器件的名称与功能。

表13-5 印制电路板元器件名称与功能

元器件名称	功　能	元器件名称	功　能
DC	直流电源输入插座	2K电位器	对比度电位器
ANT IN	射频输入插座	RP6	电源输出调节电位器
JK1（A）	音频输入插座	RP2	场线性调节器
JK2（V）	视频输入插座	S_3	频段转换开关
S_1	AV、TV转换开关	RP5	音量电位器
33K电位器	场频电位器	RP4	调谐电位器
1M电位器	亮度电位器		

1. 直流稳压电源的调试

直流稳压电源电路需要调试的指标主要有额定输出电压、直流空载特性、电压调整率、纹波系数等。对输出电压的要求是在额定负载的情况下，输出电压应控制在额定输出电压±0.2V的范围内，输出电压的可调范围在额定输出电压±2V之内。本机额定输出电压为10.8V，则应调整在10.6~11V之间，输出电压可调范围大致在9~13V之间。对直流负载特性的要求是直流稳压电源从额定负载变为空载时，输出电压的变化不应大于±0.2V。对电压调整率的要求是当电网电压在180~240V范围内变化时，输出电压的变化不应大于±0.2V。

2. 扫描电路的调试方法

电视机正常工作时，各部分电路的平均电流大致有一个范围，另外还有一些关键点的平均电压与电路工作状态相关。如行输出管的集电极、基极电压、OTL场输出中点电压，集成电路中扫描电路引脚的电压等。

（1）行扫描电路调试方法

将VT_{10}的集电极断开，在断开点测量，行输出电路的电流正常值应该在250mA左右，行输出管集电极电压在12V左右，可判断行输出电路基本正常。测CD5151CP的17引脚电压为0.4V，VT_9基极电压也在0.4V左右，则集成电路内部行扫描电路基本工作正常。如果用示波器测量扫描波形时，示波器的水平扫描速度（时间）应定为10μs/div，*Y*轴输入的电压量程应大于输入电压峰-峰值的十分之一（考虑示波器探头的10倍衰减）。扫描电路中应测量波形的关键点是CD5151CP的17、18引脚和VT_9、VT_{10}集电极的逆程电压波形。

（2）场扫描电路调试方法

首先用万用表电压挡测量CD5151CP的24、25、26引脚及VT_5、VT_6、VT_7各极的静态

对地电压，应与表 13-2 和表 13-3 基本相符，然后再测场输出电路的中点电压（C_{30}正极电压），应等于供电电压的一半。静态工作点正常后，应在屏幕上看见光栅，若光栅有闪烁，可调节场同步电位器，使闪烁消失，这时场频基本接近 50Hz。再调节场幅可变电阻，使光栅满幅。经上述调试，场扫描电路工作基本正常。

使用示波器测量场扫描电路波形时，应将示波器的水平扫描速度（时间）调至 5ms/div，Y 轴增益量限大于被测电压峰-峰值的 1/10（考虑示波器探头的 10 倍衰减）。分别观察场振荡锯齿波形成（CD5151CP 的 24 引脚）和场输出电路的输出脉冲电压（C_{30}正极）波形，如有必要，可根据显示的波形、幅度和周期对相关电路进行调整。

3. 显像管附属电路的调试

显像管附属电路包括视放电路和行场偏转电路。调试前先不插显像管的插座，用万用表直流电压挡测显像管尾座 6 引脚对地直流电压应在 100V 左右，用交流电压挡测显像管尾座 3 引脚对地应有 12V 左右的交流电压（显像管灯丝电压）。调节亮度电位器，并同时测量 2 引脚电压应该能在 10～80V 之间可调。如果以上电压都正常，则把显像管插上，此时荧光屏有满足要求的光栅产生。拨动偏转线圈后的调节磁环，并同时注视着荧光屏，使光栅处于正中的位置。如果显像管 4 个脚出现暗角时，可以将偏转线圈向颈椎的方向推到底，如果光栅倾斜，可以旋转偏线圈来解决。调节亮度电位器，光栅最亮时应满足白天收看的需要，并且扫描亮线也不出现明显的散焦，最暗时亮度能关死。如亮度不受控制，则需检查亮度控制电路。

4. 信号信道的调试

（1）图像中频信道的调试

集成电路的图像中频信道的频率特性通常是由声表面滤波器决定的，因此一般不需要调试。集成中放电路的增益也由集成电路的内电路芯片确定，因此只要调好了同步检波，就可以达到预定的增益指标，而本电路的同步检波电路的选频回路采用了 38MHz 陶瓷陷波器，已将同步检波固定在最佳状态，不必再作调整。

在调试时应测量前置中放管 VT_1 各极对地直流电压和 CD5151CP 的 1、2、3、4、5、14、15、28 引脚的对地静态直流电压应与表 13-4 和表 13-2 基本相符，特别是中放和高放 AGC 电压（CD5151CP 的 4、3 引脚）、视频信号输出电压（CD5151CP 的 5 引脚），不能有太大的偏差。还要测量 C_7 两端电压，正常应为 33V，调节调谐电位器 RP4，能使调谐电压（电子调谐器的 4 引脚对地直流电压）在 0～30V 之间变化。

（2）视放输出电路的调试

首先测视放管 VT_8 各极对地电压，应与表 13-4 基本相符，若视放管集电极电压为零或比正常值偏高或偏低很多（正常应为 80V 左右），则表明视放输出电路没有正常工作，应检查电路，排除故障。如果屏幕上出现十几根亮回扫线，则要检查消隐电路和视放管的性能。

（3）同步电路的调试

对于集成电路同步分离电路，只要 CD5151CP 的 19、22、23 引脚的对地直流电压与表 13-2 基本相符，即表明同步电路没有故障，同步电路工作正常的电视机在收到电视信号时，在一定范围内调节行频和场同步电位器，图像还能保持稳定。

（4）电视图像的调试

电视图像的调试是在光栅调整正常的基础上，利用电视信号对电视图像的扫描幅度、线性、中心位置作进一步校正。

首先使电视机接收到图像测试信号，调整场、行频率使图像稳定。细调偏转线圈和中心位置调节磁环，使图像端正，中心十字线位于屏幕中心后，将偏转线圈上固定螺钉拧紧，并用热熔胶或602胶将偏转线圈和中心位置调节磁环固定，以防松动。最后再细调一下场幅和行幅，将亮度和对比度调至适中即可。

5. 伴音信道的调试

首先用万用表电压挡测 CD5151CP 的 6、7、8、9、10 引脚和功放集成电路 KA386 各引脚的直流对地电压，应与表 13-2 和表 13-3 基本相符。接收到电视信号后，微调 9、10 引脚外接的 6.5MH 电感，使伴音最清晰，噪声最小。测量 C_{64} 正极电压，应为 9V 左右，否则功放电路就需要检查。

13.7 故障分析

新装的电视机在调试过程中出现故障是常见的，由于故障机是新装配的整机产品，故障以焊接和装配故障为主，一般都是机内故障，基本上不会出现因使用不当造成的人为故障，更不会有元器件老化故障。由于故障的出现有一定的规律性，找出故障出现的规律，便能有效、快捷地找到和排除故障。整机调试过程中出现故障的原因有焊接故障、装配故障、元器件失效等。焊接故障主要指由于焊接工艺不佳，造成漏焊、虚焊、假焊、错焊、桥接等。装配故障主要有元器件安装错误、电气连线错误和机械安装位置不当等。如集成电路装反、晶体管电极装错、其他有极性组件极性装反，元器件位置装错、漏装，电气连线的遗漏、断线，零部件安装位置不当、错位、卡死等。元器件失效主要指由于元器件安装错误造成集成电路损坏、晶体管击穿或元器件参数达不到要求等。

为了便于根据故障现象判断故障部位，这里把黑白电视机直观故障现象与对应的大致故障范围列于表 13-6 中，供调试维修时参考。

表 13-6 黑白电视机常见故障现象及对应部位

故障现象	应调节的部位	大致故障范围
无光栅、无伴音	将亮度电位器和音量电位器均调到最亮位置后仍无光栅、无伴音	电源电路故障，电源负载短路，元器件损坏引起熔丝烧断
无光栅、有伴音	将亮度电位器调到最亮位置，并观察显像管管颈有无紫光、打火，灯丝亮否	行扫描电路，显像管及其附属供电电路故障
光栅暗淡	将亮度电位器调到最亮位置，光栅仍暗	显像管及其附属供电电路故障
亮度失控	反复调节亮度电位器，光栅亮度无变化	显像管及其附属电路故障，亮度电位器接触不良
一条水平亮线		场扫描电路故障或场偏转线圈开路
一条垂直亮线		行偏转线圈开路
场幅窄	调节场幅可变电阻无效	场扫描电路故障
行幅窄		行扫描电路故障
行、场幅都变窄		直流稳压电路输出电压太低或行扫描电路故障

（续）

故障现象	应调节的部位	大致故障范围
光栅有回扫线，图像、伴音正常	将亮度调到较暗时仍有回扫线	消隐电路故障
光栅有回扫线，无图像、有伴音	调节亮度、对比度仍有回扫线，偶有淡淡的图像	视放电路故障
有光栅，无图像、伴音	对比度、亮度均调至最大位置	电子调谐器、前置中放、CD5151CP 中放及外围电路故障
有光栅，无图像，有伴音	调节对比度电位器无效	视放电路
对比度失控	调节对比度电位器无效	对比度电位器损坏，C38 开路
行、场均不同步	调节行频、场同步电位器无效	同步分离电路故障
行不同步	调节行频可变电阻无效	AFC 电路，行振荡电路故障
场不同步	调节场同步电位器无效	场积分，场振荡电路故障

13.8　电视机测试记录表

（1）直流工作电压的测量

具体见表 13-7 ~ 表 13-9。

表 13-7　CD5151CP 各引脚的对地直流参考电压　（单位：V）

引脚号	1	2	3	4	5	6	7	8	9	10	11	12	13	14
静态														
动态														
引脚号	15	16	17	18	19	20	21	22	23	24	25	26	27	28
静态														
动态														

表 13-8　KA386 各引脚的对地直流参考电压　（单位：V）

引脚号	1	2	3	4	5	6	7	8
静态电压								

表 13-9　各晶体管对地直流参考电压　（单位：V）

管号	VT_1	VT_2	VT_3	VT_4	VT_5	VT_6	VT_7	VT_8	VT_9	VT_{10}
e										
b										
c										

（2）直流稳压电源技术指标

电压稳定度测试可按下式计算

$$S_U = \pm \frac{\Delta U_o}{U_o}(K \times 10^{-n}/m) \mid I = I_{max}$$

具体见表 13-10、表 13-11。

负载稳定度 $S_U = \pm \frac{\Delta U_o}{U_o}$，$U_i$ 固定，I_L 从满载到空载。

表 13-10　电压稳定度

输入电压（U_i）	输出电压（U_o）	负载电流（I_L）
220V		
180V		
240V		

表 13-11　负载稳定度

输入电压（U_i）	输出电压（U_o）	负载电流（I_L）
220V		
220V		

(3) 行扫描电流调试

具体见表 13-12。

表 13-12　行扫描电路波形

CD5151CP 的 17 引脚波形	CD5151CP 的 18 引脚波形
VT_9 集电极波形	VT_{10} 集电极波形

(4) 场扫描电路调试

具体见表 13-13。

表 13-13　场扫描电路波形

CD5151CP 的 24 引脚波形	输出脉冲电压（C_{30} 正极）波形

参考文献

[1] 王天曦，李鸿儒．电子技术工艺基础[M]．北京：清华大学出版社，2000.
[2] 殷瑞祥，樊利民．电工电子技术——实践教程[M]．北京：机械工业出版社，2007.
[3] 门宏．电子技术快速入门[M]．北京：人民邮电大学出版社，2006.
[4] 林占江．电子测量实验教程[M]．北京：电子工业出版社，2010.
[5] 杨承毅，刘起义．电工电子仪表的使用[M]．北京：人民邮电出版社，2009.
[6] 朱定华，黄松，蔡苗，Protel99 SE 原理图和印制板设计[M]．北京：清华大学出版社，2007.
[7] 罗杰，谢自美．电子线路设计·实验·测试[M]．北京：电子工业出版社，2008.
[8] 赵淑范，王宪伟．电子技术实验与课程设计[M]．北京：清华大学出版社，2006.
[9] 劳五一，劳佳．模拟电子电路分析、设计与仿真[M]．北京：清华大学出版社，2006.
[10] 赵曙光，刘玉英，崔葛瑾．数字电路及系统设计[M]．北京：高等教育出版社，2011.
[11] 吴慎山．高频电子线路[M]．北京：电子工业出版社，2007.
[12] 顾宝良．通信电子线路[M]．北京：电子工业出版社，2007.
[13] 张肃文，陆兆熊．高频电子线路[M]．北京：高等教育出版社，1997.
[14] 胡宴如．高频电子线电路[M]．北京：高等教育出版社，1995.
[15] 蒋鸿雁，龙云亮，潘楚华．微波与射频技术实验教程[M]．广州：中山大学出版社，2007.
[16] 杜虎林．数字万用表实用测量技术与故障检修[M]．北京：人民邮电出版社，2003.
[17] 沙占友，王彦朋，安国臣，等．开关电源设计入门与实例解析[M]．北京：中国电力出版社，2009.
[18] Pressman，Abraham I，Billings，et al. 开关电源设计[M]．王志强，肖文勋，虞龙，译．北京：电子工业出版社，2010.
[19] 姜相钧，宋兰英．黑白电视机原理及安装工艺实验教程[M]．大连：大连理工大学出版社，2005.
[20] 张金主．电子系统设计基础[M]．北京：电子工业出版社，2011.
[21] 陆应华．电子系统设计教程[M]．北京：国防工业出版社，2005.